矿产资源储量估算

［美］ Mario E. Rossi
［加］ Clayton V. Deutsch

著

张北廷　胡宪铭　张树泉　高利民　万 会　译

北 京
冶 金 工 业 出 版 社
2024

北京市版权局著作权合同登记号 图字：01-2024-1941

图书在版编目（CIP）数据

矿产资源储量估算／（美）马里奥·E. 罗西
（Mario E. Rossi），（加）卡莱顿·V. 德意茨
（Clayton V. Deutsch）著；张北廷等译. -- 北京：冶
金工业出版社，2024. 10. -- ISBN 978-7-5024-9998-3

Ⅰ. F416. 1

中国国家版本馆 CIP 数据核字第 2024YH0391 号

矿产资源储量估算

出版发行	冶金工业出版社	电　　话	(010)64027926
地　　址	北京市东城区嵩祝院北巷 39 号	邮　　编	100009
网　　址	www. mip1953. com	电子信箱	service@ mip1953. com

责任编辑　任咏玉　杨　敏　美术编辑　彭子赫　版式设计　郑小利
责任校对　梅雨晴　责任印制　窦　唯
北京捷迅佳彩印刷有限公司印刷
2024 年 10 月第 1 版，2024 年 10 月第 1 次印刷
710mm×1000mm　1/16；30 印张；582 千字；457 页
定价 225.00 元

投稿电话　(010)64027932　投稿信箱　tougao@cnmip. com. cn
营销中心电话　(010)64044283
冶金工业出版社天猫旗舰店　yjgycbs. tmall. com
（本书如有印装质量问题，本社营销中心负责退换）

序

  矿产资源和矿石储量是矿业企业赖以生存的粮食。"有没有，有多少，可采多少"的逻辑逐渐被业界所接受，而解决这些问题需要大量的地质、采矿、选冶、经济、法律等信息和深刻解读这些信息。将这些信息转化为数据，借助计算机技术，建立从勘查和数据收集的资源数据库—地质解译和建模—统计分析、矿产资源储量估算及分类与报告—选冶、经济、市场、法律、环境、社会和政府—风险与敏感性评估、矿石储量估算、分类与报告—资源和储量品位控制、生产和探采对比的迭代，实现资源储量定量、不确定性评价、风险评估和三维展示，为长期、中期、短期规划决策提供技术支撑，已成为世界矿业界的共识。

  遗憾的是，自1977年地质统计学传入我国以来，数学地质已逐步淡出矿产资源类大学教育课程；屈指可数的几本地质统计学专著，由于缺少实际案例而多为晦涩的理论和令人难以理解的庞大公式；多家企业引进了多种软件，但由于缺乏对地质统计学的真正理解导致实际应用效果不佳或基本未应用；政府管理部门已发布了地质统计学资源储量估算规范，但由于缺少教科书和实践指南而难以推广。这本书恰好为解决这些问题提供了方案。

  任何矿业先进技术的应用应服务于现代化矿业建设，矿业现代化建设应引进汲取世界先进技术和方法，现代化矿业应面向未来的发展趋势而创新。感谢张北廷教授等为实现我们共同的"锂想"而做出的贡献，祝贺这本译著的出版。

天齐锂业股份有限公司董事长

2024 年 8 月

译者的话

20 世纪 40 年代后期，当南非统计学家 H. S 西奇尔（Sichel）判明南非各金矿的样品品位呈对数正态分布以后，才真正确立了地质统计学。1951 年，南非的矿山工程师 D. G. 克立格（Daniel Krige）在 H. S 西奇尔研究的基础上提出一个论点："可以预计，一个矿山总体中的金品位的相对变化要大于该矿山某一部分中的金品位的相对变化"。换句话说，以较近距离采集的样品很可能比以较远距离采集的样品具有更近似的品位。这一论点是描述在多维空间内定义的数值特征的空间统计学据以建立的基础。到 20 世纪 60 年代，才认识到需要把样品值之间的相似性作为样品间距离的函数来加以模拟，并且得出了半变异函数。法国概率统计学家马特隆（Matheron）创立了一个理论框架，为克立格作出的经验论点提供了精确而简明的数学阐释。马特隆创造了一个新名词"克立格法"（Kriging），藉以表彰克立格在矿床地质统计学评价工作中所起到的先驱作用。1962 年，马特隆在克立格和西奇尔研究的基础上，将他们的成果理论化、系统化，并首先提出了区域化变量（regionalized variable）的概念，为了更好地研究具有随机性及结构性的自然现象，提出了地质统计学（geostatistics）一词，发表了《应用地质统计学》，该著作的出版标志着地质统计学作为一门新兴边缘学科而诞生。地质统计学开始进入了学术界。在法国枫丹白露成立了地质统计学中心（Centre de Geostatistiques），培养了一大批学员，不仅为地质统计学的研究，还为它的传播起到了巨大的作用。

自 20 世纪 70 年代，地质统计学的发展突飞猛进，在地质统计学的理论及方法基础上开发了许多成熟的应用软件。如美国开发的矿床建模软件包（Deposit Modeling System），功能上可覆盖矿山地质设计的全过程；MICL（英国矿业计算机有限公司）开发的 DATAMINE 软件包，则集地、测、采于一体；法国巴黎高等矿院地质统计学研究中心研制出两种大型软件系统：ISATIS 系统及 HERESIM 系统；澳大利亚的 MICROMINE 软件、SURPAC 软件，加拿大的 GEOSTAT 软件、CAMET 软件和 GLS 软件系统等。

地质统计学是在 1977 年由美国福禄尔采矿金属有限公司（Flour Mining & Meta Incorporation） H. M. Parker 博士随美中贸易全国委员会矿业代表团来华访问传入中国，继而得到进一步的发展。1989 年 11 月召开了全国第一届地质统计学学术讨论会，地质统计学在我国的发展进入了一个新的阶段，理论研究更加深入，涉及的方法原理更加广泛。随着上述这些软件陆续传入中国，并被矿业公司、地质勘查部门、矿业院校、矿业管理部门认可，地质统计学提交的地质报告越来越多。随着计算机技术和地质统计学技术的应用和发展，彻底改变了传统的计算方法和成果展现形式，国家矿产资源储量技术标准也随着修改完善，理论、概念、方法与传统的冲突越来越多，急需一本既有理论方法又有实践的参考书。

本书可以作为矿业院校的教材或参考书，也可以作为从事矿产勘查、采矿工程、矿山地质、水文地质与工程地质、环境地质、采矿设计、研究和矿产资源储量评估和矿业管理等人员使用。

本书由张北廷、高利民、万会负责地质专业的翻译，胡宪铭负责采矿专业的翻译，张树泉负责地质统计学专业的翻译。

在此对支持和帮助本书翻译工作的中国黄金集团有限公司和自然资源部矿产资源储量评审中心的有关专家和领导表示衷心的感谢。

本书按原著译出，对参考文献按原文刊印以便读者引证。

由于译者水平所限，书中难免存在不妥之处，敬请广大读者提出宝贵意见。

译　者

2024 年 1 月于北京

前　言

本书是关于资源建模的，描述了用于资源建模的地质和统计工具，并解释了重要问题，通过案例研究加以说明。本书避开了严格的理论介绍，将重点放在实际运用上，从而实现良好的资源量估算实践。资源建模成功的关键是要理解所应用技术和导出模型的内在局限和弱点。

本书填补了采矿业的知识空白。描述采用地质统计法进行资源量估算的书籍很多，但它们往往强调理论，很少或没有提供在实际应用中必需的实用性指导方针。这些书通常比本书更详细地论述地质统计学理论。另一方面，有一些"实用的"资源建模书籍，但是它们要么不够全面，要么没有包含足够的理论来支持或证实所推荐的方法和过程。我们试图平衡这两个方面的问题。

我们试图在这本书中展现良好的资源建模实践，这些实践不仅来自于我们自己，也来自于我们多年来的合作伙伴。合作伙伴包括全球矿业中来自世界各地的导师和同事。因此，本书也反映了我们多年来建立起来的工作关系和友谊。

本书的目标受众是地质学家和工程师、本科生或研究生，或者是刚刚开始进行资源估算的专业人士。这些专业人士最需要从别人的经验中学习。

感谢工作中讨论问题的同事们，特别感谢必和必拓（BHP Billiton），尤其要感谢必和必拓全球基础金属、地质和矿产业务主管里克·普里斯（Rick Preece），感谢必和必拓对该项目的财务支持和持续鼓励。

目　　录

1 引　言

◆◆◆

摘　要　矿产资源评价是地质科学家和采矿工程师的一项重要任务。在过去40年，矿产资源量的估算方法不断演变。本书对已经确立并使用的方法进行了概述。本书适用于高校高年级本科生或刚接触资源评估的专业人士。

◆◆◆

1.1　目标与方法

本书的目标是对重要的问题加以解释，描述资源建模中常用的地质和统计工具，提供案例研究来说明重要的概念，并总结优秀的资源量估算实践。尽可能按章节串联一条包括理论详述、附录、其他作者的索引、相关实例、现有软件工具、为更好实践所需要的文档记录、多变量处理的延伸、其他非常见变量如选冶属性（如冶金性能）的建模以及假设和模型的局限和弱点等的主线。

人们感兴趣的矿物种类繁多，包括砂砾、钾盐等工业矿物，铜和镍等贱金属，以及金和铂等贵金属。还有其他空间分布的地质变量，如煤、钻石和用于描述油贮特征的变量。通常，有用组分在地下的富集程度各不相同。资源量是指有价成分在地下的储量和品位。该资源位于地下，并可能不能被经济地开采。储量量是被证明在技术上和经济上是可开采的资源的一部分。对资源量和储量的估算需要对整个矿床建立长期模型（资产寿命），该模型每1~3年更新一次。中期模型可用于规划未来1~6个月的情况。短期模型是为每周或每天的决策建立的，这些决策与品位控制或详细计划相关。

为长期、中期或短期资源评估建立数值模型包括四个主要方面的工作：

（1）数据收集和管理；

（2）地质解释与建模；

（3）品位赋值；

（4）评估和管理地质和品位的不确定性。

数据收集和管理涉及大量的步骤和问题。有一些关于钻探和取样理论的书籍，如 Peters 和 Gy 的著作。无法详细讨论这些理论的丰富性和复杂性。然而，重要的是资源评估人员要考虑影响最终评估质量的客观情况。为此，本书提供了一些背景资料。

地质解释与建模需要将矿区特有的地质概念和模型与实际数据相结合，从而构建地工域的三维模型。这个地质模型表示了控制矿化作用的最重要变量，并构成了所有后续估算的基础。通常，地质模型是矿化总量估算中最重要的因素。

不同元素或矿物（品位）的富集程度是在地质域之内确定的。在不同地质域内，品位的分布可能是相对均匀的。然而在地质域内，却总会有某些可变性。品位是按照与预期采矿方法有关的范围进行预测的。可回采资源的计算要考虑一系列经济技术标准，有各种各样的方法可用，而且必须考虑许多实施方面的问题。所选择的方法将取决于研究目标、可用数据和完成研究所需的专业时间。

资源评估应该辅以一种不确定性的衡量标准。所有数值模型都有多个重要的不确定性来源，包括数据、地质解释和品位模型。良好的和最佳的方法要对预测变量中的不确定性进行定量的陈述。

这四个主要主题将在第14章中进行讨论。每一章最后都有一个练习，目的是总结要点，帮助感兴趣的读者测试他们对所呈材料的理解。本书不对这些习题提供答案。

1.2 资源建模范围

数据的收集、整理和初步分析是矿产资源建模的第一步。要达到对数据的确认，需要有充分的质量控制和保证措施。质量保证和质量控制（QA/QC）的整个过程应该包括现场实践、取样、分析和数据管理，这对于确保资源模型的置信度是必要的。

这些数据是不同地质域的子集。这些区域可能基于多种地质因素的控制，如构造、矿物、蚀变和岩性。建立分类变量模型，对地下不同区域的数据进行细分和重点分析。研究的区域通常划分为网格块模型。块体模型必须有合适的比例尺来表示地质因素的变化，并按工程设计要求所需的比例尺提供块体模型。当然，块体的数量不能太多。在本书撰写的时候，通常使用100万~3000万个块体。也可以采用更大的模型，但是需要更多的计算机资源，并且管理许多变量的多重实现是非常耗时的。

在作出关于地质域的决定之前，需要对现有数据进行统计分析，认识矿化控制与品位空间分布相互关系。常见的做法是组合原始数据值。这样做一方面是为了让用于评估的数据支撑协调一致，另一方面也是为了减少数据集的可变性。为了理解数据分布并使其实现可视化，并确定最合适的估算方法，要进行进一步的统计分析。

在定义了块体模型的几何形状和地质域之后，要进行品位赋值。本书将在后面几章中叙述估算方法的选择和品位内插平面的构建，并且讨论模拟所需的特殊注意事项。

矿产资源量估算的每一个步骤都需要一些应该明确说明的假设和决定。

应将感知到的限制和风险区域记录在案。模型验证和调整的过程是反复的。根据生产情况对可回采资源模型进行校准（如果可用）对于确保未来的预测尽可能准确尤为重要。每个步骤都需要有适当和详细的文档记载。必须在整个资源量估算过程中创建审计跟踪，以允许第三方审查建模工作。透明度和允许同行评审的能力是这项工作的基本组成部分。

1.3 关键方面

对资源量和储量的估算需要详细考虑一些关键问题。它们就像一个链条，相互联系，所以总的资源量估算的质量等于最薄弱环节的质量，任何一个失败都会导致不可接受的资源量估算。资源评估人员必须及时处理发现的问题。

矿产资源评价的质量首先取决于现有资料和矿床地质复杂程度。同时，资源量估算的质量在很大程度上也依赖于整个矿山员工的综合技术技能和经验、如何解决遇到的问题、每个阶段对细节的关注程度、公开披露的基本假设及其理由，以及记载每个步骤的文档质量。

本书强调记录工作的各个方面，因为这是整个链条中最后的，也可能是最重要的一环。每个重要决策的证明和文档都是工作的质量控制，因为它强制进行详细的内部评审。此外，它还促进了第三方审查和审计，这是行业中的一个常见需求。接下来简要讨论了在资源量估算中需要解决的一些基本问题。

1.3.1 数据整理和数据质量

资源量估算的质量直接取决于数据收集和处理程序的质量。许多不同的技术问题会影响数据的整体质量。这里提到了一些重要的问题。

数据质量的概念以一种务实的方式使用。它的概念是收集一定体积的数据（样本），用来预测感兴趣元素的矿石量和品位。决策基于地理知识和与其他技术信息一起应用的统计分析。因此，分析的数值基础必须具有良好的质量，才能为合理的决策提供依据。这一点特别重要，因为取样的矿物在矿床只占很小的一部分。

第二个关键概念是样本应该代表被采样的体积（或材料），无论是在空间意义上，还是在采样的位置。代表性是指采样和分析过程用来获得一个样本的结果，其值在统计上可以与从相同体积中获得的任何其他值相似。因此，样本值被认为是岩石采样体积真实值的一种公平表达。在空间意义上的表示意味着采样是在一个近似规则或准规则采样网格中进行的，这样每个采样代表了矿体中一个相似的体积或区域。通常情况并非如此，需要进行一些修正。如果样本不具有代表性，则会引入一个错误，使最终的资源量估算产生偏差。

在数据质量方面，与取样有关的技术问题可分为与野外工作有关的技术问题以及与信息处理相关的问题。该领域的一些最重要的问题包括（1）钻孔、探槽和探井的位置；（2）钻孔类型，无套管冲击钻、反循环等；（3）钻探设备；（4）取样条件，如是否存在高度破碎的岩石或地下水；（5）样品采集程序。应记录岩心回收率或样品重量。对样品的地质特征进行地质编录。样品制备和分析程序是至关重要的。相关的质量保证和质量控制程序是过程中的基本要素。

在整个取样过程中，必须制定和遵守矿床和矿物特定的样品制备和分析规程。非均质性检验是了解样本方差和最小化误差的必要手段。

抽样数据库的建立和维护需要一个持续的质量控制程序，包括定期的手动和自动检查。这些检查应该对数据库中的所有变量进行，包括年度、地质编码、开口位置和调查以及体重数据。关系数据库提供了简化数据处理和改进质量控制的可能性。但是它们本身并不能提供质量控制，也不能代替定期的人工审核。

1.3.2　地质模型及估算域定义

许多地质信息是在采矿项目的不同阶段进行调查时收集的。这些资料可用于了解矿床的成因、矿化岩石的分布以及制订资源增储的勘探准则。

矿床地质描述的详细程度随着项目的进展而逐步增加。经济因素是影响确定是否进行进一步地质勘查的最重要因素。因此，大多数地质工作的方向是寻找更多的矿产资源，在某种程度上是更详细的一般性勘探。

并不是所有的地质资料都与资源量估算有关。资源开发的地质调查应集中于确定矿化控制。某些地质细节和描述对勘查更有用，因为它们没有描述具体的矿化控制，而是提供一些矿物产状的情况。

定义估算域的过程相当于对代表矿化控制的地质变量进行建模。估算域有时是基于两个或两个以上地质变量的组合，因为这些变量可以表明与品位的关系。例如，在浅成热液金矿床的情况下，估算域可以定义为构造、氧化和蚀变控制的组合。而对于含金刚石的金伯利岩筒，除了筒的几何形状（岩性）外，内部的废石也很常见，如花岗岩类捕房体。这些物质在筒内的频度和体积可能影响估算域的定义。

所使用的估算域的确定基于地质认识，并且应该得到广泛的统计分析（探索性数据分析，或 EDA）的支持，包括变异函数。这一过程可能会花费大量的时间，特别是在研究了所有可用地质变量组合之后，但这种努力通常是值得的。当受到地质变量的严格制约时，估算质量就会提高。

估算域的定义是指矿床内平稳区域的划定。平稳性的一个重要方面是决定如何在矿床的特定区域、特定边界或整个矿床内汇集信息。决策基于氧化带、岩性、蚀变或构造的边界。平稳域不能太小，否则数据太少，无法进行可靠的统计描述和推断。平稳域也不能太大，否则数据可能会被划分成地质上更为均质的子区域。

在资源评价中，确定估算域往往等同于划定矿床中可用的矿化储量。一些单元将主要是矿化的（具有成为矿石的潜力），而其他单元将主要是非矿化的（几乎是不可回收的低品位资源或废石）。不同矿化类型的合并应保持在最低限度，以避免在地质边界处使品位贫化。

确定估算域是资源评估的一项重要任务。矿床内的情况混杂通常会造成不合格的资源估算，对品位和资源量要么低估要么高估。任何地质统计学技术都难以弥补平稳性定义的不足。好的估算域定义，意味着每个位置只使用相关的样本加以估算。

1.3.3 空间变异性的评价

在矿床内观察到的品位值并不是相互独立的。空间依赖性是矿床成因的结果，即所有促成矿床形成的地质过程的结果。读者可以参考 Isaaks 和 Srivastava 关于这个主题的通俗阐述，更详细的可以参考 David、Journel、Huijbregts 和 Goovaerts 的论述。

需要对所建模变量的空间变异性（或连续性）进行清晰的描述，了解矿床中不同点之间的空间关系，将有助于更好地估算未知位置的矿物品位。空间变异性是使用变异函数和空间变异性/相关性的相关度量来建模的。

空间变异模型改进了对矿床中每个点或每个块的估算。模型的参数很重要，应该注意块金效应（随机性的多少）的定义、结构数量、变量函数模型在原点附近的行为、各向异性特征的说明。虽然空间变异性模型会因评估人和可用数据的不同而变化，但它应该与公认的地质知识相一致。例如，被建模的各向同性应与已知地质控制的空间分布相一致，模型的方差和变程应与数据中观察到的总体变化相一致。

地质变量具有一定的空间相关性。在对空间相关性进行量化时经常遇到的挑战是所使用数据的不足、估算域的定义不合适，或者使用了不稳健的具有偏倚性数据估计量。这些挑战将在后面的章节中详细讨论。

1.3.4 地质和采矿贫化

必须把原地资源量和可回采资源量区分开来。世界各地对可回采储量的准确定义各不相同，一般来说这个术语指的是通过开采可以回收和加工的矿化资源。为了使资源评价成为经济评价的基础，任何资源评价都必须是可回收的，因此要包括一些贫化和矿石损失。应用了在经济地开采矿床条件下得出的制约参数以及所有相关类型的贫化，资源才可能成为储量。

一些资源评估师提倡纯地质的原地资源评估，也就是说，如果能取得与钻孔数据和其他地质资料所提供的规模和详细程度相匹配的矿床资料，就可以对找到的资源进行估算。因此，它就是针对在人们观察范围内存在的真实地质情况进行描述。这一观点赋予了采矿工程师和经济评估师一项任务，即把纯粹的地质资源量转化为可回采的储量。这是真实地描述矿床经济潜力所必需的。但是，一般而言，地质学家和地质统计人员（资源评价人员）更有能力将地质贫化纳入其中。否则，可能会造成无法反映特征或者低劣的建模。

矿业是大规模的工业生产，大量的选择是在短时间内决定的。有些废石混入到矿石，或者矿石混入到废石中，这都是不可避免的。大多数资源评估失误的原因就是未能理解和正确估算地质贫化和损失的矿石。尽管会出现某种程度的错误或不确定性，但忽视或错误地对待预期的贫化就是在自寻失误。关于这个问题，可以在 Noble 的书中找到有趣通俗的讨论。在使用块模型评估资源的情况下，常见的基本贫化类型可以概括如下：

（1）内部贫化。这与采用小尺寸组合来估算大块体有关，也称为体积方差效应。块内高低品位的合并程度越高，这种效应就越突出，例如在金矿化中很常见的情况。

（2）地质的（或原地的）接触贫化。与块内不同估算域的合并有关，品位变化的一个原因是存在不同的地质成矿域。在接触带或其附近开采时，就会发生品位混合。

（3）在采矿时发生的作业性采矿贫化。岩石的爆破是一个重要的因素，因为爆破后的矿岩会位移。由于装载机永远无法精确地按地质界限装载，装载机作业也会造成矿石的贫化和损失。

对信息效应的理解也是必要的。长期的块体模型不适用于矿石和废石的最终选择。相反，应采用一种从废石中选择矿石的模型，这种模型应当使用在采矿时可用的分布更密的数据。在露天矿中，矿物边界和质量的预测要用分布更密的数据。资源评估时的信息与采矿时的信息有很大的不同，因此采矿时的估算会准确些。

1.3.5 可回采资源量：估算

计算可回采资源量和储量的重要性在地质统计学中很早就得到了承认。但是，直到 M. David 的早期工作才证明了估算可回采储量的实际意义，Journel 和 Huijbregts 为不同储量最常用的估算方法提供了理论和实践基础。

通过勘查或开发钻孔估算的矿块模型资源（长期模型）和矿山产量预测（短期模型）可能存在显著差异。与可能可靠或不可靠的实际生产数字相比，差异会更大。为了评价和规划的目的，最好尽量减少这些差异。研究表明，对预测量的不正确考虑（体积-方差效应）是造成常见偏差的主要原因。

资源模型包含矿块的大小，应根据数据的间隔和能预测品位时可用的信息予以确定。块尺寸可能大于生产时选择的开采单元（SMU）。克里格法的平滑效应一般会导致与 SMU 不匹配的品位分布。此外，坑内选择也不完善。在短期模型中，基于炮孔的品位-储量预测可能需要修正意外贫化和其他估算误差。

需要一种综合的方法，才能更准确地预测储量和矿山生产。具体来说，必须考虑到量差关系、采矿作业的选择性、计划的矿石贫化和损失。此外，合理的做法是在采矿时给意外贫化留有余地。

传统的评估技术对于考虑这些因素的灵活性有限。可回采资源的评估是基于选别开采单元品位分布的有限信息。有许多方法和技术可以帮助估算点的分布，但是对于估算块分布的有效方法的研究开发却很少。这是一项艰巨的任务，因为对选别开采单元分布的先验知识知之甚少。一个重要的可用选项是使用条件模拟模型来解决与可回采资源相关的问题。

1.3.6 可回采资源量：模拟

块模型的传统方法是在模型的每个块中估算一个单独的值，在某种统计意义上获得可能的最佳预测。这种估算可以使用非地质统计学方法，或者更常见的某种形式的克里格法。虽然在每个块中都需要一个单独的估算值，但是在只向每个块上附加估算值方面存在一些重要的缺点。

资源评估的另一种方法是使用条件模拟，为每个块提供一组可能的值，这些值表示不确定性的度量。其思想是通过模拟现实，这些现实再现原始钻孔信息的直方图和变异函数。现实建立在一个精细的网格上，再现或遵从直方图，意味着现实将正确代表高低值的比例、矿体的空间复杂性、高低值的关联性、三维的整体品位连续性。这些矿化特征是设计、规划和调度采矿作业的重要方面。

许多问题必须充分解决，才能实现对矿体品位的估算。其中包括在几种可用的模拟技术中进行选择，如序贯高斯模拟、序贯指示模拟或其他。此外，还必须对网格大小、调节数据、搜索邻域和特高品位值处理进行决策。这与开发克里格块模型的过程类似。在 Deutsch、Journel 和 Goovaerts 等人的书中可以找到一些关于实际操作的讨论。

当创建并检查了许多这样的现实之后，对于网格中定义的每个节点，将会有相应数量的不同品位的可用节点，这组多个品位是该节点的不确定性模型。这些模拟的点可以被重新阻塞成任意大小的块，如选择挖掘单元选择性开采大小的操作。这些结果被采矿工程师进一步利用。

重要的参数可以从局部不确定性的分布中获得，比如平均值、中位数和超过指定边际品位的概率。因此，仿真模型所提供的信息比估算块模型所提供的单一估算要完整得多。通过重新分块将模拟的品位赋予选别开采单元，模拟模型可以为任何选择性提供可回采的资源。很可能，在适当的时候，模拟模型将取代估算块模型，因为它们不仅提供单个估算，而且还提供一个完整的可能值范围。

1.3.7　验证与核对

检查资源模型涉及几个步骤，需要大量的时间和精力。有两种类型的检查要做，即图形检查和统计检查。

图形检查包括三维可视化和将估算值绘制在剖面和平面图上。每一个块估算的品位都应该用它周围的数据和所使用的建模参数和方法来解释。虽然可以在计算机屏幕上执行这些图形化检查，但由于所需的详细程度以及重要的记录保存和审计跟踪，通常应当保存一套硬拷贝的地图。不幸的是，由于有些过程不需要花时间在纸上生成地质剖面图和平面图，这种做法正在消失。

统计检查既是全局性的（大规模的或全矿区的），也是局部性的（成批的或小批次的，如每月生产量）。检查、验证和核对程序应确保模型的内部一致性，并在可能的情况下复制过去的生产。一些更基本的检查如下：

（1）模型的全局平均值应与去除丛聚效应数据分布的平均值相匹配。需要对每个估算区域执行这种检查。

（2）块模型品位分布的平滑性。与预测（选别开采单元）品位分布的比较应该是合理的。如果预测的选别开采单元和块体模型的品位-矿石量曲线差异很大，则块体模型可能包含了过多或过少的贫化。

（3）模型变量之间的空间和统计关系必须与原始数据集中观察到的关系相对应。

（4）资源模型应该使用不同方法来构建。考虑到每种方法的特点，不同方法构建的模型结果和差异，应该在预期的一定范围内。

（5）这些估算数应与以往的估算数相比较。这种比较应当是谨慎的，并考虑到数据数量和质量的差异，以及用于不同资源估算的方法。

（6）估算数应与所有现有的历史生产数据进行比较。理想情况下，资源模型应该预测过去的产量，来证明块模型也可以预测未来的开采。

应根据预先确定的兴趣量和指定的误差接受标准，与过去的生产情况进行核对。此外，生产可以提供资源模型期望不确定性的初期指示。这种期望的不确定度应该以经典形式表示，即在 $x\%$ 置信限的误差是 $p\%$。

生产信息的使用应该非常小心。通常情况下，选厂报告的入选矿量和品位不能完全代表真实的入选原矿（矿量和品位），即矿山输送的物料。相反，它们可能受到选厂运行参数的影响，这将使其与矿山提交的原矿品位和数量的比较出现偏差。这意味着最好是从选厂入口直接取样，从而获得入选矿量和品位的可靠信息。在某些情况下，因为操作特点的原因，如大量储存或缺乏可靠的给矿信息，可能难以进行这些比较。通常，只能对核对数据的质量作一些非常笼统的说明。

1.3.8 资源量分类

对资源量进行分类的目的是为项目的利益相关者（包括矿业伙伴、股东和投资于项目的金融机构）提供一个全局的置信度评价。世界上有多种资源量和储量分类体系，为不同的政府机构使用，大多数体系在主要特点和目标上是互相一致的。

置信度的评估对项目的开发至关重要，因为必须有足够的资源量和储量，才能被视为资产。对于矿山经营来说，对未来长期生产的持续信心，对于提供股东价值和支持长期规划也很重要。

大多数分类指南中使用的术语故意含糊笼统，因为它们必须适用于许多不同类型的矿床、不同地域和不同的采矿方法。这些指南并没有阐述用于量化不确定性或风险的具体方法。相反，人们越来越依赖于资源评估者的判断，这种判断是通过某个有能力或有资格的人的概念形成的。因此，很难达成一个通用的比较基础，因为措辞在不同的情况下可能有不同的意义，并依赖于相关个人的因素。一种可能的解决办法是，试图用传统的统计术语和生产单位的函数来描述置信度。行业内趋向于用不确定性的统计描述来补充传统的分类标准。

矿业项目的股东所需要的置信度评估一般是全局性的，主要涉及项目的长期表现。这不同于工程师在矿山日常运营中要做的短期采矿风险评估。不幸的是，全局置信度评估经常也被用作局部的不确定性度量，这往往会导致资源模型中出现不合理的期望。当前的资源量分类实践包括许多不同方法，这些方法概念相似，常见的有：

（1）使用每个块附近的钻孔数量和样品数是几何上的，很容易解释，尽管它的实现往往趋于简单化；

（2）克里格方差提供了数据配置的一个指标（第8章），即在估算时对模型中每个块的估值好坏的度量；

（3）使用不同的搜索半径对块逐步进行估算，同时跟踪块何时得到估算值。用以获得估算值的信息越多，估算值就越趋确定；

（4）要根据地质标准确定需要怎样的钻孔网度或间距，才能使资源达到某一类别（探明的、控制的或推断的），然后在整个矿床中找出标称网格间距，从而对矿床的不同区域进行分类。

纯粹的几何标准可以用传统的统计标准加以补充，也就是说，定义预期的品位和围绕预期品位的相对应范围。例如，探明资源量可定义为那些预测已掌握的资源有90%的概率误差在±15%之间，相当于3个月的产量。用以提出这种说法的模型（数值的或主观的）对分类方案的有效性最为重要。

在资源分类实践中存在着不足和缺陷。其中许多问题可以通过基于地质统计模拟的可防范的不确定性模型得以解决。除了纯粹的地质条件和技术问题外，资源分类的过程不可避免地取决于正在评价的采矿项目的情况和条件。然而，在所有情况下，这种分类必须由专业人员在资源模型上签字来保证。

1.3.9　最佳钻孔间距

在给定的成本效益分析中，钻孔间距应该是最优的，这也取决于项目所处的开发阶段。新的钻孔必须能把资源的不确定性降低到一个可容忍的、预先定义的水平，以满足项目进展的需要。

对潜在的新钻孔的成本效益进行分析，评估降低资源模型的不确定性的效益，这相当于量化新信息的价值。如果可以定义和量化资源量估算中误差的后果，那么利用模拟加密钻孔来确定不确定性的经济后果就是可行的。这可以通过将现有的采矿计划应用于模拟模型得到进一步完善。这样，对一个具体的采矿计划，就可以评价新钻探工程对可回收储量的影响。

在实践中，这种类型的分析是基于产量的，例如一个月的金属销售量。如果已知描述选厂性能的参数，那么供给选厂的矿量和品位的不确定性，就可以直接与没有达到预期生产计划的风险相关联。

项目开发经理的典型问题是"我需要多少个钻孔?"，要回答这个问题需要从不确定性的角度定义新钻探的目标。然后，可以制定适用的最优性准则，并对新钻探的价值进行评估。这可以用实际回收的价值来表示，或者用不确定性和风险降低来表示，也可以用现金流和净现值（NPV）风险的降低来表示。

1.3.10　中、短期模型

中期模型和短期模型是用来改进长期资源模型局部估算的辅助模型，在生产矿山，这些是为生产目的而使用的模型。利用中期和短期模型，能改进相对较小的矿床体积的估算，这是有用的。因为矿山生产计划的规模较小，周期较短。对长期、中期和短期的定义，因企业的不同而不同，但是，这些术语的一般用法是，长期指 1 年或更长时间的生产周期，中期指 3~6 个月的生产，短期指 1 个月或更短的生产。所选周期将与业务的预算和预测周期有关。

在大多数中型和大型采矿企业中，每年都有一份预算，更新原始长期采矿计划中的物料流动和相应的预期现金流，为下一年提供现金流预测。此外，这种预算本身也根据企业的特点通过短期预测加以更新，通常每半年、每季度或每月一次。

现有长期模型的更新是通过整合加密钻探和生产信息来实现的。由于这项工作将在生产环境中进行，更新资源模型的过程和方法受时间和人力资源的制约。确定更新地质和品位模型最合适、最实用的方法可能会成为一项重大挑战。

1.3.11　品位控制

品位控制是矿山日常工作中的一项重要任务。这是一个基本的经济层面的决策，就是为所开采的每一部分物料选定目标。这个阶段的错误代价高昂，不可逆转，可以用现金流的损失和运营成本的增加加以衡量。

品位控制模型是建立在大量样本基础上的。在地下开采矿山，生产数据通常是一系列密集钻孔、坑道样或用来检验生产采场的浅孔。在露天环境下，要根据爆破要求，按照间隔密集的网格采取爆破孔样品。不太常见的情况是，品位控制钻探与爆破钻进是分别进行的，例如使用专用反循环（RC）钻。在一些地质环境中，也采用地表槽探样和坑道样。

生产样品用于从废石中选出矿石，并受到几个取样问题的影响。通常情况下，爆破孔样品没有勘查孔或反循环钻孔的样品可靠。这可以用钻探和现场取样相结合的方法得到解释。有时，大量的可用样品可以使单个炮孔样误差的影响降到最低。

地质变量被应用到露天采场或者井下采场，但并不总是用于生产控制。从局部地质图中汲取有益的程序并贯彻执行，其目的是找到绘制地图和快速处理地质信息的实用方法。露天矿品位控制模型的典型周期为 24~48 h。

传统的品位控制方法包括划定品位轮廓和使用距离幂次反比法、多边形法估算或更常见的炮孔品位克里格法。这些方法没有考虑预测的不确定性。另外，多重现实的模拟为不同优化算法提供了基础，例如最小损失/最大利润法。

总的来说，在更不规则的品位分布和更边缘的不同类型混合矿带中，基于模拟的方法得到明显的改善。更复杂的品位控制情况，如包含多个处理选项和矿石堆存，也可以通过基于模拟的方法进行优化。

1.4 历史性认识

手工的剖面估算仍然在资源和储量估算中占有一席之地。这种估算具有直接考虑专家地质解释的优点，能够提供一个初步大致情况。但是，对矿化的连续性和可以达到的品位也倾向于持乐观态度。距离幂次反比法和最近地区法在计算机辅助制图的早期很流行。计算机被用来模拟手工计算的过程，但希望计算的速度能更快。这些技术的应用随着更高级的计算机工具的出现而变为可能。

随着钻探和分析技术的进步，以及对样品制备和分析过程中可能出现的缺陷有了更深刻的认识，矿产资源建模得到了进一步的发展。用于地质解释和建模的方法也发生了变化，主要是通过逐条剖面解释，以及发展到三维建模（可视化的线框图和实体建模）。随着计算机的普及，偶尔也会用到三维手工模型。

品位估算技术经过多年的发展，早期的地质统计学试图对单个值预测到块模型。这些年来品位估算技术一直在进步，这些技术的高级版本在行业实践中非常普遍，并且成为最常用的方法。

紧接着开发了概率函数的估算，尽管使用了相同的基本线性回归工具。关于统计特性和变量转换的假设，导致了对任意给定块可能值分布的概率估算的发展。

近年来，对建模不确定性进行模拟已经变得非常重要。地质过程具有重要的

模式和结构，但由于过程的混乱性，也具有不确定性。表征不完全采样所产生的
自然异质性和不确定性是矿产资源估算的一个重要目标。

参 考 文 献

[1] Alabert FG (1987) Stochastic imaging of spatial distributions using hard and soft information. MSc Thesis, Stanford University, p 197

[2] David M (1977) Geostatistical ore reserve estimation. Elsevier, Amsterdam

[3] Deutsch CV, Journel AG (1997) GSLIB: geostatistical software library and user's guide, 2nd edn. Oxford University Press, New York, p 369

[4] François-Bongarçon D, Gy P (2001) The most common error in applying 'Gy's Formula' in the theory of mineral sampling, and the history of the liberation factor. In: Edwards AC (ed) Mineral resource and ore reserve estimation—the AusIMM guide to good practice. The Australasian Institute of Mining and Metallurgy, Melbourne, p 67-72

[5] Goovaerts P (1997) Geostatistics for natural resources evaluation. Oxford University Press, New York, p 483

[6] Gy P (1982) Sampling of particulate materials, theory and practice, 2nd edn. Elsevier, Amsterdam

[7] Isaaks EH (1990) The application of Monte Carlo methods to the analysis of spatially correlated data. PhD Thesis, Stanford University, p 213

[8] Isaaks EH, Srivastava RM (1989) An introduction to applied geostatistics. Oxford University Press, New York, p 561

[9] Journel AG, Huijbregts ChJ (1978) Mining geostatistics. Academic Press, New York

[10] Krige DG (1951) A statistical approach to some basic mine valuation problems on the Witwatersrand. J Chem Metall Min Soc South Africa 52: 119-139

[11] Matheron G (1962, 1963) Traité de Géostatistique Appliquée, Tome I; Tome II: Le Kriegeage. I: Mémoires du Bureau de Recherches Géologiques et Minières, No. 14 (1962), Editions Technip, Paris; II: Mémoires du Bureau de Recherches Géologiques et Minières, No. 24 (1963), Editions B. R. G. M. , Paris

[12] Noble AC (1993) Geologic resources vs. ore reserves, Mining Eng February issue, pp 173-176

[13] Peters WC (1978) Exploration and mining geology, 2nd edn. Wiley, New York

[14] Pitard F (1993) Pierre Gy's sampling theory and sampling practice, 2nd edn. CRC Press, Boca Raton

[15] Sichel HS (1952) New Methods in the statistical evaluation of mine sampling data. Trans Inst Min Metall Lond 61: 261

2 统计概念和工具

摘　要　矿产资源储量估算需要大量使用统计数据。在人们的语境中，统计学是收集、组织和解释数据的数学方法，并根据这些分析得出结论和做出合理的决策。本章介绍了贯穿全书的基本概念和工具。

2.1　基本概念

传统的统计学包括一个总体的概念，即构成矿床价值的实际上是个无穷集合。样本是从总体中选出的一个有代表性的子集。一个好的样本必须反映它所抽取的总体的基本特征。随机样本是指这样一种样本，即总体中每个成员都有被纳入样本之中的同等机会。样本空间是一个随机试验的所有可能结果的集合，例如一个钻探任务。样本空间的事件是样本空间的一组结果，其成员具有一些共同的特征。统计学上的独立事件是这样的，一个事件的发生不依赖于其他事件的发生。对矿床取样很少能很好地符合从统计总体中抽取代表性样本的框架。尽管如此，还是要使用许多常规传统统计学的概念和工具。

如果认为样本具有代表性，则可尝试进行归纳统计或统计推断。在这种情况下，往往可以推断出有关总体的结论。因为这样的推论不可能是绝对肯定的，所以要用概率论的语言来陈述结论。描述性统计是一个描述或分析给定样本而不对总体作推断的统计阶段。虽然评估矿产资源的目标几乎总是推断的，但人们使用许多描述性统计来观察、理解和评估数据。

统计学中的一个基本概念是"平稳性"，即把选择的数据集合在一起共同分析。第6章更正式地描述了平稳性，但其概念是在尝试任何统计计算之前必须将数据分组。理想情况下，在明确的地质控制的基础之上，就可以作出如何进行数据分组的决策，如第4章所述。本章中介绍的一些有助于对平稳性作出选择的统计工具，但大多数情况都假设决策已经做出，并且数据已经被合理地分组组合。

在大多数情况下，考虑的连续变量是质量分数或体积分数，可以取最小值（0%）和最大值（100%）之间的任何值。有时要考虑能从一个封闭集合中采取特定值的分类变量或离散变量。典型的分类变量是岩性或矿化类型。

使用统计工具有几个原因，其中包括：（1）改进对数据和矿床的了解；

（2）确保数据质量；（3）压缩信息；（4）进行推断和预测。一般来说，对样品的统计不感兴趣。目标是超越有限的样本来预测潜在的总体。此外，创建数据的可视化是矿产资源量估算的一个重要组成部分，因为它不仅是一个了解数据的工具，而且也有助于验证空间分布的模型。

关于基础统计学的参考资料有许多。其中一个可用的参考文献是本章末的参考文献 [18]。这本书使用了一些符号约定。小写字母（x、y、z、…）表示实际值，如测量值或指定的阈值。大写字母（X、Y、Z、…）表示未知的随机变量（RV）。用概率分布描述随机变量的不确定性。随机变量可以是未采样点 $Z(u)$ 处的品位，其中 u 表示位置坐标向量。一组随机变量称为随机函数（RF）。平稳地质总体 A 上的品位集是一个随机函数 $\{Z(u)，u \in A\}$。

2.2　概率分布

概率与比例密切相关。一个事件发生的概率为 0.8 或 80%，这意味着在相似的情况下，它发生次数所占的比例是 0.8 或 8/10 或 80%，类似的情况与平稳性决策有关。在某些情况下，直接通过比例计算概率。例如，某一地质单位内的矿物品位低于某一阈值的概率，可以通过计算低于阈值的样品数并除以数据总数来计算。

然而，在许多情况下，概率不能从比例中计算出来。对于条件概率来说尤其如此，也就是给定一组数据事件的概率值。考虑这样一种可能性，即矿物品位低于某一给定的阈值，一个距离 50 m 的测量值是阈值的两倍，另一个距离 75 m 的测量值刚好低于阈值。在这种情况下，不需要多次重复计算试验比例。必须依靠概率模型和公认的概率定律。

概率分布的特征是参数的或非参数的。参数分布模型具有概率的封闭解析表达式，完全由有限数量的参数所决定，如参数为均值（m）和标准差（s）的高斯分布模型分别控制分布中心和分布的离散。

通常要考虑与一个连续或分类变量相关的概率分布。这种分布称为单变量分布。举两个例子：（1）连续变量小于某一特定阈值的概率；（2）某一特定岩性在某一位置处占优势的概率。当一次有多个变量的概率分布时，称之为多元分布。两个变量的分布是二元分布。例如，一个元素品位小于一个阈值，另一个元素品位小于另一个阈值的概率称为双变量概率。

关于概率和基本统计的参考资料很多。一些普通的统计数据以及一些与空间数据相关的数据可参阅参考文献 [3] [4] [17] [22] [23]。

2.2.1　单变量分布

累积分布函数（CDF）是表示连续变量不完全知识状态的通用方法。考虑一

个用 Z 表示的 RV，累计分布函数 $F(z)$ 定义为：

$$F(z) = \text{Prob}\{Z \leqslant z\} \in [0, 1]$$

式中，z 为阈值；$\text{Prob}\{ \cdot \}$ 为概率函数。

图 2.1 为一个 CDF 实例，z 变量在 2 和 35 之间，很可能在 20 和 30 之间。

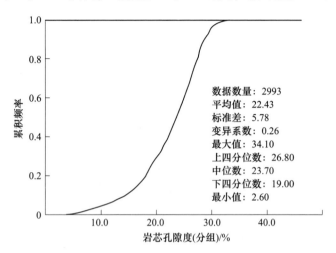

数据数量：2993
平均值：22.43
标准差：5.78
变异系数：0.26
最大值：34.10
上四分位数：26.80
中位数：23.70
下四分位数：19.00
最小值：2.60

图 2.1　2993 个数据值的累积分布。累积频率或概率是小于阈值的概率

累积直方图是基于数据的试验 CDF。在一个图上看到所有的数据值是很有用的，有时可以用来分离统计总体。累积直方图不依赖于一个柱的宽度，并且可以根据数据的分辨率创建。

一个重要的挑战是确定每个样品对于实际矿化程度的代表性。这个问题将在第 5 章中更详细地讨论。同样重要的是，要确定所有样品的分布是否充分反映了矿床的实际品位分布，或是否应施加某种权重。

Z 发生在 a 到 b 的区间内（其中 $b > a$）的区间概率是在 b 和 a 值处计算的 CDF 值的差值：

$$\text{Prob}\{Z \in [a, b]\} = F(b) - F(a)$$

如果概率密度函数（PDF）是可微的，则其是 CDF 的导数。利用微积分基本定理，对 PDF 进行积分得到 CDF：

$$f(z) = F'(z) = \lim_{dz \to 0} \frac{F(z + dz) - F(z)}{dz}$$

$$F(z) = \int_{-\infty}^{z} (z) \, dz$$

数据分析中最基本的统计工具是直方图，如图 2.2 所示。必须考虑三个决定因素：（1）算术或对数标尺是否合适，因为品位均值是算术平均的，但是对数标尺能更清楚地揭示高度偏斜数据的分布特点；（2）显示数据的范围（最低值通常是零，而最大值则接近数据中的最大值）；（3）直方图上显示的柱的数量，这取决于数据的数量。使用稀疏数据时必须减少柱的数量，当有更多数据时，可以增加柱的数量。重要的折中办法是减少干扰（更少的柱），同时更好地显示特征（更多的柱）。

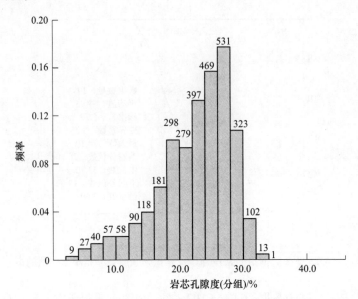

图 2.2　2993 个数据的直方图。直方图的常见表示形式是固定的柱宽度，
每个柱中的数据数量都在这个直方图上标记

　　均值对极值（或特异值）很敏感，而中值对分布中间的空缺或丢失的数据很敏感。分布可以用选定的分位数来定位和表征。离散是用方差或标准偏差来衡量的。变异系数（CV）就是标准偏差除以平均值，它是一种标准化的、无量纲的变异性度量，可用于比较类型差别很大的分布。当 CV 值较高时，比如大于2.5，分布可能将高值和低值结合在一起，大多数专业人员会根据一些明确的地质标准来研究数据是否可以分成子集。

　　数据很少的情况下，样本直方图往往是不稳定的。锯齿状波动通常不能代表潜在的总体，随着样本数量的增加，这种波动会消失。有些技术能使分布平滑，它不仅消除了这种波动，还允许增加类的分辨率，并将分布扩展到样本最小值和最大值之外。只有当原始数据集很小，并且已经观察到或怀疑直方图中有假象，才需要考虑平滑。在实践中，要综合足够的数据，以便从可用数据中确定可靠的直方图。

　　累积分布函数的图形也称为概率图。这是一个累积概率图（在 Y 轴上），概率应该小于数据值（在 X 轴上）。累积概率图很有用，因为所有的数据值都显示在一个图上。这个图的一个常见应用是观察斜率的变化，并将其解释为不同的统计总体。这种解释应该得到被观测变量的物理或地质上的支持。在概率图上，通常会将概率轴扭曲，使正态分布数据的累积分布函数落在一条直线上。极端情况的可能性被夸大了。

概率图也可用于检验分布模型：（1）算术坐标的直线表示正态分布；（2）对数坐标上的直线表示对数正态分布。其实际重要性取决于所采用的预测方法是否参数化的（图 2.3）。

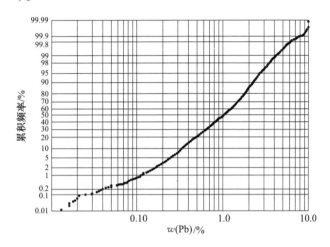

图 2.3　概率图示例。数据是铅的富集情况，按 2 m 的分组、对数坐标

有两种常见的单变量分布（正态分布或高斯分布以及对数正态分布）得到更详细的讨论。棣莫弗（de Moivre）在 1733 年的一篇文章中（1738 年在他的《机会论》，*The Doctrine of Chances* 第二版中重印）首次提出了正态分布，当时的背景是对大 n 近似某些二项分布。他的结论被拉普拉斯（Laplace）在他的《概率分析理论》（*Analytical Theory of probabilities*，1812 年）一书中加以引申，现在被称为棣莫弗-拉普拉斯定理。拉普拉斯用正态分布分析试验误差。最小二乘优化的重要方法是由勒让德（Legendre）在 1806 年提出的。高斯声称从 1794 年就开始使用这种方法，并在 1809 年通过假设误差的正态分布，对其进行了严格的证明。

高斯分布由其均值和方差两个参数充分表征。标准的普通概率密度函数的均值为 0，标准差为 1。高斯分布的累积分布函数没有封闭形式的解析表达式，但标准正态累积分布函数在文献中都有完整列示。高斯分布的均值附近有一条特征对称的钟形曲线，因此均值与中值相同，如图 2.4 所示。

对数正态分布在空间统计和地质统计学中具有重要的历史意义。许多地质科学的变量是正偏斜的非负变量。对数正态分布是一种简单的分布，可以用来模拟具有正偏斜的非负变量。如果 $X = \ln(Y)$ 为正态分布，则称这一正随机变量为对数正态分布（图 2.5）。有许多品位分布近似于对数正态分布。这些分布还具有两个参数的特征，一个是平均值，一个是方差，尽管三参数的对数正态分布已在采矿中使用，示例参见参考文献［24］。对数正态分布可以用其算术或对数参数来表示。

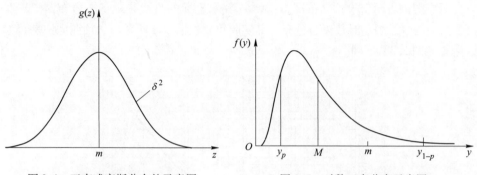

图 2.4　正态或高斯分布的示意图　　　　图 2.5　对数正态分布示意图

中心极限定理（参考文献［18］）指出，许多独立均匀分布的（不一定是高斯）标准化的随机变量（RV）的总和趋向于正态分布，也就是说，如果 n 个随机变量的 Z 有相同的累积分布函数且均值为 0，当 n 趋于无穷大时，随机变量趋向于一个正态的累积分布函数。其推论是大量独立且相同分布的随机变量的乘积趋于正态分布。正态分布的理论的论证没有什么实际意义。然而，通常观察到，随着调查规模的扩大，分组的分布变得更加对称和常态化——品位的随机性被平均，其结果便趋于正态分布。

2.2.2　参数和非参数分布

对于高斯密度函数和对数正态分布，参数分布模型分别具有概率密度函数和累积分布函数的解析表达式。参数分布有时与基本理论有关，正如正态分布与中心极限定理有关一样。有许多参数分布用于不同的设置，包括对数正态分布、均匀分布、三角形分布和指数分布。由于其数学上的易处理性，现代地质统计学广泛地利用了高斯分布。对数正态分布也很重要，但主要是从历史的角度来看。然而，一般来说，现代地质统计学并不过多关注其他参数分布，因为任何分布的数据都可以根据需要转换成任何其他分布，包括高斯分布。在数据非常稀疏的情况下，对数据值采用参数分布可能是唯一的选择。当有足够的数据时，则采用非参数分布。

对于地质科学相关的变量，没有一个通用的理论可以预测概率分布的参数形式。然而，某些分布形状是常见的。有一些统计检验可以判断一组数据值是否遵循特定的参数分布。但是这些检验在资源量估算中几乎没有价值，因为它们要求数据值彼此独立，而实际情况并非如此。

参数分布有三个显著的优点：（1）它们可以进行数学计算；（2）所有 z 值都

可以从解析上得到概率密度函数和累积分布函数；（3）它们用几个参数定义的。一般来说，参数分布的主要缺点是真实的数据不符合参数模型。然而，数据转换允许任何分布之后的数据转换为其他分布，从而利用了参数分布的大部分好处。

大多数数据分布往往不能很好地用参数分布模型予以表示。分布特征有时是非参数的。也就是说，所有的数据都被用试验比例来定义数据的分布，而不需要累积分布函数或概率密度函数的参数模型。在这种情况下，累积分布函数的概率分布可以直接从数据中推断出来，因此非参数分布更加灵活。累积分布函数被直接推断为小于或等于阈值的数据的比例。因此，某一比例与某一概率相关联。

非参数累积分布函数是一系列阶梯函数。可以使用某种形式的插值来提供一个更连续的分布 $F(z)$，它可以扩展到任意最小值 z_{min} 和任意最大值 z_{max}，通常采用线性插值。对于数据有限的高度偏斜数据分布，可以考虑更复杂的插值模型。

2.2.3 分位数

分位数是具有概率意义的特定 Z 值。分布 $F(z)$ 的 p 分位数是值 z_p，其中：$F(z_p) = \text{Prob}\{Z \leqslant z_p\} = p$。以 0.01 为增量从 0.01 到 0.99 的 99 个分位数称为百分位数。位于 0.1，0.2，…，0.9 的 9 个分位数称为十分位数。概率值为 0.25、0.5 和 0.75 的 3 个分位数称为四分位数，0.5 分位数也称为中值。累计分布函数为提取任何有用的分位数提供了工具。累积分布函数的数学逆被称为分位数函数：

$$z_p = F^{-1}(p) = q(p)$$

四分位数范围（IR 或 IQR）是上四分位数和下四分位数之间的差值：IR $= q(0.75) - q(0.25)$，IR 被用来作为分布扩散一个很好的度量。偏度标志就是均值与中值之差（$m\text{-}M$）的标志，表示正偏态或负偏态。

分位数用于以各种方式对分布进行比较。它们可以用来比较原始数据分布与模拟值，比较两种类型的样本，或比较来自两个不同实验室的化验结果。进行这种比较的一个好方法是使用一个匹配分位数的图，即一个分位数图（Q-Q 图）（图 2.6）。为了生成一个 Q-Q 图，必须首先选择一系列的概率值 p_k，$k = 1$，2，…，K；然后画出 $q_1(p_k)$ 与 $q_2(p_k)$ 并进行比较，$k = 1$，2，…，K。

如果所有的点都落在 45°线的沿线，则这两种分布是完全相同的。如果直线从 45°平移，但与之平行，则这两种分布的形状相同，但平均值不同。如果直线的斜率不是 45°，则两种分布的方差不同，但形状相似。如果两种分布的关系是非线性的，则两种分布的直方图形状和参数不同。

P-P 图考虑了一系列固定 Z 值的匹配概率。P-P 曲线将在 0 和 1（或 0 和 100%）之间变化，从最小值到最大值在两个分布中都存在。在实践中，Q-Q 图

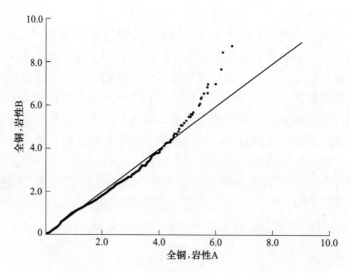

图 2.6　Q-Q 图示例。数据为全铜，对应两种不同的岩性

更有用，因为它们绘制品位、厚度、渗透性等数据，因此更容易根据样本值得出两种分布的比较结果。

2.2.4　期望值

随机变量的期望值是该随机变量概率的加权平均值：

$$E\{Z\} = m = \int_{-\infty}^{+\infty} z\mathrm{d}F(z) = \int_{-\infty}^{+\infty} zf(z)\,\mathrm{d}z$$

随机变量的期望值也被称为均值或一阶矩。期望值也可以看作是一个统计算子。它是一个线性算子。

来自均值的平方差的期望值被称为方差（σ^2），记作：

$$Var\{Z\} = E\{[Z - m_z]^2\} = \sigma^2$$
$$= E\{Z^2 - 2Z\,m_z + m_z^2\}$$
$$= E\{Z^2\} - 2\,m_z E\{Z\} + m_z^2 = E\{Z^2\} - m^2$$

方差的平方根就是标准差（σ 或 s）。标准偏差以变量的单元为单位。通常要计算出一个无量纲的变异系数（CV），即标准差除以均值的比值。

$$CV = \sigma/m$$

作为一种近似的指导标准，CV 小于 0.5 表示一组数据表现良好。CV 大于 2.0 或 2.5，表明数据分布具有显著的变异性，因此某些预测模型可能不合适。

除了均值外，还有其他的集中趋势度量。它们包括中位数（50% 的数据小于此值，50% 的数据大于此值）、众数（最常见的观察）和几何平均值。除了方差外，还有其他对分散度量方法。其中包括极差（最大和最小观测值之间的差异）、四分位范围（如上所述）和平均绝对偏差（*MAD*）。这些测量没有得到广泛的应用。

2.2.5 极值-特异值

少量很低或很高的值，可能会严重影响汇总统计数据，如数据的均值或方差、相关系数和空间连续性度量。如果它们被证明是错误值，那么应该从数据中剔除。对于作为有效样本的极值，有几种不同的处理方法：（1）将极值分类为一个单独的统计总体，以进行特殊处理；（2）使用对极值不太敏感的稳健统计。这些备选办法可在不同时间用于矿产资源量估算。一般原则是除非已知数据是错误的，否则不应修改数据，尽管这些数据对空间预测模型的影响可能有限。

许多地质统计学方法需要对数据进行转换以减少极值的影响。概率图有时可以用来帮助识别和纠正极值，如图 2.7 所示。分布的上尾值可以根据其他数据确定的趋势在线上向后移动。另一种方法是设置特异值阈值上限，将高于此值的值重置为特异阈值本身。特高数值可以作为一个单独的区域来计算（参考文献[21]）。在进行变量分析和资源评估时，有许多方法可以处理特异值。

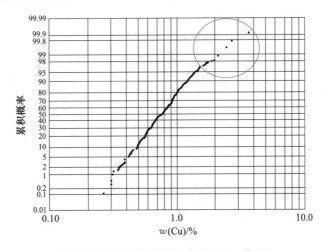

图 2.7　识别异常值的概率图（5 m 分组）

一般来说，需要在敏感性研究的基础上，逐个考虑特异值或极值，并考虑它们对局部和全局资源量估算的影响。

2.2.6 多变量分布

矿产资源量估算通常考虑多个变量，这些变量可以是矿床或品位的几何属性，如厚度，金、银或铜的品位。它们可能是在不同地点采样，但品位相同。在这些例子中使用了双变量和多变量统计。有许多关于多变量统计的参考文献，如

参考文献 [10]。

累积分布函数和概率密度函数可推展到二元情形。设 X 和 Y 是两个不同的变量，则累积分布函数 $F_{XY}(x, y)$，和概率密度函数 $f_{XY}(x, y)$ 的定义为：

$$F_{XY}(x,y) = \mathrm{Prob}\{X \leqslant x, \text{且} Y \leqslant y\}$$

$$f_{XY}(x,y) = \frac{\partial^2 F_{XY}(x,y)}{\partial_x \partial_y}$$

也可以定义一个二元直方图，也就是说，根据 X 和 Y 变量的范围划分到分组（bin）中，并绘制二元频率。更常见的是在算术或对数坐标上简单地绘制成对样本的散点图。图 2.8 为加拿大阿尔伯塔省北部油砂经过高斯变量变换后的实例。

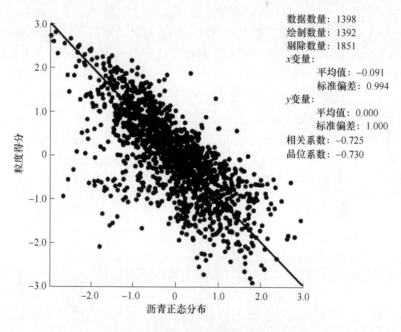

图 2.8　沥青与品位高斯变量的分布图

每个变量的均值和方差作为汇总统计。协方差用于表征二元分布：

$$Cov\{X, Y\} = E\{[X - m_X][Y - m_Y]\} = E\{XY\} - m_X m_Y$$

$$= \int_{-\infty}^{+\infty} \mathrm{d}x \int_{-\infty}^{+\infty} (x - m_X)(y - m_Y) f_{XY}(x, y) \mathrm{d}y$$

协方差的单位是两个变量的单位的乘积，例如，金品位（g/t）乘以厚度（m）。这些单位很难理解或解释，因此通常将协方差标准化。

协方差描述了二元关系是由一个正相关关系还是由一个负相关关系主导，见图 2.9。$[X - m_X][Y - m_Y]$ 乘积在第 II 和第 IV 象限是正值，在第 I、III 象限是负的。期望值是所有数据对乘积的平均值。图 2.9 示例中的协方差是正的，而图 2.8 的示例中协方差是负的，因为协方差与品位相关系数呈负相关。

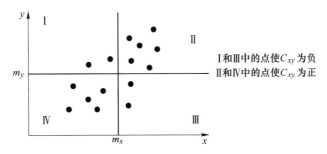

图 2.9 协方差示意图，把 X 的均值画为垂直线，Y 的均值画为水平线，四个象限予以编号

随机变量 X 和 Y 之间的相关系数定义为 X 和 Y 之间的协方差除以 X 和 Y 变量的标准差：

$$\rho_{XY} = \frac{Cov\{X, Y\}}{\sigma_X \sigma_Y}$$

相关系数是-1（完全负相关关系）和+1（完全正相关关系）之间的一个无量纲度量。这两个变量之间的独立意味着相关系数为零，但反之则不一定正确。协方差或相关系数为零意味着不存在明显的正相关关系或负相关关系，但变量之间可能存在非线性关系。

方差、协方差等二阶矩，受到特异值的显著影响。一些特异值可能破坏原本良好的相关性，也可能增强原本较差的相关性，如图 2.10 所示。左边的示意图说明了这样一种情况，一些特异值会使原本良好的相关性显得很低。右边的示意图显示了一个案例，在这个案例中，一些特异值使得原本很差的相关性显得很高。

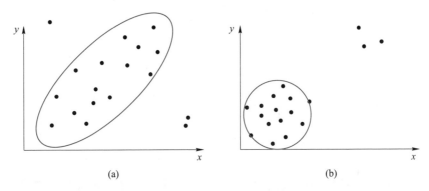

图 2.10 特异值破坏了良好的相关性（a）和增强了较差的相关性（b）

带有特异值的数据，其秩次（排列顺序）的相关性更强，这可以通过计算数据秩次的相关系数获得。用每个数据变量被其在数据集中的秩次所取代，然后利用秩次计算相关系数。

如图 2.8 所示，这两种相关系数在试验散点图中很常见，可以对这两种相关系数进行直接比较。它们之间的差异突出了是否存在特异值之类数据的特征，这些特点使得线性相关度量的意义大打折扣。经典的最小二乘回归法需要协方差，并不是通过数据转换计算出来的数据。因此，秩次相关系数只能用于数据开发。

至于单变量的情况，如果原始信息的数量不足以描述双变量分布，散点图的平滑处理是可能的，有时是必要的。

2.3　空间数据分析

本节介绍一系列用于更好地理解空间分布的工具。有几个工具可以使用，并应用于分析过程之中，被称为探索性数据分析，示例参见参考文献［13］。

将数据标示到各种剖面图或投影视图上，可以为收集数据和潜在的丛聚现象提供线索。根据不同的品位阈值，按不同颜色将值标记在不同的品位阈值上下，可以对高低品位趋势的连续性进行评估。

等值线图是用来了解趋势的。这些可以手工制作，也可以用电脑制作，可以用来帮助描述趋势。绘制等值线图通常是在二维平面上完成的，这些平面是根据平面网格坐标、剖面和纵剖面图加以定义的。在进行任何空间分析之前，通常先将这些位置旋转到一个局部坐标系，以便使主坐标轴与矿化的总体走向大体一致。

符号图可能比品位标示图更方便。符号能代表数据的某些重要方面，例如在不同的活动中、通过不同的钻探方法或在不同的时间点获得的钻孔数据。

指示值图是符号图的一种特殊形式。用二元变量来观察某些特征的存在或缺失，如高于或低于某些阈值的数据，或特定地质变量的存在或缺失。

2.3.1　解丛聚

数据很少是随机收集的。钻孔通常在最感兴趣的区域进行，例如在生产计划中首采地段的高品位区。这种在高品位区采集更多样本的做法不应该改变，因为它的结果是能使研究区域中最重要部分的数据数量最多。然后，需要调整直方图和汇总统计数据，以便能代表整个感兴趣的区域。

解丛聚技术根据与周围数据的紧密度为每个数据赋予一个权重 w_i，$i = 1$，$\cdots$，n。这些权重值大于 0，总和为 1。试验分布和所有汇总统计数据都是用权重而不是常数 $1/n$ 来计算的。

多边形解丛聚方法可能是最简单的（图 2.11；参考文献［13］），并按每个样本所代表的兴趣区的面积或体积按比例分配权重。研究表明，当兴趣区域的界限划分明确，且最大和最小权重值之比小于 10 比 1 时，这种方法很有效。

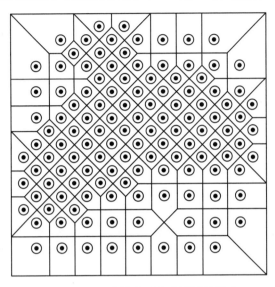

图 2.11　122 个样本对多边形域的影响

最近距离解丛聚技术是资源量估算中常用的一种方法，与多边形解丛聚方法类似，不同之处在于，它应用于一个规则的网块或网格节点。每个块都分配有离丛聚数组中最近的一个数据。因为它处理的是用于资源量估算的相同块，所以它在资源量估算中更为实用。

单元解丛聚技术是另一种常用的解丛聚技术。单元解丛聚工作如下：

（1）将兴趣区的体积分成网格 l，$l = 1$，$\cdots$，L；

（2）计算被占单元 L_0 和每个被占单元 n_{l0} 中的数据数量，$l_0 = 1$，$\cdots$，L_0；

（3）根据落入同一单元中的数据的数量，衡量每个数据的权重。例如，对于落入单元 l 中的数据 i，单元的解丛聚权重为：

$$w_i = \frac{1}{n_l \cdot L_0}$$

权重大于 0，总和为 1。每个被占单元被赋予相同的权重。未占单元没有任何权重。

图 2.12 显示了单元解丛聚过程。兴趣区被划分为一个网格，其中 36 个单元（$L = 36$），33 个单元被占（$L_0 = 33$）。每个被占单元中的数据数量是通过任意地将网格上的数据向右或向下移动来确定的。

权重取决于单元大小和网格网络的设置。需要注意的是，用于解丛聚的单元大小不是用于地质建模的块大小。它只是定义了一个中间网格，以便设置解丛聚

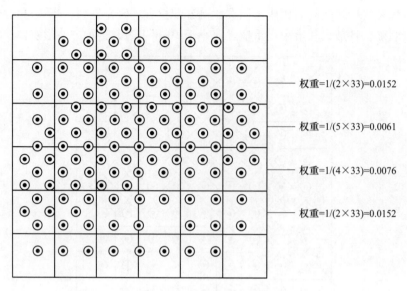

图 2.12　单元解丛聚方法

权重。

　　当单元格非常小时，每个数据都落在自己的单元格内，并接受某一等值权重。当单元格非常大时，所有数据都落在一个单元格中，且权重相同。选择最佳的网格起点、单元形状和大小需要作一些敏感性研究。通常，选择单元的大小，应该使在稀疏采样区中每个单元大约有一个数据，或者如果可能的话，根据潜在的准均匀采样网格来选择。

　　应该检查结果相对单元尺寸微小变化的敏感性。如果结果有很大的变化，那么最有可能的情况是，权重的变化是由一个或两个异常高或异常低的品位所致。

　　众所周知，在高值或者低值的区域会发生过度采样，所以可以通过选择权重，使其能够给出数据的最小或最大解丛聚数据平均值。应绘制解丛聚平均值与单元大小的关系图，并选择具有最低值（图 2.13，数据聚集在高值区域）或最高值（数据聚集在低值区域）的单元尺寸。应注意不要过度配合最小值。正确的单元大小应该近似于稀疏取样区中的数据间距。这种定性检查可用于确保单元格的尺寸大小适度，不至于选择太大或太小的单元格。

　　单元的形状取决于数据的几何构成，因为单元的大小需要调整到符合优先取样的主要方向。例如，如果样本在 X 方向上的间隔比在 Y 方向上的更紧密，则应该减少 X 方向上的单元格尺寸。

　　划分单元格网格的起点和单元格的数量 L 的选择必须使所有数据都包含在网格网络中。固定单元格大小和改变起点常常会导致解丛聚权重的不同。为了避免

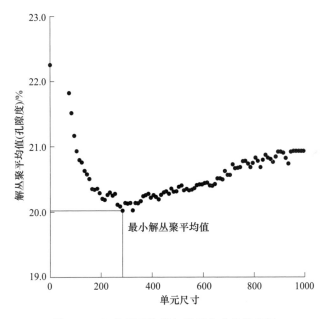

图 2.13 解丛聚平均值与单元大小的关系图

这种影响，对于相同大小的单元格，应该考虑许多不同的起始位置，然后对每个起点偏移量计算解丛聚权重的均值。

解丛聚过程假定真实分布的整个范围均被取样。否则数据就会有偏差，就需要纠偏技术。

这些技术包括用于纠偏的趋势建模和使用定性数据纠偏，本书没有介绍这些主题。

2.3.2 多变量解丛聚

解丛聚的权重根据数据的几何配置来确定。因此，在对多个变量平等采样的情况下，只计算一组解丛聚权重。但是，在采样不相等的情况下，需要计算不同的解丛聚权重。例如，在斑岩型铜-钼矿床中，有时需要铜和钼样品的两组解丛聚权重。

解丛聚权重主要用于确定每个变量的代表性直方图。不过，还需要多个变量之间的相关性。相同的一组解丛聚权重可以对每对数据进行加权，从而得出相关系数。

2.3.3 移动窗口与比例效应

移动窗口用于理解数据的局部空间行为，以及它与全局统计数据的区别。这个过程是把一个单元格网格放在兴趣区域上，这些单元格可能部分重叠，也可能不重叠，将其在整个域或矿床上移动，从而获得其中的统计信息。重叠窗口通常用于当窗口内的数据很少时，以期提供可靠的统计数据。

最常见的统计分析是窗口内数据的均值和标准差。

通过移动数据窗口计算出的平均值与标准差的关系图，可用于评估局部可变性的变化，参见图 2.14 中的示例。一般情况下，正偏斜分布表明，局部均值越高的窗口，局部标准差越大。这是许多作者所描述的比例效应，例如参考文献［4］［15］均对此进行描述。比例效应是由于偏斜的直方图所致，但它也可能表明空间趋势或缺乏空间同质性。比例效应图有时用来帮助确定矿床中的均质统计总体（第 4 章）。

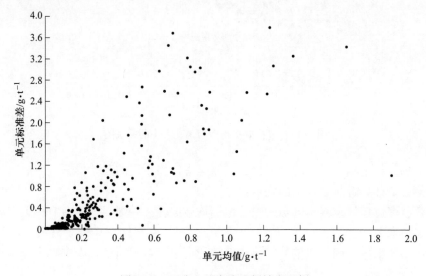

图 2.14　西非金矿床块比例效应示例

2.3.4　趋势建模

当一个趋势被检测到并被认为已经被很好地理解时，就会采用趋势建模。虽然有些地质统计估算方法对于趋势的存在是相当稳健的，例如普通克里格法（第 8 章；参考文献［16］），但还有许多其他方法，最明显的是对趋势相当敏感的模拟法（第 10 章）。

趋势被建模为确定性分量加上剩余分量。先去除确定性分量，然后通过估算或模拟仿真技术对剩余分量进行建模。最后，再将确定性趋势加回去。在这样的模型中，剩余分量的均值和趋势与剩余分量的相关性应该接近于 0。

钻孔数据通常是趋势检测的来源。在某些充分了解地质环境的情况下，可以在没有钻孔数据的情况下预测趋势和建模，但只是在没有其他选择的情况下才进行这种尝试。大比例尺空间特征可以在数据分析和建模的几个阶段进行检测。有时，简单的数据高程剖面可能显示出一种趋势，如图 2.15 所示。在其他情况下，横剖面、纵剖面或平面图上的简单等高线图足以识别和趋势建模。移动窗口的平均值还可以提供一个指标，说明局部均值和方差是否是平稳的。如果区域内的较大分组的局部均值和方差有显著变化，如图 2.14 所示，则可能还需要一个空间趋势模型。

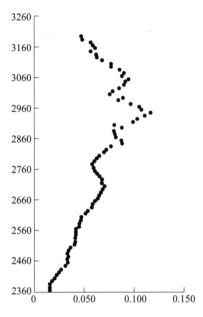

图 2.15　钼的垂直趋势示例

　　虽然对一个趋势的识别是主观的，但人们普遍认为趋势是确定的，不应该有短期的变化。应该从比数据间隔大得多的特征上识别趋势，比如整个数据域。这有时可以从试验变异函数中明显看得出，试验变异函数可以在任意方向或多个方向上显示趋势。随着滞后距离的增加，试验变异函数继续增加，超过了数据的方差（第 6 章；参考文献[15]）。这通常表明应该重新考虑平稳性的确定，并考虑该领域是否应该被细分或认为是一个趋势。

2.4　高斯分布与数据转换

　　高斯分布因其方便的统计特性而被广泛使用。高斯分布是由中心极限定理导出的，中心极限定理是统计学中最重要的定理之一。

　　单变量高斯分布的特征通过平均值（m）和标准偏差（σ）得以充分体现。概率密度函数为：

$$g(z) = \frac{1}{\sigma \sqrt{2\pi}} \exp\left[-\frac{1}{2} \left(\frac{z - m}{\sigma} \right)^2 \right]$$

　　将数据转换成高斯分布是很常见的。在许多情况下，非采样点的不确定性预测在高斯分布下变得容易得多。

　　将任何分布转换为高斯分布的最简单方法是一种直接的"分位数到分位数"的转换，即使用每个分布的累积分布函数进行转换。这就是所谓的正态分数（NS）变换，见图 2.16。通过分位数变换实现 NS 变换：

$$y = G^{-1}\left[F(z) \right]$$

它可以通过如下函数转换回去：

$$z = F^{-1}\left[G(y) \right]$$

除非分布是对称的，否则期望值不应该被转换回去。

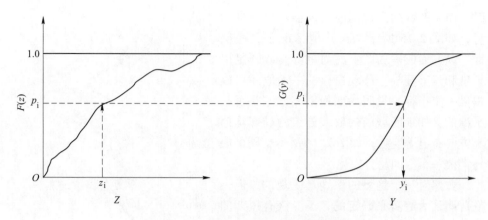

图 2.16　利用累积分布函数进行数据转换

当标准化变量 y 为标准高斯分布时，变量 z 为非标准高斯分布。非标准高斯值很容易转换成标准高斯值，或从标准高斯值转换回来。

$$y = \frac{z - m_z}{\sigma_z}$$

$$z = y \cdot \sigma_z + m_z$$

正态分数转换就是保秩转换并且是可逆的。进行这种转换的缺点是数值本身的意义不太清楚，很难解释，而且由于过程的非线性，分布参数不能直接进行反向转换。

原始分布中的常数峰值可能会导致问题。高斯值是连续的，在转换数据之前必须解决原分布中的关联（等值）问题。通常有两种不同的方法来打破这种关联。更简单的方法是给每个关联添加一个小的随机分量，这是流行软件包中最常用的方法，比如 GSLIB 程序。更好的替代方法是根据数据的本地平均值添加一个随机分量，它根据附近数据的本地品位对这些关联进行排序。尽管在时间和计算机工作量方面比较麻烦，但是当含有同值原始数据的比例非常大时，这是值得的。来自含金低温热液矿床的典型钻孔数据可以显示接近或低于实验室检测极限的大量数值，有时高达 50% 或 60%，在这种情况下，使用局部平均法可以更好地消除峰值。当然，另一个选择是把贫矿或未矿化的物质分开到它自己的平稳总体中。当贫矿的空间布局是可预测的时候，这么做是合理的。

2.5　数据集成与推断

空间变量的预测需要考虑不同位置变量值的多元分布。推断需要结合样本数据来估计未知的位置。条件分布的计算是应用统计学理论中最重要的定律之一贝叶斯定律（Bayes'Law）完成的。

贝叶斯定律提供了某一事件发生的概率，前提是（或条件是）另一事件已经发生。贝叶斯定律的数学表达式为：

$$P(\mathrm{E}_1 | \mathrm{E}_2) = \frac{P(\mathrm{E}_1 \text{ 和 } \mathrm{E}_2)}{P(\mathrm{E}_2)}$$

式中，E_1 和 E_2 为事件；P 为概率。

如果 E_1 和 E_2 是独立事件，那么知道已发生的 E_1 并不会提供关于 E_2 是否会发生的额外信息：

$$P(\mathrm{E}_1 | \mathrm{E}_2) = P(\mathrm{E}_1)$$
$$P(\mathrm{E}_1 \text{ 和 } \mathrm{E}_2) = P(\mathrm{E}_1) \cdot P(\mathrm{E}_2)$$

对多元变量的直接推断往往是困难的，因而使用多元高斯模型。主要是因为它很容易扩展到更高的维度。二元高斯分布定义为：

$$(X, Y) \rightarrow N(0, 1, \rho_{X,Y})$$

$$f_{X,Y}(x, y) = \frac{1}{2\pi \sqrt{1 - \rho^2}} \exp\left[-\frac{1}{2(1 - \rho^2)}(x^2 - 2\rho xy + y^2) \right]$$

这两个变量之间的关系由一个参数定义，即相关系数，在 XY 剖面图中，概率等值线是椭圆形的。给定 X 事件时 Y 的条件期望是条件事件的线性函数：

$$E\{Y | X = x\} = m_Y + \rho_{X,Y} + \frac{\sigma_Y}{\sigma_X}(x - m_X)$$

条件期望遵循直线 $y = mx + b$ 的方程，其中 m 为斜率（相关系数），b 为截距（均值）。

条件方差与条件事件无关。这是一个重要的考虑因素，它将影响到一些地质统计学方法，这将在后面描述，这个因素被表达为：

$$Var\{Y | X = x\} = \sigma_Y^2(1 - \rho_{X,Y}^2)$$

对于标准的二元高斯分布（即 X 和 Y 的均值均为 0，方差均为 1.0），参数为：

$$E\{Y | X = x\} = \rho_{X,Y} \cdot x$$
$$Var\{Y | X = x\} = 1 - \rho_{X,Y}^2$$

扩展到多元分布很简单，可以记作：

$$N(\boldsymbol{x}; \boldsymbol{\mu}, \textstyle\sum) = \frac{1}{(\sqrt{2\pi})^d |\sum|^{1/2}} \cdot \exp\left[-\frac{1}{2}(\boldsymbol{x} - \boldsymbol{\mu})^{\mathrm{T}} \textstyle\sum^{-1}(X - \boldsymbol{\mu}) \right]$$

式中，d 为 $\boldsymbol{x}$ 的维度。请注意 $\boldsymbol{\mu}$ 是一个 $d{\times}1$ 向量，$\sum$ 是一个 $d{\times}d$ 的正定对称方差-协方差矩阵。表达式 $|\sum|$ 是 $\sum$ 的行列式。$\boldsymbol{\mu}$ 是分布的均值，$|\sum|$ 为协方差矩阵。$\boldsymbol{\mu}$ 的第 i 个元素表示在随机向量 $\boldsymbol{x}$ 中第 i 个分量的期望值。同理，$\sum$ 的 (i, j) 分量表示 $\boldsymbol{x}_i \boldsymbol{x}_j$，减去 $\boldsymbol{\mu}_i \boldsymbol{\mu}_j$ 的期望值。对角元素是对应的 $\boldsymbol{x}$ 分量的方差。

多元（N-变量）高斯分布具有一些特殊的性质。

（1）所有的低阶 N-k 边际分布和条件分布都是高斯分布。

（2）所有条件期望都是条件数据的线性函数：

$$E\{X_i | X_j = x_j, \forall j \neq i\} = \sum_{j \neq i} \lambda_j x_j = \varphi(x_j, j \neq i) = [x_i]_{\text{SK}}^*$$

（3）所有的条件方差都是同方差的（与数据值无关）：

$$E\{[x_i - \varphi(x_j, j \neq i)]^2 | X_j = x_j, \forall j \neq i\} = E\{[X_i - \varphi(x_j, j \neq i)]^2\}$$

条件期望值是数据的线性函数。所有高斯变量的线性组合也是高斯的，特别是平均值也是高斯的。此外，条件方差是与数据值无关的，这一特性称为同方差性。

在地质统计学中，通常假定品位变量的正态分数是在地质定义域内的多元高斯分布。这样做是为了方便，因为简单的协克里格法（CO）精确地提供了所有条件分布的均值和方差，如第 8~10 章所述。

进行单变量正态分数变换可以保证单变量高斯分布，但不能保证多变量高斯分布。该转换不消除非线性或其他约束。这种变换在很大程度上消除了比例效应和异方差，然后通过反变换重新导入。在矿产资源估算中，由于数据的复杂性和对许多数据的要求，很少进行多元分布的转换。

一个离散变量或分类变量的概率分布由每个类别的概率或比例来定义，即 p_k, $k = 1, \cdots, K$，这里有 K 个类别。概率必须是非负的，且总和为 1.0。p_k 值表完整地描述了数据分布。但是，有时考虑如图 2.17 所示的直方图和累积直方图比较方便：

累积直方图是离散类别的任意顺序的一系列阶梯函数。这样的累积直方图对于描述目的没有用处，但是对于蒙特卡罗模拟和数据转换是需要的。一般来说顺序并不重要，但也不总是。排序影响结果的情况将在本书后面讨论。

考虑 K 个互斥的类别 s_k, $k = 1, \cdots, K$。这个列表也是详尽无遗的。也就是说，任何位置 u 只属于 K 个类别中的一个。设 $i(u; s_k)$ 为与类别 s 对应的指标变量，若位置 u 在 s_k 内，则设为 1，否则为 0：

$$i(u_j; s_k) = \begin{cases} 1, & \text{位置} u_j \text{在类别} s_k \text{内} \\ 0, & \text{其他} \end{cases}$$

互斥和穷尽性包含以下关系：

$$i(u; s_k) \cdot i(u; s_{k'}) = 0, \quad \forall k \neq k'$$

$$\sum_{k=1}^{k} i(u; s_k) = 1$$

每个类别 $s_k (k = 1, \cdots, K)$ 的指示平均值，表示该类别中数据的比例：

$$p_k = \overline{i(u; s_k)} = \frac{\sum_{j=1}^{N} w_j i(u; s_k)}{\sum_{j=1}^{N} w_j}$$

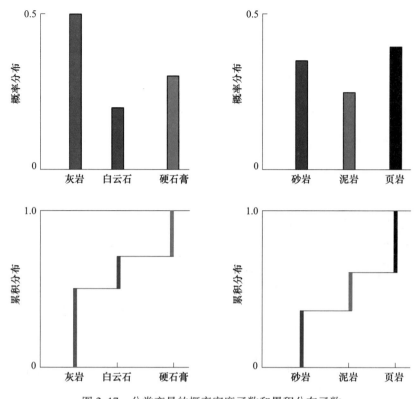

图 2.17 分类变量的概率密度函数和累积分布函数

每个类别 $s_k(k = 1, \cdots, K)$ 的指示方差，是指示平均值的简单函数：

$$Var\{i(u;s_k)\} = \frac{\sum\limits_{j=1}^{n} w_j \left[i(u_j;s_k) - p_k \right]^2}{\sum\limits_{j=1}^{N} W_j} = p_k(1.0 - p_k)$$

方差将用于标准化变异函数，以便更快地对不同类别进行解释和比较。

2.6 练习

这个练习的目的是复习一些数学原理，熟悉一些符号，做一些常见的概率分布模型，并获得一些解丛聚的经验。可能需要一些特定的（地质）统计学软件。该功能可以在不同的公共领域或商业软件中找到。请在开始练习前取得所需软件。数据文件可以从作者的网站下载（通过 Springer 官方网站查询，搜索引擎会显示下载地址）。

2.6.1 第一部分：微积分与代数

Q1 考虑函数 $(aX + bY)(X + Y)$。计算这个函数对 X 和 Y 的导数。

Q2　计算以下函数的积分：

$$\int_0^5 \frac{1}{2} x^2 + x^3 - \frac{1}{4} x^5 \mathrm{d}x$$

Q3　考虑以下三个矩阵：

$$\mathbf{A} = \begin{bmatrix} 5 & 2 \\ 2 & 3 \end{bmatrix} ; \ \mathbf{B} = \begin{bmatrix} 1 \\ 4 \end{bmatrix} ; \ \mathbf{C} = \begin{bmatrix} 2 & 3 \end{bmatrix}$$

AB、**AC**$^\mathrm{T}$ 和（**AB**）**C** 的结果是什么？

2.6.2　第二部分：高斯分布

考虑标准高斯或正态分布，这在统计学和地质统计学中是非常重要的，因为它是中心极限定理的极限分布，在数学上是可处理的。

Q1　检验独立随机变量的和是否趋于正态分布：（1）在 Excel 中设置一个 100 行 10 列的网格，使用 0 到 1 之间的均匀随机数；（2）用前 10 列的和创建第 11 列；（3）绘制第 11 列的直方图；（4）评述。

Q2　在 0 和 1 之间均匀概率分布的均值和方差是什么？从中心极限定理得知，10 个值相加的平均值应该是这个平均值乘以 10，请对照 **Q1** 检查并予评述。从中心极限定理可得知，方差乘以 10 是什么？请对照 **Q1** 检查并予评述。

Q3　用总和（第 11 列）减去均值再除以标准差，在电子表格中创建第 12 列。即，$y_{12} = (y_{11} - m)/\sigma$。绘制直方图并计算此标准偏差的统计数据。对结果予以评述。

2.6.3　第三部分：均匀分布

考虑图 2.18 指定的均匀分布。

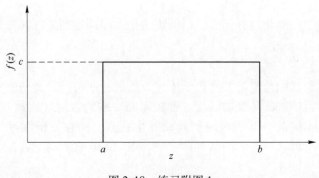

图 2.18　练习附图 1

Q1　写出上述均匀分布的累积分布函数（cdf）的定义和方程。根据上述概率密度函数（pdf）绘制相应的 cdf。

Q2 使 $f(z)$ 成为合规概率分布的 c 值是多少？将答案写成关于 a 和 b 的形式。

Q3 变量 Z 对于 a、b、c 的期望值（或平均值）是多少？求解积分。

Q4 变量 Z 对于 a、b、c 的方差是多少？求 Z_2 的期望值，然后用如下方程解出方差：

$$\sigma^2 = E\{Z_2\} - [E\{Z\}]^2$$

Q5 90%的概率区间是多少？写出对应于 cdf 的函数，求出第 5 和第 95 分位数。

这个练习的目的是要熟悉使用解丛聚来推断一个有代表性的概率分布的不同方法。这里需要解丛聚软件和具体的数据集。

2.6.4 小规模解丛聚

考虑数据库 red. dat 中的 2D 数据。数据如图 2.19 所示。67 个钻孔交切点都有钻孔编号、位置、厚度、四个品位值以及岩石类型。该地区从北向 20100 线到 20400 线，海拔从-600 m 到 0 m。岩石类型只是一个说明低于或高于-300 m 的标志，在那个高度以下有一处差异值得注意。

Q1 绘制厚度和金品位的位置图。绘制所有金品位的直方图，不考虑任何解丛聚权重。

Q2 设置并运行多边形解丛聚，得到一张像右侧的映射图。绘制金品位的解丛聚直方图。

Q3 单元解丛聚被广泛使用，因为它在 3D 中稳健，并且对边缘效应不敏感。在某一单元格大小范围内运行单元解丛聚，解释您的参数选择。绘制解丛聚平均值与单元大小的关系图，选择一个单元尺寸，并论证您的选择。将结果与上述结果进行比较。

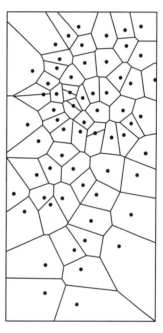

图 2.19 练习附图 2

2.6.5 大规模解丛聚

考虑数据库 largedata. dat 中的 3D Au/Cu 数据。这些数据将在以后的一些练习中使用，届时需要这两个变量在所有岩石类型中的解丛聚分布。

Q1 根据岩石类型考虑单元解丛聚，并综合考虑所有数据。比较结果并评论首选的方法。准备一组合适的图来支持您的结论，包括解丛聚平均值对单元大小的图，以及解丛聚平均值和标准差的表格。

Q2　为后续建模收集参考分布（基于您选择的方法）。

参 考 文 献

［1］ Abramovitz M, Stegun I (1964) Handbook of mathematical functions. Dover Publications, New York, p 1046

［2］ Anderson T (1958) An introduction to multivariate statistical analysis. Wiley, New York

［3］ Borradaile GJ (2003) Statistics of earth science data. Springer, Heidelberg

［4］ David M (1977) Geostatistical ore reserve estimation. Elsevier, Amsterdam

［5］ Davis JC (1986) Statistics and data analysis in geology, 2nd edn. Wiley, New York, p 646

［6］ de Moivre A (1738) The doctrine of chances: or, a method for calculating the probabilities of events in play, 2nd edn. printed by H. Woodfall, London

［7］ Deutsch CV (1989) DECLUS: A FORTRAN 77 program for determining optimum spatial declustering weights. Comput Geosci 15 (3): 325-332

［8］ Deutsch CV (2002) Geostatistical reservoir modeling. Oxford University Press, New York, p 376

［9］ Deustch CV, Journel AG (1997) GSLIB: geostatistical software library and user's guide, 2nd edn. Oxford University Press, New York, p 369

［10］ Dillon W, Goldstein M (1984) Multivariate analysis: methods and applications. Wiley, New York, p 587

［11］ Gauss CF (1809) Theoria Motus Corporum Coelestium in sectionibus conicis solem ambientium. English translation by C. H. Davis, reprinted 1963, Dover, New York

［12］ Goovaerts P (1997) Geostatistics for natural resources evaluation. Oxford University Press, New York, p 483

［13］ Isaaks EH, Srivastava RM (1989) An introduction to applied geostatistics. Oxford University Press, New York, p 561

［14］ Journel AG (1983) Non-parametric estimation of spatial distributions. Math Geol 15 (3): 445-468

［15］ Journel AG, Huijbregts ChJ (1978) Mining geostatistics. Academic Press, New York

［16］ Journel AG, Rossi ME (1989) When do we need a trend model? Math Geol 22 (8): 715-739

［17］ Koch G, Link R (1986) Statistical analysis of geological data, 2nd edn. Wiley, New York

［18］ Lapin LL (1983) Probability and statistics for modern engineering. PWS Publishers, Boston, p 624

［19］ Laplace PS (1812) Théorie analytique des probabilités. Printed in 1814 by Mme. Ve. Courier, Paris

［20］ Legendre AM (1806) Nouvelles Methodes pour la Determination des Orbites des Cometes. F. Didot, Paris

［21］ Parker HM (1991) Statistical treatment of outlier data in epithermal gold deposit reserve estimation. Math Geol 23: 125-199

［22］ Ripley BD (1987) Spatial statistics, 2nd edn. Wiley, New York Rohatgi VK, Ehsanes Saleh

AK Md (2000) An introduction to probability and statistics. Wiley, New York

[23] Sichel HS (1952) New methods in the statistical evaluation of mine sampling data. Trans Inst Min Metall Lond 61: 261

[24] Verly G (1984) Estimation of spatial point and block distributions: the multigaussian model. PhD Dissertation, Department of Applied Earth Sciences, Stanford University

3 地质控制和块体建模

摘 要 矿物成矿是由复杂的过程控制的。而矿床结构部分是确定性的，部分是随机性的。大规模的确定性地质控制因素必须予以明确考虑。块体模型通常用于矿床的离散化，因为它们提供了地质变量的一种空间表示以及存储其他重要属性的有用形式，包括估算的品位。

3.1 地质成矿控制

用于支撑资源量估算的地质学，是通过详细的勘查工作（包括钻孔）所收集记录的信息分析来理解的。地表填图、地下编录和取样，以及地球化学和地球物理调查也能有所贡献，特别是在项目开发的初期阶段。本章假定钻孔信息是地质建模的基础，同时承认所有地质解释都是定量和定性信息的综合结果。

图 3.1 是智利北部斯宾塞（Spence）铜矿项目的地质记录实例。编录表显示了起始终了时间长度间隔、图示岩性（以字符和图形代码表示）、矿化类型、构造、已发现矿物的种类和所占比例、蚀变、脉石矿物，以及细脉的产状和类型。所收集的具体信息因矿床的不同而不同。

矿产资源量估算的最终目标是建立一个能够对采矿作业将要采出的矿量和品位进行准确预测的数值模型。为了有助于此，要对控制矿物成矿的地质变量进行建模。某些地质变量对资源量估算有更大的意义，即与矿化有更强或更直接关系的地质变量。例如层控型或沉积型矿床（例如砂岩和/或角砾岩中的铀、金或铜）中某些岩石的裂隙和渗透性，携带矿石矿物的流体将优先通过有裂隙的可渗透性岩石。其他例子包括某些矿物的地球化学稳定性和低品位大型贵金属矿床的裂隙密度。这些具体的地质变量应成为地质调查和建模的重点，以提升资源量估算的质量。

图 3.1 所示的信息以及其他具体实地信息是分析地质变量与品位分布关系的基础。并非所有的图形地质资料都将是重要的矿化控制，因此可能无助于品位估算。图 3.1 所示的地质描述过于详细，无法实际应用于控制确定。一个重要的挑战是确定那些需要解释、建模并带入块体模型的重要地质变量。这些可能包括建立选冶和岩土模型所需的变量，如某些类型黏土的富集程度、岩石硬度指数、选

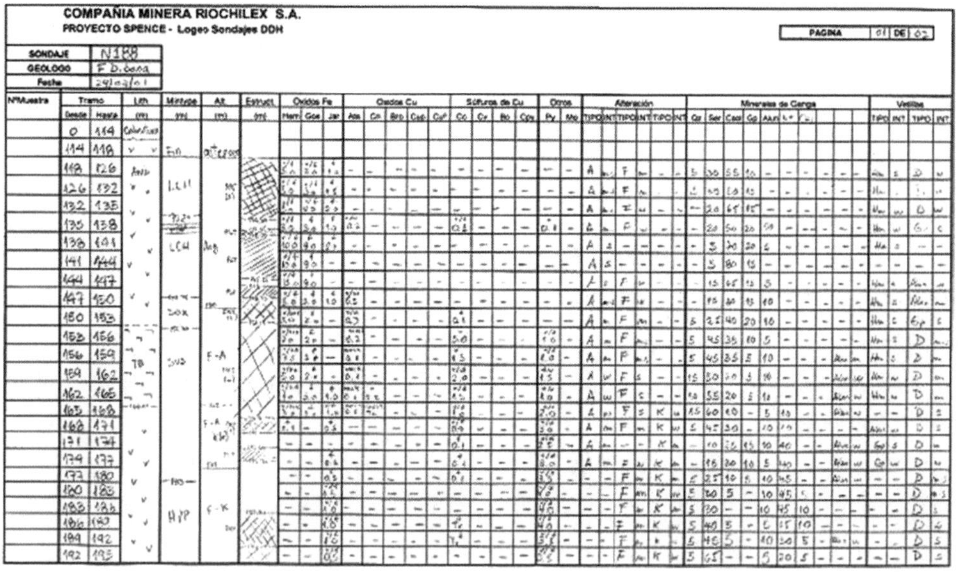

图 3.1 必和必拓公司在智利北部斯宾塞铜矿的地质编录（谨谢必和必拓）

冶回收率和裂隙密度。

块体模型中可供考虑的地质细节程度是有限的。这取决于矿床的大小和可用钻孔信息的数量。在每个划定的地质总体中，在所获得的详细程度和统计分析的稳健性之间存在某种折中。没有地质支持的资源模型是不充分的，因为地质因素高度制约品位的分布。但是，过多的细节并不可取，因为它创建的估算域数据太少，无法进行可靠的统计推断。

虽然没有硬性规则可以用来确定所需的数据量，但一般的指导方针是为每个域获得一个可靠的空间连续性模型，以及一个稳健的品位估计。

定义太多的地质因素/域对估算没有帮助。奇卡马塔（Chuquicamata）铜矿就是这样一个实例。在 20 世纪 90 年代中期，在硫化物区定义了 64 个估算域来支持资源模型。虽然从地质学的观点来看，尽管这些单元可以清楚区分和恰当描述，但其中许多单元的矿化控制很弱，在某些情况下没有足够的数据支持进行有力的推论。因此，其估算很糟糕。在 20 世纪 90 年代后期，将生产数据对照预测数据进行审查后，把资源模型中使用的估算域减少到 30 个以内，还对整个资源建模过程进行其他改进。然后，人们认识到减少评估域的数量可以改善资源模型。

随着项目从早期勘查进入资源定义和预可行性研究阶段，为勘查和资源划定收集地质资料需要更多的规划和控制。需要考虑的方面如下：

（1）为数据收集和地质工作制定详细的书面方案。虽然它们需要不断更新，但它们将在整个项目中使用。方案应描述野外地质工作者控制钻探的程序、钻机现场使用的取样方案和设备、相应的编录和日志、所用手持测井仪器设备的使用和维护程序（如果有的话）、实验室分析管理的质量控制和质量保证（QA/QC）程序以及样品的保管。方案和规程的一致使用将有助于创建更可靠的数据库。

（2）积极监督和持续培训所有有关人员，确保正确和一致地应用规程和方案。如果没有训练和监督，方案就没有什么价值。

（3）正确管理记录和填图的地质资料，包括处置、储存、电子录入和解释/评价。这可能包括根据规定的惯例对钻孔信息的描述、已完成工作的适当存档、对相同的档案文件进行适当的保存，并提供详细的描述，作为未来审核的文件记录。

（4）（手工）绘制的部分解释工作，可以动态地了解地质控制并能更好地管理今后的数据收集活动。

（5）在样品制备和分析过程中，正确储存和保留采样后剩余一半的岩芯、现场样品剔除、粗副样和细副样的舍弃都是至关重要的。在项目的早期阶段就应做好计划，充足、适当地储存钻探过程中产生的多余样品物料。储存区应加盖保护、清洁并组织良好。

（6）由于质量控制不良或缺乏质量保证程序而造成的信息丢失等情况是非常严重的错误。一个经常遇到的问题是与钻孔有关的信息（地质编录、孔口的地形测量、钻孔倾角的孔内测量、实验室化验证明等）杂乱无章和错位。它可能会存放于不同的文件柜，不同的办公室，或者世界上不同的地方。其结果是导致昂贵信息丢失的可能性很高。推荐的解决方案是用一个档案盒（每个钻孔一个）将所有相关信息保存起来，并在不同的地方进行备份。另一个常见的疏忽是信息电脑化过程中不适当的备份规程。

（7）矿化控制的确定和建模。必须对岩性、蚀变、矿化、构造和其他有关资料进行分析和解释。即使并非所有这些变量都能解释矿化控制，也必须维护这些数据。这一过程应结合实地观察、似乎真实的成因理论，并广泛利用统计工具（第2、4章）来确定地质控制。这个过程是反复的，一旦有足够的信息来统计描述品位和地质体之间的关系，就应该立即开始。

（8）开发一个地质模型，充分掌握矿化控制，用于估算域和品位估算。这是对用于勘查的工作地质模型的补充。

（9）模型的有效提出和沟通，应被视为工作本身的一个基本部分。使用可视化工具，如三维模型，二维剖面图和平面图是必不可少的。适当的比例尺一般为1∶200~1∶10000。绘图应显示用颜色编码的钻孔信息（地质和化验）、正在进行的工作或代表解释地质变量的最终多边形，以及地形和/或基岩表面。所有的钻孔都要正确标识。如果显示横剖面或纵剖面，在图的顶部有一个显示钻孔轨迹的俯视平面图是很方便的。三维可视化工具应该平常用于验证和演示目的。

表 3.1~表 3.3 为必和必拓经营的智利北部埃斯康迪达（Escondida）矿的岩性、蚀变和矿化类型变量的一个例子。这些表显示了填图、记录，并在 2001 年建模的变量。

表 3.1 岩性填图、编录和建模（经必和必拓许可使用）

岩　性	填图/编录代码	建模（2001 年 10 月模型）
长石斑岩（埃斯康迪达斑岩）	PF	以此为模型
流纹岩	PC	以此为模型
未划分的斑岩	PU	根据其空间位置将其建模为 PF 或 AN
安山岩	AN	以此为模型
火成角砾岩	BI	建模为角砾（单个单元）
热液角砾岩	BH	建模为角砾（单个单元）
构造角砾岩	BT	建模为角砾（单个单元）
砾石	GR	以此为模型
晚期英安岩	DT	被包含在主单元中
闪长岩	DR	被包含在主单元中
凝灰岩	TB	被包含在主单元中
砾石岩脉	PD	被包含在主单元中

表 3.2 矿化填图、编录和建模（经必和必拓许可使用）

矿 化 类 型	填图/编录代码	建模（2001 年 10 月模型）
淋滤	LX	以此为模型
铜蓝（铜氧化物）	OX	以此为模型
赤铜矿	CP	建模为赤铜矿
赤铜矿+铜氧化物	CPOX	建模为赤铜矿
赤铜矿+混合物	CPMX	建模为赤铜矿
赤铜矿+辉铜矿+黄铁矿	CPCCPY	建模为赤铜矿
部分淋滤	PL	以此为模型
混合氧化铜+硫化物	MX	以此为模型
辉铜矿+黄铁矿	HE1	模拟为高品位
辉铜矿+铜蓝+黄铁矿	HE2	模拟为高品位
铜蓝+黄铁矿	HE3	模拟为高品位
辉铜矿+黄铜矿+黄铁矿	LE1	模拟为高品位
辉铜矿+铜蓝+黄铜矿+黄铁矿	LE2	模拟为高品位
铜蓝+黄铜矿+黄铁矿	LE3	模拟为高品位
黄铁矿	PR1	模拟为原生矿
黄铜矿+黄铁矿	PR2	模拟为原生矿
斑铜矿+黄铜矿和黄铁矿	PR3	以此为模型

表 3.3　蚀变填图、编录和建模（经必和必拓许可使用）

蚀 变 类 型	填图/编录代码	建模（2001 年 10 月模型）
未蚀变的	F	没有建模
青盘岩化	P	未明确建模
绿泥石-绢云母-黏土	SCC	以此为建模
石英-绢云母	S	建模为 QSC
钾化	K	建模为 K-B
黑云母化	B	建模为 K-B
泥化	AA	建模为 QSC
黏土	AS	建模为 QSC
硅质岩	Q	建模为 QSC
斑岩中钾-绢云母的过渡带	QSC	建模为 QSC
安山岩中硅化绢云母-绿泥石黏土	SSCC	建模为 SCC
斑岩中硅化石英绢云母黏土	SQSC	建模为 QSC

　　某一给定单元没有被建模可能有几个原因。例如，在建模时，英安岩、闪长岩、砾石岩脉和凝灰岩被纳入到包围其的主要单元内，因为与采矿规模相比，其空间规模并不重要（表 3.1）。未划分斑岩是介于安山岩型岩石和长石斑岩之间的过渡岩性，或者是由于样品蚀变太强或太破碎而无法被正确识别而被记录下来。无论哪种情况，未划分斑岩通常位于安山岩-埃斯康迪达斑岩接触带，因此它被归并为一个或另一个最接近的岩性。

　　矿化类型（表 3.2）被认为是最重要的矿化控制因素。更多的填图和日志单元实际上是被建模的。而且，不同的矿化类型被分配到不同的选厂。氧化矿在酸性浸出过程中通过溶剂萃取和电解（SXEW）被回收厂回收，而硫化物矿（高富集、低富集和初级矿化）则在浮选厂进行回收。因为含赤铜矿的单元很小，所以是一起建模的。

　　对蚀变带进行了更多的分组，因为它们更难精确地编录。过渡单元多为不同蚀变事件的合并单元，这使其编录和建模变得复杂。因此，地质学家倾向于只对主要单元进行建模，见表 3.3。

　　这个示例显示编录和记录了一些变量，但不一定建模。这个例子是一个特定的斑岩型铜矿，但填图、编录和建模地质变量的过程是通用的，适用于其他类型的矿床。

　　图 3.2 和图 3.3 显示了岩性解释的平面图和剖面图。该矿床用于模拟岩性的剖面间距为 50 m，台阶高 15 m。只有体积足够大的单元才能被代表。两个图使用相同的颜色代码，图 3.2 显示了单元名称和颜色之间的对应关系。

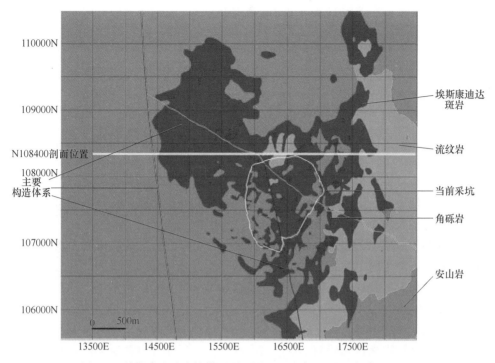

图 3.2 埃斯康迪达岩性模型平面图，2001 年 10 月，标高 2800 m，
剖面 N108400 的位置如图 3.3 所示

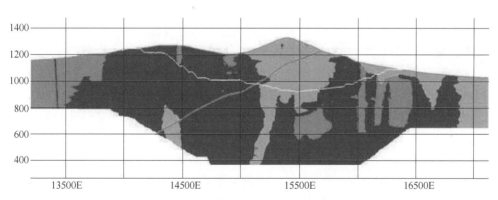

图 3.3 埃斯康迪达岩性模型剖面图，2001 年 10 月，N108400，
向北看，对应图 3.2 所示的剖面线

3.2 地质解释与建模

创建地质模型的传统方法就是对剖面图和平面图上的地质变量进行解释，然
后将这些解释扩展到三维体积上。有时被称为确定性地质建模，因为它不进行不

确定性度量。解释后的模型被假定为是准确的。

地质解释和建模要利用从其他矿床类型的研究中获得的数据和一般地质认识。这些外部信息可能包括地质知识、关于矿床成因的合理理论以及类似矿床的以往经验。尽管有时构建模型既困难又耗时，但确定性的解释是首选的，因为它们是唯一的且易于管理。

创建良好的剖面图或平面图的一些基本准则是值得注意的。首先，必须适当地画出感兴趣的特征，并清楚地加以标记。这些特征包括坐标轴和参考基准。地图还应该包括一个标题栏，其中包括图纸的标题以及责任签中的作图者和日期。任何第三方应该能够很容易地弄清楚他们在看什么，从什么角度看。

绘制的地质体应该基于足够数量的钻孔信息和其他地质认识，其中可能包括一个矿床、地表填图、构造和放射性信息的模型。地表有时被称为数字地形模型（DTM），当线框图被用来定义与地质变量相对应的三维地质体时，线框图的另一种替代方法是简单地将二维多边形形状挤压或延伸到解释平面的任意一边一个固定的距离。尽管这个选项更简单、更快，但它常常导致模型过于简单，有时还不一致。

图形的绘制应该具有一定的置信度，这与数据密度有关。如果各剖面之间不能确立连续性，那么对解释的置信度就会很差。进行充分解释所需的钻孔间距与矿化类型有关。小矿脉型矿床钻孔信息的间距可能是 20 m 或以下，而大型矿床的钻孔信息间距可大于 50 m、70 m，或者更大。无论在哪种情况下，所模拟的地质变量对于两条或三条钻孔间隔剖面应该是连续的，这意味着在对连续性具有合理的置信度。然而，虽然它永远不应成为公布的官方资源的一部分，但有时必须允许对地质特征进行推断，以有助于今后的勘查。

应明确规定关于深部推断或者通过最后信息点横向外推的规则，避免过度外推的一个安全的选择是在钻孔信息周围创建一个外包络线，以约束解释和建模。

钻孔数据和钻孔位置的平面图为地质解释提供了基础，要根据钻孔分布来选择剖面，多个剖面被组合成一个与所有剖面信息一致的三维模型。

获取地质属性模型的最简单方法是基于二维解释，通常是在剖面上进行。由此获得的多边形经解释得出了形状，再根据第二组纵剖面对其进行细化。最后，可以在平面图上对模型进行细化。图 3.2 和图 3.3 所示就是对岩性模型进行的这种分析。

二维解释的顺序取决于矿床的几何形状。对于露天矿、浸染型矿床，最后一步应该是平面视图，因为采矿工程师通常会按照台阶来设计开采作业。对于脉状矿床，最重要的视图可能是横剖面，尽管有时是沿纵向的视图。简单的解释可以在两个剖面图中跳过一个，例如纵剖面。这对于处于勘查早期阶段的矿床来说是可以接受的。

经埃斯康迪达矿业有限公司和必和必拓的许可，在这里复制了埃斯康迪达北矿床地表和体积建模的一个例子。图3.4显示了矿化模型生成的步骤。用表面和三维形状的组合来定义代表矿化带的不同体积，包括一种矿化类型内的斑块和残存。虽然只显示了一组剖面，但是这个过程对于正交剖面是重复的。

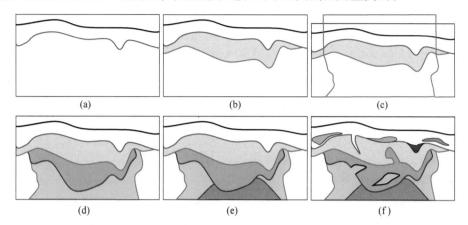

图3.4　埃斯康迪达北地质模型的开发步骤（由埃斯康迪达矿业有限公司提供）

（a）利用以前的矿化模型、蚀变模型和构造解释的地形和主要硫化物顶部（TDS）；

（b）解释主要黄铜矿的顶部（TDCpy）；（c）TDCpy的两侧，限定了外围黄铁矿壳的内限；

（d）解释原生矿化顶部（TPr），因此产生了三个主要的硫化矿体；（e）解释斑铜矿（TBn）的顶部；

（f）附加"斑块"，包括TDS上的矿化、富集层内的浸出和氧化残留物，以及其他隔离体

图3.4中所示的矿物有 O_xCu（铜氧化物）、赤铜矿（Cuprite）、O_xFe（铁氧化物）、辉铜矿（Cc）、铜蓝（Cv）、黄铜矿（Cpy）、黄铁矿（Py）和斑铜矿（Bn）。所示的表面为地形、TDS（主要硫化物顶部）、TDCpy（主要黄铜矿顶部）、TPr（原生矿化顶部）和TBn（顶部斑铜矿）。

从上到下对这些表面分别进行解释。对于TDS以上的单元，它们是使用指示克里格法进行概率插值的（详见14.3节）。当解释从一个部分进行到下一个部分时，必须注意确保表面不会互相交叉。图3.4（c）所示的地形表面上方的原矿石极限TDCpy只是一种解释技术，用于生成完全封闭的体块。

有不同的手动和半自动技术，都可用于生成这样的解释。具体程序部分取决于可用的软件。不管细节如何，都需要进行彻底的检查和验证，以确保建模过程按预期进行。

3.2.1　距离函数与矿量的不确定性

建议建立地质模型，进行广泛的解释和数字化。受过训练的专业人员，可以对矿床的几何形状有很多了解。随机地质统计技术，如指示模拟、截断（多）高斯分布或其他技术，常常创建非常随机的模型。一个相对较新的地质建模方法

是使用一个有符号的距离函数（DF），它绘制出边界的位置，同时允许对不确定性进行评估。这种不确定性在空间上由一个区域（或带宽）表示，它是可量化的，需要校准。距离函数通过带有距离编码的单个钻孔样品直接计算，而不是通过线框模型计算。这种方法目前适用于只有两个地质域的二元地质系统，例如脉状矿床，尽管多元系统的进一步开发正在进行之中。

改变距离函数会影响不确定区域的大小和形状。两个参数，距离函数不确定性参数 C，和距离函数公平参数 β，β 用于修改距离函数。参数 C 控制带宽，因此控制不确定性。参数 β 控制带宽的位置。通过适当地校准 C 和 β 的值，能使模型更加准确和精确。

距离函数是不同类型样品之间的欧氏距离。该距离是与不同岩石类型（脉或非脉）样品之间的最短距离。这种距离在一种岩石类型中是正的，在另一种岩石类型中是负的。样品之间的接触距离函数为零。连接连续"零"点的等值线，定义了等零点表面或外壳。

矿脉几何（和矿量）的不确定性不能直接用欧几里得距离来计算，因为它产生一个单一边界。这很像进行传统解释和做线框图。然而，修正的距离函数 DF_{mod}，可以利用参数 C 和 β 考虑不确定性，创建一系列可能的边界。利用这些不同的矿脉边界，可以计算出矿脉的几何形状和相应的矿量不确定性。

为了计算距离函数，假设第一个样品是非脉样本，其指示值为 $0(VI=0)$。距离函数是距离最近的样品的距离，指示值为 $1(VI=1)$。如果该样品位于脉与非脉的接触带，该样品可能与原样品相邻。如果该样品距矿脉有一定距离，则该样品可能在钻孔附近，如图 3.5 所示。然后根据指示值 VI，对实际距离予以修正。

$$DF = \begin{cases} \sqrt{dx^2 + dy^2 + dz^2} + C & \forall\, VI = 0 \\ -\left(\sqrt{dx^2 + dy^2 + dz^2} + C\right) & \forall\, VI = 1 \end{cases}$$

式中，$\sqrt{dx^2 + dy^2 + dz^2}$ 为当前点到与不同 VI 的最近点之间的欧氏距离；C 为不确定性参数。

当 $VI=0$，或者是非脉状时，DF 返回一个正值，等于距离加上不确定性参数 C。当指示值 $VI=1$，表明有脉状矿存在，DF 返回负值，等于距离加上不确定性参数 C。从 $-C$ 到 C 的距离被定义为不确定性的带宽。

3.2.1.1　不确定性参数 C

必须对参数 C 进行校准，使不确定性的宽度既不太大也不太小。考虑两个钻孔（图 3.6），一个有矿脉截断，另一个没有，由距离 ds 分隔，ds 代表典型的钻孔间距。真实的矿脉边界，或称矿脉的同零边界，必须存在于两个钻孔之间的某个位置。钻孔距离 ds 是可以分配给 C 的最大地质合理距离，它等于钻孔间距。例如，在图 3.6 中，钻孔之间的中点可以是接触点的一个可能位置，即零等值

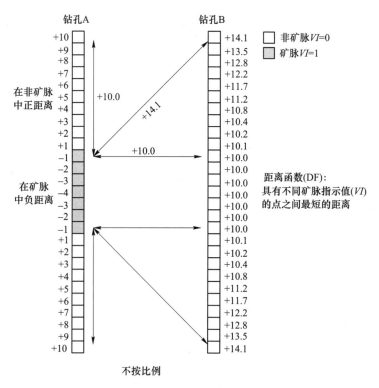

图 3.5　距离函数示意图。数字表示 DE 分配的距离，摘自参考文献［15］

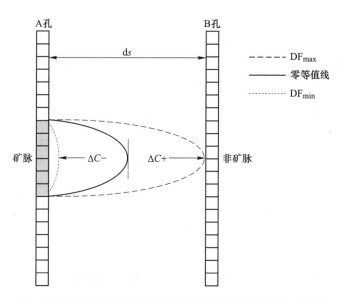

图 3.6　C 定义的不确定性带宽示意图，引自参考文献［15］

线。然而，矿脉几乎可以延伸到两者之间的任何一点，根据当地的地质情况，可能性或高或低。

不确定性参数 C 的设计目的不是定义同零边界的位置，而是定义一个合理的不确定性带宽。不确定性的带宽不能大于钻孔间距。

大间距钻孔意味着大带宽，从而产生大的矿脉边界和矿量的不确定性。反之，对于密间距的钻孔，情况则相反。常数 C 的对称变化（传统的"正负"）可能会导致偏差，因为它没有包含地质情况。第二个参数是定义不确定性中心，即 β，这样能在矿脉的形态建模中提供更多的灵活性。

3.2.1.2　修正的距离函数（DF_{mod}）

在第二步通过应用偏差参数 β，对距离函数 DF 进行了修正，β 是用使评估分布居中的参数。将偏差参数应用于原始距离函数 DF：

$$DF_{mod} = \begin{cases} \dfrac{DF + C}{\beta} & \forall VI = 0 \\ (DF + C) \cdot \beta & \forall VI = 1 \end{cases}$$

公平参数 β 是因数还是被除数，这取决于 VI 表示非矿脉还是矿脉。$\beta = 1$，则返回原来的 DF 值。

零等值面是矿脉与非矿脉的接触面。这个零点是已知的，并由数据加以验证。但在远离采样点的位置，接触面的实际所处位置存在不确定性。零等值面的形状和尺寸由 β 控制，β 值增大，零等值面被扩张（图 3.7 中外部的虚线椭圆），β 的值减小，零等值面被侵蚀（相应于内部的点虚线）。

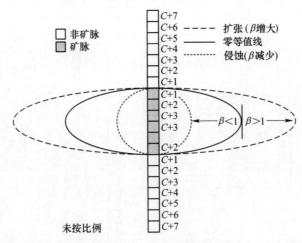

图 3.7　β 对零等值面的影响。随着 β 增大，零等值面膨胀；β 减小，零等值面收缩

参数 β 的值通常为 0.1~2，这取决于钻孔间距。例如，如果钻孔间距趋于增加矿脉体积并高估矿量，那么采用大于 1 的 β 值，使其减少。参数 β 对最终表面

实施控制，可以调整零等值面，以便获得公正无偏的估算。需要认真考虑 β 的校准。

3.2.1.3 距离函数阈值

矿量可以通过不同的不确定性带宽计算，其大小由不确定性参数 C 和带宽的最小值和最大值决定，而带宽则由 C 和 β 确定。不确定带的内极限 DF_{min} 由下式计算：

$$DF_{min} = -\frac{1}{2}C \cdot ds \cdot \beta$$

式中，ds 为钻孔间距，定义为矿脉结构内部分的距离函数一半的下限。

不确定带的外极限 DF_{max} 计算如下：

$$DF_{max} = \frac{1}{2}\frac{C \cdot ds}{\beta}$$

它就是距离函数的最大值，定义为矿脉结构外部分距离函数一半（图 3.8）。

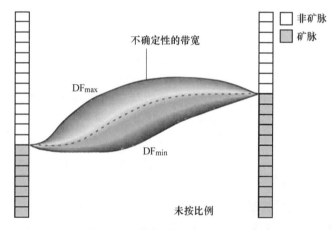

图 3.8 钻孔间不确定带宽示意图

带宽内的概率阈值被定义为一个关于 p 的概率值。将带宽间隔重新调整为 $[0, 1]$，使 $DF_{min} = 0$，$DF_{max} = 1$。虚线是 p_{50}，p 值为 0.5。

p 值用于确定相对于一确定的概率区间可能的矿脉几何形状和确切的矿量，这需要将各个模型单元值转换为 p 值。p 值计算如下：

$$p = \frac{z - DF_{min}}{DF_{max} - DF_{min}}$$

式中，z 为 DF（距离函数）估算值。

某一概率区间 p 的总矿量为总单元数，$p \leqslant p_i$。回顾可知，不确定区域位于 DF_{min} 和 DF_{max} 之间。如果 $z < DF_{min}$，则 z 一定位于矿脉构造之内。如果 $z > DF_{min}$，则 z 一定位于矿脉构造之外。通过将 DF_{min} 和 DF_{max} 之间的空间划分为一个 $[0, 1]$

区间，可以很容易地从一个填图距离函数中提取出任何概率区间的矿石量。

为了定义这些概率和矿脉几何图形，使用简单的克里格法把 DF 映射在一个规则的 3D 网格上。虽然有其他的选择，但简单的克里格法是优先选择，因为它可以对钻探较少或钻探不均匀的区域进行更多的控制。

3.2.2　地质统计学建模

地质模型也可以通过使用多边形法（或最近地区法）或地质统计算法获得。如果数据过于稀疏，无法自信地绘制解释的形状并在各剖面之间扩展，有时可以使用这些技术。两种基本方法可以选用其中之一：（1）估算每处地质类别的确定性模型；（2）提供每处各类别的概率的模型。

多边形技术（或最近地区法）按照某一原则，将地质属性赋值给三维空间中的点或块。例如，每个块从最接近其形状中心的钻孔数据分配地质属性。它类似于地质学家绘制解释的形状，只是计算机不会使用额外的地质知识或判断来指导三维空间的地质分配。通常，最近地区模型用于检查解释模型的全局体积。

基于指示值的技术，通过给每个地质属性分配一个指标，来描述离散分布。可以同时对指示值进行克里格求解（多重指示克里格法），也可以按顺序一次求解一个指标值。在任何一种情况下，指示克里格法提供了地质变量存在的概率。第 14.3 节提供了一个使用指示克里格法按序估算矿物的区域的例子。首选的多重指示克里格技术（MIK）已经被成功用于多现场的情况。

更先进的地质统计技术包括可提供地质变量概率模型的条件模拟。有三种常用的技术：（1）序贯指示模拟；（2）截断高斯模拟；（3）基于对象的建模。这些将在第 10 章中讨论。

基于指示值的技术的基本思想是利用所有的附近数据，计算某一未采样点的地质编码的概率。通过蒙特卡罗模拟得到一个具体的实现，并将其加入调节数据集中，对所有未采样的位置进行顺序访问。用不同的随机变量，重复上述过程，计算出地质编码的多重实现。

截断高斯模拟要求将地质编码分配到一个高斯分布范围。用地质统计学程序模拟高斯变量，如序贯高斯模拟（SGS，见 10.3 节），然后截断得到地质编码。这种方法强制执行地质编码中的特定顺序。

基于对象的建模在矩阵地质编码中随机定位形状和大小任意的对象。当地理代码是可以将物理形状予以参数化组织时，则可以采用这种方法。例如，基于对象的模型已广泛用于硅质碎屑沉积相模型。

3.3　可视化

地质和块体模型可视化是资源建模的重要组成部分。三维地质体及其在空间的相对位置和相互作用的可视化，可以用来更好地理解所提出的地质和资源模型，通常与计划中的露天开采或地下开采有关。

可视化为属性的各向异性提供了定性的证据，也更容易掌握变化的尺度。地质变量和品位分布可以结合3.3.2节中所述的一些工具予以可视化。这有助于更好地理解矿化的连续性。

图3.9显示了向西北偏北透视的奥林匹克坝（Olympic Dam）金矿资源模型，该模型与地表基础设施和采矿中段（采坑）相关。这些矿块已被用一个品位指示值制成了实体模型。注意，有些资源没有显示在所有的采坑中。

图3.9 奥林匹克坝黄金资源相对地表基础设施的视图显示了
四个不同的采矿中段（采坑）（由必和必拓提供）

图3.10显示了一组电气石矿脉与地形，用于解释矿脉几何形状的剖面位置以及几个现有地下巷道的位置，视图从下面透视。如果可视化是在一个交互式的三维环境中开发的，那么地下巷道和解释的矿脉之间的关系，可以用来设计未来的采场和通道。

与矿山阶段或采场有关的地质模型的可视化，以及与生产有关的地质模型，也可用作验证。图3.11显示了截至2006年3月的奥林匹克坝地下矿A矿区的详细情况。

图3.12描述了一个概念性勘探程序。地质情况与林塞-埃斯特法尼亚矿 [Lince-Estefanía，Minera Michilla S. A. 所有，该公司是美国安托法加斯塔矿业公司（Antofagasta Minerals）的子公司] 一致，勘探目标为存在平卧层状氧化铜矿

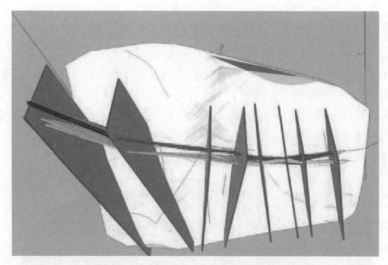

图 3.10　电气石脉为红色和黄色，解释剖面为绿色，地下巷道和
通道从下方透视（由 HRK 国际公司提供）

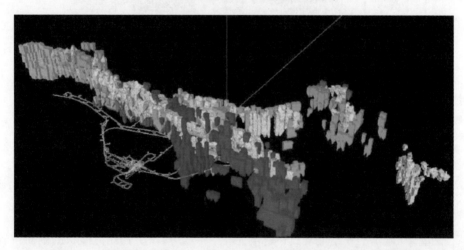

图 3.11　截至 2007 年年中，奥林匹克坝地下矿采空区（白色）和已规划
采场按矿区用彩色编码，一般为 30 m×30 m×100 m，最大为 40 m×40 m×200 m，
矿山巷道也显示在图中（由必和必拓的奥林匹克坝提供）

化的苏珊娜矿区。图 3.12 显示了 Lince 采坑（截至 2002 年年初）和一些与埃斯
特法尼亚矿相应的重要地下工程。

可视化的另一个目的是将对地质认识的理解传播给对矿床不太熟悉的人，并
突出与整个工作相关的采矿和工程细节。图 3.13 显示了根据最终可行性研究得
出的北埃斯康迪达（Escondida Norte）铜矿的最终采坑，向西北方向透视，并显
示矿石和废石的主要运输道路。

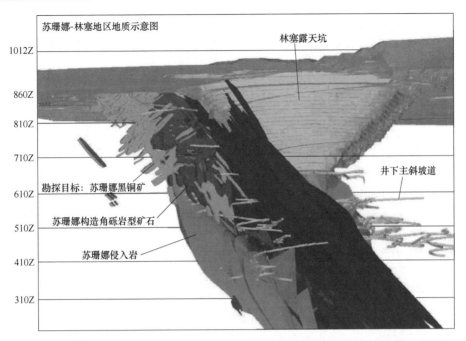

图 3.12 以苏珊娜平卧矿为勘探目标的林塞-埃斯特法尼亚矿及其矿化情况图。地形、林塞露天矿和埃斯特法尼亚部分地下工程用浅棕色表示（由 Minera Michilla S. A. 提供）

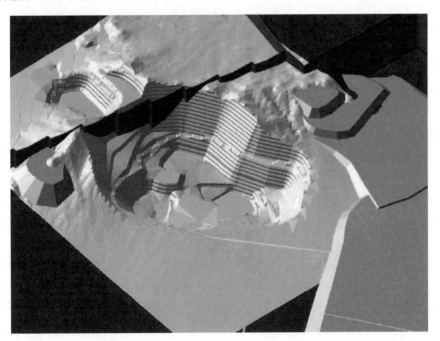

图 3.13 北埃斯康迪达铜矿的最终露天采坑（最后可行性研究），向西北透视废石运输道用黄色表示，矿石运输道用绿色表示（由埃斯康迪达铜矿提供）

应该注意的是，对于所有显示的示例，图像是块体模型、地质、地形或基础设施的三维渲染的静态版本。在实践中，地质学家和工程师们能够根据其目标，将不同的信息移动、旋转和合并到他们的可视化操作中。

用于展示的可视化工具和实际模型的可视化工具之间常常有区别。在所有情况下，必须建立某种模型来生成用于显示的空间信息。数学工具通常用于使表面和块体平滑，以产生更令人舒服的视图。然而，这些视图不一定代表最精确的模型，就像等高线通常被过度平滑，并且不能提供对感兴趣变量的最准确的估算一样。

地质工程图和模型展示工具之间的主要区别是它们基于的技术工作水平。可视化工具通常不允许交互。大多数主要采矿软件包都支持三维交互式地质和工程工作，以及结果的可视化和展示。地质和工程图所需的基本要素因工作目标的不同而不同，但其中一些要素是基本要素，对大多数要素来说是共同的。

3.3.1　比例尺

以适当的比例显示数据是任何图表的基本属性。关于位置、距离和体积的准确信息应反映所需要的详细程度和准确性。$1:2.5×10^6$ 的比例尺可能适用于整个大陆的成矿图，但不能显示单个矿床。矿产普查工作一般采用 $1:5×10^5 ～ 1:10^5$ 的区域地质图。大型露天矿可使用比例尺为 $1:1000 ～ 1:500$ 的地质剖面图和用于解释的平面图。较小的地下矿山一般需要较大的比例尺，可能采用 $1:200$ 或 $1:100$ 的比例尺，以便更好地确定较小的矿体和采场。对于每种情况下使用的适当比例尺并没有硬性规定，但是比例尺应该服务于使用中的最佳准确性。

3.3.2　数据

事实上，涉及开发地质模型和矿产资源估算的所有工作，都需要来自钻孔数据、地表探槽或者井下采样的地质和分析数据。有必要把所有相关信息绘制成图，以便分析、解释和检查。钻孔名称和轨迹（在三维空间中或表现于一个二维剖面上），孔内地质代码和分析值、地形、地下井巷以及其他相关的表面和体积，都应该包括在用于模型开发和工程的图里。这些图可能是横剖面、纵剖面或平面图。

在模型检查的情况下，所提供的数据应是相关的、易读的和准确的。例如在块体模型的情况下，应该包括估算的品位、已标记的岩石类型、指定的资源分类代码和选冶特性等。与模型检查相关的其他细节将在第 11 章中描述。

颜色编码被用作可视化、解释和工程工作的辅助手段。颜色编码的建议包括：（1）标准化运用到通用做法，即暖色（黄色、橙色、红色、品红）表示高值，冷色（灰色、蓝色、绿色）表示低值。（2）用于不同属性的颜色代码集（图例）定义的一致性，即对相同的属性和数据类型始终使用相同的代码。（3）考虑易读性，如使用黄色绘制的数字非常难以阅读；棕色阴影可以用于不同的表面，但应该用不同的方式绘制；所选数字和字母的大小应使它们不能重叠或相互邻接。

虽然看起来有些细节是显而易见的，而且是常识性的，但是经过深思熟虑的绘图方案可以节省大量的时间和精力，达成更好的建模和验证实践，并且应该被认为是工作计划的重要部分。

3.4　块体模型设置和几何形状

3.4.1　坐标系统

空间数据、块体模型和其他矿产资源量估算数据，需要使用坐标系统来定位相关属性。必须依据现有的资料来确定适当的坐标。最大规模的制图和地图投影工作是在制图学领域讲述的，超出了本书的范围。地理坐标是用经度和纬度来度量的，经度指的是由一条连接南北两极的线所定义的子午线，纬度是切割理想化球形地球的平行线。纬度测量地球表面任何一点与赤道之间的夹角。经度测量通过同一点的子午线与中心子午线之间的对应角，中心子午线被强制规定为通过英国格林尼治的子午线。关于这个问题的进一步讨论，详见参考文献［3］［14］［19］。

为便于较小比例尺上使用，地理坐标（纬度和经度）要转换为平面坐标，转换基于准球形（地球）到平面上的投影变换。这些投影产生一些几何畸变。这种畸变类型被用来将投影划分为等角度、等面积或等距离，划分的依据是投影是否保留感兴趣特征之间的角度、面积或距离关系。

最常用的系统是墨卡托（UTM）系统，它是国际大地测量学和地球物理学联盟于1936年建立的等角系统。UTM系统被世界各国的国家地理测量部门和机构以及矿业公司广泛应用。UTM系统的普及主要是因为世界各地的地质调查部门和政府机构提供的区域小比例尺地图都是基于UTM的，通常为 $1:2.5×10^5$ 或更大的比例尺。全球被划分为60个UTM区域，从西到东编号，从西经1°到180°。

UTM投影是这样的，在比例尺小于 $1:2.5×10^5$ 下会发生显著的畸变。另外，如果感兴趣的区域跨越两个UTM区域，那么从一个区域到下一个区域的转换就不是那么简单的。这是很重要的，因为有时一个局部三角测量（测量）点可能会被分配一个UTM坐标，而这个UTM坐标没有进行几何畸变纠正。矿业公司一般根据截断的UTM坐标定义局部网格，虽然有时会出现几何畸变，但对矿业项目的规模来说，对相对位置的影响不大。

地质学和采矿业的另一个普遍做法是，使用当地的、随意的"矿山"网格来更容易地描述矿床的几何形状。许多矿床的主要特征在方向上并非与UTM坐标的东向和北向一致。常见的实例包括脉型矿床和受构造控制的矿床，要么成矿于剪切带，要么是受拉长特征控制的矿床。一个具体的案例研究可以在Barnes（参考文献［1］）的论述中找到。

用于模拟矿床的钻孔信息和相应的地质剖面应垂直于成矿作用的主要方向（走向和倾向）。矿床的几何形状越具有各向异性，这方面就越重要。在这些情况下，通常是旋转坐标，使矿网的北方向与矿体主走向或倾向对齐。此外，转换通常包括相对于任意原点的转换，即要做这样一些选择：（1）东坐标、北坐标和高程坐标具有不同的位数，以避免混淆；（2）在新的旋转后网格中没有负值坐标。

旋转可以采用任何想要的规则来完成。例如，使用 GSLIB 规则，原始坐标 $(x_0; y_0; z_0)$ 第一次顺时针旋转某一方位角 α（图 3.14），可以表示为：

$$\begin{bmatrix} x_1 \\ y_1 \\ z_1 \end{bmatrix} = \begin{bmatrix} \cos\alpha & -\sin\alpha & 0 \\ \sin\alpha & \cos\alpha & 0 \\ 0 & 0 & 1 \end{bmatrix} \cdot \begin{bmatrix} x_0 \\ y_0 \\ z_0 \end{bmatrix}$$

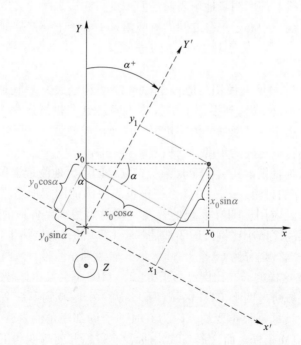

图 3.14　X-Y 平面上绕 Z 轴的方位角旋转（GSLIB 规则）

按照 GSLIB 规则，新坐标 (x_1, y_1, z_1) 可以在 Y'-Z 平面上绕 X' 轴逆时针旋转一个倾角 β：

$$\begin{bmatrix} x_2 \\ y_2 \\ z_2 \end{bmatrix} = \begin{bmatrix} 1 & 0 & 0 \\ 0 & \cos\beta & \sin\beta \\ 0 & -\sin\beta & \cos\beta \end{bmatrix} \cdot \begin{bmatrix} x_1 \\ y_1 \\ z_1 \end{bmatrix}$$

坐标 (x_2, y_2, z_2) 第三次旋转一个俯角 φ，是在 X'-Z' 平面上绕 Y' 轴逆时针旋转：

$$\begin{bmatrix} x_3 \\ y_3 \\ z_3 \end{bmatrix} = \begin{bmatrix} \cos\varphi & 0 & \sin\varphi \\ 0 & 1 & 0 \\ -\sin\varphi & 0 & \cos\varphi \end{bmatrix} \cdot \begin{bmatrix} x_2 \\ y_2 \\ z_2 \end{bmatrix}$$

上述三步旋转可以归纳为一步：

$$\begin{bmatrix} x_3 \\ y_3 \\ z_3 \end{bmatrix} = \begin{bmatrix} \cos\alpha\cos\varphi - \sin\alpha\sin\beta\sin\varphi & -\sin\alpha\cos\varphi - \cos\alpha\sin\beta\sin\varphi & \cos\beta\sin\varphi \\ \sin\alpha\cos\beta & \cos\alpha\cos\beta & \sin\beta \\ -\cos\alpha\sin\varphi - \sin\alpha\sin\beta\cos\varphi & \sin\alpha\sin\varphi - \cos\alpha\sin\beta\cos\varphi & \cos\beta\cos\varphi \end{bmatrix} \cdot \begin{bmatrix} x_0 \\ y_0 \\ z_0 \end{bmatrix}$$

在旋转的任何阶段，都可以根据需要进行平移。例如，模型原点坐标 (X, Y) 的平移（图3.15）可由下式表示

$$X' = X + X^0$$

$$Y' = Y + Y^0$$

$$Z' = Z$$

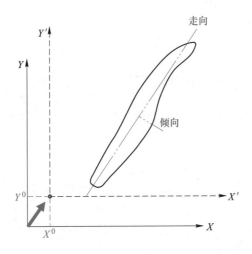

图3.15 原点 (X^0, Y^0) 到 (X', Y') 的平移

3.4.2　地层坐标

特定的非线性转换有时被用来更好地模拟某些类型的矿床。对于沉积层控矿床，地层坐标的使用很方便，这类矿床在人们感兴趣的地层单元上具有连续性。地层可以是褶皱的（塑性的）或断裂的，而单元的侧向位移很小，因此它看起来是连续的。然后，将原始的笛卡尔坐标 X、Y、Z 转换成地层坐标系或展开坐标系（SCS 或 UCS）。所有的计算都是在地层坐标系里进行的，然后转换成真实的笛卡尔坐标。这种类型转换的实例和细节参见参考文献 [4] [5] [8] [17]。

　　二维层状或多层矿床的建模通常需要将垂直坐标转换为地层坐标。图 3.16 为不同地层基本关系类型的示意图。

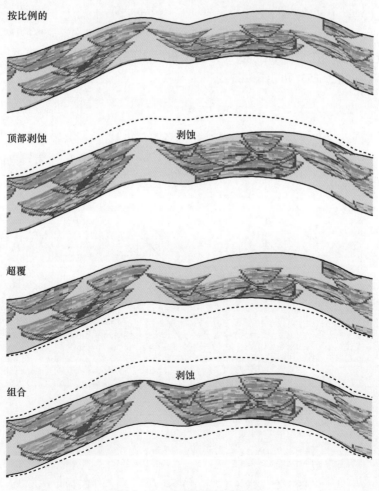

图 3.16　不同关联形式示例

每一层都用相对地层坐标 z_{rel} 进行独立建模，z_{rel} 由四个表层网格导出：

$$z_{rel} = \frac{z - z_{cb}}{z_{ct} - z_{cb}} \cdot T$$

式中，cb 指相关底；ct 指相关顶；T 为考虑矿层的平均厚度。

相对地层坐标在底部为 $0°$，在顶部为 T。

这种转换可以通过下式实现反转：

$$z = z_{cb} + \frac{z_{rel}}{T} \cdot (z_{ct} - z_{cb})$$

将所有深度测量数据转换为 z_{rel}，可以在常规的直角坐标系 x、y、z_{rel} 中对每个地层进行建模。在可视化、体积计算或规划计算之前，所有数据的位置（地质变量和品位）都被转换回实际 z 坐标。在现有的坐标系统 $z \in (z_{et}, z_{eb})$ 之外不会有任何反向转换的 z 值，因为这些位置是提前知道的，不属于建模范围。

在存在大规模波动或弯曲的情况下，可以考虑另一种变换。这种类型的转换中有许多变种，通常称为展开。其中一个步骤是将 x 坐标变换为与任意中心线 y 坐标的距离，y 坐标沿连续性的主方向保持不变，如图 3.17 所示。

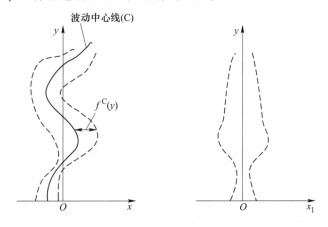

图 3.17 校直函数

$$x = x - f^C(y)$$

式中，$f^C(y)$ 为波动中心线与直线常数 x 参考线的偏差。

简单的正断层可以通过相关网格和地层坐标转换来处理。逆断层会造成一些问题，因为在相同的 x、y 位置会有多个表面值，如图 3.18（a）和（b）所示。为避免重叠可以扩展网格。对于更复杂的网格方案，应使用专门的软件。

3.4.3 块体模型

块体模型用（相对）较小的平行六面体来描述三维块体。块体模型是矿山评价、资源量估算和矿山规划的方便工具，包括采坑或采场优化、矿山调度等。

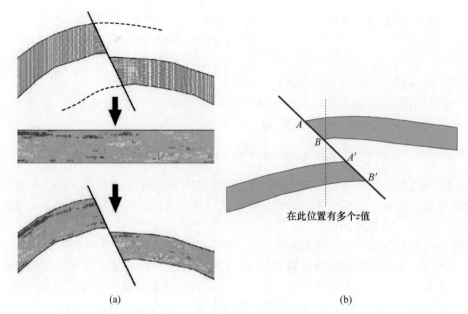

图 3.18　正断层变形（a）和逆断层变形在某些位置上产生多个 z 值（b）

绝大多数矿产资源量估算是使用块体模型获得的。也有例外，特别是在早期勘查阶段，没有使用计算机建模技术。初步估算可以通过手工计算得到，通常是在横剖面上，将影响区域画在纸上，然后在剖面之间进行投影。这些地区每个都以加权算术平均估算品位，品位与面积的大小、假定的比重，可用以估算每一段的矿量和品位。

　　块体模型的几何形状取决于矿床的特征、所建模的地质特征和矿山规划的要求，比如作业所用设备的大小和类型。块大小和几何形状是资源建模中的一项重要决策。

　　二维模型可适用于地层控制的沉积或蒸发矿床，包括煤、重砂矿床、油砂、一些铀矿床和一些工业矿物（如硝酸盐、碘和硼矿物）。二维模型的典型应用涉及建模表面，如地形和定义不同地质特征的表面。有时，块模型被定义为在矿化地层序列存在下的一组叠加的二维模型。

　　三维模型被用于模拟大型矿床，如斑岩铜矿、块状硫化物矿床、矽卡岩、脉状和其他类型的板状、沉积或似沉积矿床，这些矿床在三维空间上有显著的开发价值。

3.4.4　块体大小

　　块体尺寸应根据钻孔间距和工程上的其他考虑来确定。一方面，大块比小块更容易估算，因为预测的品位更可能接近块的实际品位；另一方面，太大的块体尺寸不利于采坑优化和矿山规划。典型的矿山规划软件都按较小的块体运作，这些块离散到矿山规划所基于的时间间隔里。例如，对于长期规划，经常使用每月递增的规划单元。块大小应代表适当的矿石量。如果有必要，采矿工程师有时会将大块细分成更小的单元。最简单的选择是将同一块的品位分配给所有较小的单元。例如，安格鲁黄金（Anglo Gold）公司于 2002 年在阿根廷巴塔哥尼亚的 Cerro Vanguardia 金矿的调度实践。实践结果是，由于储量模型预测的品位变化是平滑的，导致对选厂月处理的矿石量和品位的预测是错误的。

块尺寸应该小于数据间隔。Journel 和 Huijbregts（参考文献［13］第 5 节）提出了把 1/3~1/2 的钻孔间距作为块尺寸的一个大致原则。这个建议背后的逻辑是更小的块尺寸将使模型出现人为平滑。如果使用相同的钻孔数据来估算相邻的小块，它们将获得大约相同的品位值。块的尺寸太大将不能充分利用钻孔数据的可用密度。在地质统计模拟环境中，网格节点间距和最终块大小并不依赖于数据间距。

影响块大小决策的另一个重要方面与可回采资源估算有关，这涉及矿山的选择性和选别开采单元（SMU）的概念。SMU 在露天矿开采中是一个特别有用的概念，尽管也适用于地下矿山。

选别开采单元被定义为可以作为矿石或废物选别开采的最小物料体积。在实践中，沿边界的开采选择性优于选定的选别开采单元尺寸（即更小）。此外，像选别开采单元大小的孤立的扁豆状矿体或有矿化的废石很少能被选别开采。选别开采单元的尺寸部分程度是主观确定的，一般是基于采矿经验，再由生产实际校准，以及采矿作业本身的其他特征，如采矿设备尺寸、预期的品位控制措施和可供最终决策的数据。例如，块体的高度通常与采矿方法有关，在露天开采中与台阶高度一致，在较常见的地下采矿方法中（充填法、空场法和分段采矿法），则与采矿中段高度一致。

3.4.5　块体的几何形状

块体的几何形状应适应于矿床的几何形状，而矿床的几何形状又决定采矿作业的几何形状。板状矿床或脉状矿床一般按二维矿床估算，因为其中一个维度尺寸可能比另外两个维度尺寸小一个数量级。在脉内几乎没有选择物料类型的机会。块状矿床通常用三维块体网络来表示，它可以是单个块体，也可以是大小可变的块体。

对于几何形状简单的矿床，以及在地质和钻孔资料有限的情况下（早期勘查或者预可行性阶段），通常采用规则的单一尺寸的块体。通常把兴趣属性和估算的品位赋值给所有块体。

当矿床的几何形状更复杂，或者具有大的和多重接触区域的多个估算域，要对块体局部细分。其思想是获得能够将解释的地质接触表征到块模型中的解析度。当然这种做法只有在数据密集度能确保细化时才是合理的。地质接触建模对于将接触性贫化纳入块体模型非常重要（第7章）。

在沿着接触带定义子块体（或子单元）时必须小心，因为一些商业软件允许使用尺寸不现实的小子块体。这样既增加了计算成本，又产生了理念错误的解析度。图3.19显示了一个包含子块体和全尺寸块体的块体模型剖面示例。全尺寸块体的规格为25 m×25 m×15 m，子块体最小为5 m×5 m×5 m。注意，在这种情况下，如果块体中没有接触带，软件将自动定义为全尺寸块体，并将子块体重新组成更大的子块体，尽可能优化块体模型。品位估算应该依据主块体进行并分配给子块体，也就是说，品位估算应该基于母块。

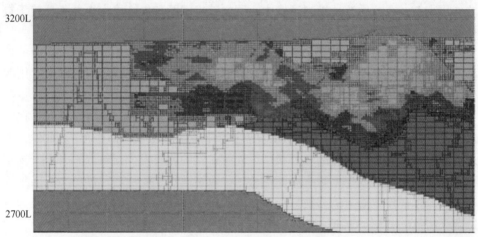

图3.19　显示全尺寸块体和子块体的块体模型剖面。颜色代表不同的矿化类型，全尺寸块体按比例为25 m×25 m×15 m

在模型中使用子块体的另一种方法是将块体模型定义为唯一尺寸，但在每个块体中加入地质和其他属性的计算百分比。大多数商业采矿软件都能够根据解释的实体或地质属性的线框图，计算每个块体中物料的百分比。

然后，对块体中定义的每个地质单元估算相关属性的品位，最后的块体（贫化后）品位是该块体中所有单元品位的加权平均值。在本例中，定义的块体较少，但是每个块体中定义的变量较多。

3.4.6　块体模型体积和变量

块体模型应该覆盖所有感兴趣的地质体。用于定义网格的单元必须与钻孔数据库一致。露天矿规划要求块体模型应该包括最终露天采坑，最终露天采坑往往大于矿化带。

块体模型中所定义的变量应是矿山规划所必需的所有变量，包括不同地质单元的品位和原地体重。它通常涉及百分比指标或其他辅助变量，如空气在块体中的百分比（由于块体接近地表或地下工作面）以及与某些地质单元的接触带，可能是废石或混入物。

除了块体的网格索引、块体坐标和块体大小（如果是变量）外，块体模型中可能包含的变量都属于地质属性，如岩性代码、矿化类型、氧化程度、蚀变、构造信息和估算域。对所有感兴趣成分（矿石和混入物）估算的品位都将在块体之中。其他变量包括黏土的存在和其他间接单元，如岩石硬度、耐磨指数、碎矿厂产量预测和选冶回收率等。

所有这些变量都需要被存储。对于大块体模型中的许多变量，存储需求可能很大。考虑到当前的计算机硬件能力，块体模型的大小通常保持在几百万块，显然，这个数字还将继续增加。

为了确保所开发的和包含在块体模型中的资料的质量，应当制定合适的规程，因为它是后期矿山规划和经济决策的基础。这一主题在第 11 章中有更详细的阐述。

3.5 最低标准、良好实践和最佳实践的总结

与地质填图、测井和解释相关的最低标准实践包括以下几个方面：

（1）应该制定一系列的书面方案和规程，明确规定可用图表示的地质属性和质量控制程序。方案应明确需要填图的单元以及每个单元的一般描述。应该为特定特征的岩石保留标本（岩芯）作为参考样本。在某些情况下，可以用彩色照片，目的是限制不同的地质学家在填图时产生矛盾。方案和规程应在总结以往工作经验的基础上每年更新一次。

（2）对于记录已编录的资料并将其录入电脑数据库，应当有规定明确的程序。至少包括规程细节、所涉及的管理人员和工作过程的时间安排等。应规定质量控制程序，如重复输入（如果手动输入数据）或信息的外部审查。

（3）所有的原始钻孔资料都应妥善保存，以备将来可能使用，包括实验室检查、重新填图或其他类型的检查。资料应以电子方式存储于至少两个不同的地方，其中一个应远离项目或作业现场。此外，与每个钻孔有关的所有资料，包括地形、钻孔偏斜测量、填图的地质属性和返回的化验报告副本等，都应该以硬拷贝的形式保存，并为每个钻孔提供一个文件夹。

（4）至少需要对最重要的矿化控制进行明确的定义和建模。在没有明显的强力地质控制的情况下，应利用矿床的几何形状和数据范围来限定资源模型。如果矿床没有自然界限，则可能需要某种形式的品位轮廓来制约品位插值。

（5）地质解释应在两个互相正交的平面上完成（例如剖面图和平面图），或者，如果对一个矿脉或板状矿床进行建模，应使用一个与矿化走向正交的一套单剖面视图。应使用平面或纵向视图来适当控制主要特征。

（6）应该把地质解释应用到块体模型的编码中。可以利用简单的技术，比如根据影响面积把相邻剖面延展在一起，将已解释的地质情况转化为实体。在勘查的最初阶段，可以使用计算机化的地质模型（例如用最近地区法）来为块分配地质编码，而不是去明确地解释地质。

（7）应该进行简单的目视检查，以确保块已正确地标记了地质属性。这些检查可能包括根据在不同地质单元中建模的所有地质变量的指定代码，绘制钻孔资料的剖面和平面。

（8）块体模型应考虑矿床的几何形状和（潜在的）采矿作业特点。几何上的考虑应该包括体积、块体的形状、块体大小满足钻孔密度的要求、是否使用子块体以获得更好的地质接触带划分，以及所设想的采矿选择性。

除上述之外，良好的实践还应包括以下内容：

（1）应定期对数据库的所有方面进行内部检查，包括对照原始日志表对数据库进行检查。这一检查应包括至少 20%的新增钻孔，并应在每次主要钻探活动后进行。大多数采矿勘查项目和生产都按年度预算工作，预算规定钻探活动的周期。

（2）应提供可证明的地质控制的详细定义，并应有适当的地质和统计证明文件。这应该包括描述不同的控制的报告或备忘录，并说明哪些地质变量应该明确建模。应使用散点图和 Q-Q 图（第 2 章）来描述品位与各地质变量之间的关系。

（3）在可能的情况下，应尽量用二维表面来解释面状地质特征，并应创造三维立体来表征体积，包括宽度突出的矿脉和板状矿床。

（4）应留下明确的检查线索和文件，以便第三方对工作进行审查。这包括工作的整个过程和纸质的最终剖面图和平面图（通常比例为 1∶500），以及规程、报告和记录内部检查的备忘录和随后循序渐进的过程。

（5）应检查地质模型的体积偏差。解丛聚钻孔数据库表示不同模型地质属性之间的比例或相对体积。这些关系应该保持在模型内。应该比较数据库和结果块体模型中的每个地质变量（代码）的统计数据和比例。如果观察到的差异大于 10%，那么应该有一个明确的理由来认可这种差异。

（6）块体模型应该表征不同地质属性之间的接触关系，尽量达到数据所能确保的详细程度。这可以通过使用部分块体或子块体来实现。在更好的解析度下，重新分块的模型应能保留所获得的信息。

此外，最佳实践包括如下所述：

（1）应制定多种规程和检查方法，以确保地质数据库的质量。建议通过使用电脑化的测井来实现野外的自动填图、记录和计算机数据库录入。存储信息的数据库应该是关系型的，应该有足够数量的自动基本检查，以便于数据库维护。

（2）地质控制的定义应该做到详尽和细致，包括重要性的排序，如果合适，应该作为检查跟踪的一部分。所使用的地质描述和统计方法应详细，包括分类和回归树（CART）等分析法，可能因矿床的不同地区而有所不同。

（3）应在所有三个正交平面（横剖面、纵剖面和平面图）上对地质情况进行解释。地质控制和边界应采用真三维建模，避免投影到解释平面上。应该对每组模型进行全面的手工和目视检查，包括在适当的比例上绘制进行之中的和最终的剖面和平面图。

（4）进行之中的和最终的全套剖面应该可供检查。这些文件应该与完整的钻探计划报告一起作为历史文档保存。建模规程和标准、内部检查和外部审核报告，以及生产调节资料（如果有的话）应该在同一个地方存档。

（5）应使用线框图来建立实体（而不是通过剖面挤压获得的体积），应使用一整套可视化工具来展示建模的地质情况。

（6）已解释的地质情况应当随着新获得的钻孔资料动态更新。这对于经常进行加密钻探和定期获得常规生产数据的生产矿山尤为重要。

（7）地质模型应该与通过最近地区法估算得到的地质标志进行对照检查。应合理解释或解决体积差异和偏差。

3.6 练习

本练习的目的是进行一些基本的几何建模和用传统的笛卡尔坐标系统来操作。可能需要一些特定的（地质）统计学软件。该功能可能可以在不同的公共领域或商业软件中使用。请在开始练习前取得所需的软件。数据文件可以从作者的网站上下载，搜索引擎会显示下载地址。

3.6.1 第一部分：矿脉类型建模

考虑 15 个钻孔——5 个钻点（分别标记为 A、B、C、D 和 E）各有 3 个钻孔，用两个矿化带来圈定矿床。孔位沿北—南向排列，间距为 100 m，如图 3.20 所示。

矿体形态为两个急倾斜的雁行状含矿透镜体，透镜体的走向大致为西北。下部没有矿化。需要估算矿化资源的总量。练习是要根据钻孔数据绘制剖面图，从剖面图中导出水平图，并进行资源量估算。

Q1 利用下面给出的钻孔资料，生成 10100N、10200N、10300N、10400N、

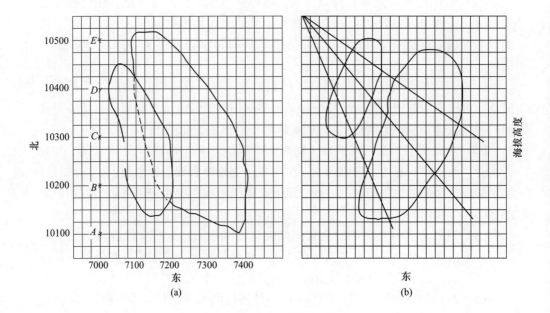

图 3.20　练习附图 1

(a) 矿床平面图；(b) 剖面图（向北看）

10500N 向北透视的剖面图（东-高程）。给每张图适当添加标签，包括钻孔位置、钻孔轨迹、解释通过的矿体轮廓，以及其他标签和说明。对矿体边界的解释应该考虑到钻孔数据、上面简要描述的概念模型和外推的现实边界。

Q2 为了检查五个剖面的一致性，在 7200E 和 7400E 处生成两个 N—S 剖面，在海拔 700 m 和 500 m 处生成两个中段图。在每张图上，要包括钻孔的位置、钻孔的轨迹、解释通过的矿体轮廓、适当的标签和说明。如果在剖面图或水平图中有突然的不连续性，要修改解释。

Q3 使用 **Q1** 中的五个横剖面，估算矿床中所含矿石的体积。尤其是批判性地评估结果，考虑潜在的错误，如何减少这些错误，以及如何评估不确定性？

钻孔数据如表 3.4 所示。

表 3.4　练习附表 1

钻点位置数据	孔号	起始点/m	终止点/m	倾角/(°)	方位角/(°)	岩石类型
钻点 A；	DH1	0	595	−33	90	废石
位置：10100N，7000E；	DH2	0	725	−51	90	废石
海拔：1000 m	DH3	0	800	−66	90	废石

续表3.4

钻点位置数据	孔号	起始点/m	终止点/m	倾角/(°)	方位角/(°)	岩石类型
	DH4	0	331	−29	90	废石
		331	390	−29	90	矿石
		390	474	−29	90	废石
		474	609	−29	90	矿石
		609	701	−29	90	废石
钻点 B; 位置:10200N, 7000E; 标高:1000	DH5	0	302	−44	90	废石
		302	407	−44	90	矿石
		407	462	−44	90	废石
		462	634	−44	90	矿石
		634	725	−44	90	废石
	DH6	0	320	−60	90	废石
		320	408	−60	90	矿石
		408	512	−60	90	废石
		512	629	−60	90	矿石
		629	712	−60	90	废石
	DH7	0	323	−30	90	废石
		323	407	−30	90	矿石
		407	491	−30	90	废石
		491	617	−30	90	矿石
		617	659	−30	90	废石
钻点 C; 位置:10300N, 7000E; 标高:1000 m	DH8	0	310	−47	90	废石
		310	420	−47	90	矿石
		420	487	−47	90	废石
		487	646	−47	90	矿石
		646	682	−47	90	废石
	DH9	0	344	−61	90	废石
		344	445	−61	90	矿石
		445	512	−61	90	废石
		512	604	−61	90	矿石
		604	701	−61	90	废石

钻点位置数据	孔号	起始点/m	终止点/m	倾角/(°)	方位角/(°)	岩石类型
钻点 D； 位置：10400N，7000E； 标高：1000 m	DH10	0	487	−28	90	废石
		487	601	−28	90	矿石
		601	623	−28	90	废石
	DH11	0	302	−46	90	废石
		302	390	−46	90	矿石
		390	466	−46	90	废石
		466	604	−46	90	矿石
		604	688	−46	90	废石
	DH12	0	327	−59	90	废石
		327	373	−59	90	矿石
		373	470	−59	90	废石
		470	621	−59	90	矿石
		621	645	−59	90	废石
钻点 E； 位置：10500N，7000E； 标高：1000 m	DH13	0	445	−33	90	废石
		445	562	−33	90	矿石
		562	593	−33	90	废石
	DH14	0	470	−47	90	废石
		470	588	−47	90	矿石
		588	632	−47	90	废石
	DH15	0	478	−58	90	废石
		478	600	−58	90	矿石
		600	658	−58	90	废石

3.6.2 第二部分：坐标系

考虑一个走向为70°方位角（北东）的板状矿床。倾角为−35°（向下），倾向西北。原始的 x、y、z 坐标系分别是东向、北向和高程。

Q1 写出将 x，y 系统旋转到 x'，y' 系统的矩阵方程（使 x' 在倾向方向，y' 在走向方向）。写出将 x'，z' 系统旋转到 x''，z' 系统的矩阵方程（使 x'' 沿倾向）。显示矩阵方程的方位角（α）和倾角（β）及其数字形式。定义所有的术语并对结果进行评论。

Q2 编写单个矩阵方程来执行从 x，y，z 到 x''，y'，z' 的完整数据转换。显示矩阵方程的方位角（α）和倾角（β）及其数字形式。定义您的术语并评论。

Q3 垂直钻孔的视厚度为 11.5 m。垂直矿床度量的实际厚度是多少？描述您的方法并评论。

参 考 文 献

[1] Barnes TE (1982) The transformation of coordinate systems to model continuity at Mt. Emmons. In: Proceedings 17th APCOM, AIME, New York, pp 765-770

[2] Bateman AM (1950) Economic mineral deposits. Wiley, New York, pp 316-325

[3] Bonham-Carter GF (1994) Geographic information systems for geoscientists: modeling with GIS. Elsevier Science Ltd. , New York, p 398

[4] Dagbert M, David M, Corcel D, Desbarats A (1984) Computing variograms in folded strata controlled deposits. In: Verly et al. (ed) Geostatistics for natural resource characterization 1, Reidel, Dordrecht, Holland, pp 70-90

[5] David M (1988) Handbook of applied advanced geostatistical ore reserve estimation. Elsevier, Amsterdam

[6] Delfiner P, Chilès (2012) Modeling spatial uncertainty, 2nd edn. Wiley, Hoboken, p 699

[7] Deutsch CV (2002) Geostatistical reservoir modeling. Oxford University Press, New York, p 376

[8] Deustch CV (2005) Practical unfolding for geostatistical modeling of vein type and complex tabular mineral deposits. In: Dessureault S, Ganguli R, Kekojevic, Dwyer (eds) Proceedings of the 32nd international APCOM symposium, published by the Taylor and Francis Group, London, pp 197-202

[9] Deustch CV, Journel AG (1997) GSLIB: geostatistical software library and user's guide, 2nd edn. Oxford University Press, New York, p 369

[10] Guilbert JM, Park CF Jr (1985) The geology of ore deposits. W. H. freeman and Co, New York, p 985

[11] Hartman H (ed) (1992) SME mining engineering handbook, 2nd ed, vol 1. Society for Mining, Metallurgy, and Exploration, Littleton, CO

[12] Journel AG (1983) Non-parametric estimation of spatial distributions. Math Geol 15 (3): 445-468

[13] Journel AG, Huijbregts ChJ (1978) Mining geostatistics. Academic, New York

[14] Maling DH (1992) Coordinate systems and map projections, 2nd edn. Pergamon Press, Oxford, p 476

[15] Munroe MJ (2012) A methodology for calculating tonnage uncertainty in vein type deposits. MSc Thesis, University of Alberta, p 142

[16] Peters York WC (1978) Exploration and mining geology, 2nd ed. Wiley, New

[17] Sides EJ (1987) An alternative approach to the modeling of deformed stratiform and stratabound deposits. In: Proceedings of the 20th APCOM symposium, vol 3, SAIMM, Johannesburg, pp 187-198

[18] Sinclair AJ, Blackwell GH (2002) Applied mineral inventory estimation. Cambridge University Press, New York, p 381

[19] Snyder JP (1987) Map projections-a working manual. United States Geological Survey Professional Paper 1395, U. S. Government Printing Office, p 386

[20] Stone JG, Dunn PG (1996) Ore reserve Econ Geol Special Publication (3), p 150

4 估算域的定义

摘 要 在地质和统计考虑的基础上，对确定的范围内的品位进行估算。这些域的定义和建模是矿产资源估算的重要步骤。本章介绍了估算域实践方面的发展情况，在定义这些域时面临的限制，估算域建模的细节，以及将估算域分配给资源块体模型的最常用方法。

4.1 估算域

估算域就是地质统计学中的平稳的地质等价区，其定义为矿化控制导致矿化基本均匀分布的某一类地质体。品位的空间分布呈现恒定的统计性质。但这并不意味着品位在这些区域内是恒定的，而是在地质上和统计学上便于品位的预测。

统计学上同质总体的概念称为平稳性。平稳性是个双重决策的结果。首先，这里有一个选择，就是这些数据汇集在一起进行分析。其次，还有个选择是统计，如平均值在域中如何随位置变化。平稳性是随机函数模型的一个特性，而不是变量的固有特性。它是由资源评估者做出的决定，是作出推断所必需的。平稳性是在地质统计学的背景下，由 Matheron 正式命名的，这在第 6 章也有论述。

探索性数据分析（EDA）可能表明多个总体的存在，这些总体的汇总统计具有显著差异。对数据统计特征的了解，再加上地质知识，促使将矿床细分为若干域进行估算。这比一下把整个矿体拿来估算要合理得多。域定义取决于是否有足够的数据来可靠地推断每个域内的统计参数。此外，域必须具有一定的空间可预测性，并且不能与其他域过度重叠。

估算域的良好定义非常重要。估算域定义不合适的后果是资源储量估算不准确。地质域和估算域的概念经常被混淆。地质域通常用一个地质变量来描述，估算域由一组矿化控制定义，并且可能包含不止一个地质域。

在多元素矿床中，通常假定对于主要兴趣元素/矿物所定义的估算域，适用于可能存在的所有次要元素。在实践中，不同的元素有不同的品位，因此可以使用不同的估算域去预测不同的元素。

例如，具有铜金矿化的斑岩矿床可能呈现逆空间关系，即金可能不像铜那样通过风化浸出而流失。金可以在矿床的上部形成一个盖。在这种情况下，铜和金应该使用不同的估算域建模。在浅成热液矿床中，由于金、银矿床的沉积方式不同，金矿化与银矿化的相关性不大。使用相同的估算域去估算金和银，将导致不良结果。

估算域必须具有空间和地质意义。用于定义估算域的地质变量组合，必须具有在钻探数据和/或生产数据有可识别的空间和地质特征。估算域必须在数据库和存储中得到充分的表达。这些条件是实践中实际建模的约束条件。

4.2 定义估算域

这里推荐一种完全分步进行的方法。它基于地质和统计分析的结合。这种方法更详细、更耗时，但是它为估算提供了更好的支持。这个概念的基础是通过描述和对每个地质变量之间的关系的建模，把问题予以分解。变量的组合产生一个矩阵，根据数据对最关键的品位控制程度进行排序。这些应该用看似合理的自然过程来解释，以确保从数据中得到的控制情况与已知的地质情况相一致。

品位域的发展始于地质知识，止于地质知识。

第一步是要确定地质变量，这些变量用于构建块体，用于估算域定义。根据钻孔数据编录的典型变量包括岩性、蚀变、矿物学、风化（氧化物/硫化物）以及构造或构造域。并不是所有的变量都要编录，有些可能与某一特定的矿石类型无关。

第二步是确定最重要的具体地质变量。这是基于地质因素、矿床内的总体丰度和钻孔信息。

第三步，在第二步的基础上，定义基于地质属性所有合理组合的估算域。例如，考虑3个地质属性各有4个变量，理论上共有64个可能的估算域。比如，斑岩、安山岩、角砾岩和英安岩，可能是某个斑岩型铜矿床岩性的4个变量。数据的丰富性会过滤掉其中的一些。许多实践方面的考虑将进一步减少理论域的数目，比如现有的或者规划中的选矿设施。例如，铜、金和许多其他稀有和贱金属矿床中，把氧化物和硫化物矿化合并在一起是不可取的，因为这些经常是在各自选厂分别处理的。或者，如果有两个选冶类型，其中之一体积小或品位低，那么可能就直接堆存了。另一个经常使用的标准是邻近性。某些单元可能在矿床的边缘，因此不应该与矿床中心部分的单元合并。

第四步涉及对初始域的统计描述。其主要目的是根据地质因素对域进行剔除或分组。在数据库中代表意义极小的变量应予以剔除，不管它们是否表示强烈矿化控制。根据经验法则，阈值是数据库中间隔总数的1%，尽管这取决于数据库的总体规模。

接下来，在已认可初始域之间进行统计对比，这往往需要分组。要使用统计工具，如直方图、概率图、箱形图、散点图、分位数（Q-Q）图、比例效应图，以及变异函数图。有了这些工具，就能对所建议的每个域中的品位分布进行比较。统计数据的分析需要一定程度的主观性，因为需要定义某种程度上可以接受的相似性。一旦两个变量显示出程度相似的矿化控制，并假定其在地质上合理，那么就要对它们进行分组，并重复进行统计分析。

这一迭代过程可能属于劳动密集型工作，并且通常要一直重复，直到一组地质变量和元素被明确地划分为不同的矿化类型。尽管矿化的空间特征存在明显差异，但一些变量仍要进行分组。这常常是由于实际的限制，包括数据量、选冶方面的考虑以及其他经济和技术因素。

替代性统计技术。如其他一些多变量统计技术也可用于描述地质与品位之间的关系。例如，一些实践者提出使用分类和回归树分析法（CART）对地质和品位分布之间的关系进行确定和分类。还提出了主分量分析和聚类分析等技术。然而，一个常见的问题是，这些技术常常用于根据统计参数对关系进行分类，而不考虑地质因素。

比例效应也可用来定义域。比例效应出现在正偏斜分布中。它表明，随着变量平均值的增加，其可变性也随之增加。这些图在对根据地质变量所确定的数据组的均值和标准差进行比较时，可能会显示出数据簇。假设每个数据簇中的数据属于一个准平稳总体，从而定义了估算域。这些数据簇应该与具体的地质控制相关联。

在所叙述的方法中，推荐使用简单统计的迭代过程。这里存在的一个问题是需要更费精力才能对地质有更彻底的理解。它确保了估算域是一组在空间和地质上合理的准平稳域，而不仅仅是统计分组。

4.3   案例研究：埃斯康迪达铜矿的估算域定义

定义估算域的过程最好通过一个例子来说明。以下内容摘自必和必拓（BHP Billiton）埃斯康迪达铜矿床全铜（TCu）估算域的定义。感谢必和必拓贱金属部门提供资料。

在定义估算域时，并不是一个给定地质变量的所有方面都是有效的或有用的。定义过程的第一步是对那些将被考虑的方面予以定义。重要地质属性的初选应由熟悉矿床的地质学家来决定。还需要了解地质变量是如何影响资源量估算的。

埃斯康迪达的估算域定义得到了生产矿山的大力帮助。通过对钻孔数据所描述的假定关系的直接观察，露天采场提供了予以证实的机会。在埃斯康迪达铜矿，所考虑的地质变量是矿化类型、蚀变、岩性和构造域。

在矿化类型上，所有高富集矿化（HE1、HE2、HE3）均建模在硫化物顶板（TDS）下面和黄铜矿底板（TDCpy）上面。通过统计和另外的化学分析表明，铜蓝-黄铁矿（Cv+Py）单元具有低富集矿化的统计特征和空间特征。辉铜矿-黄铜矿-黄铁矿（Cc+Cpy+Py）单元具有高富集矿化特征，特别是在这个单元中，较高台阶处的辉铜矿比例更为显著。这是预料之中的情况，因为这些矿物组合是矿化富集由高到低的过渡。

对所有的蚀变、岩性和结构类别进行类似的推理之后，将数据库中的原始代码翻译成简化版本，如表4.1所示。由此产生的矿化代码的最重要特征如下。

表4.1 原始的和简化后的地质编码（埃斯康迪达铜矿数据库）

岩 性	分 组	代码	数字编码
钾化斑岩	OK	PF	1
石英斑岩	与凝灰岩同组	PC	2
未划分的斑岩	忽略	PU	−99
安山岩	OK	AN	3
火成角砾岩	与PF同组	BI	4(1)
热液角砾岩	与PE同组	BH	7(1)
构造角砾岩	忽略	BT	−99
砾石和卵石岩墙	忽略	GR/PD	−99
晚期英安岩	忽略	DT	−99
闪长岩	忽略	DR	−99
凝灰岩	与PC同组	TB	2

矿化类型	分 组	代码	数字编码
淋滤带	OK	LX	0
铜蓝氧化物	OK	OX	1
赤铜矿	与其他赤铜矿合并	CP	2
赤铜矿+氧化铜	与其他赤铜矿合并	CPOX	2
赤铜矿+Mixto	与其他赤铜矿合并	CPMX	2
赤铜矿+辉铜矿+黄铁矿	与其他赤铜矿合并	CPCCPY	2
部分淋滤带	OK	PL	4
氧化物和硫化物	OK	MX	5
辉铜矿/黄铁矿	与HE2合并	HE1	6
辉铜矿/铜蓝/黄铁矿	与HE1合并	HE2	6
铜蓝/黄铁矿	与LE合并	HE3	7
辉铜矿/黄铜矿/黄铁矿	与LE合并	LE1	7
辉铜矿/铜蓝/黄铜矿/黄铁矿	与LE合并	LE2	7
铜蓝/黄铜矿/黄铁矿	与LE合并	LE3	7
黄铁矿	与其他主要分组合并	PR1	8
黄铜矿/黄铁矿	与其他主要分组合并	PR2	8

续表 4.1

矿化类型	分 组	代码	数字编码
斑铜矿/黄铜矿/黄铁矿	与其他主要分组合并	PR3	8

蚀变类型	分 组	代码	数字编码
未蚀变岩石	忽略	F	−99
青盘岩化	与鳞状变晶结构合并	P	2
绿泥石-绢云母-黏土化	OK	SCC	2
石英-绢云母片岩化	OK	S	1
钾化	OK	K	3
黑云母化	与 K 化同组	B	3
高岭土化	与 S 同组	AA	1
黏土化	与 S 同组	AS	1
硅化	与 S 同组	Q	1
斑岩中 K-S 转变	与鳞状变晶结构同组	QSC	2
在安山岩中硅化的 SCC	与鳞状变晶结构同组	SCC-An	2
在斑岩中硅化的 QSC	与鳞状变晶结构同组	SCC-pf	2

（1）所有被描述为赤铜的矿化都被分组为一个代码（赤铜矿、赤铜矿+Ox、赤铜矿+Mx 和赤铜矿+黄铜矿+黄铁矿到赤铜矿）。这是因为现有的选矿设施无法从赤铜矿物中回收铜，不利于浮选厂对铜的总体回收。

（2）高品位组合定义为黄铜矿+黄铁矿（Cc+Py）和黄铜矿+铜蓝+黄铁矿（Cc+Cv+Py）。

（3）低品位组合是 Cc+Cpy+Py、Cc+Cv+Cpy+Py、Cv+Cpy+Py、Cv+Py。

（4）所有的低品位矿化被归为一类（Py，Cpy+Py 和 Bn+Cpy+Py），因为在研究时，所处理的大部分矿石来自高品位矿化单元。

（5）研究中使用的所有其他元素都用原始代码：淋滤（代码0）、绿色氧化物（代码1）、部分淋滤（代码4）及混合型（代码5）。

这样，为岩性和蚀变确定新变量的类似过程就完成了。原始编录元素的分组产生了三个蚀变代码：QSA、SCC 和 K-B（分别为白色、绿色和钾黑云母蚀变），以及三种岩性：斑岩、安山岩和流纹岩。

对于岩性，应注意以下特点：

（1）凝灰岩与流纹岩（PC）分为一组；

（2）由于缺乏空间代表性，以下代码被忽略不计为英安岩、砾石、构造角砾岩、未划分斑岩、闪长岩和卵石岩墙；

（3）热液角砾岩和火成岩角砾岩被分入埃斯康迪达斑岩的主单元之中。

对于蚀变，作了如下分组：

（1）将所有石英、绢云母和黏土（绢云母、黏土、硅化土和高岭土）分组形成了一个新的编号 QSA。这也被称为白色蚀变。

（2）类似地，通过分组形成新的 SCC 代码，将绢云母-绿泥石-黏土、斑岩中的 K-S 蚀变、安山岩中的硅化、斑岩中的硅化分为一组。因为绿泥石的存在，有时这组被称为"绿色蚀变"。青盘岩化蚀变与上述 SCC 组的其他成分有很大不同。然而，在这里它被看作是相关的，因为只有很少地段被编码为青盘岩化蚀变。通常，在其他斑岩矿床中，青盘岩化蚀变被认为是矿床外围的一个晕，最好单独建模。

（3）第三个蚀变 K-B 是由钾化（K）和黑云母蚀变（B）分为一组而成。

（4）新鲜未蚀变的岩石在体量上不重要，所以忽略不计。

有了经埃斯康迪达的地质学家们简化的原始编码，就定义了地质模型的基本元素，这些元素的组合也就定义了初始估算域集。

根据对露天采坑和钻孔数据的观察，确定了 5 个构造域。在埃斯康迪达，同大多数矿床一样，构造控制着矿床不同地区的全铜（TCu）品位的空间分布。图4.1 所示为构造地质学家们模拟的区域和当前采坑投影。由于没有矿化的证据，未考虑 5 号区域（以棕色表示，位于矿床边界的菲洛卡利尔断层以西）。用以定义估算域的基本建模是用其余四个构造域定义的。

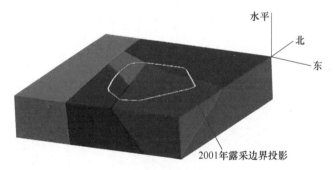

图 4.1　显示 4 个结构域。域 5（棕色，位于矿床边界菲洛卡利尔断层以西）
是非矿化的，并在感兴趣的区域之外。就规模而言，
2001 年露天采坑规划的大致尺寸约为 3 km×3 km，没有垂直放大

4.3.1　初始数据库的探索性数据分析

该数据库由 2140 个钻孔和 215681 个化验结果、岩性、矿化和蚀变记录组成。直方图与汇总统计一起用于提供该变量的全局描述。图 4.2 显示了全铜（TCu）的直方图和汇总统计数据，所有的分析都记录为辉铜矿+黄铁矿（表4.1 中的 Cc+Py，HE1）。直方图显示的是正偏态分布，全铜（TCu）平均品位为1.74%，变异系数为 0.88，这对于化验数据来说是偏低的。

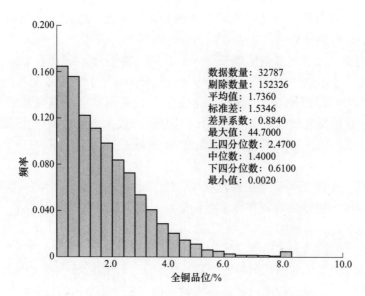

图 4.2　全铜 (TCu)、Cc+ Py 单元的直方图及基本统计

累积频率图通常用来描述分布的重要特征，例如在期望的连续线上寻找间断点。图 4.3 为与图 4.2 [全铜 (TCu)，Cc+Py] 数据对应的概率图。注意曲线上的拐点，一个在 $w(TCu)=2\%$ 左右，另一个在 $w(TCu)=6\%$ 左右，表明该区域内的样本是混合的。

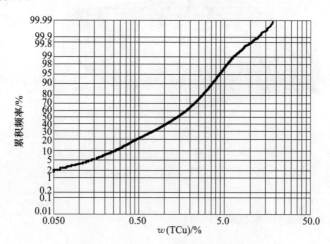

图 4.3　TCu、Cc+Py 单元的概率图

两个分布可以使用分位数-分位数 (Q-Q) 图进行比较。图 4.4 为 Cc+Py 与 Cc+Cv+Py 矿化对比 Q-Q 图，图 4.5 为 Cc+Cpy+Py 与 Cv+Py 矿化对比图。这些和其他类似的数据说明了仅以矿化类型为基础的品位分布的相似性。

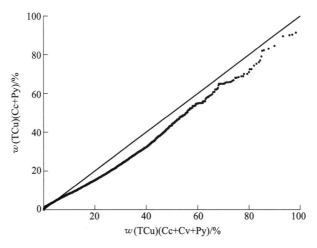

图 4.4　Cc+Py 与 Cc+Cv+Py 矿化的 Q-Q 图

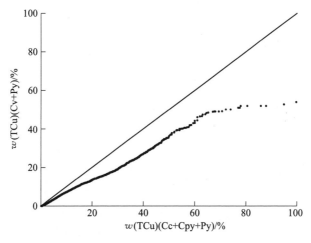

图 4.5　Cc+Cpy+Py 和 Cv+Py 矿化的 Q-Q 图

4.3.2　估算域的初始定义

　　初步估算域的定义是通过分析矿化、岩性、蚀变和构造域这 4 个变量在地质上所有可行组合而完成的。

　　表 4.2 给出了已定义的 20 个初始估算域。最初的 6 个估算域是仅根据矿化而定义的，其原因有 2 个：由于它们都是非硫化物单元（部分淋滤除外），与浅成硫化物矿化相比，其经济意义很小。此外，除了淋滤盖，这些矿化单元的空间分布复杂，难以建模。氧化矿和混合矿的典型尺寸最多与合理钻探间距（50～70 m 的横向延伸）接近。进一步细分这些小区域可能会导致糟糕的品位估算。

表 4.2　初始估计域

估算域	矿　化	岩性	蚀变	结构域	备　注
0	淋滤	全部	全部	全部	主要是低品位
1	氧化物	全部	全部	全部	确定氧化矿的边界
2	赤铜矿	全部	全部	全部	不能加工，开采为废石，不分品位
3	部分浸出	全部	全部	全部	规模小，很难建模
4	合并	全部	全部	全部	规模小，很难建模
5	全部	流纹岩	全部	全部	矿床东部边缘，品位低，近期开发少
6	Cc+Py；Cc+Cv+Py	全部	QSA	1+4	高品位
7	Cc+Py；Cc+Cv+Py	全部	SCC	1+4	高品位
8	Cc+Py；Cc+Cv+Py	全部	QSA	3	高品位
9	Cc+Py；Cc+Cv+Py	全部	SCC	3	高品位
10	Cc+Cpy+Py；Cv+Py；Cc+Cv+Cpy+Py；Cv+Cpy+Py	全部	QSA	1+4	低品位
11	Cc+Cpy+Py；Cv+Py；Cc+Cv+Cpy+Py；Cv+Cpy+Py	全部	SCC	1+4	低品位
12	Cc+Cpy+Py；Cv+Py；Cc+Cv+Cpy+Py；Cv+Cpy+Py	全部	QSA	3	低品位
13	Cc+Cpy+Py；Cv+Py；Cc+Cv+Cpy+Py；Cv+Cpy+Py	全部	SCC	3	低品位
14	Cpy+Py；Py；Bn+Cpy+Py	斑岩+角砾岩	K+B	1+4+2	主要的
15	Cpy+Py；Py；Bn+Cpy+Py	中生代火山岩	K+B	1+4+2	主要的
16	Cpy+Py；Py；Bn+Cpy+Py	斑岩+角砾岩	K+B	3	主要的
17	Cpy+Py；Py；Bn+Cpy+Py	中生代火山岩	K+B	2	主要的
18	Cc+Py；Cc+Cv+Py	全部	全部	2	高品位
19	Cc+Cpy+Py；Cv+Py；Cc+Cv+Cpy+Py；Cv+Cpy+Py	全部	全部	2	低品位

研究发现，在浅成富集带内，对于有蚀变的情况，岩性控制是多余的。岩性是矿化类型的重要控制因素，但在浅成区域，蚀变掩盖并泯灭了岩性控制。

图4.6和图4.7显示了所有埃斯康迪达斑岩和安山岩岩性的Q-Q图，它们分别受2种主要蚀变（QSA和SCC）的制约。注意这些图接近45°线的情况，这意味着相似的统计分布。因此，在安山岩和埃斯康迪达斑岩中，只要蚀变相同，则全铜（TCu）品位的变化就不大。无论岩性是安山岩还是斑岩，如果蚀变为SCC，则品位就低。约18%的总试验区间是有QSA蚀变的安山岩，而约4%的埃斯康迪达斑岩有SCC蚀变。

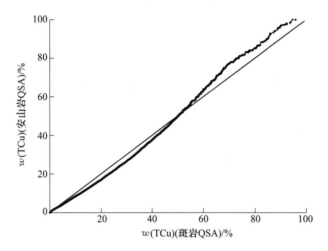

图4.6　斑岩与安山岩QSA蚀变的Q-Q图

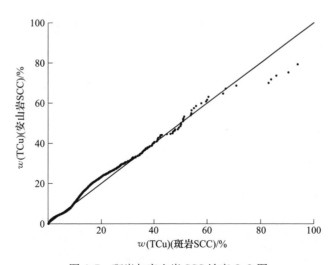

图4.7　斑岩与安山岩SCC蚀变Q-Q图

　　这不是原生矿化的情况，在把安山岩与埃斯康迪达斑岩相比时，全铜（TCu）品位的统计特征存在显著差异。图 4.8 为蚀变 K+B 两种岩性的 Q-Q 图，请注意这些分布有很大的不同。由于钻探的目标是浅成高品位矿化，因此在钾化和黑云母化蚀变的初级矿化中可用的化验数据相对较少，这就是他们分组的原因。原生矿化在经济上不如矿床上部那么重要，因此将原生矿化单元分组是合理的，这主要是出于实用的考虑。

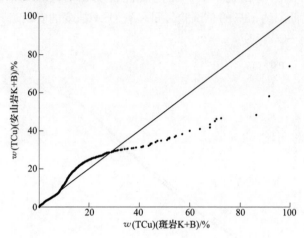

图 4.8　斑岩与安山岩的钾化+黑云母化蚀变 Q-Q 图

　　与构造域 2 和 3 相比，构造域 1 和 4 在全铜（TCu）品位上有明显的差异。特别是构造域 3 最为不同。从描述性统计和不同域的全铜（TCu）相关图模型，都可以明显看出这一点。

　　图 4.9~图 4.12 分别显示了第 1~4 个域的 HE 与 LE 矿化（Cc+Py 与 Cc+Cpy+Py）的 Q-Q 图。

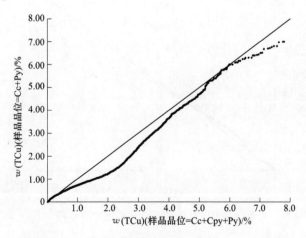

图 4.9　Cc+Py 与 Cc+Cpy+Py 的 Q-Q 图，构造域 1

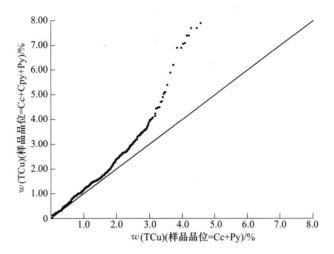

图 4.10 Cc+Py 与 Cc+Cpy+Py 的 Q-Q 图，构造域 2

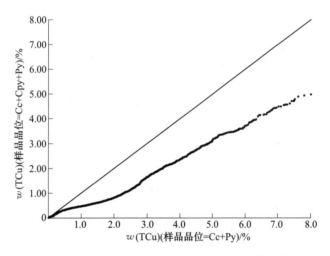

图 4.11 Cc+Py 与 Cc+Cpy+Py 的 Q-Q 图，构造域 3

图 4.9（构造域 1）显示，在 1%～4% 的全铜（TCu）范围内，Cc+Py 全局分布品位明显偏高。品位较高的分位数趋向于类似情况，这意味着两种分布都有显著的高分数尾。

图 4.10（构造域 2）显示低品位矿（Cc+Cpy+Py）具有较高的品位分布。这表明在结构域 2 内黄铜矿较少，这可能是下落断块中矿化富集的结果。因此，将 HE 和 LE 单独合并成一个组是合理的。构造域 2 是所考虑的四个域中体积最小的。

构造域 3 的品位分布（图 4.11）符合预期，HE 分布始终表现出较高的品位，而构造域 4（图 4.12）的品位分布非常相似，这可能也是由于 LE 单元中辉铜矿与黄铜矿的相对丰度造成的。对各构造块体相对运动的分析解释了这一现象，因为构造域 4 的矿化也达到了富集的层次。

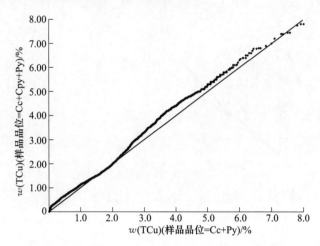

图 4.12　Cc+Py 与 Cc+Cpy+Py 的 Q-Q 图，构造域 4

综上所述，全铜（TCu）的品位分布，在各个结构域表现出不同的统计特征。矿化构造控制解释了矿床不同部位矿化富集品位高低的关系。

在制作表 4.2 时，假定浅成富集矿化（HE 和 LE）未呈现钾化或黑云母化蚀变。这是基于地质学的假设。记录有 K-B 蚀变的 HE 或 LE 的试验区段，被视为不正确的记录区段。

4.3.3　按构造域划分的全铜（TCu）品位相关图模型

再以 HE 的矿化（Cc+Py）作为实例，通过分析全铜（TCu）品位分布的空间连续性，可以得到区域间差异的另一种认识。这可以通过对所有主要地质变量和每个构造域运行相关图（第 6 章）建模来实现。

在估算域定义范围内对相关图模型进行分析时，需要考虑一些实际问题。相关图和其他空间连续性模型受可用数据量的影响。在埃斯康迪达，这意味着与数据较多的单元相比，构造域 2 原生矿化和一些低富集矿化单元的模型的可靠性较差。

所建立的相关图模型表明如下：

（1）普遍存在的各向异性的方向是预期的北东和北西方向，但不在水平面上。根据矿化单元和矿化域，连续性的主轴向矿床中心倾斜 20°～50°。这不是一种简单的层状矿床，在对待斑岩型矿床时，有时人们会认为它是一种层状矿床。

（2）构造域 3 的块金效应，始终高于其他域，品位分布更加不稳定和不连续。与其他构造域相比，采矿时预期会有更多的贫化，这确实与生产经验一致。

（3）构造域2、4的相关图显示了更深层富集过程的证据，这与现场观察是一致的。从采坑内观察到，一个北西向的深部富集带，成矿作用强。构造域1的相关图倾向于向西-南西方向倾伏，而构造域3、4的相关图倾向于向南-南东方向倾伏。

（4）构造域1和4表现出较强的北东向各向异性，对北西或南西倾向结构的强化程度较低。构造域2也表现出显著的（长变程）北东向各向异性，覆盖了预期的北西向各向异性。所观察到的较长变程的北-北东各向异性与两个主要侵入体的总体方向一致，这两个侵入体被认为是矿化源。

4.3.4 最终估算域

由于要获得最终的估算域，还需要考虑另外一些约束条件，所以对原始的估算域进行了一些简化。首先，将构造域2（18和19）的两个富集矿化单元合并为一个估算域：一方面是由于品位分布的相似性；另一方面是由于缺乏数据。也是由于统计相似性和缺乏数据，估算域7和11被合并为一个域（HE和LE，有SCC蚀变，域1+4）。由于缺乏资料、全铜（TCu）品位低，所有的原生矿化被合并成一个域，也是由于直到矿山服务年限的晚期才可能开采低品位矿化带中的铜。

最终估算域如表4.3所示。采用描述性统计、丛聚分析、接触分析、变异函数分析等方法确定全铜（TCu）在各构造域之内的统计特征。域定义的研究结果归纳如下：

（1）为全铜（TCu）定义了14个估算域（GUs），包括了矿体上部所定义的GUs。

（2）构造域的利用和在浅成富集带中岩性对矿化控制作用的弱化，是当时两个意想不到的特征。

（3）根据不同的数据集建立并按照不同的地质属性调整的相关图模型以及GUs，显示出与地质理论和矿井观测相一致的各向异性模式。

（4）在相关图模型方面有一些重要的细节，这些相关图模型是由构造域的添加产生的。最重要的是第3域的相对块金效应明显高于其他域，这是千枚岩化（QSA）和SCC蚀变局部混合的结果，品位变异性相应增加。

（5）所探测到的各向异性证实，短变程、高品位的成矿趋势主要为北西向，但具有明显的北-北东向长变程各向异性。同时，对于矿床南部和西部的单元，连续性椭球体的倾角和倾伏一般向南西方向倾斜，向北东方向倾伏。对于矿床北部和东北部的单元来说，倾向仍然可能是南西，但倾伏更为常见的情况是南东方向。

表 4.3　埃斯康迪达 2001 资源模型，全铜估算域

估算域	矿　化	岩性	蚀变	构造域
0	LIX(0)	所有	所有	所有
1	氧化物（1）	所有	所有	所有
2	黄铜矿	所有	所有	所有
3	部分淋滤	所有	所有	所有
4	合并	所有	所有	所有
5	所有	PC+TB（流纹岩+凝灰岩）	所有	所有
6	6+9（Cc+Py；Cc+Cv+Py）	所有	QSA(1)	1+4
7	6+9+7+10+13+14 （Cc+Py；Cc+Cv+Py；Cc+Cpy+Py；Cv+Py；Cc+Cv+Cpy+Py；Cv+Cpy+Py）	所有	QSA(2)	1+4
8	6+9 （Cc+Py；Cc+Cv+Py）	所有	QSA(1)	3
9	6+9 （Cc+Py；Cc+Cv+Py）	所有	QSA(2)	3
10	7+10+13+14 （Cc+Cpy+Py；Cv+PyCc+Cv+Cpy+Py；Cv+Cpy+Py）	所有	QSA(1)	1+4
11	7+10+13+14 （Cc+Cpy+Py；Cv+PyCc+Cv+Cpy+Py；Cv+Cpy+Py）	所有	QSA(1)	3
12	7+10+13+14 （Cc+Cpy+Py；Cv+PyCc+Cv+Cpy+Py；Cv+Cpy+Py）	所有	QSA(2)	3
13	8+10+12 （Cpy+Py；Py；Bn+Cpy+Py）	所有	QSA(3)	所有
14	6+9+7+10+13+14 （Cc+Py；Cc+Cv+Py；Cc+Cpy+Py；Cv+Py；Cc+Cv+Cpy+Py；Cv+Cpy+Py）	所有	所有	2

4.4　边界与趋势

　　地质解释和估算域建模产生的边界往往带有很大的不确定性。边界的定义和处理对资源量估算有很大影响，如贫化、矿石损失或地质体的混合。估算品位时，边界的处理具有重要的现实意义。硬边界和软边界的术语分别用来描述整个接触带的品位分布变化是否是突变。传统的品位估算通常将地质单元之间的边界视为硬边界，边界之间不发生混合。软边界允许使用相邻域的品位。有时，软边

界和硬边界可以通过地质认识进行预测或预期，但应始终通过对接触带统计分析予以确认。

接触分析有助于确定任何给定单元的品位估算是否应包含相邻单元的特征。这是一个实用的工具，以描述品位变化趋势和接触带附近的行为，并在估算每个单元时定义数据。

通过在两个感兴趣的估算域中按预先定义的距离找到成对的数据，可以分析跨越接触带的品位变化行为。用不同的方法可以定义数据对，但为了避免方向偏差，最好选择某种真三维方法。在这种方法中，通过对不同单元的邻近分析间隔进行三维搜索，在预先指定的距离内找到数据对。

图 4.13 显示了来自埃斯康迪达案例研究中 Cc+Py 和 Cc+Cpy+Py 单元之间的接触带两侧的平均品位。图中的每个点对应于距离接触带 2 m 的全铜（TCu）平均值。尽管平均值有很大的波动，但品位过渡是平稳的，从 Cc+Py 单元的较高品位到 Cc+Cpy+Py 单元的较低品位，以及可以预期到的被定义为过渡性矿物组合单元的品位转变，其趋势可以建模为距离接触带距离的函数。

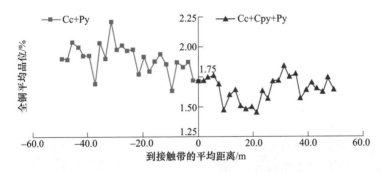

图 4.13　矿化单元 Cc+Py 与 Cc+Cpy+Py 之间的接触处 2 m 样长 TCu 品位过渡带

图 4.14 表明，在埃斯康迪达的最终估算域 6 和 7 之间的接触带，全铜（TCu）平均品位的轮廓属于硬边界（表 4.3）。在这种情况下，从一个单元到另一个单元的全铜（TCu）品位，在很短的距离内发生显著变化。因此，不建议使用估算域 7 的综合数据来估算估算域 6 中的全铜（TCu）品位。

在软边界存在的情况下，考虑平稳域通常是不合适的。一般来说，如图 4.13 所示的软边界在接触带附近具有非平稳特性。在一种岩石类型过渡到另一种岩石类型的影响区域内，均值、方差或协方差不是恒定的，其值取决于相对于边界的位置，如图 4.15 所示。

资源模型中软边界的正确再现，有助于改善贫化和矿产资源估算。靠近接触带的区域通常是不确定性较高的区域，如图 4.16 中的红色丰度所示。

在接触带复杂和多边界的情况下，可能合适的做法是对局部邻域内存在的非

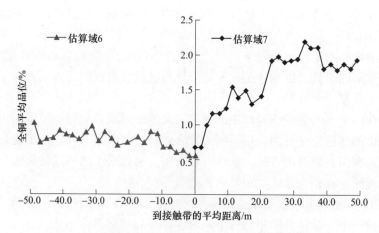

图 4.14　估算域 6 与 7 接触带分析（具体数据见表 4.3）

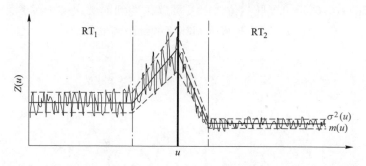

图 4.15　边界附近趋势示意图

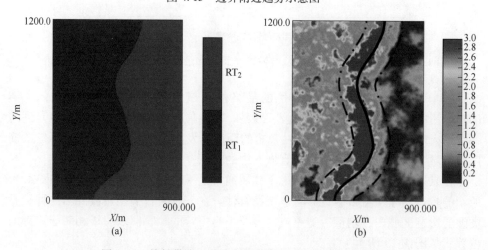

图 4.16　接触带附近不确定性较高（品位较高）的实例

（a）岩石类型模型；（b）BH 克里格（参考）

平稳特征进行建模。均值、方差和协方差的非平稳特征可以参数化为局部核心区域化模型。品位的估算可以使用一种非平稳的协同克里格法来进行（第8章）。

估算域内的趋势也很常见。在某些情况下，需要明确地模拟或考虑趋势，特别是在模拟品位分布时（第10章）。在其他情况下，例如使用普通的克里格法和有限的搜索邻域进行品位估算，可以通过对搜索邻域内平均值的隐性再估算来解释趋势（第8章；参考文献[4]）。

某些趋势可以从地质学知识中得出推断。例如，在蒸发岩型矿床中的硝酸盐、硼酸盐和碘的分布是可以预测的。更常见的是，趋势是直接从数据中检测和建模的。可以使用沿着相关坐标方向的品位-距离图来描述趋势。图4.17为一个低品位斑岩型金矿床中金品位沿垂直方向的变化趋势。数据显示，低海拔标高的金矿品位下降速度大约为每100 m下降0.1 g/t。即使在定义了最终估算域之后，这种趋势也可能会持续。如果不加以考虑这一趋势，可能会导致对下部台阶黄金资源的高估。

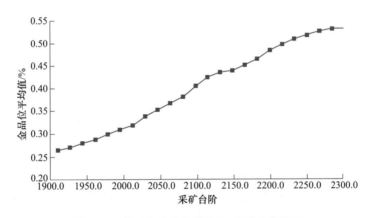

图4.17 基于台阶组合样的Au品位趋势实例

如果必须明确考虑趋势，则在出现趋势时通常采用下列方法：
（1）建立确定性趋势模型并将其从数据中移除；
（2）对剩余分量建模；
（3）增加确定性趋势，以得到最终模型。

建立趋势模型有几种常用的确定性方法，包括手绘或电脑绘制等值线，并拟合简单的多项式模型。在实践中，可能会考虑一维垂直趋势和二维平面趋势，然后将其合并为三维趋势模型。将一维和二维趋势合并到三维趋势模型中并没有什么独特的方法，但有一种简单的方法可以将这些趋势合并起来，就是假设垂直和平面趋势的条件独立性：

$$m(x,y,z) = \frac{m_z(z) \cdot m_{x,y}(x,y)}{x_{\text{goldal}}}$$

式中，$m_z(z)$ 为垂直趋势的均值；$m_{x,y}(x,y)$ 为二维平面趋势的均值；m_{golbal} 为直方图的全局均值；$m(x,y,z)$ 为 (x,y,z) 位置的均值。

该方程能有效地用二维平面趋势重新标定垂直趋势曲线。其他的概率组合方案，如比率的持久性，也可用于假设条件独立性导致极值接近零或过高的情况。

4.5   与估算域定义相关的不确定性

估算域的定义是资源建模中使用的大多数地质统计工具应用的重要前提。这些域决定了可用的矿化体积，因此是所估算的经济边际品位以上矿量的主要因素。

估算域的定义是主观的，它受数据和实际考虑的限制。不确定性的来源有许多，这就造成了接触带和体积定义的不确定性。

一些典型的不确定性的来源包括地质数据的错误、遗漏，或者常见的不精确的填图和记录。例如，在高度蚀变的岩石中，很难精确描述岩石类型，如果不使用金刚石钻探，情况更是如此。各种斑岩都难以区分，不同的岩性也可能不易区别。因为很多地质属性都要靠现场的视觉评估和解释，所以人的认知和偏差都很重要。例如，蚀变强度或硫化物程度就可能必须由地质学家予以评估。

有限的数据也可能是不确定性的重要来源。通常，两个矿化控制明显不同的邻域，因为其中一个没有足够的钻孔资料，也必须合并为一个单元。这将导致在采集到更多数据之前无法解决总体混合的问题。数据量较大的区域将影响统计量、变异函数模型和用于混合域品位估算的克里格规划。

此外，地质解释和建模所带来的不确定性，在稀疏钻探地区更为明显。地质模型可能是另一个重要的不确定性来源，如果将其结合到估算域，可能会导致资源模型出现严重的缺陷。

所有这些不确定性的来源，都要结合矿化自然地随地点的不同而变化的事实。这种估算域内的自然变异性以不同的程度存在，在进行估算时应该加以考虑。

4.6   最低标准、良好实践和最佳实践的总结

按照最低标准，用来确定估算域的方法应考虑最明显的矿化控制，并包括证明地质属性与品位之间关系所需的基本工具。主要的矿化控制可以通过地质制图和矿床成因的工作假设来描述。基础勘查数据分析就是对矿化控制的表征。

良好实践应考虑所有可用的地质信息以及品位和每个地质变量之间的关系。这一过程涉及第一阶段，在这一阶段中，个别填图的地质情况，如矿化、岩性、

蚀变或其他，部分是应用地质知识和常识进行分组，部分是通过应用数据和统计约束来分组的。

然后在研究的第二阶段做出一套新的描述性统计，从中可以提出一套初步的估算域。这是一个迭代过程，包括由地质知识支持的进一步统计分析得到估算域的定义。

估算域的定义是一个不完善的过程，其特征是应该定义的估算域（根据地质学和统计分析）与定义它们所需的数据量之间的折中。有时，原始数据库编码的局限性也会影响估算域的定义。

最佳实践就是定义估算域，并辅之以对其不确定性和用于定义其的限制和假设的评估。定义应包括这样一些相关的限制，即数据质量和数量、所用地质信息以及用于估算域接触方式的硬边界或软边界的统计分析类型。评价地质不确定性更好的工具是模拟。

4.7 练习

本练习的目的是为一个 2D 例子和一个更大的 3D 例子建立趋势模型。可能需要一些特定的（地质）统计软件。该功能可以在不同的公共软件或商业软件中找得到。请在开始练习前取得所需的软件。数据文件可以从作者的网站下载——搜索引擎会显示下载位置。

4.7.1 第一部分：基础统计

考虑数据库 red. dat 中的二维数据。需要对该数据集的 5 个不同变量进行小规模的探索性数据分析，即厚度、金品位、银品位、铜品位和锌品位。

Q1 将每个变量的关键统计数据制成表格即数据数量、最小值、最大值、平均值和方差。给不同变量绘制直方图并对结果进行评述。

Q2 按适当方式以算术或对数比例绘制变量的概率图。评论特异值、拐点或任何其他有意义的特性。

Q3 绘制所有变量对之间的散点图，并创建相关系数矩阵，以总结变量之间的关系。

Q4 用所有变量的正态得分重复前面的问题。

4.7.2 第二部分：二维趋势建模

考虑数据库 red. dat 中的二维数据。有一个明显的趋势，在向北和向南的深部（约-250 m 标高以下），厚度较薄。

Q1 绘制代表趋势的等值线图。注意等值线不要太接近短距离的变化。一般的规则是匹配大于 2~3 倍钻孔间距范围内的大范围变化。

还可以使用克里格法或距离反比法（或其他网格算法）。然而，手绘等值线更好，它能提供对数据的更好理解。将厚度数据标在地图上（图 4.18），用手画出等值线图，选择自己的等值线间距。但是，如果不确定，可以选择 0.5、1.0、2.0、5.0 或 10.0。

Q2　有许多程序可以得到用于网格化算法的"点数据"格式等值线。创建等值线图的网格模型，要确保图线的平滑，没有来自您所选网格算法的人工痕迹。

Q3　计算残差，*res* = 厚度 − 厚度趋势。绘制残差的直方图。绘制残差与厚度趋势值的交叉图，对影响独立模拟厚度残差与厚度趋势的所有因素予以评述。

4.7.3　第三部分：三维趋势建模

考虑数据库 largedata. dat 中的三维数据，以便进行三维趋势建模。建立铜品位趋势模型。

Q1　通过计算垂直剖面中品位的平均值，找出品位的平滑垂直平均值，可以用一维平均程序。通过不同剖面间距和其他参数的运行，考虑一系列敏感度情况，将结果绘图。评述是否存在垂直趋势以及在模拟模型中考虑趋势的重要性。展示您选择的最终结果。

Q2　计算钻孔数据的垂直平均值，绘制垂直平均值图，并说明对区域趋势建模的必要性。

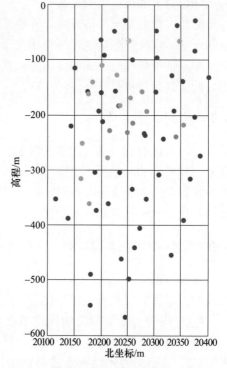

图 4.18　练习附图

使用克里格或距离幂次反比法或第一部分中使用的等值线法，生成平滑的平面趋势。

Q3　将一维垂直趋势与二维平面趋势相结合，构建三维趋势模型。评述条件独立假设对组合方法内含的实际意义，并对构建三维趋势的替代方案予以评述。

Q4　按照 *res* = 品位 − 品位趋势来计算残差。绘制残差直方图。绘制残差与品位趋势值的交叉图。对影响模拟独立于品位趋势的品位残差变得困难的特性予以评论。

参 考 文 献

[1] Breiman L, Friedman JH, Olsen RA, Stone CJ (1984) Classification and regression trees. Wadsworth and Brooks/Cole Advanced Books and Software, Monterey, p 368

[2] Coombes J (2008) The art and science of resource estimation. Coombes Capability, Subiaco

[3] Isaaks EH, Srivastava RM (1989) An introduction to applied geostatistics. Oxford University Press, New York, p 561

[4] Journel AG, Rossi ME (1989) When do we need a trend model? Math Geol 22 (8): 715-739

[5] Larrondo P, Deutsch CV (2005) Accounting for geological boundaries in geostatistical modeling of multiple rock types. In: Leuangthong O, Deutsch CV (eds) Geostatistics Banff 2004, vol 1, Springer, November, pp 3-12

[6] Matheron G (1962-1963) Tome I: Traité de Géostatistique Appliquée, Tome II: Le Kriegeage I: Mémoires du Bureau de Recherches Géologiques et Minières, No 14 (1962), Editions Technip, Paris; II: Mémoires du Bureau de Recherches Géologiques et Minières, No 24 (1963), Editions B. R. G. M, Paris

[7] Ortiz JM, Emery X (2006) Geostatistical estimation of mineral resources with soft geological boundaries: a comparative study J South Afr Inst Min Metall 106 (8): 577-584

5　数据收集与处理

摘　要　矿产资源估算依赖于可用的数据。本章介绍与数据收集和处理相关的主要挑战，特别关注数据的代表性、特高品位、按实用的一定长度组合数据，最后对取样理论进行总结。

5.1　数据

矿业比其他自然资源行业能收集更多的数据，这就为更好地理解局部变化并获得稳健的局部评估提供了可能。数据的充足在定义所用建模技术及其实现中起着重要作用，并在历史上影响了地质统计技术的发展。这与某些数据量有限的建模应用，例如石油和环境，形成了对比，其最终结果更加依赖于模型。

矿产资源估算的质量取决于数据收集质量和所采用的处理程序的质量。一系列技术问题都会影响数据的整体质量，但这里只讨论其中最重要的问题。数据质量的概念以务实的方式加以使用，即着眼于数据如何影响资源模型中矿石量和品位的估算。

样品数据将用于预测矿石量和品位估算。统计分析将与地质和其他技术信息一起，用于作出推断决策。样品数据库必须提供健全可靠的决策。虽然可能有很多数据，但实际上只能对一小部分矿床取样，被钻探取出的样品量与矿床总量的比例常常只占总量不到十亿分之一。

样品应该对取样的原料具有代表性，这意味着所取样品应是这样的结果，即对于相同的体积或原料，它的值应该与可能已经取得的其他任何样品的值相似。

样品还应具有空间意义上的代表性，这意味着矿床的空间覆盖是充分的。例如，这些样品可能是在一个近似规则或准规则的采样网格中采取的，这样，每个样品就代表了兴趣矿体中一个相似的体积或区域。在实践中，这种情况很少，可能就需要对丛聚数据进行处理。

为保证样品的代表性，应制定严格的质量保证和质量控制规程。如果样品不具有代表性，那么就会有样品偏差，这将直接影响最终的资源评估。因此需要考虑与样品收集、处理、制备和分析相关的许多问题。

5.1.1 钻探、槽探和坑探的工程位置

用于预测矿石量和品位的地质统计工具是基于对样品位置的掌握。随机克里格法是一个例外，它适用于那些在特定区域内只有一些不精确的样品位置可用的情况，请参阅参考文献 [13] 的第 352~355 页以及参考文献 [28] 的案例研究。每个样品的位置表示为二维或三维坐标（X、Y 和 Z），并通过测量其空间位置获得。有多种测量方法可以用于对钻探的位置以及钻孔偏斜进行测量。位置信息可以使用不同的坐标系统来处理，参见第 3 章，但是一个项目应该使用一个系统，以避免误差。

钻孔孔口的位置通常通过与当地三角测点相连的全站仪进行测量。高精度 GPS 系统越来越普遍。通过地形卫星图像或航拍图像绘制当地地形图也很常见。

所有测量均须与其他资料核对，例如本区一般地形图。钻孔的标高与可用的地形表面应在一个可接受的误差范围内。超过半个露天采矿台阶或井下采矿的采场高度的差异就被认为是个问题。最大高程误差在两米以内，一般是可以接受的。

孔内测量是在完成钻孔后测量钻孔偏差。通常使用的测量设备是基于气泡环的照片，并与原始方位相关，例如单张或多张照片、磁罗盘或小型陀螺仪，通过这些设备进行方位和倾角的测量。有关测量设备的更多详细信息，请参见文献，例如参考文献 [23] [29]。

将设备放入孔内，以预先设定的深度间隔测量方位角和倾角，通常在孔内每隔 20~50 m 设一个测点。测量结果将用于确定每个样品的 X、Y、Z 位置。测得的方位角和倾角对斜的深孔尤为重要。钻孔的偏斜是它所穿凿的岩石、所用钻探技术以及钻孔深度和初始倾角的函数。如果钻孔轴线接近岩石的片理或天然结构，它将趋向于顺沿岩石中较弱的平面。如果钻孔角度更大，钻孔将倾向于偏离正常向薄弱面弯曲。

如果预期钻孔会明显偏斜，则应更频繁地进行测量。所钻凿岩石的成分是另一个需要考虑的因素，因为所使用的某些仪器会受到自然磁性的影响，如反射系统和单杆装置。磁铁矿物的存在，如磁铁矿、磁黄铁矿和石英磁铁矿的蚀变可能会影响读数。其他增加孔内偏斜可能性的因素是岩石硬度的突然和周期性变化。最后，测得的方位角应根据磁偏角进行校正，特别是在高纬度地区。

5.1.2 所用取样方法和钻孔设备

除了钻孔外，样品还可以通过探槽、坑道或岩屑取样等方式直接从地表或地下工作面获得。从岩石裸露处凿下的样品一般不用于资源量估算。虽然一个适当的坑道样能提供良好的信息，但在实践中，很难获得恒定的代表性样品。

具有代表性的坑道样，将对应于沿勘查平硐或地下巷道有限的空间覆盖范围。在常规采集坑道样进行品位控制的地下矿山，由于允许的采样和分析时间周期较短，空间覆盖更显著，但样品质量往往较差。在这种情况下，大多数坑道样都变成了碎屑样，在这种情况下只能从岩面提取少量岩石，因而偏差概率很高。

钻探是获取代表性样品最常见和最重要的方法。钻探允许在未暴露的矿体上取样。最常见的钻孔类型包括传统的旋转（冲击）、反循环和金刚石钻孔（图5.1）。每一种钻探方法都有其自身的特点和变数，这些特点和变数会影响所采样品的质量。尽管存在其他一些方法，但这些方法要么用于特殊应用，要么由于更慢、更昂贵而被取代。W. C. Peters 对不同的钻探和取样方法进行了明确的讨论（《勘探和采矿地质学》，*Exploration and Mining Geology*，1978 年，第 435~443 页）。

图 5.1　　Boart Longyear 公司的 LF-140-2 型岩芯钻机（金刚石钻探）

5.1.3　各类钻孔或样品的相对质量

同时使用冲击钻机矿样和金刚石钻孔样品来进行资源量估算，可能不合适，这是因为一组样品与另一组存在偏差。当有多个样品类型可用时，有必要对每组样品及其统计特性进行比较。理想情况下，最好是对一式两份的样品或重复样品进行比较，但不是总有可用的这种样品。坑道或碎屑样与附近的钻孔数据通常也会有显著的差异。来自有偏差的钻孔或坑道样的数据应该予以剔除，或仅为构造地质模型而谨慎使用。在某些情况下，较差的低等级数据可以用某种形式的协同克里格法校正。

冲击钻样品在钻探过程中，原料损失严重，控制能力差，高品位或低品位都可能被首先丢失。此外，当样品从孔中取出时，原料会发生明显的合并。因此，样品的确切位置是不准确的。所以在大多数情况下，冲击钻探的数据不能用于资源量估算。

反循环钻探比金刚石钻探便宜，因此，在给定的预算下，可以提供更多的信息。如果在良好的取样条件下仔细操作，它可以提供良好的样品。通常，反循环钻孔的直径比普通的金刚石钻孔大。因为样品物料是岩屑形式回收的，所以可能难以获得良好的地质描述。

金刚石钻探的成本更高，但它的优势是岩芯采取率高，可以将完整的岩石带到地表。这样就可以更好进行地质编录，而且在将岩芯一分为二之后，可以提供具有代表性的样品来进行制样和分析。与其他类型的钻探相比，潜孔钻更广为人知。一般被认为，金刚石钻能提供最好的样品质量。图 5.2 显示了位于南澳大利亚的必和必拓奥林匹克坝多金属矿床的大型岩芯场的局部视图。

图 5.2 澳大利亚南部罗克斯比唐斯（Roxby Downs）奥林匹克坝（Olympic Dam）矿山和扩建项目岩芯场的局部视图（由必和必拓提供）

5.1.4 采样条件

样品的质量也取决于取样的原料和取样的条件。例如，当地下水或非常破碎岩石存在时，需要谨慎对待，有时需要采用更费时和更昂贵的采样方法来减小可能的偏差。

在地下水位以下或存在大量水的情况下，反循环钻探和取样特别困难。孔内污染、冲洗、坍塌以及在所产生的矿泥中的矿化损失，都是人们关注的问题。在这种情况下，为了避免细泥损失，从孔中抽出的水，可以先排放到一个大脱水筒内，最后再排放。可以收集脱水桶中的细泥，以发现细泥的损失是否导致矿物品位偏差。在实践中，脱水桶中的物质数量有限，而且很难将准确的孔内位置分配给分析过的矿泥。

金刚石钻孔也会在钻进过程中出现水过多的问题。例如，当矿物赋存在细脉中，在岩芯回收之前有可能被冲走。在软弱、破碎的岩石中，有时会使用多管系统来提高岩芯采取率。在片状或脆性岩芯的情况下，使用金刚石锯片切割岩芯是一个令人担忧的问题。在这种情况下，最好使用液压机。

5.1.5　岩芯重量和样品采取

对于从钻屑中提取样品的钻机类型，记录下在给定的取样间隔内从孔中提取的物料的总重量很有用。该总重量应该与样品的理论重量相比较：

$$样品重量 = \pi \times d^2 \times 样长 \times \delta$$

式中，d 为钻孔的半径；样长为取样长度；δ 为岩芯体重。

这会减慢钻探过程，并且可能是困难或烦琐的。然而，这是一个为人推崇的质量控制步骤。

样品的实际重量应与理论重量合理接近（10% ~ 15%）。可能有样品损失或增加（由于坍塌或孔内污染），因而影响最终样品的重量。在金刚石钻探的情况下，测量所采取岩芯的长度，允许为每个样品分配某一百分比的采取率。采取率系统性的低时常常会令人担忧。分析岩芯采取率与品位之间的关系很重要，因为在采取率较低的区间，如破碎岩石，可能会出现较好的品位。

5.1.6　样品采集和制备程序

取样方法取决于所用的钻机。一般来说，如图 5.3 所示的自动取样器更适合于岩屑取样，因为它可以更系统地分离从钻孔中回收的原料。应特别注意矿泥的潜在损失，因为矿泥往往是高品位物质。

取样原料的一部分应保存下来，以备历史记录和今后的复查。金刚石岩芯通常被劈分为两半，一半用于分析，另一半作为钻孔的历史记录。测定前样品的制备是一系列的磨细和缩分步骤，直到获得用于分析的矿粉。

5.1.7　地质填图和测井程序

按照不同规模描述岩石的地质特征十分重要。这是由地质学家在野外或岩芯库进行的，这需要了解岩层、矿床的矿化和蚀变类型。

图 5.3　AusDrill 炮眼取样系统
（由 AusDrill Ltd．提供）

这些观察是借助放大镜进行的。地质描述依赖于地质学家的经验和当地地质资料，所以总是有一定程度的主观性。一个有大量钻孔的成熟矿床可能有完善的地质属性识别程序。

图 5.4 显示了一个取自埃斯康迪达斑岩铜矿项目早期勘探孔的测井图，该项目当时属于智利的 Minera Utah de Chile 公司。对于每一个填图间隔，诸如岩性、

蚀变类型和蚀变强度、裂隙情况、已识别的矿物以及其他相关评述都被记录下来，并最终输入到计算机数据库中。

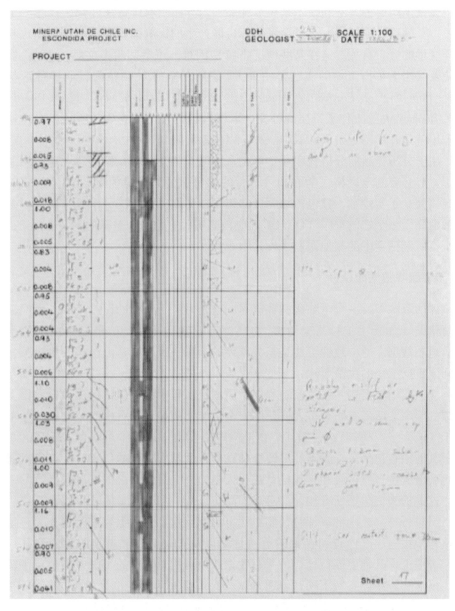

图 5.4　历史地质记录（由必和必拓提供）

利用地质资料可以更好地了解和预测感兴趣的成矿作用。有一些参考文献描述了地质信息填图的过程，如前面提到的参考文献 [23]。从钻孔中收集到的地质信息与获得的样品品位一样重要。

5.1.8　样品制备和测定程序

无论采用何种方法和技术来获取样品，对异质物料进行采样都会产生一定的误差。了解这些取样误差对资源量估算可能产生的影响很重要。取样误差也与被取样变量的分布有关，这在某些情况下特别困难，可参阅参考文献［27］。取样理论及其用于矿物工业的实践是由 P. Gy 发展起来的（《颗粒物料取样理论与实践》，*Sampling of Particulate Materials*，1982 年），后来又经过 F. Pitard 和 D. F. Bongarcon 等人作了重要的补充。取样理论的概要如 5.2 节所示。取样理论的应用就是开发特定矿床的取样规程，以使差异降到最小。

用于分析样品的分析程序通常都是众所周知和受控的，但仍然可能是误差的来源。有必要制定严格、全面和可执行的质量保证和质量控制程序（QA/QC）。这应该独立于实验室，且包括细副样和粗副样的重复样品的分析、空白样以及已知标准样。一个好的程序（QA/QC）应该将实验室相对误差降低到 2%～5%，这对于资源量估算中的其他误差来说是很小的。

5.1.9　取样数据库建设

评估资源需要一个电脑化的数据库，这是另一个潜在的误差来源。可能会有抄写错误（如果手工抄写会更多），有时还会缺少记录。与最初编录的信息相比，地质数据库的一致性可能是至关重要的。不一致可能是由误差或者对某些钻孔间隔重新编码的决策所致。

应该实施数据输入质量控制程序，质量控制程序应该包括提供数据库错误率评估的程序。应当有防止重大误差的安全措施，例如，岩石中品位的百分率不得低于 0 或大于 100%，或根据其矿物学原理不能大于岩石中可能存在的最大百分数。其他检查包括采样间隔的一致性和在项目区域内钻孔的位置。应该定期对原始化验报告、地质记录和其他信息进行人工检查，并作为数据库质量控制的一部分。这些检查应包括所有相关信息，如品位、测斜和已测量的孔口位置。

当进行外部或内部审计时，要对照可用原始信息对数据库进行检查，包括实验室化验报告、已检查和签署的地质日志以及正确检查和签字的测斜和孔口信息。习惯上审计师要逐行检查，并对数据库中可用总信息的 10% 左右进行手动验证。虽然实践中会有所不同，但通常认为，错误率为检查信息的 1% 或以下是可以接受的。错误率超过 2% 或 3%，一般就要对整个数据库进行逐个排查。

5.2　取样理论基础

这里的讨论基于计算机地质统计学中心（CCG）指南 2。完美的测量是不可能的。一个相对较大重量的样品必须减少为几克的小分样，以便最终的化学分析。在含量上，原样品和化验样品之间总会有不一致，这种差异称为样品误差。

在取样时有两种形式的误差：一种是由于被取样物料的自身性质存在差异；另一种是由于取样和制备程序不当造成的误差。本节将简要回顾用于设计取样规程的概念和指南，这些取样规程，可以将因程序不当带来的误差减小到最低，其目标是评估和使用总会存在的"基础误差"。对这一主题感兴趣的读者可以参考 P. Gy 的取样理论中更详细的讨论，实例见参考文献 [24]。

5.2.1 定义和基本概念

碎块尺寸 $d(\mathrm{cm})$ 为碎块的实际大小，即碎块的平均尺寸，增量为 α 时，标称碎块尺寸，$d(\mathrm{cm})$ 被定义为保留超大物料不超过5%的正方形网格的尺寸。

批次 L 是从中选择增量和样品的物料数量。物料的批次应该有明确的边界：袋子、卡车、火车车厢、轮船等的容量。批次也被称为一批物料。增量 I 是在采样设备的一次操作中从批次中提取的一组碎块。

样品是通过若干增量的重组而获得的批次的一部分，并且意味着在进一步的计算或操作中代表该批次。取样必须遵循取样理论所规定的某些原则。取样通常是分阶段进行的：从批次中提取初始样品，然后从初始样品中提取二次样品，以此类推。

成分是可以通过分析来量化的批次的组成成分。它可能是一种化学或物理成分，如矿物含量、含水量、细粒比例、硫含量、硬度等。

关键内容 a 是要评估的关键组分的比例。批次 L 的临界分量记为 a_L，样品 S 的临界含量记为 a_S，以此类推。

$$关键内容\ a_L = \frac{批次\ L\ 中关键组分的重量}{批次\ L\ 所有组分的重量}$$

异质性是指不是所有的元素都是相同的批次情况。关心的异质性有两种类型，即构成异质性和分布异质性。

构成异质性（CH）代表批次内各碎块成分的差异。其影响因素有碎块形状、大小、体重、化学成分、矿物组分等。构成异质性产生基础是采样误差。

分布异质性（DH）代表批次之内一组样与另一组之间的差异，其影响因素包括成分异质性、空间分布、因重力造成的批次的形状差异等。

取样规程是取样和样品制备的一系列步骤，目的是尽量减少误差并提供符合认可标准的代表性样品。

5.2.2 误差基础及其对样品结果的影响

在取样和样品制备过程中可能会出现误差。它们可以是均值为 0 的随机变量，也可以是均值非零的随机变量，也可以是意外误差（偶然变量或非系统变量）。

基础误差（FE）是使用适当的取样程序也无法消除的唯一误差。即使采样操作是完美的，它也会存在。基础误差是被采样物料构成异质性的函数，可以在采样前进行量化。它产生的误差是随机的，均值为 0。

增量定界误差（DE）和增量抽取误差（EE）是随机误差，但它们的均值通常不为零。与基础误差不同，定界和抽取误差可以通过适当的采样程序予以消除。

当提取的增量的体积形状不正确时，便会发生定界误差。例如在传送带上不取整个横截面。当本应归入已正确为增量定界体积的所有碎块最终却没在那个体积之中时，就会出现提取误差。这些误差的平均值通常是非零的，因此可以在取样过程中带来偏差。

取样或制备过程中发生的意外误差不能用统计方法进行分析，因为它们是非随机事件。预防意外误差对可靠取样至关重要，它与取样理论关系不大，而与良好的取样实践关系很大。

由于误差是随机变量，并且是相互独立的，因此下列关系是真实的。

（1）总取样误差：

$$TE = FE + DE + EE + \cdots$$

（2）平均误差：

$$E\{TE\} = E\{FE\} + E\{DE\} + E\{EE\} + \cdots$$

（3）总误差方差：

$$\sigma^2\{TE\} = \sigma^2\{FE\} + \sigma^2\{DE\} + \sigma^2\{EF\} + \cdots$$

因此，个别误差并不能抵消，而是组合的。这种组合效应强调了采样所需要的小心谨慎。

当取样误差的均值 $E\{SE\}$ 趋近于 0 时，取样是准确的，或无偏差的。取样误差的方差 $\sigma^2\{SE\}$ 小于给定目的所需的标准时，取样选择就被认为是正确的。它与样品的平均值或准确度无关。准确度和精确性这两个衡量样品质量的指标可以结合起来，从而产生代表性的概念：

$$r^2\{SE\} = m^2\{SE\} + \sigma^2\{SE\} + \sigma^2\{SE\} \leqslant r_0^2$$

当采样误差的均方 $r^2\{SE\}$ 小于标准阈值 r_0^2 时，该样品被认为具有代表性。

5.2.3　异质性与基础误差

取样理论区分了两种异质性：分布异质性和构成异质性。

构成异质性可以通过两种不同的方向予以考虑，即构成样品的碎块之间的异质性，或者样品碎块之中的异质性。对于最终的目的，一般取样情况下，碎块之间的异质性更为重要。

构成异质性的定义基于批次内碎块的数量，还需要批次内物料的特性。但这在实践中是困难的，因此是构成异质性乘以平均碎块的质量。这样的简化定义了构成异质性的常数因子，也称为内在异质性（IH_L），它可以用简单因子表达和评估。定义内在异质性所需的因素如下：

（1）d：标称碎块大小，cm。

（2）f：考虑碎块形状的形状因子，是碎块形状偏离立方体形状的度量。它是一个无量纲的数字，用来估算碎块的体积。因为碎块体积等于形状系数与立方体碎块大小的乘积 $f_0 \cdot d^3$，所以形状因子是一个确定其体积的校正因子。

如果碎块是完美的立方体，则 $f_0 = 1$。如果块段为 $r = 1$ 的完美的单位球体，则球体的体积是 $\dfrac{4}{3\pi r^3} = 0.523$，因此形状系数为 $f = 0.523$。

它是无量纲的，用实验方法测定，大多数矿物的形状因子约等于 0.5。例如，煤为 0.446、铁矿石为 0.495~0.514、纯黄铁矿为 0.470、石英为 0.474 等。片状物料如云母，其形状系数约为 0.1。屈服于机械应力的软固体，如金块，其形状系数约为 0.2。而针状矿物，如石棉，其形状因子大于 1，可能高达 10。

（3）g：粒度因子考虑碎块之间的大小差异，也是一个无量纲的数字。利用粒度因子 g 和标称碎块尺寸 d 可以考虑碎块大小的分布。粒度因子是衡量样品中碎块大小的范围：

1）非校准物料，破碎机产品，粒度因子约为 0.25；

2）校准后的物料，在两级筛子之间，约为 0.55；

3）自然校准物料，谷物或豆类，约为 0.75。

（4）c：矿物学因子考虑样品中可能存在的最大异质性情况；单位为 g/cm^3，即体重。

（5）l：解离因子考虑样品中的解离程度，这是个无量纲数字。当物料完全同质时，$l = 0$，当矿物完全解离时，$l = 1$。大多数物料可以根据它们的异质性程度来分类。解离因子变化很大，很难确定一个准确的平均数。解离因子的计算方法随着时间的推移而演变，自从 F. Pitard《取样理论与取样实践》（*Pierre Cy's Sampling Theory and Sampling Practice*）第二版以来，解离因子的计算已经发生了变化。Francois-Bongarcon 和 Gy 在 2001 年发表了一篇论文，提出了一种估算解离因子的改进方法。这种方法修正了以前计算和使用解离因子时出现的一些问题。

构成或内在异质性的常数因子有质量单位（g），用来将基础误差与样品的质量联系起来：

$$IH_L = clfgd^3$$

5.3   解离粒度法

5.3.1   基本样品误差（FE）

基本取样误差 FE 定义为组成样品的增量选择正确时所发生的误差。这种误差完全是由于构成异质性造成的。Gy 已经证明，基础误差的平均值 $m(\text{FE})$ 可以忽略不计，方差 σ_{FE}^2，可以表示为：

$$\sigma_{\text{FE}}^2 = \frac{1-P}{PM_L}IH_L$$

式中，P 为该批次内任意一个碎块的选择概率。

且：

$$M_S = PM_L$$

将其代入方差方程可得：

$$\sigma_{\text{EF}}^2 = \left(\frac{1}{M_S} - \frac{1}{M_L}\right)IH_L$$

当 $H_L \gg M_S$ 时，有：

$$\sigma_{\text{EF}}^2 = \frac{1}{M_S}IH_L$$

这些公式对于设计和优化采样规程是非常实用的。

5.3.2   诺模图（列线图解）

为利用构成非均质性，并且量化和展示其对取样过程的影响，必须把样品所处的状态、碎块大小和质量，与希望样品所处的状态相关联，也就是说，具有较小的质量和较小的碎块尺寸。在获得较小样品的阶段产生的误差，可以利用取样物料的构成异质性和诺模图予以测量和减小。

5.3.3   诺模图的创建

诺模图是一个以 10 为基数的双对数坐标图，纵坐标为样品方差，横坐标为样品质量。为了绘制方差与样品尺寸的关系，必须将方差公式转换为对数空间：

$$\sigma_{\text{FE}}^2 = \frac{1}{M_S}IH_L = \frac{1}{M_S}clfgd^3$$

$$\lg(\sigma_{\text{EF}}^2) = \lg\left(\frac{1}{M_S}clfgd^3\right) = \lg(clfg) + 3\lg(d) - \lg(M_S)$$

$$= C + 3\lg(d) - \lg(M_S)$$

使用此方法绘制对样品的变更，可以方便地显示对样品所做的更改。这些变化是样品制备的实际步骤，既可以通过粉碎、破碎或研磨减少碎块尺寸，也可以通过缩分减少样品质量。

当样品被分割时，标称碎块大小没有变化，因此样品方差方程中的所有项都恒定不变，方差与 $-\lg(M_{\mathrm{S}})$ 呈正比。通过样品缩分，样品质量以及方差的变化将沿着诺模图上的曲线上一条斜率为 -1 的线变化。这就可以把代表样品制备过程中不同标称碎块大小的曲线绘制在诺模图上。在粉碎过程中，样品的质量保持不变，方程的其他项会发生变化。粉碎的结果是，由于碎块尺寸减小，样品方差也减少，在诺模图上，这将是一条垂直线，从较大标称碎块尺寸的直线，一直垂直下延到较低标称碎块尺寸的直线。

图 5.5 显示了 6 种不同的标称碎块尺寸、样品质量减少步骤和粉碎步骤的尺寸线。对于从 d_1 到 d_6 的标称碎块尺寸，尺寸线显示为超出诺模图边界的上边缘和左边缘的细线。当样品被缩分时，名义尺寸不变，但质量减少，导致样品方差增加，这是显示为从 A 点到 B 点的粗线。在粉碎阶段，样品质量保持不变，标称碎块大小减少，导致样品方差从所处的在大尺寸位置下降到小尺寸线的某一点，对应于由粉碎循环产生的标称碎块尺寸，即从 B 点到 C 点的粗线。

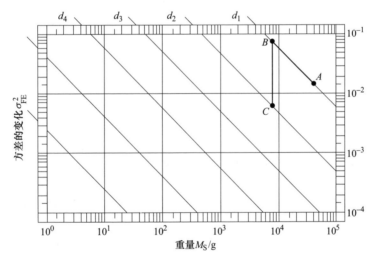

图 5.5　显示标称尺寸线、样品缩分周期和粉碎步骤的诺模图示例

5.3.4 采样基础误差

采样规程中出现的基础误差为：

$$\sigma_{\mathrm{FE}}^{2} = \left(\frac{1}{M_{\mathrm{S2}}} - \frac{1}{M_{\mathrm{S1}}} \right) IH_{\mathrm{L}}$$

当样品从大质量（M_{S1}）缩分为小质量（M_{S2}）时，就会发生这种误差。试验过程中没有带来误差，样品的质量保持不变，只是减小了粒度。在几个样品制

备阶段，基础误差是各个阶段误差方差的总和：

$$\sigma_{FE}^2 = \sum_i \sigma_{FEi}^2 = \sigma_{FE1}^2 + \sigma_{FE2}^2 + \sigma_{FEn}^2$$

这是一种计算样品制备过程中带来的基础误差的简单方法。因此，诺模图可用于取样规程的优化。

5.3.5　偏析或分布异质性

偏析是指样品批次内的碎块组之间的异质性。一旦物料被开采或取样，在处理过程中就可能发生偏析。许多物料的这种偏析是由碎块大小、形状、体重、质量、安息角等方面的差异造成的。图5.6显示了偏析的一个例子，以及物料特性如何造成偏析的情况。取样规程的设计必须消除偏析可能产生的任何影响。

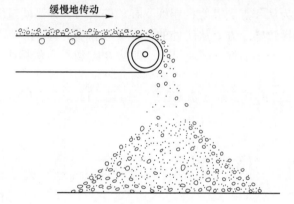

图5.6　由于碎块大小不同造成的偏析（大块沿料堆滚下，
集中在料堆边缘，而细颗粒则留在堆中心附近）

5.3.6　定界和提取误差

这两个错误是相关联的，因为如果一个错误存在，另一个可能也会发生。当从批次中选择的增量形状不适合被取样批次的类型时，就会产生定界误差。它可以通过适当的实践予以消除，尽管它的可控性取决于批次是三维、两维还是一维的。理想的样品分别是一个均匀的球体、圆柱体或两个平行的平面。

当用于获取样本的方法不正确时，就会产生提取误差。定界误差与提取误差可能对正确的采样非常不利。

产生的误差一般具有非零均值，并对结果产生偏差。在确定正确的增量形状后，其提取必须遵循重力中心规则。该规则规定，所有重心在增量内的碎块都属于该增量，而重心在增量外的碎块都不属于该增量。

5.3.7 制备误差

一旦原生物料被扰动，直到被检测的那一刻，就有可能带来一系列可能的制备误差。由于这些误差的非随机性以及它们可能发生的时间范围很长，因此制定一个良好的取样规程很重要，该规程概述样品物料的处理和制备，以便样品能具有代表性。这些误差可能来自污染、损失、化学成分的变化、无意错误、欺诈或破坏。

样品的污染可以是落在样品上的灰尘、取样路径中遗留的物质、取样设备的磨损或腐蚀。这些误差可以增加或减少感兴趣成分的关键含量，一旦样品被污染，就没有办法消除污染。

损失的形式可能是灰尘中的细小颗粒、取样电路中残留的物质或关键部件的污迹。通常被取样的成分是整个物料的一小部分，如果其组成与整个物料有显著的不同，这就意味着失去样品的一个特定部分，即细粒或粗粒部分，将导致样品不再具有代表性。

必须避免样品化学成分的改变。一些潜在的变化是氧化，或者水或二氧化碳的固定。物料化学性质的改变将影响分析结果和物料在加工过程中的预期回收率。

在某一时段，人为误差可能非常严重，并且很难确定误差的来源。样品掉落、样品混合、贴标不当、设备维护不良、污染等都是可能引起误差的原因。对细节的关注和遵循取样规程能够确保此类误差最小化。

欺诈和破坏是指为了个人或公司利益而故意改变样品以增加或减少样品的价值。过去曾发生过提高矿床中矿物含量以增加企业价值的情况，因此对取样质量和所进行的取样文件编制的要求变得更加严格。

5.4 取样质量保证和质量控制

矿产资源储量估算的过程需要一个严格的质量保证和质量控制程序（QA/QC），从而保证用于估算的钻孔数据的准确性和精确度。如果是用于矿山作业（生产取样），所执行的质量保证和质量控制程序（QA/QC）可能具有所不同的特征，但其总体目标是相同的。

大多数国际资源报告标准都要求有适当标准的质量保证和质量控制程序。公布的资源储量估算，应附一份数据质量说明和声明。这也是任何第三方资源模型评审的一个基本项目，并且会对模型质量的整体感性认识产生重大影响。

尽管总是有某些推荐基本步骤，但质量保证和质量控制程序（QA/QC）并没有一个放之四海而皆准的程序。本书将介绍一套推荐程序的概要，源于主要用于黄金取样的程序。

5.4.1　一般原则

质量保证和质量控制程序（QA/QC）的主要目标是尽量减少由于取样、样品制备和样品分析程序而引起的误差。质量保证和质量控制程序（QA/QC）是一个持续的过程，它能提供必要的信息，以便在尽可能短的时间内纠正缺陷。

准确度和精确性是用来评价分析实验室所提供信息的质量的两个术语。准确度是所分析样品值与样品未知的真实值之间一致性程度的一种度量。只有通过对已知值（例如标准或参考样品）的样品进行重复测定，才能得出准确度的指标。

精确性是对样品值再现性的一种度量，可以通过对同一样品进行多次重复测定来评估。精确性和准确度是两个不同的概念。一个实验室可以有好或坏的准确度和精确性的任何组合。

图 5.7 用射击靶心的常见类比说明准确度和精确性的概念。左边的图像显示了精确而不准确的三次射击，中间的图形显示了一个准确但不精确的系列，而右边的图像显示了枪手既准确又精确的情况。

(a)　　　　　　　　(b)　　　　　　　　(c)

图 5.7　准确度和精确性

（a）精确但不准确；（b）准确但不精确；（c）既准确又精确

送交实验室分析的所有 QA/QC 检验样品都应该是盲品，这意味着实验室不可能将检验样品与常规送检的样品区分开来。分析实验室经常执行的内部检查是在技术人员知道他们正在分析重复样品的情况下进行的。这些内部检查，通常由实验室提出报告，作为其采样准确度和精确性的度量，绝不应该被视为正式 QA/QC 程序的一部分。这既适用于公司拥有的实验室，也适用于外部实验室。

最小控制单元应该是最初送到实验室的一批样品。批次的概念源于这样一个事实，即火试金分析是按烤炉批次完成的，通常一批 40 个样被放入烤炉。这是一个有用的概念，在 QA/QC 的背景下已扩展到其他类型样品的测试。

任意检查样出现问题，就意味着包含对照样品的整个批次都应该重新检测。这适用于钻孔样品，但不一定适用于生产样品，因为没有时间对其进行复测。在这种情况下，不合格的检测样品可以促使对未来检测采取纠正措施。

取样质量保证和质量控制程序应包括：（1）现场取样条件；（2）样品制

备；（3）分析准确度和精确性；（4）实验室报告和将信息转入数据库的正确性。

QA/QC 计划中使用的样品包括：（1）标准样或参考样；（2）空白样，即没有品位的样品；（3）在钻孔现场或岩芯箱处采取的副样；（4）粗副样，采自样品制备阶段的首批弃样，通常为-10 目（<2 mm）；（5）细副样，这些副样是在样品制备过程末期最后的碎磨和缩分中获得的。

通常有两个或两个以上的实验室，包括一个一级实验室或主实验室进行日常工作，和一个二级实验室或检查实验室。有时，当一级实验室和二级实验室之间的差异无法解决时，需要一个仲裁实验室。

要在处理现场的样品之前建立取样和分析化验规程。这些规程应涵盖样品加工和处理的所有方面，包括保管。由 P. Gy 最初提出的取样理论可用于确定最佳的样品制备规程，从而使制备和测定过程中带来的误差最小。

第一实验室和第二实验室的样品制备和测定方法应相同。矿业公司应该有专人负责整个质量保证和质量控制程序，其职责包括确保不同实验室使用一致的规程。这个负责人还应该定期检查设备或设施。

5.4.2 质量保证/质量控制程序的要素

5.4.2.1 空白样

空白样是指兴趣矿物品位为 0 的样品，其目的是检查实验室污染和验证样品加工流程的正确性。应同时准备好细空白样样和粗空白样，并将其插入到样品制备流程中。对于岩芯样品，在第一段破碎后加入粗样，对细空白样在取样批次中作为单独的样品插入。

建议空白样应具有相同的矿物成分（矿物学），应与主样品具有相同特性，这样，实验室并不会明显看出样品有任何不同。有时这是很难做到的，但至少如颜色等主要特征应该尽可能相似。品位极低的样品不能作为空白样的代用品。

5.4.2.2 标准样

标准样是在一定精度范围内已知其品位的样品。通过重新测定与参考值的比较，标准样被用来检查分析实验室的准确度。

商业标准样可以在市场上买得到。它们为某些类型的矿床提供已知品位的样品。这种物料可以从世界各地的实验室和机构购买。这些标准样随样品提供有说明、认可值及其精度的证书，并且还有分析程序的完整描述。

另外，矿业公司可以选择开发自己的标准样。用于采取标准样的物料通常来自与主样品相同的矿床，这可以确保样品母岩的差异最小。标准认证需要主导性的分析工作，可以通过不少于 6 个实验室的循环对比分析（Round Robin Analysis）来完成，更常见的是 8 个实验室。这些工作可以由矿业公司管理或者委托给外部实验室，它也可以是循环对比实验的一部分，并应该提供关于样品及其相应的容差极限的最终证书。

如果这些标准样是在商业实验室中完成的，则应包括对项目样品的分析方法。应该报告的标准样值最可能的范围是 $\pm 2\sigma$（所有化验值分布标准差的 2 倍）。这些值或可选的上下限应作为复检标样的接受标准。

5.4.2.3　粗副样和现场副样

粗副样的目的是量化在样品制备各阶段的误差给已测定品位带来的偏差。它们提供了样品精度的度量。在样品制备阶段，通常会有不止一次的碎磨和缩分步骤。这些粗副样应该加入初级实验室的流程中，对分析偏差和样品制备偏差的叠加总和提供一个评估，直到第一段破碎。

获得现场副样的方法。在金刚石钻探的情况下，取自岩芯箱的副样（即四分之一岩芯或另一半岩芯）要送到实验室，最常见的意图是取代粗副样。其优点是在现场副样里观察到的偏差涵盖了实际采样和一级破碎。这样，把部分岩芯完全取走的代价可能太大了。另外，四分之一岩芯体积可能太小，会使副样不具备代表性。在反循环钻探的情况下，因为岩屑足够多，现场副样用之不竭。

在爆破孔取样的情况下，如果使用自动取样器，也可以从岩屑堆或水力旋流器的废弃物料中采取现场副样。这些现场副样可用于检查第一段破碎和取样过程。

5.4.2.4　细副样

细副样可以验证使用的分析方法的精确性。它们是在样品制备的最后阶段采取的，通常是装有 100 g 或 200 g 最终样品的第二个封袋，送交化验，然后随意加入样品批次中。送到同一主实验室的细副样，可以对该实验室的分析偏差提供评估。当被送到第二个实验室即检查实验室时，细副样可以对两个实验室之间的精度（分析偏差）作出评判。

5.4.3　插入程序和检查物料的处理

基本单位是批次。这可以为钻孔样品、爆破孔样品或任何其他类型的生产样品作出定义。一批样应包含足够的样品，以便允许插入对照样品。同时也不能太多，否则难以管理、评估或者重新分析。对于钻孔样，一般建议一批不少于 20 个样品，最好是 40 个。对于爆破孔和破碎机样品，是按照固定时间表（轮班或天）采取的一组样品，批次通常更多。

对于 40 个样品的每个批次，假设矿业公司对样品制备阶段有全面控制，送交主实验室的对照样品建议如下。

（1）钻孔样品：

1）2 个空白样（占样品总数的 5%），其中，每插入 4 个空白样就插入一个粗空白样（占空白样总数的 25%）；

2）2 个细重复样（占样品总数的 5%）；

3）2 个粗重复样（占样品总数的 5%）；

4）2 个适合预期品位的标准样（占总样品的 5%）。

（2）用于爆破孔和破碎机样品：

1）1 个空白样样（占样品总数的 2.5%）；

2）1 个细重复样（占样品总数的 2.5%）；

3）1 个粗重复样（占样品总数的 2.5%）；

4）适合批次样品预期品位的标准样（占总数的 2.5%）。

这意味着将有 20% 的检查样品用于勘查数据，将有另外 10% 的对照样用于生产数据。钻孔样品应使用第二实验室，但生产样品不需要第二实验室。由于生产样品通常在室内加工，另外 2.5% 的细重复样对照样应送往不同的实验室进行复检，作为例行检查。

对于钻孔样品，在所有情况下，发送到第二（检查）实验室的对照样品应从细重复样中采取，并应包括一个空白样、两个细重复样，40 个样品的每个批次有 1 个标准样。这意味着有另外 10% 的样品将被送往第二个实验室。

有些情况下，矿业公司或项目开发团队没有样品制备设施，无法掌控样品制备过程。对于由实验室自己进行样品制备的情况，应将粗重复样送交第二个实验室进行制备和分析。

所有的对照样品都应该有一个预先划定的数字逻辑序列，以便于掌控样品的流动，并将对照样品以伪装的方式插入到流程之中。

5.4.4 评审程序和验收标准

按整个批次接受或拒绝化验结果，不应送出单个样品作重新化验。一批样品的数量是可变的，但通常是 40 个。实验室倾向于分批处理样品，所以不管什么问题，只要检查样品出错，就有可能影响到批次中的剩余样品。

所有验收/拒收标准应作为与实验室协议的一部分予以强制执行，包括重新检测批次样品是否不合格。作为其质量保证和质量控制程序的一部分，勘查或采矿公司应通过相同的程序进行接受/拒收试验。透明度和与实验室的良好关系是质量保证和质量控制项目成功的必要条件。

勘查或采矿公司不应在质量保证和质量控制程序上走捷径，应留出足够的时间、预算和合同安排，以便进行大量的复检。该计划应按工程进度及时实施，而不是在钻探作业结束或预定的时间段内完成。

预期的准确度和精确性取决于所取样品的矿化类型。对黄金进行取样特别困难，尤其是有大颗粒金的时候。某些贱金属矿床可能更容易取样。验收标准将根据取样的矿化类型而改变。就金而言，普遍接受的标准包括如下：

（1）粗空白样：至少80%样品的返回值应小于或等于检测极限的三倍数值。因此，至少需要4个对照样品才能做出一个决定，这意味着有8个批次（每隔一个批次有一个粗空白样）。另一种表达方式是，每5个空白样中就有1个可能不符合标准。

（2）细空白样：至少90%样品的返回值应小于或等于检测极限的三倍数值。因此，每10个样中就有一个可能超过认可的极限。

（3）标准：在所有情况下，误差标准都必须在认证参考值认可的公差范围之内。这可能是2倍或3倍的标准差或某些中间值，这取决于循环对比的结果。

在重复样的情况下，对于平均值等于或大于实验室检测极限（DL）5倍的成对样品（原样-副样）的标准，建议使用以下公式：

$$相对误差 = \left| \frac{原样 - 副样}{\frac{原样 + 副样}{2}} \right| < 0.1 \tag{5.1}$$

（4）细重复样：90%的样品对的绝对相对误差等于或小于10%。

每对的绝对相对误差定义为：

（1）粗重复样，同样使用式（5.1），90%的样品对的绝对相对误差等于或小于20%；

（2）现场重复样：同样使用式（5.1），90%的样品对的绝对相对差异等于或小于25%；

（3）此外，对于细重复样，如果差值的绝对值 | 原样-副样 | ［式（5.1）中的分子］等于或小于检测极限（DL）的2倍，则接受该样对的误差；

（4）对于粗重复样，如果差值的绝对值 | 原样-副样 | 等于或小于检测极限（DL）的3倍，则接受该样对的误差。

这些标准应该被绘制出来以验证实验室随着时间推移的误差情况。该图能典型地显示预期值、接受上下限以及插入的每个对照样的化验结果，这样就可以检测到趋势。例如，如果对照样品始终高于期望值（但仍在接受极限之内），可能存在一个小的持续性偏差，应通知实验室并予以纠正。

在进行这些测试时，应该考虑实际的检测极限（DL）。实际的DL可能与实验室所声明的理论DL不同（通常更高），因为它考虑到处于或接近其名义上的DL时，分析方法的精度较低。高DL应该不会造成问题，只要它远远低于矿化或经济边际品位。

样品制备和分析实验室应始终在监督之下。理想情况下，负责人应该定期对每个实验室进行突击检查。这些非正式的检查应形成一份简短的报告，描述实验室的操作条件、整洁情况、工作秩序、样品处理程序，最重要的是，报告中应描述实验室正确执行规定的样品制备和分析规程的程度。每次走访都应使用照片和文字来记录。

5.4.5 统计和图形控制工具

用于分析和描述 QA/QC 信息的有多种工具。可供选择的基本工具如下：

（1）误差直方图和基本统计：这些应该包括在上述方程中为细重复样和粗重复样定义的相对误差、标准样与对照样的期望值的误差、细重复样和粗重复样偏差百分比的直方图和基本统计等，如图 5.8 所示。

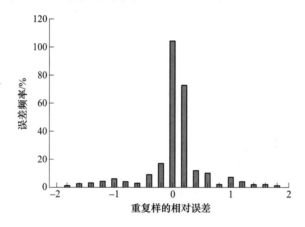

图 5.8　原样-副样对的绝对误差直方图

（2）原始样与副样（细重复样和粗重复样）的散点图以及相关性统计。此图提供了两个变量相关性的可视化和数值分析，如图 5.9 所示。

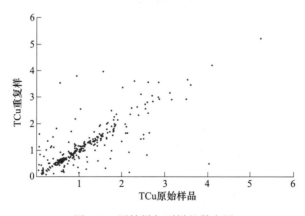

图 5.9　原始样与副样的散点图

（3）标准样与时间的对照图，包括表示标准样期望值和上下限的界线。这些图表对重复样也很有用，因为它可以帮助找出实验室工作质量误差的时期。经常可以看到，在假期或长周末之后立即进行的实验室工作质量较低。当实验室满负荷或者超负荷工作时，质量也可能很差。

（4）对于标准样和重复样，一个与时间相关的对照图是绘制一个移动平均值的结果，其中将包括 20～40 个对照样品，即几个批次。这个对照图对检测长期趋势很有用，但在观察个别批次时，长期趋势有时会被掩盖或难以检测。

（5）另一个有用的图形是式（5.1）的绝对值的累积频率，如图 5.10 所示。它表明对照样品是否符合规定的相对误差为 10% 以下（细重复样）的样品占 90%，以及误差为 20% 以下的粗重复样占 90%。如果两个值都小于 5 倍 DL，不应该包括在内。

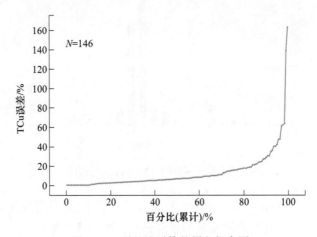

图 5.10　误差绝对值的累积频率图

5.5　变量和数据类型

在资源储量估算中要考虑许多不同类型的原始、派生或转换变量。以下是矿产行业最常用模型变量的总结，包括品位变量、转换变量（如高斯变量和指标变量）、地质属性、裂隙密度、结构变量、干体重和湿体重以及与冶金性能有关的变量（如胶结指数、半自磨（弧垂）功率指数、硬度、选冶厂产能、选矿回收率和矿物学类型等）。

5.5.1　原始变量和转换变量

最常见的变量是品位变量（质量分数），因为它们能直接测量被估算的资源储量。不同类型的品位变量会导致不同的建模技术。典型的例子包括贵金属，如金、银、铂和钯；贱金属，如铜、铅、锌、铁和镍；铁矿，如磁铁矿和赤铁矿；

煤、铀、钾和硝酸盐。大多数金属品位将属于正偏斜的，尽管有一些值得注意的例外情况，如 Fe。

经验表明，某些建模技术更适合某些类型的矿床。这是基于通常与某些品位和矿床几何形态有关的变化程度。有板状脉状或沉积型矿床，也有大规模浸染型或斑岩型矿床。

贵金属的品位分布更倾向于偏斜，表现出更高的空间变异性。特异值的影响更为显著，因此应该考虑更适合于掌控不稳定分布的建模技术。

品位变量的一个重要方面是它们呈线性递增，即较大体积的品位是构成较小体积的算术平均值。这简化了块段克里格法的实践（第 8 章）和条件模拟法的应用（第 10 章）。支持方法的改变（第 7 章）是基于变量的线性平均情况。

原地体重（干体重和湿体重）是资源建模的重要组成部分。资源量估算通常应该使用干体重值，因为所有品位的化验通常都是在干料的基础上进行的，不过对于矿山规划而言，对含水率（或湿体重）的评估是必要的，因为它对将要开采的真实储量提供更现实的估算，因而是卡车和其他设备调度的一个重要组成部分，这在热带或潮湿环境中尤为重要。例如红土型镍矿床的含水率可达总重的15%以上。

体重和湿度值可以通过岩石类型或其他地质变量类型的算术平均来建模，也可以通过克里格法或距离幂次反比法来估算。体重有时会被人们遗忘，也很少有好的应用实例。Parrish 对体重及其对资源量估算的重要性作了很好的讨论。

一组经常被建模的原始变量是辅助变量。一些例子包括地层厚度（典型的是沉积矿床）、感兴趣的特定表面的顶部或底部的高度（如基岩接触）、火山岩筒的几何形状、硫化物富集顶部、板状矿床下盘和/或上盘的位置。有时，如品位乘以厚度（与金属含量成比例）等变量，被用于板状矿床。这个品位乘以厚度的变量将一个三维建模问题转换成一个二维题目，因为第三个空间维度（通常比前两个小得多）被合并到被估算的变量中。

另一组重要的变量是冶金性能变量。资源和储量模型应包括对岩石特性、破碎/磨矿产能、最终产品回收率和其他变量的预测，以及作为更现实的现金流预测基础的其他变量。行业中有一种趋势是将地质冶金变量建模并将其包括在资源模型中。它们可以是矿石和脉石的矿物学变量，有助于更好地预测选厂性能、精矿品位，以及堆浸或池浸的性能。其中一些变量不是线性平均的，因此需要特殊考虑。

资源模型必须考虑过去简化的一系列问题，包括所有类型的贫化（第 7 章），以及影响矿山和选厂性能的地质变量，包括地质机械和冶金地质变量。资源储量模型不仅仅是地质方面的现场模型。

5.5.2 软数据

软数据是一个术语，用于描述对感兴趣变量的不精确或间接测量信息。一些具体的例子包括地球物理测量读数，如与铁（磁铁矿）矿床有关的磁异常。另一个例子是使用辐射测量读数（伽马探测器）来获得铀 238（^{238}U）衰变链的父-子产物的比率，通过这个比率，经过适当的校准后，就可以估算出^{238}U的品位。

软数据不具备与硬数据相同的信息质量，硬数据通常是测得的矿物品位。根据间接测量的具体情况，有两个一般特征决定了用于分析和应用软数据的方法。

首先，软数据的数据量可能明显大于硬数据，但质量较差。数据之间的间隔可能很近，而硬数据的间隔可能更大。这是地球物理数据的特点，在已知地球物理数据情况下可以得到密集的数据网格。

其次，软变量可以是一个简单的条件，如"在这个岩石类型中，金的品位不会大于 1.0 g/t"。软信息本质上是定性的，必须以某种方式用数字格式表示，然后才能有利于在建模过程中明确使用。

一个常见的过程是将软信息转换成一个指示值或一系列指示值，允许将其与硬数据合并。这方面的建模技术的细节将在第 9 章中讨论。

5.5.3 成分数据

以下讨论是计算地质统计中心（Centre for Computational Geostatistics，简称 CCG）指南 7 的摘要。成分数据是多元数据，其中的变量或成分代表整体的一部分。成分中的所有变量都是按相同的比例和在相同的单位系统上测量的，并受到常数和特性的约束。这个常数取决于测量尺度。一些常见的情况是：1 表示部分数据，100 表示百分数，10^6 表示百万分率，即 ppm。将一组变量累加为一个常数也称为闭合数组。具有 D 个分量和 N 次观测值的成分性数据集 X 的概念可以写作：

$$X^D \equiv \{X_1, \cdots, X_D : X_1 \geq 0, \cdots, X_D \geq 0; X\mathbf{1}^D = \mathbf{1}^N\}$$

注意，$\mathbf{1}^D$ 是大小为 D 的列向量，$\mathbf{1}^N$ 是大小为 N。

该方程提出了两个统计分析问题：（1）变量不能在（$-\infty$，$+\infty$）范围内任意变化，因此变量之间的关系不能任意独立变化；（2）常数和约束必须使至少一个协方差或相关系数为负；当一个成分变大时，其他成分必然减少。相关性不能在 [-1, 1] 范围内任意变化，从而导致虚假相关性。

5.5.3.1 自然资源组成

在自然资源环境中，组成成分是涉及地球化学、地球物理或岩石学的。以全岩地球化学为例，根据成矿环境和目标资源的不同，其表现形式也不同。考虑一下提取金属产品的开采情况，如含铜硫化矿。样品中所有的铜都可能是由几种矿物组成的，如黄铜矿、辉铜矿、蓝铜矿和斑铜矿。此外，其他几种矿物可能含有少量的铜。

岩性数据有两种类型：连续型（如地球化学数据）和分类类型。连续分量可以在微观尺度上考虑，它与划分某一特定岩性的元素的比例有关，例如，表征某种沉积物样品的砂、粉砂和黏土的百分比。宏观或范畴成分涉及实际的岩性或相类型。自然资源以一组相类型为特征，可以认为是更大范围内的成分数据。

5.5.3.2 成分比例

成分数据可以在不同的尺度下予以定义。例如，地球化学数据存在于特定元素的原子尺度，这些元素的化合物的微观尺度、化合物和元素的不同组合定义不同矿物的微观尺度，以及确定相类型和岩性带的宏观尺度。

以红土型镍矿床为例说明矿床的不同规模。这种矿床的典型特征是含镍1%~2%的高品位褐铁矿黏土、高含量铁和微量钴。其他成分包括硅、镁和铝。从元素含量开始，图5.11展示了聚类成的组合物随尺度增加的层次结构。

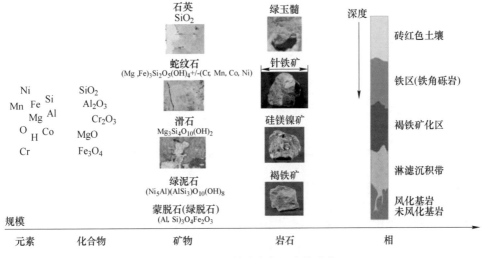

图5.11 红土型镍矿床各尺度的成分

红土型镍矿数据集包含3万多个样品，9个变量，包括2个指标值类型变量和7个连续变量。所有连续变量均以百分比表示，它们是镍（Ni）、铁（Fe）、硅（SiO_2）、氧化镁（MgO）、钴（Co）、氧化铝（Al_2O_3）和氧化铬（Cr_2O_3）。指标值变量为矿物类型和岩石类型。矿石可分为7种不同类型，岩石可分为2种不同类型。

来自这个矿体的物质的单位质量包含上面提到的一定比例的一些化合物和元素以及其他介质，记作为Z。这就和其他介质一起形成了矿体的完整组合，介质作为一个填充物变量，从而达到100%的质量分数：

$$X = \{\mathrm{Ni}, \mathrm{Fe}, \mathrm{SiO_2}, \mathrm{MgO}, \mathrm{Co}, \mathrm{Al_2O_3}, \mathrm{Cr_2O_3}, Z\}$$

$$100\% = w(\mathrm{Ni}) + w(\mathrm{Fe}) + w(\mathrm{SiO_2}) + w(\mathrm{MgO}) + w(\mathrm{Co}) +$$
$$w(\mathrm{Al_2O_3}) + w(\mathrm{Cr_2O_3}) + w(Z)$$

5.5.3.3 三元系状态图

由于红土型镍矿数据集的高维度性，只有子成分能实现可视化。尺寸为3的子组合，绘制在三元系状态图中，必须经过转换才能使质量分数达到100%。图5.12为按矿石类型着色的 Ni-Fe-SiO₂ 和 Ni-MgO-Co 三元系状态图（文献中也称单形图）。注意，数据在单形图中的分布很差。成分中的一个元素是典型的高值或低值且几乎没有什么变化是一个常见的问题。一种称作数据置中的方法被用来更适当地重新分配数据。

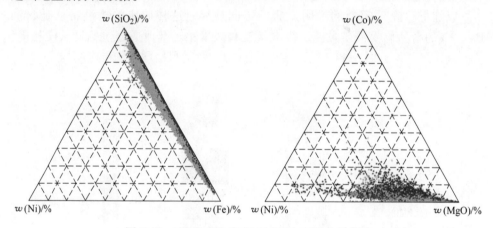

图5.12   Ni-Fe-SiO₂ 和 Ni-MgO-Co 三元系状态图

5.5.3.4 操作

操纵数据并在三元系状态图中显示各种几何图形的两种常用操作方法是置中和扰动。适当的几何图像可以把成分性观测值区别为分类的区域，表示为置信区间分布的椭圆。

当数据被压缩到三元系状态图（单形图）的一个小区域时，数据的视觉分析会很差，这样就要使用一种称为数据置中的特殊的扰动方式，将扰动向量设为组成数据的几何平均值倒数，使之服从单元和性质。

$$U = \zeta \left\{ \left(\prod X_1 \right)^{\frac{1}{N}}, \cdots, \left(\prod X_D \right)^{\frac{1}{N}} \right\}$$

将子成分 Ni-Fe-SiO₂ 和 Ni-MgO-Co 置中的数据（图5.13）可以提供更好的数据分布图形。在两个图中，矿石类型品位（颜色标记的点）的分离都比较明显。这里需要注意的一个重要问题是，样品数据中出现了0并且有数值缺失。因为使用了几何平均值，所以必须小心处理这些值。为了在红土型镍矿实例中置中，忽略缺失值，将零点设为 1，这样数据就不会分解为零。

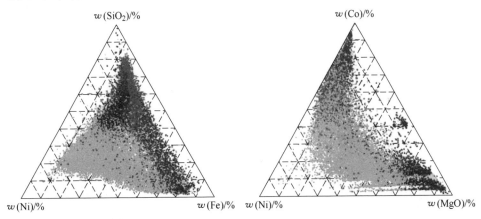

图 5.13 置中的 Ni-Fe-SiO$_2$ 和 Ni -Mg-Co 单形图（%）

5.5.3.5 转换

大多数与组合有关的分析在任何探索性分析之前都要对数据进行对数转换。Aitchison 等人认为，组合后提供的数据是基于相对水平，而不是绝对水平，用比率表示的相对值的对数与比率本身相比更容易进行统计分析。而且，对数转换不会影响数据的信息内容。我们之所以使用比率而不是上面所示的三元系状态图中的原始变量的原因，是因为这些变量不是比例不变的，所标示的子组合与整个组合不一致。

更常见的变换是加法对数（alr）、置中对数（clr）、乘法对数（mlr）和等距对数（ilr）。转换的选择取决于所考虑的问题和结果的目标属性。这些变换的结果是一组存在于真实空间中的向量，它们不局限于单形图。向量的每个分量都表示一个坐标。这些转换也是一对一的，因为它们将从一个样品空间的值映射成转换后的样品空间中的不同值。

5.5.3.6 加法对数转换

分别用以下公式自动调节正变换和反变换：

$$Y_i = \lg \frac{X_i}{X_D}, \quad i = 1, \cdots, D$$

$$X = \frac{\exp(Y_i)}{1 + \sum_{i=1}^{D} \exp(Y_i)}, \quad i = 1, \cdots, D$$

分母 X_D 可以是 X 的任意一个分量，但是当把这个变换应用到一个完整的集合上时，它必须保持一致，并且 X 必须大于 0。其优点是提供了一种新的无约束空间，可以应用经典的多元分析方法。但是，空间不是等距的，坐标轴不是正交的，而是被隔开60°。

将该变换应用于红土型镍矿数据，将每种组分除以填充组分 Z，得到 7 个变量。为了可视化的目的，将该变换应用于以二氧化硅为除数的 Ni-Fe-SiO$_2$ 子成分。结果变量 lg(Ni/SiO$_2$) 和 lg(Fe/SiO$_2$) 的交会图如图 5.14 所示。这可以与左边的原始变量 Ni 和 Fe 的散点图相比较。在转换之前，数据被限制在正交空间中，因为它们是用百分比表示的。变换后表明数据是不受约束的，并且被 SiO$_2$ 相除后构成一个关系。

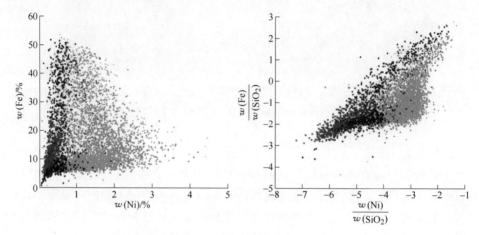

图 5.14　Ni-Fe 和 Ni/SiO$_2$-Fe/SiO$_2$ 交会图

5.5.3.7　置中对数转换

与加法变换不同，置中的结果是正交轴，这简化了进一步的多元计算。这种变换的性质导致向量的和为零，这意味着子空间实际上是一个平面。这种零和性质导致奇异协方差矩阵，但有许多可以克服这一限制的方法。$g(\boldsymbol{X})$ 的正向置中变换 $\boldsymbol{X}$ 的几何均值为：

$$Y_i = \lg \frac{X_i}{g(\boldsymbol{X})}, \quad i = 1, \cdots, D$$

图 5.15 显示了原始的和变换后的交会图。与加法变换相比，现在的数据是以几何平均值为中心。通过对 Ni-Fe-SiO$_2$ 子成分的变换的简化，可以更好地说明这一点。

5.5.3.8　乘法对数转换

这种转换类似于加法对数法，只是除数不能是组合中的任何元素。而是满足单位和约束所需的填充组分，类似于在红土型镍矿数据中使用的 Z。这种转换适合于探索某一组合中单个组分之间的关系。例如，分析元素 Ni-Fe-SiO$_2$ 如何与 Mg-Co-Al$_2$O$_3$-Cr$_2$O$_3$ 相关。正变换和反变换如图 5.16 所示，图 5.16 图形化地显示了这种对 Ni-Fe-SiO$_2$ 子成分的转换。

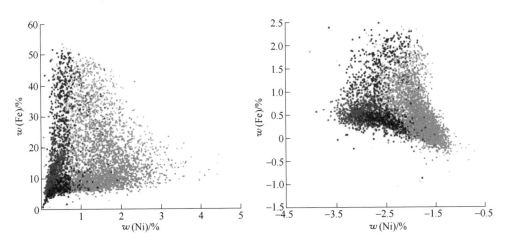

图 5.15　Ni-Fe 和置中对数（Ni）-置中对数（Fe）的交会图

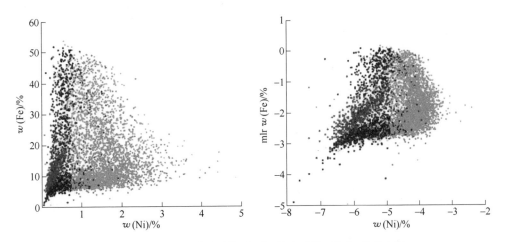

图 5.16　Ni-Fe 和乘法对数（Ni）乘法对数（Fe）的交会图

$$Y_i = \lg \frac{X_i}{1 - X_1 - \cdots - X_i}, \quad i = 1, \cdots, D$$

$$X_i = \frac{\exp(Y_i)}{[1 + \exp(Y_1)] \cdots [1 + \exp(Y_i)]}, \quad i = 1, \cdots, D$$

$$X_D = \frac{1}{[1 + \exp(Y_1)] \cdots [1 + \exp(Y_i)]}, \quad i = 1, \cdots, D$$

5.5.3.9　等距对数转换

等距变换依赖于标准正交基，将单形图变换为真实坐标，而且在两个空间中都具有保持度量属性的特点。单形图中的角度和距离等几何概念与变换后的实际数据空间中的角度和距离有关。应用这种变换需要在艾奇逊度量中定义一组标准正交基。艾奇逊度量是单形图的样品空间和样品几何。标准正交基是由一组向量 e_1，$\cdots$，e_D 定义的，感兴趣的读者建议参考 Egozcue 等人所做的完整推导。等距变换是由这些向量定义的，其中 $\langle \cdot ,\ \cdot \rangle_a$ 定义了艾奇逊的内积。

$$Y_i = \langle X,\ e_i \rangle_a,\ i = 1,\ \cdots,\ D$$

$$\langle X_1,\ X_2 \rangle_a = \langle \mathrm{clr}(X_1),\ \mathrm{clr}(X_2) \rangle = \sum_{I=1}^{D} \mathrm{clr}(X_1)_i \cdot \mathrm{clr}(X_2)_i$$

艾奇逊内积是应用于加法对数法或置中对数法转换数据的欧几里德内积（点积），是使用等距对数法计算已进行置中对数法转换的数据的内积。

尽管这种变换增加了复杂程度，但它具有在无约束正交空间中生成向量的优点（图 5.17），任何多元分析技术都可以应用这种方法。

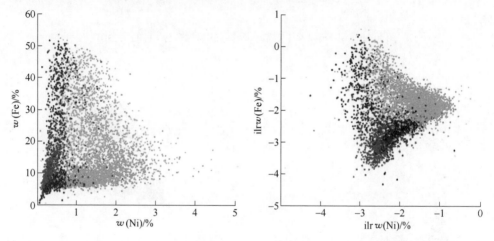

图 5.17　Ni-Fe 和等距对数法（Ni）-等距对数法（Fe）交会图

5.5.4　累积变量

在开发块品位模型和地质资源量估算时，地质统计学中使用累积（或服务）变量在行业内相当普遍，在沉积和层状矿床中尤其如此。

在资源量估算的历史中，很早就出现了估算累积量［品位-厚度（GT）和厚度（T）变量］。它主要应用于薄矿体，最初是对多边形法的一种移植。品位乘以厚度与金属含量呈正比，而金属含量是独立于厚度估算出来的。最后的品位是在每个点或块上用累积量除以厚度得出的。

当品位和厚度之间几乎没有或完全没有相关性时，累积法是有效的。另外，厚度应该是真厚度，也就是说，要认为样品是真实的（垂直于深度）矿化厚度。值得注意的是，累积变量和厚度变量可以用任何技术加以估算，包括地质统计学方法。

使用累积的动机一般是，对于薄的板状或脉状矿床，矿化厚度不规则，每个钻孔只有很小的见矿厚度（或者只有一个截距），品位变异性很高，有时较薄的见矿厚度中品位最高。在这种情况下，将品位与厚度相乘将得到一个变异系数较低的变量（变化性），因此更容易估算，而不必担心品位过度分散。厚度虽然有时会变化，但在空间中通常是一个平滑变化的属性，因此更容易估算。

一直使用品位-厚度变量的矿床，包括板状和脉状金矿床、铂矿脉、超镁铁质矿床（例如铬铁矿）、一些红土型镍矿和卷状铀矿床。

5.6 组合和特异值

5.6.1 钻孔数据组合

数据库中的原始品位值（化验值）通常平均到预先指定的长度上，这个过程称为组合。这并不是资源估算的严格要求，然而，几乎在所有情况下，数据尺度的同质化或对不完善采样间隔的支持和校正都会使用组合。大多数资源估算软件都假设数据能得到恒定的支撑。

组合还包括在估算或模拟之前将一定数量的贫化组合到原始数据中。采矿作业预期会有一定程度的选择性，要比原始化验的工程范围大。在露天坑的情况下，垂直方向的选择性一般由台阶高度决定。在地下矿井中，选择性是采矿方法的一个函数。在充填法或类似的方法中，中段高度或分层高度决定垂直方向的选择性。组合长度可能与台阶高度或中段高度相等，使数据与矿山选择性具有相等的垂直支撑。

组合的计算通常采用长度加权平均值，也可以采用体重和岩芯采取率加权。进行组合可以得到矿体截距、岩性或冶金组合、常规长度的孔内组合、台阶组合或剖面组合、高品位组合、最小长度和品位组合的代表性数值。

每种类型的组合都有不同的用途，适用不同的情况。常规长度或台阶组合是资源储量估算中最常见的。有一些地质统计模型可以提供原始数据中支持尺寸的混合，但是估算软件几乎总是假设这些数据具属于恒定的支撑。

同一矿床常用不同直径的钻孔。在钻孔的底端或坚硬的地质接触处也会有部分组合。实际上，支撑尺寸的微小差别对最后的资源量估算影响不大。

考虑一个在其资源数据库中同时具有反循环（RC）和金刚石钻孔（DDH）的操作。如果按钻一个直径 5.25 in（≈13.33 cm）的孔考虑，在 1 m 的间隔内，典型的反循环钻孔样品代表着将近 50 kg 的重量。相应的高质量规格的金刚石钻岩芯，对于相同的 1 m 长度，将代表接近 28 kg 岩芯。虽然两个样品的权值相差很大，但其差异和影响可以忽略不计。这是因为首先样品通常是组合的，其次多重组合通常用于估算块。块可能小到 5 m×5 m×5 m（对于较小的、选择开采的矿体），可能相当于 350 t；大到 25 m×25 m×15 m，大规模矿床的块也许更大，按现场体重为 2.65 t/m³ 考虑，相当于近 2.5×10⁴ t。这将取决于特定的资源建模情况。

组合的进一步理由是，小规模的化验可能是高变化性的，这可以通过组合来减小。组合到适当的长度将显示较小的变化性，使相应的地质统计分析包括变异函数更稳健。

特别地，组合对块金效应有显著的影响，即变异的完全随机部分。块金值的变化与组合程度呈反比。

组合数据集对于资源模型的整体质量非常重要。在实践中必须做出几个决定，包括是否使用组合、最合适的长度、使用的组合方法、是否在地质边界中断组合、如何处理组合中缺失的间隔（没有检测信息）和可接受的最小组合长度。

5.6.2　组合长度和方法

所选择的组合长度通常是预期的矿山选择性的函数。较短的组合长度可用来增加用于变异函数和估算的统计总体，然而，最终的变异函数应该基于将要参与资源储量估算的组合数据。较短的组合可以更准确地体现地质接触关系。

组合可以用两种基本方法来完成，即钻孔法和台阶法。台阶组合在近垂直钻探的露天矿中很常见。该方法包括定义每个台阶的顶部和底部标高，然后组合这些标高之内的所有样品间隔。中间台阶的标高被指定为组合重心，这里假定组合是竖向的。

露天矿常用的台阶组合法虽然方便，但也存在某些缺点。如果钻孔是倾斜的，实际的组合长度将与台阶高度不同。例如，对于倾角为 45° 的钻孔，10 m 的台阶组合将包含 14 m 以上的样品。台阶组合应该限定在所有钻孔倾角不超过 70° 的情况下，尽管这种选择是主观的。当存在大量的垂直、次垂直和倾斜钻孔时，则不应使用这种方法。

钻孔法组合通常从孔口开始，尽管大多数采矿软件包允许其他选择，比如在重要的地质接触点截断。组合样的长度总是相同的，下面提到的情况例外。钻孔的倾斜度不再是一个因素。组合重心对应于组合样品在空间的准确位置。

有一个重要的决定，即是否在地质边界截断组合。这个决定就是考虑是加入一些接触贫化（从接触带两侧品位的合并），还是避免这种合并。如果组合在边界处截断，估算域将更加清晰，接触贫化得到更好的控制。组合的数量越多，长度越短，成本越高。最适当的决定将取决于矿体的特点和可用信息量。

如果空缺很大，组合中缺失的样品间隔可能会有问题，因为组合的名义长度与所组合样品间隔的实际长度之间存在显著差异。简单的统计方法可以用组合样品的实际长度进行长度加权，这通常被大多数的采矿软件包所记录。在将组合舍弃之前，应一起考虑任何可以接受组合的最大空隙长度。质量分量的加权应以质量为单位，既要考虑体重也要考虑长度。

关于组合可接受的最小长度，其决定取决于实际组合的代表性和支持度。如果组合在地质边界处截断，这个问题就更加至关重要，因为组合的总量中可能有很大一部分比公称长度短。如果不进行边界截断，则钻孔末端的组合长度小于公称长度。

行业上的一个常见选择是，使用50%的标称长度作为可接受组合长度的边界值。将所有小于公称长度50%的组合舍弃是武断之举。由于主要考虑的是代表性，因此可以利用组合长度和品位之间的相关性研究，为可接受的最小组合长度的选择提供支持。当组合长度与品位之间没有可检测到的相关性时，则可以接受更短的最小组合长度。在贱金属和大型矿床中，岩芯回收率良好，品位与组合长度的关系可能很小。相反的情况通常存在于大型硫化物矿床、某些贵金属矿床，以及岩芯回收率较低的情况下。

5.6.3 特异值

术语特异值用来描述特别高的数值，因为许多品位分布是正偏态的。有些分布则有低品位的特异值，但是这种情况不太常见。这些品位偏离了其他大多数品位的一般趋势，可能在空间上和统计上处于孤立。在后面的讨论中，特异值是有效的经过测试的样品值，而不是伪造或错误数据收集的结果。假设已经检查了所有潜在的数据库或分析误差，并在数据库中剔除或纠正了所有可能的误差。特异值是根据地质和统计总体来定义的。

极端品位产生于贵金属矿床中，而在贱金属矿床中则没有那么多。为了量化特异值对最终资源量估算的影响，总是需要进行统计分析。

特异值的重要性通常是根据其对矿床金属总体含量的影响来描述的。这是因为不适当地处理特异值会导致对可回采资源的高估。必须解决两个方面的问题：一是什么样的化验结果应该被视为特异值；二是在估算资源量时如何处理它们。在任何情况下，都应该对原始的已化验样品进行分析。如果对组合样的数据进行分析，可能已经根据样品组合的类型和长度，对特异值进行了平滑处理。

如果极端品位几乎没有空间连续性，也就是说，它们处于一个空间受限的很小的体积之内，极端品位的存在就尤其有问题。品位分布越偏斜，特异值对资源量估算过程的潜在影响越大。

确定什么样的值被认为是特异值是主观的。通常在对数正态累积频率图上对特异值进行检查。分布高端的突变可能代表特异的总体。例如，图5.18所示是斑岩型铜金矿床中金品位的对数正态概率图。值得注意的是，对于高于5.0 g/t的品位值，品位正常分布似乎被突破，显示出一个突然的斜率变化，这是由不到总数0.1%的样品所代表的情况。特异值有时也定义为某个特定间隔之外的那些值，比如，相当于分布均值或中位数 2 倍或 3 倍的标准差（即，±2σ 或 ±3σ）。根据这一定义特异值总会存在，这就需要专业判断。

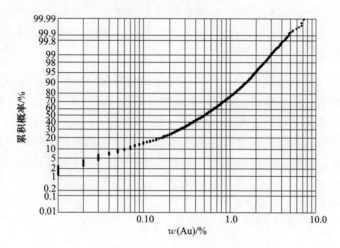

图 5.18　斑岩型金铜矿床金品位概率图

最好为研究特异值定义一个可能的边界值的范围。以中国内蒙古长山豪金矿为例，数据如表 5.1 所示。给出了一系列高于边际品位的试样对金属量的影响。请注意，比如在边际品位为 4.0 g/t 时，有超过 40 m 的样品，占数据库中总量的 0.49%，占金属总量的 5.7% 以上。虽然与其他金矿床相比，这并不是一个非常极端的情况，但这表明在估算该矿床的资源量时，必须考虑特异值，以避免高估。

表 5.1　某金矿床金属量（QM）影响极值分析实例

边际品位 w(Au) /g·t^{-1}	总进尺 /m	大于边际品位的平均品位 /g·t^{-1}	大于边际品位的线金属量 /m·g·t^{-1}	大于边际品位的金属量占比 /%	边际品位以上占总样品比例 /%
4.00	40.37	6.515	263	5.74	0.49
4.20	40.37	6.515	263	5.74	0.49
4.40	36.37	6.757	246	5.37	0.44
4.60	32.37	7.042	228	4.98	0.39
4.80	26.00	7.624	198	4.33	0.32
5.00	20.00	8.436	169	3.68	0.24
5.20	20.00	8.436	169	3.68	0.24
5.40	18.00	8.789	158	3.45	0.22
5.60	15.99	9.192	147	3.21	0.19
5.80	12.00	10.347	124	2.71	0.15

还可以使用统计方法来确定特异值品位的影响和建模。其中一个方法是由帕克最早提出的，是基于对品位分布的右尾的特定分布的假设，包括对数正态分布。

另一种方法，也是帕克（私人通信）最初提出的，假设在一定的品位阈值之上，品位值是不相关的，并且是相互独立的。在这种情况下，使用蒙特卡罗方法来模拟高品位分布。必须从数据库中移除的金属量是根据模拟的高品位分布和指定条件来评估的。通常的情况是，可以用给定的置信水平来保证（例如）每年的金属产量预测。这种从采矿风险的角度分析问题的概念很吸引人，但它也有与蒙特卡罗模拟相关的数据独立性问题，而这种模拟并不是总能适用。此外，特异品位的分布必须是相当均匀的，这样才能准确地预测金属的开采周期。

为了限制特异值数据的影响，最常见的方法是定义一个去除品位或截止品位，即要么忽略（不使用）指定去除品位以上的所有样品值，或者重置已定义的最高值，二选其一。不推荐完全忽略特异值，因为它往往过于保守。更常见的情况是，从业人员将高于指定截止品位的样品一律用该截止品位代替。

对于一些估算和模拟方法，特异值的处理是在方法本身内完成的。例如，如果使用多重指示克里格法，特高值的影响可以通过定义更保守的上级均值来处理，见第9章。

在大多数情况下，倾向于在估算或模拟时限制特异值的空间影响。这是在一些软件包中实现的。假设极端值是有效的，则应该用来估算资源量，但是它们的空间影响应该加以限制。高品位可能被限制在较小的细脉中，或代表一个很小或没有空间扩展的块。

将品位封顶，可以从分布中去除并限制特异值对金属量的影响。在特异值周围可能仍然存在一个高估算值区域，也可能存在孤立的高品位。局部估算要逐个核对。

5.7 体重测定

在估算资源时必须对原地体重进行建模。所预测的矿床矿石量直接取决于应用到模型体积的吨位因子或体重。

利用地质模型预测矿化体积，然后将该体积乘以其原地体重，得到矿床的估算矿石量。体重测定和估算的任何误差都直接计入矿石量估算。Parrish 对这个问题进行了很好的讨论。

有多种因素影响物料的体重测定，如取样物料的异质性、测定的方法、确定干或湿体重的操作、岩石的孔隙（例如多孔的角砾岩）、物料固结情况、矿石品位和体重之间的关系（比如在块状硫化物矿床）等。

排水法是测定岩石样品体重的常用方法。样品先在空气中称重，然后在水中称重。体重确定为：

$$体重 = \frac{W_{空气中}}{W_{空气中} - W_{水中}} \tag{5.2}$$

式中，$W_{空气中}$ 为样品在空气中的重量，即干重；$W_{水中}$ 为样品在水中的重量。

在实际工作中，由于建议用干体重测量，常用测量程序包括：

（1）仔细称量从现场收到的样品；

（2）将样品在 105 ℃ 的常规烤箱中完全烘干，然后再次称量，这两个重量之间的差可以提供对岩石中水分含量的估算；

（3）将样品浸入水中（体重为 1.0 g/cm³）并记下其重量；

（4）应用上述式（5.2）计算岩石体重。

样品吸水的影响是岩石多孔性的一个函数，不过因为水会取代样品内部的空气，结果总是要增加体重值。为了避免由于岩石在浸泡过程中所吸水分引起的测量误差，一种更可靠的体重测量方法是在样品上涂上一层已知体重的蜡，以便密封岩石内部的空隙。图 5.19 显示了使用蜡涂层法测定块体重的打蜡步骤的照片。

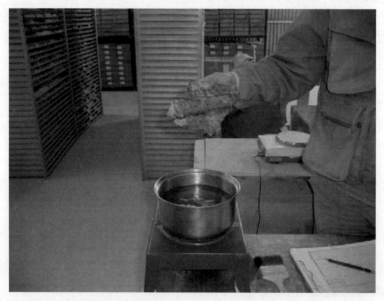

图 5.19　涂蜡体重测定方法，上蜡步骤（由智利必和必拓提供）

体重是测定的干重量、湿涂层重量、未涂层干重量和已知的蜡体重的函数：

$$体重 = \frac{W_{空气}}{W_{涂蜡后空气} - W_{涂蜡后水} - \dfrac{W_{涂蜡后空气} - W_{空气}}{\delta_{蜡}}}$$

式中　$W_{空气}$ 为涂蜡前在空气中的干重；$W_{涂蜡后空气}$ 为被涂样品的干重；$W_{涂蜡后水}$ 为涂

蜡后样品在水中的重量；$\delta_{蜡}$ 为已知体重的蜡。

体重测量的空间分布也是一个重要的考虑因素。所采取的体重样品必须在空间上和地质意义上具有代表性。

样品体重可能与样品品位有关。这是因为大多数金属的比重比母岩高。如果金属富集度（品位）足够高，则岩石的体重就会受到金属含量的影响。铀矿床、块状硫化物矿床、铁矿床和一些高品位金矿床是品位与体重明显相关的典型矿床。

某些地质因素也会对预期体重产生影响。例如，在露天矿中，为了接近矿床而必须剥离的贫瘠物质可能比固结岩石（基岩）要轻，因为这些贫瘠物可能是由砂砾或松散的强风化物质组成的。某些类型的母岩具有明显的孔隙，如角砾岩等，虽然是有利的矿化母岩，品位一般较好，但往往较轻。蚀变的类型和强度也会影响原地体重值。高度蚀变的岩石易碎，在极端情况下呈粉状，一般比未蚀变的岩石轻。

通常根据岩性、蚀变、矿物学和岩石的平均品位来确定体重域是很方便的。应该有足够数量的体重样品用于模型体重，根据矿床的大小和类型，每个域的体重样品为 100~1000 件。

5.8 地质冶金学数据

地质冶金学是矿业中一个相对较新的领域，它试图理解和模拟与冶金性能相关的变量。这些变量可能包括直接或间接测量产量（硬度、可磨性）、回收率（解离性、矿物形状/结构等）以及精矿质量。在某些矿床中，如石灰石、铁、红土型镍矿、铝土矿、锰矿和煤矿，人们早就认识到地质冶金的重要性。近年来，它正日益成为所有贱金属和贵金属矿床资源模型的关键组成部分。

地质冶金变量可能带来挑战。至少有两个方面需要考虑；一是所测量的变量通常是有关冶金性能的间接度量或指标，在某些情况下，它们不是线性平均的；二是冶金性能在许多方面与所测变量是非线性相关的。非线性的问题至关重要，因为预测需要在一个与所采取的原始测量非常不同的体积（支持）中进行，这将在第 7 章中予以讨论。当一个变量是非线性时，简单地对该变量取平均值或重量加权平均值是不正确的。另一个可能也很重要的方面是，在这种类型的预测中，极端值比大体积平均值更有关系。

更典型的品位估算值，可以在预测冶金性能时搞清物料特性中发挥作用。对于具体的性能测量，可能会考虑其他变量，例如，硬度和可磨性、落锤指数（DWi）、邦德功指数（BWi）、原地体重、表征通过物料粒度的 p_{80}（可以结合进一个预测每小时处理量的线性或非线性方程中），也可能与 SPI（半自磨功率指数）有关系，这取决于所采用的建模方法。有时，一些岩土工程变量，如

RQD（岩石质量指标）、UCS（单轴压缩试验）、PLT（抗压载试验）等，可以作为代替变量以便估算产量。

其他变量可能包括有价元素的品位以及可能导致出售精矿罚款的有害元素以及那些影响冶金回收率的有害元素。还可包括现有的矿物种类、矿物解离、结构、粒度及粒度分布曲线（p_{80}）等。一般情况下，可以直接测试冶金回收率，这反过来可能涉及品位、矿物种类和冶金回收率之间的建模关系。

这些变量在评估时可能带来的挑战，将在第 8~10 章中讨论。

5.9　最低标准、良好实践和最佳实践的总结

在最低标准的情况下，数据必须具有可证明的质量级别，这样才能充分支持资源建模目标。因此，随着资源模型的详细程度的增加，质量要求也将从低到高而增加，即从最初的矿床建模、预可行性和可行性研究，直到矿山规划和矿山作业支撑。以误差率衡量的数据库质量，对于地质编码和化验值来说应该优于 5%。需要考虑的具体问题如下：

（1）应该有数据收集和处理的书面程序。程序应该包括野外工作的程序和规程、地质填图和编录、质量保证和质量控制、数据库建设、样品监管链和文件跟踪。程序应包括用于分析工作的质量保证/质量控制程序，包括批次样品的验收/拒收标准。

（2）应定期对野外工作和取样程序进行详细审查，以确保遵守正确的程序和规定。

（3）同样，对实验室工作的审查也应是一个持续的过程，包括偶尔视察所涉实验室。

（4）应实施质量保证和质量控制（QA/QC）程序，并应至少包括细副样、标准样和空白样，如上所述。样品应按逐批处理予以控制，并应执行拒收标准。

（5）反循环钻岩芯回收率和样品重量的信息，应随着钻探施工进行编录和分析。

（6）应当有足够的体重数据来描述主要的地质单元。建议每单元最少不低于 30 个样品。

（7）组合样的组合方法应适应（未来）作业的特点，并应详细描述和论证。同样，需要对特异值进行描述和分析。

除了上述事项，良好实践还要求：

（1）每个钻孔都应有一个量化的不确定性等级。这包括对质量和样品收集程序、数据处理和电脑化数据库的总体质量等潜在问题的讨论和报告；

（2）QA/QC 程序应该延伸到不仅包括样品制备和分析，也包括样品收集过程、孔口位置和样品位置（包括钻孔偏斜、钻孔空间覆盖率、地质填图和编录、

变量及其使用目的的清晰定义）；

（3）软数据和硬数据的结合使用等问题，应得到适当的处理和证明；

（4）体重测定应足以提供足够的空间覆盖，并应遵守质量控制程序；

（5）在取样和数据处理过程的每一步，都应该有详细的、书面的质量保证和质量控制报告，这些程序应包括必要的纠正措施；

（6）对于存储的所有数据，数据库的总误差率应该低于2%。

最佳实践还包括以下方面：

（1）利用一切可能的（和适当的）地质、品位和其他数据来取得资源模型。定义变量及其特征的过程应该有良好的文档记录。如果有冶金方面的信息，应提供地质、品位和冶金性能之间关系的完整描述，如品位-回收率曲线、硬度-选厂产量曲线等。

（2）应提供关于已实施的质量保证和质量控制程序的详细报告，包括其结果和当前以及历史性活动的相关讨论。此外，对流程中每一步所执行的内部检查和审计的记录都应该进行编辑和存档。

（3）每个数据组分量都应该有定性或定量的数据不确定性的总结。这些可以来自数据库误差率（对于定性或分类变量），也可以来自样品制备和分析规程的取样方差研究，或者来自其他统计分析。

（4）对于所使用的所有变量，数据库误差率应低于1%。

5.10　练习

本练习的目的是温习一些取样理论并获得一些取样诺模图的经验。可能需要一些特定的地质统计软件。该功能可能在不同的公共领域或商业软件中也可以找得到。请在开始练习前取得所需的软件。数据文件可以从作者的网站下载，搜索引擎会显示下载地址。

假想矿床中的主要金属是铜，含铜矿物是辉铜矿（Cu_2S），辉铜矿体重 $\lambda_m =$ 5.5。铜平均品位为 2.0%（注意这不是辉铜矿的平均品位），母岩为花岗岩，体重 $\lambda_g = 2.3$。辉铜矿的解离粒度 $d = 50$ μm，辉铜矿的形状因子 $f = 0.47$，粒度因子 $g = 0.25$。

样品用金刚石钻探取得，岩芯直径为 52.0 mm，一半的岩芯将被送去化验，另一半留存。样品标称长度为 2.5 m。

样品的基础误差定义为：

$$\sigma_{FE}^2 = \left(\frac{1}{M_{S2}} - \frac{1}{M_{S1}} \right) IH_L$$

$$IH_L = clfgd^3$$

式中，σ_{FE}^2 为样品从 M_{S1} 劈分为 M_{S2} 时带来的采样误差；d 为样品被劈分时的粒度；

c 为矿物学因子；l 为解离的因子。

矿物学因子和解离因子的计算在本练习的第一部分。

5.10.1 第一部分：取样诺模图的先决条件

Q1 计算样品长度为 2.5 m 的岩芯 1/2 处的物料量，这是采样规程的初始质量。

Q2 计算样品中辉铜矿的含量 a_L。计算需要使用分数，而不是百分比或 ppm。这一计算要使用平均铜品位。辉铜矿的相对分子质量为 159.17，铜为 63.55，硫为 32.70。

Q3 计算辉铜矿的矿物学因素 c。这一步需要 **Q2** 中的结果。

$$c = \lambda_m \frac{(1 - a_L)^2}{a_L} + \lambda_g (1 - a_L)$$

Q4 下一步是计算诺模图的粒度线的位置。这需要一些迭代。第一步是选择一些公称粒度；第二步是对于每一粒度假设一个样品质量，这个质量与实际样品无关。质量用于在诺模图上绘制线条，使用下列公式计算粒度和质量对的误差。如果任何一个点不在诺模图的窗口内，修改样品的粒度，使该点位于窗口之内。在计算 l 时，$b = 1$。这是 b 的保守值。注意解离系数不能超过 1.0。

$$\sigma_{FE}^2 = \frac{clfgd^3}{M_S}$$

$$l = \frac{d_l}{d}$$

如果需要，可以使用表 5.2。

表 5.2 数据

d/cm	l	IH_L	粒度	σ_{FE}^2
2.5000				
0.9500				
0.4750				
0.2360				
0.1700				
0.1000				
0.0710				
0.0425				
0.0250				
0.0150				
0.0106				

5.10.2 第二部分：诺模图和基础误差

Q1 将上面计算的粒度线绘制到一个空白的诺模图上。粒度线呈 45°，向左侧递增。

Q2 回忆第一部分的初始样品质量，提出一个采样规程，包括破碎和缩分，这样总取样误差 σ_{FE} <7.5%。一个有用的限定条件是，在单个步骤中带来的误差不要超过 5%。一个例子如表 5.3 所示。

表 5.3 例表

规程中的次序	诺模图上的点	样品质量 M_S/g	破碎粒度 d/cm	基础误差 σ^2	基本样品误差 σ^2	取样误差 σ/%
岩芯初次破碎	A	20000	0.475			
第一次缩分	A-B	2000	0.475			
二次破碎	B-C	2000	0.071			
第二次缩分	C-D	50	0.071			
样品研磨	D-E	50	0.015			
为实验室分析缩分	E-F	1	0.015			
样品 FE						
总样品误差（2 倍样品误差）						

Q3 生成一个采样诺模图并检查结果。

参 考 文 献

[1] Aitchison J (1986) The statistical analysis of compositional data: Monographs on statistics and applied probability. Chapman and Hall, London, p 416

[2] Aitchison J, Barcelo-Vidal C, Pawlowsky-Glahn V (2002) Some comments on compositional data analysis in archaeometry, in particular the fallacies in Tangri and Wright's dismissal of logratio analysis. Archaeometry 44 (2): 295-304

[3] Chayes F (1962) Numerical correlation and petrographic variation. J Geol 70 (4): 440-452

[4] David M (1977) Geostatistical ore reserve estimation. Elsevier, Amsterdam

[5] Egozcue J, Pawlowsky-Glahn V, Mateu-Figueras G, Barcelo-Vidal C (2003) Isometric logratio transformations for compositional data analysis. Math Geol 35 (3): 279-300

[6] Erickson AJ, Padgett JT (2011) Chapter 4.1: geological data collection. In: Darling P (ed) SME mining engineering handbook. Society for Mining Metallurgy & Exploration, pp 145-159

[7] François-Bongarçon DM (1998a) Extensions to the demonstrations of Gy's formula. In: Vallee M, Sinclair AJ (eds) Quality assurance, continuous quality improvement and standards in

mineral resource estimation. Exp Min Geol 7 (1-2): 149-154

[8] François-Bongarçon DM (1998b) Error variance information from paired data: applications to sampling theory. In: Valleé M, Sinclair AJ (eds) Quality assurance, continuous quality improvement and standards in mineral resource estimation. Exp Min Geol 7 (1-2): 161-168

[9] François-Bongarçon D, Gy P (2001) The most common error in applying 'Gy's Formula' in the theory of mineral sampling, and the history of the liberation factor. In: Edwards AC (ed) Mineral resource and ore reserve estimation—the AusIMM guide to good practice. The Australasian Institute of Mining and Metallurgy, Melbourne, pp 67-72

[10] Glacken IM, Snowden DV (2001) Mineral resource estimation. In: Edwards AC (ed) Mineral resource and ore reserve estimation—the AusIMM guide to good practice. The Australasian Institute of Mining and Metallurgy, Melbourne, pp 189-198

[11] Gy P ed. Elsevier, Amsterdam (1982) Sampling of particulate materials, theory and practice, 2nd Hartmann H (ed) (1992) SME mining engineering handbook, vol 2, 2nd edn. Society for Mining Metallurgy, and Exploration, Littleton, CO

[12] Journel AG, Huijbregts CJ (1978) Mining geostatistics. Academic Press, New York

[13] Long S (1999) Practical quality control procedures in mineral inventory estimation. Explor Min Geol J 7 (2) Canadian Institute of Mining and Metallurgy (CIMM)

[14] Magri EJ (1987) Economic optimization of the number of boreholes and deflections in deep gold exploration. J South Afr Inst Min Metal 87 (10): 307-321

[15] Manchuk JG (2008) Guide to geostatistics with compositional data, Guidebook Series No. 7, Centre for Computational Geostatistics, University of Alberta, p 45

[16] Neufeld CT (2005) Guide to sampling, Guidebokk Series No. 2, Center for Computational Geostatistics. University of Alberta, p 35

[17] Parker HM (1991) Statistical treatment of outlier data in epithermal gold deposit reserve estimation. Math Geol 23: 125-199

[18] Parrish IS (1993) Tonnage factor- a matter of some gravity. Min Eng 45 (10): 1268-1271

[19] Pawlowsky V (1989) Cokriging of regionalized compositions. Math Geol 21 (5): 513-521

[20] Pawlowsky V, Olea RA, Davis JC (1995) Estimation of regionalized compositions: a comparison of three methods. Math Geol 27 (1): 105-127

[21] Pawlowsky-Glahn V, Olea RA (2004) Geostatistical analysis of compositional data. Oxford University Press, New York, p 304

[22] Pawlowsky-Glahn V, Egozcue JJ (2006) Compositional data and their analysis: an introduction. In: Buccianti A, Mateu-Figueras G, Pawlowsky-Glahn V (eds) Compositional data analysis in the geosciences: From theory to practice. Geological Society, London, Special Publications, 264, pp 1-10

[23] Peters WC (1978) Exploration and mining geology, 2nd ed. Wiley, New York

[24] Pitard F (1993) Pierre Gy's sampling theory and sampling practice, 2nd ed. CRC Press, Boca Raton

[25] Quintana JM, West M (1988) The time series analysis of compositional data. In: Bayesian

statistics 3. pp 747-756

[26] Roden S, Smith T (2001) Sampling and analysis protocols and their role in mineral exploration and new resource development. In: Edwards AC (ed) Mineral resource and ore reserve estimation—the AusIMM guide to good practice. The Australasian Institute of Mining and Metallurgy, Melbourne, pp 67-72

[27] Rombouts L (1995) Sampling and statistical evaluation of diamond deposits. J Geochem Explor 53: 351-367

[28] Rossi ME, Posa D (1990) 3-D mapping of dissolved oxygen in Mar Piccolo: a case study. Environ Geol Water Sci 16 (3): 209-219

[29] Skinner EH, Callas NP (1981) Borehole deviation control in pre-mining investigations for hardrock mines. U. S. Bureau of Mines Information Circular, 8891, pp 79-95

[30] Tolosana-Delgado R, Otero N, Pawlowsky-Glahn V (2005) Some basic concepts of compositional geometry. Math Geol 37 (7): 673-680

6 空间变异性

摘　要　地质统计学建模的一个基本方面是建立空间变异性或连续性的定量测量，以用于后续的估计和模拟。空间变异性的建模已成为矿产资源分析的标准工具。在过去20年左右的时间里，传统的试验性变异函数已经让位于更稳健的变异性度量方法。本章涵盖了关于如何计算、解释和建模变异函数或其更稳健的替代方法的详细情况。

6.1　概念

矿物的品位是通过一系列地质过程产生的，这些地质过程并不总是完全为人所知或为人所理解。矿床形成的必要条件包括矿化来源、途径和有利的成矿地质条件，合适的物理和化学过程可以导致显著的矿物富集。矿物成矿的特点必然构成各种空间相关模式，这对资源评价和矿山规划都很重要。

这些相关模式的描述和建模能够更好地了解成矿过程，并改进对未取样地点矿化和矿物品位的预测。统计工具可以用来在一个恰当的理论框架之内描述这些相关性。

本章的资料总结了其他地质统计文献，如《矿石储量的地质统计学估算》《矿业地质统计学》《应用地质统计学》以及《自然资源评价地质统计学》（本章参考文献[9][19][16][12]）。

随机函数的概念。通过随机变量 Z 的概率分布对未采样值 Z 的不确定性进行建模。在数据调整后，Z 的概率分布一般是取决于位置。因此，用 $Z(u)$ 中的 u 表示坐标位置向量。

随机函数（RF）是一组在某些感兴趣区域上定义的随机变量，例如，$\{Z(u),u$ 是研究区域 A 的一个元素$\}$ 也可简单表示为 $Z(u)$。通常，随机函数定义仅限于与相同属性相关的随机变量，因此，将定义另一个随机函数来对第二个属性的空间变异性建模，例如 $\{Y(u),u$ 是研究区域 A 的一个元素$\}$。

使用随机函数意味着变量位于矿床的子集之内，或者被认为是平稳的区域内。应用随机函数概念的能力是基于这样一个理念，即 A 中的位置 u 和变量 Z 属于相同的统计总体。将随机函数概念化为 $\{Z(u),u$ 是研究区域 A 的一个元素$\}$，其目的绝不是研究对变量 Z 完全已知的情况。如果所有的 $Z(u)$ 对于研究区域 A 中的所有 u 都是已知的，那么既不会留下任何问题也不需要任何随机函数的概念。随机函数模型的最终目标是对实际结果 $Z(u)$ 未知的位置 u 做出一些预测性判断。

正如随机变量 $Z(u)$ 是以其累积分布函数（cdf）为特征，随机函数 $Z(u)$ 的特征是一组对于任意数 N 和在研究区域 A 内 N 个位置选项 $u_i(i = 1, \cdots, N)$ 的所有 N 变量累积分布函数：

$$F(u_1, \cdots, u_N; z_1, \cdots, z_n) = \text{Prob}\{Z(u_1)| \leqslant z_1, \cdots, Z(u_N) \leqslant z_N\}$$

随机变量 $Z(u)$ 的单变量累积分布函数用于表征 $Z(u)$ 值的不确定性，多元累积分布函数用于表征 N 值 $Z(u_1), \cdots, Z(u_N)$ 的共同不确定性。

任何两个随机变量 $Z(u_1)$、$Z(u_2)$ 或更一般的 $Z(u_1)$、$Y(u_2)$ 的双变量（$N=2$）累积分布函数特别重要，因为传统的地质统计方法仅限于单变量 $[F(u; Z)]$ 和双变量分布：

$$F(u_1, u_2; z_1, z_2) = \text{Prob}\{Z(u_1) \leqslant z_1, Z(u_2) \leqslant z_2\}$$

二元累积分布函数 $F(u_1, u_2; z_1, z_2)$ 是一个重要的统计互变异函数，定义为：

$$C(u_1, u_2) = E\{Z(u_1)Z(u_2)\} - E\{Z(u_1)\}E\{Z(u_2)\}$$

协方差是一个汇总统计量，当 $Z(u_1)$ 和 $Z(u_2)$ 直接相关时，协方差为正；当 $Z(u_1)$ 和 $Z(u_2)$ 反向相关时，协方差为负。协方差的大小概括了这种关系的强度。它是概括二元分布的唯一数字。当需要更完整的概括时，可以通过考虑变量 Z 的阈值的二元指示变换，对双变量累积分布函数 $F(u_1, u_2; z_1, z_2)$ 进行描述。那么，z_1、z_2 在不同阈值下，先前的双变量累积分布函数则以指标变量的非置中协方差的形式出现：

$$F(u_1, u_2; z_1, z_2) = E\{I(u_1, z_1)I(u_2, z_2)\}$$

这种关系对于解释指标地质统计学形式具有重要意义，这表明，双变量累积分布函数的推断可以通过样本指标协方差来实现。

概率密度（或质量）函数（pdf）表示更适合于分类变量。回想一下，一个分类变量 $Z(u)$ 可以取 K 个结果值中的一个，$K = 1, \cdots, K$，由自然产生的分类变量或离散到 K 类的连续变量产生。

任何统计的推断都需要某种重复取样。例如，对变量 $Z(u)$ 进行重复取样，需要通过试验比例来评价累积分布函数：

$$F(u; z) = \text{Prob}\{Z(u) \leqslant z\} = \text{Proportion}\{Z(u) \leqslant z\}$$

然而，在几乎所有的应用程序中，在任何单一位置 u 上最多有一个样本可用，在这种情况下，$Z(u)$ 是已知的（忽略采样错误），无需考虑随机变量模型 $Z(u)$。在未抽样的地方仍然需要推断统计参数。基于地质统计学推断的范例是

用位置 u 上不可用的重复，来交换其他位置在空间和/或时间上可用的重复。例如，累积分布函数 $F(u; z)$ 可以从同一区域内其他位置收集的 z-样本的取样分布推断出来。

这种重复交换与平稳性决策相对应。平稳性是随机函数模型的一个特性，而不是基于物理空间分布的特性。因此，不能从数据中检查它。将数据汇集成跨地质单元的统计数据的决定，不能从数据中先知先觉的推翻。然而，如果一个域的区分显著地改善了所获得的推断和估计，则可能表明其是不恰当的。

如果随机函数 $\{Z(u)\}$（u 在 A 内）的多元累积分布函数，在 N 个坐标向量 u_k 的任意平移下保持不变，则称其在 A 区域内为平稳的，即对于任意向量 I：

$$F(u_1, \cdots, u_N; z, \cdots, z_N) = F(u_1 + I, \cdots, u_N + I; z, \cdots, z_N)$$

多元累积分布函数的不变性，意味着任何低阶累积分布函数的不变性，包括单变量和双变量累积分布函数及其所有矩的不变性。平稳性的决策允许推理。例如，独特的固定累积分布函数：

$$F(z) = F(u; z), \quad u \in A$$

可以从 A 内不同位置的 z 值的累积样本直方图中推断出。然后可以从该平稳的累积分布函数 $F(z)$ 中计算出平稳的均值和方差，也可以推断出平稳的协方差。

平稳性对地质统计学方法的适用性和可靠性至关重要。跨地质边界的数据集，可能掩盖了重要的品位差异；另一方面，将数据分割成太多的小的平稳子集，可能会因为每个子集数据太少，从而导致统计不可靠。统计推断的规则是汇集最多的相关信息，以便形成预测说明（第 4 章）。

由于平稳性是随机函数模型的一个属性，因此，如果研究规模发生变化或有更多的数据可用，则平稳性的决策可能会发生变化。如果研究的目标是全局性的，那么局部细节可能就不那么重要了。相反，在作出诸如品位控制或最终矿山设计等最后决策时，可获得的数据越多，就越有可能产生统计上显著的差异。

考虑一个平稳随机函数 Z，已知均值 m 和方差 σ^2。均值和方差与位置无关，也就是说，对于研究地区的所有位置 u，$m(u) = m$，$\sigma^2(u) = \sigma^2$。变异函数定义为：

$$2\gamma(h) = Var[z(u) - z(u + h)] = E\{[z(u) - z(u + h)]^2\} \tag{6.1}$$

用语言表达就是说，变异函数是被距离向量 h 所隔开的两个数据差的平方值的数学期望。半变异函数 $\gamma(h)$ 是变异函数 $2\gamma(h)$ 的一半。为了避免使用过多的术语，简单地引用了变异函数，在数学上有严格要求精确定义情况除外。与均值和方差一样，变异函数不取决于位置，它适用于在选定的兴趣区域的所有位置上进行平移或扫描的分离向量。变异函数是变异性的量度，当样本变得越来越不相似时，它会增加。协方差是用来衡量相关性或相似性的统计度量：

$$C(h) = E\{[z(u) \cdot z(u + h)]\} - m^2 \tag{6.2}$$

当相距值 h 不是线性相关时，协方差 $C(h)$ 为0。$h=0$ 时，平稳协方差 $C(0)$ 等于平稳方差 σ^2，即：

$$C(0) = E\{z(u+0)z(u)\} - [E\{z(u)\}]^2$$
$$= E\{z(u)^2\} - [E\{z(u)\}]^2 = Var\{z(u)\} = \sigma^2$$

在某些情况下，标准协方差（即相关系数）可取：

$$\rho(h) = C(h)/C(0)$$

通过式（6.1），对于平稳随机函数、半变异函数与协方差可确立如下的关系：

$$\gamma(h) = C(0) - C(h) \quad \text{或} \quad C(h) = C(0) - \gamma(h) \qquad (6.3)$$

这种关系取决于确定的模型，即均值和方差是常数，且与位置无关。这些关系在变异函数的解释和为克里格方程提供协方差方面非常重要。

变异函数的主要特征是基台、变程和块金效应。图 6.1 显示了包含以下三个重要参数的变异函数。

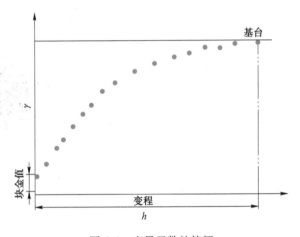

图 6.1　变异函数的特征

（1）变异函数的"基台"是进入变异函数计算的数据的等权方差，即对应于零线性相关的方差值。变异函数可能在低于或高于基台方差的一个明显基台处变平。

（2）"变程"是达到零相关的距离。如果变异函数多次到达基台，通常将第一次到达基台的距离视为变程。

（3）"块金效应"是距离刚好大于样品尺寸的变异函数值，它表征了非常小的范围内的变异性。当提到小于采样点之间最小间距的变异函数距离时，通常也会使用小范围内变异性这个术语。

在变异函数值小于基台值时，$z(u)$ 与 $z(u+h)$ 为正相关，超过基台时为负相关。图 6.2 显示了 3 个 h-散点图，对应于典型的半变异函数上的 3 个间隔的情况。地质统计学建模通常使用变异函数而不是协方差，这主要是由于历史原因，也就是说，认为它对于均值有局部变化的情况更稳健。在实践中，二阶平稳性几乎总是假设的，这种优势在实际中并不重要。

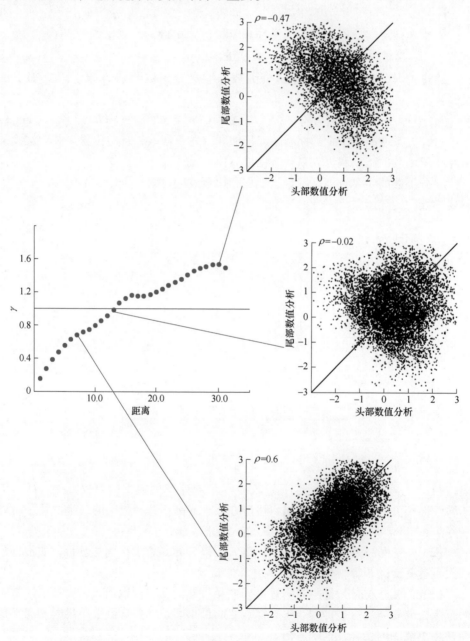

图 6.2　从正态分数转换变量的变异函数值进入 3 种间隔计算的数据点被显示为 **h**-散点图

6.2 实验变异函数与探索性分析

单个变异函数图 $\gamma(h)$，直截了当地解释了特定距离和方位向量 h。必须计算可靠的值，同时考虑许多间隔向量 h，这就引起了一些实际困难。变异函数是地质变异与距离的一种度量。这种变异可能在不同的方向上有不同的变化，例如在沉积岩层中，典型的情况是水平面上的空间相关性要大得多。当变量在一个方向上比另一个方向上更连续时，空间连续性模式就是各向异性的。

在计算实验变异函数之前，必须完成以下几个重要步骤：（1）必须对数据进行可视化并从地质学的角度获得理解；（2）必须建立适当的坐标系；（3）必须考虑特异值和数据转换。一般情况下，变异函数是在坐标系和用于建模的单元中计算的，也就是说，如果考虑高斯不确定性或模拟技术，则考虑综合分布和正态分数。

第一个先决条件是理解数据。虽然实验变异函数可以帮助理解特定变量的地质和空间变异性，但在没有合理理解数据、趋势和数据构成的情况下计算变异函数，会产生错误理解和误差。应该研究数据的直方图和单变量统计，对异常数据以及极高和极低数据值予以质询。数据应该以多种不同的方式进行可视化。应根据数据间隔对地质连续性的复杂情况加以了解。估算域和变量的选择应该看上去合理。

第二个先决条件是在适当的坐标系中执行变异函数计算。对于浸染状矿床来说，基于高程和投影坐标系或当地矿山系统的标准 $X/Y/Z$ 坐标都可能是合理的。板状或层状矿床可能需要计算和使用地层坐标（见 3.4 节）。风化矿床可能需要利用地表以下深度作为垂直 Z 坐标。

变异函数是一种两点统计，其曲线的连续性不能用两点统计来表示。如果研究区域的连续性方向在研究区域内呈系统性改变，研究区域可能需要进一步划分。但是，在保持局部精度和维护足够的数据以进行可靠计算之间，需要作出权衡。用于局部各向异性变化的一些更新的工具正在出现，但并不常用。

在变异函数计算之前，先要选择变异函数计算中使用的 Z 变量。在常规克里格法应用中，不应该对变量进行转换以获得试验变异函数。使用高斯技术需要数据的先验正态分布转换和转换后数据的变异函数。指示技术要求在变异函数计算之前对数据进行指示编码。

选择正确变量的另一个方面是特异值检测和剔除。极高和极低的数据值对变异函数值有很大的影响，因为在计算中每对数据都是平方运算。虽然错误的数据应该被剔除，但正当的高值也可能掩盖了大部分数据的空间结构。在高值区域，因高值而增大的变异性，再加上优先采样，可能会导致试验变异函数不稳健，难以解释。对数或正态分数转换可以减少特异值的影响，但是在以后的计算中要考虑适当的反向转换。

正确的变量还取决于在后续模型构建中如何处理趋势。有时，在地质统计建模之前，要先去除明显的横向或竖向趋势，然后将其添加到剩余（原始值减去趋势）的地质统计模型中。如果考虑这两步建模过程，则需要剩余数据的变异函数。但是，在趋势和剩余数据的定义中引入人为结构是有风险的。

当有足够数量的成对数据时，要计算距离/方向间隔的变异函数。变异函数是数据对差值平方的平均值：

$$2\gamma(\boldsymbol{h}) \cong \frac{1}{N(\boldsymbol{h})} \sum_{i=1}^{N(\boldsymbol{h})} \left[z(\boldsymbol{u}_1) - z(\boldsymbol{u}_i + \boldsymbol{h}) \right]^2 \qquad (6.4)$$

距离完全相等的数据对很难找到，这要求采用合理的距离和方向容差对数据对 $N(\boldsymbol{h})$ 进行配对（图 6.3，两个彩点之间的粗箭头表示感兴趣的向量，从右侧的点到阴影区域任何位置的任何向量都将被接受）。变异函数计算程序扫描所有的数据对，并在应用指定容差后，将落在距离、方向和大致间隔 $\boldsymbol{h}$ 一致的数据对组合起来。这些容差定义了用于定义分离向量的扇形区。

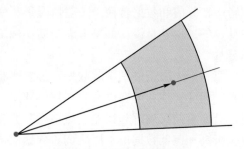

图 6.3　变异函数计算容差

一个简单的二维示例如图 6.4 所示。试验变异函数是 16 对数据之间差值平方的平均值。注意，有些数据没有使用，有些使用了一次，有些使用了两次，还有一个数据使用了三次。这取决于数据配置和容差参数。

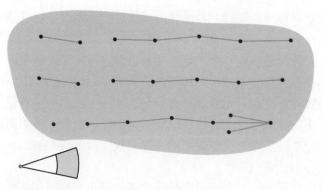

图 6.4　符合左下图所示公差的 23 条数据在数据太接近的地方有一些差距

建立变异函数的容差参数是一个反复试验的过程。如果偏差太小，那么变异函数就会有不稳健。如果容差太大，那么将会平均掉空间连续性，而不精确。一般来说，间隔容差和角度容差应尽可能小，以确保方向连续性的良好定义，同时仍然获得稳定的变异函数。

最大间隔数应使最大间隔距离小于域尺寸的一半。变异函数仅对距离为域值尺寸的一半的情况有效,因为对于更大的距离,变异函数开始将数据排除在计算之外。间隔容差通常是间隔距离的一半。在变异函数不稳定或数据很少的情况下,间隔容差可以大于间隔分离的一半,从而使另外一些数据对加入变异函数计算,且使得间隔之间变得平滑。

变异函数计算方向的选择取决于地质变量预期的各向异性、可用样本的数量和所使用的软件。通过观察剖面和平面图来确定各向异性的可能方向,可以了解矿床的地质特征。钻孔的方向也应加以考虑。如果有足够的样本,在选择一组三个互相垂直方向之前,需要对多个方向进行检查,这三个方向成为代表各向异性的椭球体的三个主轴。

通过把角度容差放宽到90°,全向变异函数要同时考虑所有可能的方向,它们通常能产生表现最好的变异函数,但是所有方向特性都丢失了。沿钻孔变异函数可以很好地估计块金效应和小尺度的连续性,因为它是根据沿钻孔路径的相邻数据计算的,而不考虑它们的方向。

在某些情况下,可能有足够的数据来计算许多不同距离和方向的变异函数值,并绘制变异函数值的二维图或三维图。对于网格化数据和密集的不规则数据,情况都是如此。这些图对于各向异性方向的检测是有用的,并且避免将预先认定的想法强加于变异函数上。

6.2.1 其他连续性估计量

试验变异函数通常按式(6.4)计算,这是评估可变性的传统工具。然而,少量极端数据值的存在会导致变异函数变得非常混乱。正态分数、指示数据或对数-正态转换通常使变异函数更稳健,但变化的性质发生了改变。为了使变异函数更稳健,人们提出了其他几种连续性评估方法。

M. David 使通用相对变异函数和成对相对变异函数得到了推广普及。通用相对变异函数对传统的变异函数进行了标准化,它使用每个间隔的数据点平均值的平方:

$$\gamma_{GR}(\boldsymbol{h}) = \gamma(\boldsymbol{h})/m(\boldsymbol{h})^2$$

每个间隔的数据均值为:

$$m(\boldsymbol{h}) = \frac{m_h + m_{-h}}{2}$$

成对相对变异函数往往比通用相对变异函数产生更清晰的空间连续性函数,其不同之处在于只对每一对数值分别进行调整,使用两个数值的平均值:

$$\gamma_{PR}(\boldsymbol{h}) = \frac{1}{2N(\boldsymbol{h})} \sum_{N(\boldsymbol{h})} \frac{\left[z(\boldsymbol{u}) - z(\boldsymbol{u} + \boldsymbol{h})\right]^2}{\left[\dfrac{z(\boldsymbol{u}) + z(\boldsymbol{u} + \boldsymbol{h})}{2}\right]^2}$$

　　由于在两种相对变异函数定义中的分母的原因，所使用的变量必须是正值。最初提出相对变异函数，是为了消除正偏态矿物品位分布中常见的比例效应。在"平稳"域子区域内的样本，其标准偏差可能与它们的平均品位成比例。经验表明，相对变异函数，特别是成对相对变异函数，比传统的变异函数结构性更好，更容易建模。这使得它在稀疏、丛聚和不稳定数据的情况下成为一个合适的试验变异函数估算器。令人担忧的是，基台的定义并不明确，它取决于直方图的形状和变异系数。一个有用的实现方法是将数据转换为均值为 1、方差为 1 的对数正态分布，然后成对相对变异函数的基台为 0.44。

　　定义的协方差公式［式（6.2）］假设域是平稳的，因此数据的均值在分离向量的两端是相同的。一个更普遍的空间协方差定义是非遍历协方差，它并不假设分离向量的尾部和头部的平均值是相同的：

$$C(\boldsymbol{h}) = \frac{1}{N(\boldsymbol{h})} \sum_{N(\boldsymbol{h})} \left[z(\boldsymbol{u}) \cdot z(\boldsymbol{u} + \boldsymbol{h}) \right] - m_{-h} \cdot m_h$$

　　相应的非遍历相关图通常作为传统变异函数的稳健替代方法。样本相关图的计算方法为：

$$\rho(\boldsymbol{h}) = C(\boldsymbol{h}) / (\sigma_{-h} \cdot \sigma_h)$$

　　其中 $C(\boldsymbol{h})$ 定义为：

$$m_{-h} = \frac{1}{N(\boldsymbol{h})} \sum_{N(\boldsymbol{h})} z(\boldsymbol{u}), \qquad m_h = \frac{1}{N(\boldsymbol{h})} \sum_{N(\boldsymbol{h})} z(\boldsymbol{u} + \boldsymbol{h})$$

$$\sigma_{-h} = \sqrt{\frac{1}{N(\boldsymbol{h})} \sum_{N(\boldsymbol{h})} \left[z(\boldsymbol{u}) - m_{-h} \right]^2}$$

$$\sigma_h = \sqrt{\frac{1}{N(\boldsymbol{h})} \sum_{N(\boldsymbol{h})} \left[z(\boldsymbol{u} + \boldsymbol{h}) - m_h \right]^2}$$

　　由于使用了间隔特定平均值和方差值，因此该度量是稳健的。实际上，在处理未转换的变量时，它已经成为最受欢迎的选项。

6.2.2　变异函数的推断和解释

　　变异函数解释的最大问题是缺乏计算可靠变异函数的数据。对于可靠的变异函数解释来说，数据太少并不意味着没有变异函数，它只是被数据的缺乏所掩盖，可能需要进行地质类比或由专家判断。

　　一般来说，推断受数据密度、使用不同的数据类型（钻孔、爆破孔、槽探样本等）、特异值以及趋势的影响。此外，所测样本的相对变异性高，例如通过变异系数（CV）表明连续性的稳健度量是必要的。

　　推断本质上是一个迭代的、探索性的过程。推断通常从最初的样本收集开始，其结果导致了早期的地质解释和对估算域的定义。

空间丛聚在很快就会被开采的高品位地区很常见。地质学家自然会试图确认并仔细描绘这些区域。然而，这些聚集的数据可能导致短间隔处的变异函数过高或过低，这可能导致对变异函数结构的误解。最常见的误解可能是"块金效应"过高或结构规模过小。也可能出现小尺度循环特性。丛聚数据可以为平稳域内较高品位子区域（如果存在比例效应，则方差也较高）提供更好的代表性。与规模更大、范围更广的数据相比，不同的各向异性模式可能出现在小尺度数据中。

考虑到地质信息的情况，应该确定丛聚是否真的在向变异函数模型传递伪信息。一些可能的解决方案是：（1）删除丛聚数据，留下一个底层网格；（2）对在短距离内异常高的变异函数点不予采信；（3）使用更稳健的方法，如样本相关图或成对相对变异函数，而不是传统的变异函数。

变异函数的解释包括对作为已知地质和矿物因素的函数在不同距离尺度上的变化的解释。试验变异函数应始终与已知的地质情况保持一致，应该与熟悉矿床的地质学家讨论由数据配置和采样实践所引入的潜在人为因素，应讨论各结构的连续性程度、各向异性和相对方差，变异函数应该能够代表预期的地质变化。

在进行资源评价之前，应解决在已知的地质认识和从试验变异函数中作出的解释和推论之间可能出现的差异。

在变异函数解释中有四种常见的情况：趋势、周期性、几何异向性和带状（或区域）异向性（图6.5）。趋势在矿床中是普遍存在的，并且经常对所选平稳性的定义构成质疑。例如，在典型斑岩型铜矿床中，铜品位倾向于向外围递减，而在某些贱金属矿中，铜品位是母岩孔隙度的函数。如果是沉积岩的或似沉积岩，就会在成矿方向上呈现明显的趋势。这些趋势使变异函数增加（高于基台方差 σ^2），或平稳性方差，并显示为大距离下的负相关。

周期性可以是在地质时期内反复发生的矿物成矿现象，从而导致最终矿物品位的重复雁列式变化。周期活动更为普遍，但并不局限于沉积矿床或层控矿床。在地质周期的长度范围内，正相关和负相关的周期在变异函数中可以观察到这种行为。由于地质周期的大小或长度不是完全规律的，这些周期性的变化往往在长距离内减弱。这些周期一般用正弦函数来模拟，通常称为"孔穴效应"。在早期的采矿地质统计学中，在"孔内"变异函数中可以观察到周期性，因此得名"孔穴效应"。

各向异性变异函数在采矿和其他地质统计应用中极为普遍。有时连续性的模式在各个方向上都是相似的，因此变异函数被称为各向同性的。但到目前为止，最常见的情况是变异函数是各向异性的。几何异向性是指在不同方向上的不同距离（间隔）内，都能达到方差（基台值）。带状异向性是指对于在变异函数计算中所考虑的任意距离，方差都没有达到期望的基台方差。带状异向性也可以被认

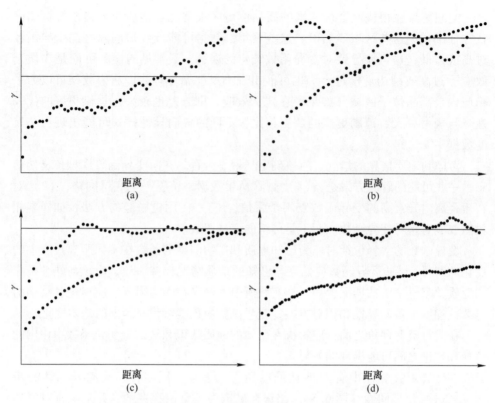

图 6.5 常见的变异函数形状（变异函数是标准化的，但没有具体的距离范围）

（a）趋势；（b）周期性；（c）几何异向性；（d）带状各向异性

为是几何各向异性，条件是假设在此用于计算变异函数大得多的距离上能达到相同的基台方差。

6.3 三维变异函数建模

在后续的计算中没有直接使用试验变异函数点，相反，而是将参数函数调整到这些点以获得三维模型。对变异函数建模有两个最重要的原因。

（1）大多数后续的地质统计计算，包括估算和模拟方法，需要一个相对于所有可能距离和方向的变异函数或协方差值。因为只有特定的距离和方向是用来获得变异函数点的，这些需要解释和插值到所有 h 值对应的函数 $\gamma(h)$ 之中。已建模函数 $\gamma(h)$ 应该包含来源于试验模型的所有地质信息，包括各向异性、趋势、块金效应的影响等。平滑解释功能还允许对数据间隔、位置和采样实践进行筛选。

（2）使用式（6.3）从 $\gamma(h)$ 导出的协方差值 $C(h)$，必须有一个被称为"正定性"的数学属性。一个正定模型保证了所使用的克里格方程可以被求解，这个解是唯一的，而且克里格方差为正值。正定函数是距离的有效度量。由于克里格估算是样本的加权线性组合，因此需要以下正定条件：

$$z^*(\boldsymbol{u}) = \sum_{a=1}^{n} \lambda_\alpha z(\boldsymbol{u}_\alpha)$$

根据定义，$z^*(\boldsymbol{u})$ 的估算值的方差必须是正值。线性组合的方差可以用变异函数（或协方差）值表示为：

$$Var\{z^*(\boldsymbol{u})\} = Var\left\{\sum_{\alpha=1}^{n} \lambda_a z(\boldsymbol{u}_a)\right\} = \sum_{\alpha=1}^{n}\sum_{\beta=1}^{n} \lambda_\alpha \lambda_\beta \gamma(\boldsymbol{u}_\alpha - \boldsymbol{u}_\beta) \geqslant 0$$

对于域内任何选定位置（$\boldsymbol{u}$）和权系数（λ），方差必须为非负。产生非负方差的变异函数称为半正定函数。如果使用协方差，则条件仅限于正方差。

正定条件意味着，实践者们通常都使用特定的已知正定函数。更常用的是球状和指数模型，其他情况如下所述。也可以使用其他任意函数，但必须首先证明它们是正定的，为此可以使用基于傅里叶变换的 Bochner 定理。试图使用其他函数会带来额外工作和复杂情况而得不偿失。传统的参数模型能够在实践中实现良好的拟合，并且允许考虑通常可用的地质信息，它还允许直接转换为现有的估算和模拟代码。

6.3.1 常用的变异函数模型

图 6.6 显示了在采矿中使用的最常见的变异函数。这些形状都是通过标量 h 和一个范围参数实现参数化的。下面讨论具有这些变异函数模型形状的各向异性的应用。第一个是球状模型，球状协方差 1-Sph(h) 是两个相交球体的体积。

$$\mathrm{Sph}(h) = \begin{cases} 0.5(h/a) - 0.5\left(\dfrac{h}{a}\right)^3, & h \leqslant a \\ 1, & h > a \end{cases}$$

指数模型也很常见，与球状模型相似，只是它上升得更陡，渐近地到达基台。实际变程在变异函数值达到基台值 95% 的位置。这个变异函数一些过去的定义不包括 "3"，而是使用实际变程的 1/3 作为变程参数，现代应用就是要考虑实用变程：

$$\exp(h) = 1 - \exp(-3h/a)$$

高斯模型在原点处表现出抛物线而不是线性的行为，这意味着尺度连续性更短。它适用于缓慢变化的变量，因为方差随距离的增加是非常缓慢的。这类变量的例子有海拔高度、水文地质的地下水位或厚度。实用变程就是 $\gamma(h)$ 到达基台值 95% 的位置：

$$\mathrm{Gaus}(h) = 1 - \exp\left[-3\left(h/a\right)^2\right]$$

幂函数模型与自仿射随机分形有关。幂函数模型的参数 ω 与分形维数 D 有关，变异函数模型通过指数 $\omega(0 < \omega < 2)$ 和正斜率 c 予以定义。

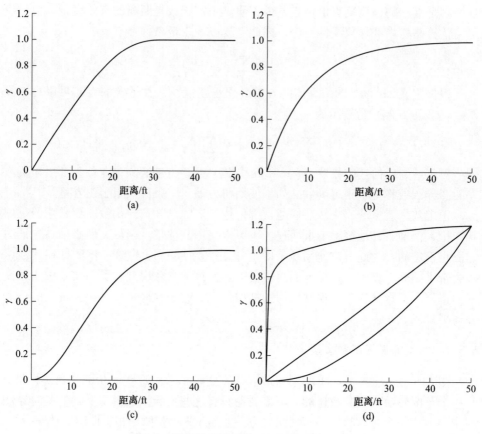

图 6.6　常用的变异函数（1 ft≈0. 3048 m）

（a）球状模型；（b）指数模型；（c）高斯模型；（d）幂函数模型

$$\gamma(h) = c \cdot h^{\omega}$$

其他不经常使用的重要的模型有孔穴效应模型：（1）$\gamma(h) = 1 - \dfrac{\sin r}{r}$；

（2）$\gamma(h) = 1 - \cos h$。正弦模型 a 在三维中有效，r 用弧度表示，而模型 b 仅在一维中有效，在孔穴效应强烈需要在特定方向上建模时特别有用。

变异函数建模中的一个重要概念是使用嵌套结构。变异函数可以用一组有效的变异函数模型的正值总和进行拟合，称为嵌套结构。例如，最终的变异函数可以是解释部分方差的球状变异函数和解释剩余方差的指数变异函数的总和。但这两个结构通常应该有不同的变程。

6.3. 2　基本变异函数建模指南

几乎所有的试验变异函数都可以使用这些不同类型的模型来建模。具体步骤和完成顺序可能会因所使用软件工具的不同而不同，变异函数建模时需要对几个问题做出主观决定。

（1）确定要建模的变量。传统的矿产资源储量估算需要对品位变量进行建模。还有一些估算方法也需要转换，包括对数正态（不常用）、高斯或基于指示值的方法。大多数模拟方法要求，要么使用高斯变换，要么使用指示值变换。转换后的变量通常更容易建模，但连续性模型的特征通常不同于原始变量。

非变换变量可能需要更多的探索性分析和清理工作，使用 h-散点图获得合理的模型，但是并不鼓励对转换后的变量进行建模以获得变异函数模型，然后再对变异函数模型进行反向转换以获得原始变量的模型。这个思路已经通过高斯和对数变换得到了应用。对于给定的数据集，可以看出，从原始数据得到的变异函数模型与使用高斯或对数变换得到的反变换模型往往有显著的差异。

（2）找到一个估算块金效应的好方法。块金效应是由测量误差和地质小尺度内方差引起的方差。它有时可以从同一样品再细分几次的重复测定中获得。这是作为样本数据库的一般质量保证和质量控制（QA/QC）的一部分，但是重复样本的数量及其空间分布通常不足以评估变异函数模型的块金效应。更常见的是使用某个方向，在这个方向上有大量的短间距数据，例如在孔内的钻孔方向。典型的情况是，横向钻孔间距和沿钻孔的取样频率之间存在一个数量级的差异。因为根据定义，块金值是距离为 0 时的方差，所以它必须是各向同性的，也就是说，在各个方向上都是一样的。因此，可以通过任何方向的数据进行估算，而间隔紧密的数据将提供更好的估算。从孔内变异函数所获得的块金效应，应该与现有 QA/QC 程序和异质性或其他取样研究得出的取样方差进行比较。这种比较应该提醒人们始终注意变异函数建模中使用的平稳域。

（3）确定最佳的各向异性方向。各向异性是通过多方位的变异函数来发现的，这些方向可以根据地质知识预先确定最能代表各向异性的合理候选方向。有时，所使用的软件工具允许指定多个方向，没有预先设想的各向异性模型。如果有更多的数据可用，就可以使用更严格的容差来运行更多的方向，这样就可以更精确地定义各向异性。但是，即使数据是稀疏的，必须使用大角度和间隔容差，各向异性模型可能比各向同性模型更为现实。虽然地质现象很少见，但偶尔可以在相对较小的距离范围内得到三维各向同性变异函数。

最常见的各向异性类型是几何各向异性。当方向变异函数在所有方向上都呈现相同的方差水平（基台），但变程不同时，就会出现这种情况。变异函数模型是以三个主要方向（轴）和三个不同变程为特征的椭球体。所有其他的方向变异函数都可以从这个椭球体中得到。坐标的线性变换足以得到有效的间隔距离 h。该变换包括使椭球轴与主坐标轴重合的一次旋转和转换，指定为一个亲和度矩阵，以获得等效的有效值域。这种转换可以推断任何方向和任何距离的变异函数值：

$$h = \sqrt{\left(\frac{h_x}{a_x}\right)^2 + \left(\frac{h_y}{a_y}\right)^2 + \left(\frac{h_z}{a_z}\right)^2}$$

这将分别应用于每个结构。每个结构的值域是 1。常用的地质统计软件要求用户指定椭球的方向（三个方位）和三个半径，不需要明确计算距离 h 的比例值。

带状异向性通常不能用简单的坐标变换来建模。在这种情况下，一种选择是在带状分量出现的特定方向上添加额外的结构。但通常认为它是几何各向异性的一种特殊情况，在这种情况下，在较大距离处逐渐接近基台值。因此，带状异向性在一个或多个主要方向上表现为一个非常大的变程参数。

（4）定义变异函数达到零相关距离的基台。对于如何使用正确的方差来解释变异函数，常常会产生混淆。利用方差 σ^2 来正确解释正负相关性，以及确认数据中的趋势很重要（第一个问题）。一些作者讨论了哪个可以作为基台方差的正确方差以解释变异函数。

影响使用正确方差决策的因素有三个方面：1）离散方差，它考虑有限域和无限平稳方差之间的差异；2）解丛聚权值，它考虑汇总统计数据并不能代表整个域的事实；3）特异值，它可能造成方差估算的不规律和不稳定。由 Journel 和 Huijbregts，以及 Barnes 指出的要点是，样本方差 $\hat{\sigma}^2$ 并不是稳定方差 σ^2 的一个估算，相反，它是对平稳域 $A[D^2(\bullet, A)]$ 内点支持样本的离散方差的评估。只有当域 A 逼近无限域时，样本方差 $\hat{\sigma}^2$ 才接近平稳方差 σ^2。然而，用于估算变异函数的数据代表兴趣区域 A，而不是无限域。因此，$Y(u)$ 和 $Y(u+h)$ 不相关的点为离散方差 $D^2(\bullet, A)$。因此，样本方差应该用作样本半变异函数的基台，要明白它实际上是一个离散方差。

第二个问题涉及使用原始样本方差或考虑解丛聚权重的样本方差。解丛聚权重的使用很重要，但在计算变异函数时并没有使用。在采样密度较大的区域，数据对较多，因此距离较短的变异函数更能反映丛聚数据的局部方差。同时，在原始样本方差上能达到基台值。Omre 提出，在变异函数计算中将解丛聚权重纳入变异函数计算，然而，它们并没有提供更好的变异函数，而且在实践中难以应用。因此，在变异函数的计算、解释和建模中不使用解丛聚权重，应把基台值视为原始等权方差。

第三个必须解决的问题是特异样本值的影响。众所周知，方差是一个平方统计量，对特异值很敏感。因此，样本方差可能会不可靠。这不是相关图或转换数据的问题。高斯和指标转换消除了对特异数据值的敏感性。虽然在传统的变异函数建模中可能会剔除（或封顶）一些特异值，但用于变异函数解释的正确方差还是原始的等权方差。特异值的影响不仅仅是变异函数的基台，正如 Rossi 和

Parker 所示，块金效应和小范围内连续性模型也受到影响，并可能对最终的变异函数模型产生重大影响。变异越高，特异值的影响越显著。尽管仍然建议保留用于变异函数建模的所有数据，但在某些情况下，特异值是如此极端，并且几乎没有空间影响，因此最好将其剔除或降低（封顶）。

（5）定义如何处理趋势。如果所建模型的变量显示出某种系统趋势，即数据在研究区域内是非平稳的，那么在进行进一步的地质统计分析之前，通常最好将其去除。数据的趋势可以从试验变异函数中看出，它会在理论基台值之上不断增加。"幂"或"分形"变异函数模型可拟合试验变异函数。然而，这些模型没有一个基台值（即它是无限的），因此它们没有协方差对应，这是大多数地质统计学应用的一个问题。

如果去掉趋势，就可以对其余数据进行方差分析和所有后续的估算或模拟。在研究结束时，趋势会被添加回估算值或模拟值中。尽管在定义一个稳健的趋势模型和从数据中删除其决定性部分方面存在困难，但唯一可行的选择是对趋势进行确定性建模。通过对数据的估算消除趋势本身可能会引入偏差，不过，这种偏差可能不如考虑趋势所带来的误差更严重。通常建议在趋势不明显的方向和/或区域计算变异函数。在变异函数计算中直接考虑残差会导致因错误所产生的高变异性。

（6）拟合变异函数模型，确定嵌套结构的数目和类型。试验变异函数在不同距离 h 下表现出不同的行为。除了原点处的不连续（块金效应），变异函数还可能呈现出一个叠加在短距离结构上的长距离结构。这些不同的空间连续性结构反映了不同的地质控制因素。例如，影响矿物成矿的地质因素通常不止一个。在贵金属和贱金属矿床中，高品位的成矿作用一般受裂隙或矿脉控制，裂隙或矿脉具有明显的方位取向，并且各向异性强、变程短。考虑到这些类型矿床的丛聚样品大多具有较高的矿化品位，这将是其具有明显的小尺度内连续性和各向异性的证据。较大的侵入体或母岩的几何结构可能导致规模更大的各向异性特征。

嵌套结构的使用为地质控制的大多数组合提供了足够的灵活性。然而，过度建模和过度拟合没有任何好处。需要三个以上嵌套结构的情况极为罕见，只有在某些情况下，例如，带状异向性或孔穴效应被建模为特定方向上的某种附加结构。

综上所述，好的做法是选择某种单一的各向同性块金效应，根据最复杂的方向，为各个方向选择数量相同的变异函数结构。带状异向性被建模为几何各向异性，一个方向有一个很长的、非实际的变程来解释较低的方差。相同的基台参数用于所有方向上的所有变异函数结构，并允许在每个方向上使用不同的变程参数。通过至少一个半自动拟合程序提供了一种有趣的可能性，即不同的嵌套结构可能呈现不同的各向异性。虽然必须注意不要对模型进行过度拟合，但这些模型可能是合理的、站得住脚的，特别是在有足够的数据和地质认识支持它们的情况下。

图 6.7 为各向异性三个主要方向的试验相关图及其模型示例。相关图是关于砷的数值，图中显示了拟合情况、在计算各变异函数点中的数据对的数量、拟合模型，以及各方向对应的变程。模型拟合采用了两种指数结构，各向异性在南东、北东方向和垂直方向均有显著差异。

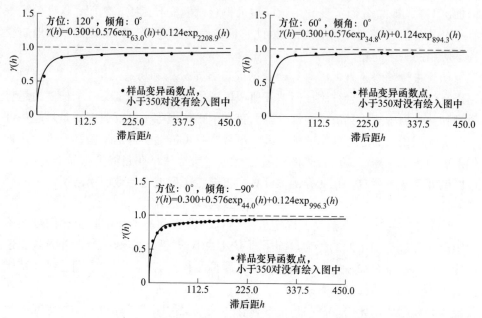

图 6.7　三个方向的砷数据示例（试验相关图及其拟合情况）

图 6.8 显示了来自阿尔伯塔省北部一个油砂矿床的大间距沥青的垂直和水平标准化变异函数。兴趣区域面积约为 5 km×5 km，厚约 100 m。图顶部的垂直变异函数显示变程为 25 m 的相对短变程的变异函数，一个趋势在基台上，然后下降到基台下。这种趋势/周期行为是由地层顶部和底部的沥青品位较低造成的。水平变异函数几乎是各向同性的，然而，北东向变异函数在大尺度上表现出比北西向变异函数更大的连续性。变异函数模型参数显示在垂直变异函数上。为了拟合变异函数，采用了无块金效应的方法和三种球形结构。这些结构分别解释了 20%、30% 和 50% 的方差。所有结构的垂直距离固定为 25 m。前两个结构的水平变程在 150 m 和 1500 m 处为各向同性，最后一个结构的北东和北西方向为各向异性，在 7500 m 和 4500 m 处为各向异性。尽管垂直趋势在垂直变异函数中没有完全表示出来，但与这些点的拟合被认为是良好的。

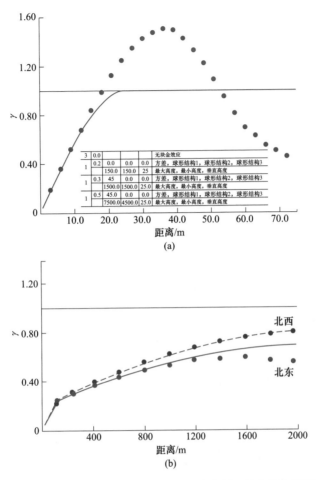

图 6.8　来自北阿尔伯塔省油砂矿的方向变异函数和拟合模型
（a）垂直变异函数；（b）水平变异函数

图 6.9 显示了一个铜的相关图实例，资料取自阿根廷安第斯山脉中部的 El Pachon 项目，该项目目前为斯特拉塔铜公司所有。它显示了各向异性的三个主要方向，在平面图上显示了北西-南东主方向的变异函数，以及下面的综合模型。试验相关图拟合了三个球状结构，模型在连续性的主方向上几乎是另外两个方向的两倍。

无论其最终形式如何，都应该通过查看几个中间方向的方向变异函数，对模型进行检查，也就是说，根据几个方向得到的三维模型应该能够准确地表示所有可能的方向。

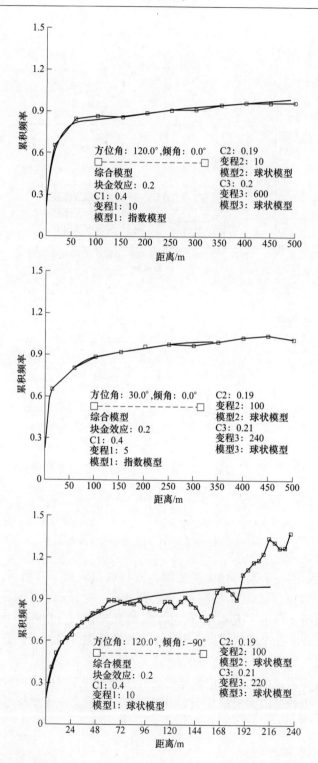

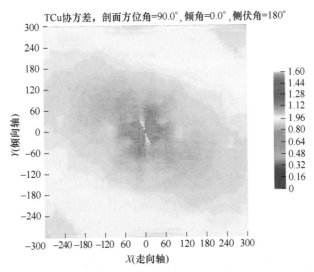

TCu协方差，剖面方位角=90.0°，倾角=0.0°，侧伏角=180°

区块	方向/(°)	块金效应	第一个结构			第二个结构			第三个结构		
			基台	类型	变程/m	基台	类型	变程/m	基台	类型	变程/m
51	120/0	0.2	0.4	指数模型	10	0.19	球状模型	60	0.21	球状模型	600
	30/0				5			100			340
	120/-90				10			100			220

图 6.9　阿根廷 El Pachon 项目域的铜品位相关图（由斯特拉塔铜公司提供）

6.3.3　变异函数拟合和交叉验证的优劣

　　大量的研究致力于拟合变异函数模型并评判其质量。不同的模型都可以拟合相同的试验数据，所以自然要问哪个模型更好。人们倾向于寻找客观的（统计的）优良性度量来判断一个模型，而这个模型在很大程度上却是主观的。

　　一种常用的统计测量方法是加权最小二乘法，通过加权最小二乘法可以测量每个模型点到相应的试验变异函数值的距离并使之最小化。这通常用于提供自动或半自动拟合的软件中。权重可以与每个间隔的数据对的个数成比例，与每个方向的报告值的数量成比例，或者说是一种为模型的前几个间隔分配更多权重的方案。

　　虽然有一个度量模型与试验数据紧密度的方法可能是有用的，但这并不能保证最小平方差之和能产生更好的模型。实际上，变异函数模型的重要特征，如块金效应、各向异性和小尺度结构等的良好拟合并不会导致平方差最小。一个好的做法是用沿钻孔变异函数对块金效应进行拟合，然后在其他方向将块金效应施加到变异函数模型上。这通常会使最小二乘法更糟，而不是更好。

　　交叉验证有时用于不同变异函数模型的比较。这种比较基于最终目标的结果，通常是某种估算。这项工作估算已知样本值的位置，并比较估算值和采样值，其他的变异函数模型将产生不同的估算集，更好的变异函数模型应该是产生较低平均误差的模型。有两种方法可以运用：（1）一个空间，但在其他方面是经典的，去一重新估算，即一次从数据集中移除一个样品，然后通过其余数据来重新估算，为了避免钻孔中最近数据的不适当影响，通常不使用其中一个或几个最近样品进行重新估算；（2）将数据的一个子集（例如，总数的 40% 或 50%）完全从数据集中删除，然后使用剩余的数据重新估算。

对于"去一交叉验证法"，一直有许多反对意见，反对的人认为：该方法通常不够灵敏，无法检测出一个变异函数模型与另一个变异函数模型之间的细微差异。其他克里格参数，如搜索策略、重新估算时使用的数据数量、使用或不使用八分圆或四分搜索等，通常比变异函数模型本身更重要。

分析是针对样品或组合样品进行的，而实际上感兴趣的是一个不同的体积支撑（块）。这并不允许对最终运作做出任何明确的结论，因为样品对区域可能不具有代表性。即使变异函数模型在重新估算中表现不好，它不一定在最后的估算中表现很差。

变异函数的基台不能通过重新估算进行交叉验证。

小于样品最小距离的变异函数值不能被验证，例如块金效应和模型在原点附近的表现。

第二种选择也有上述一些缺点，包括我们正在重新估算样品的事实。此外，在域内必须有大量的样品，以便能够在测试中分割数据，以及需要运用一个"真实状况"数据子集。

对于变异函数模型，很难为拟合检验定义一个有用的优劣标准。必须考虑用户的经验、主观地质信息和对研究目标的认识，从而得出一个稳健的变异函数模型。所有的主观决策都必须清楚地记录下来，并且一般来说，最好是依靠盲测或自动变异函数模型拟合软件来规避责任。

6.4　多变量情况

大多数矿体都有多个感兴趣的变量，可以使用第二个或次变量的信息改进对一个变量的推断和预测。此外，在创建多个变量的模型时，必须尊重变量之间的关系。不同的变量可能是经济价值、污染物、体重或加工特性（如硬度）。考虑一个扩展符号 k 来处理，$k = 1$，$\cdots$，K。

$$\{Z_k(\boldsymbol{u})，\boldsymbol{u} \in \boldsymbol{A}，k = 1，\cdots，K\}$$

量化所有 K 个变量的空间结构需要建立前面讨论过的直接变异函数模型，还有描述一个变量与另一个变量相关性的互变异函数。图 6.10 中的示意图显示了必须推断的二元关系的 $K \times K$ 矩阵。每个变量有 K 个直接关系和一个 $K(K-1)$ 个交叉关系。交叉关系几乎总是被视为是对称的，也就是说，i 和 j 之间的关系与 j

和 i 之间的关系是一样的。有一些有趣的情况（在某些文献中称为间隔效应），但这是不正确的。

虽然计算变异函数的数量并不是主要的计算工作，但问题在于变异函数不能彼此独立建模。

与单个变量的情况类似，有许多允许使用的模型，可以对交互关系进行建模。其中必须满足的条件是每个变量的方差是非负的，并且变异函数模型的矩阵在数学上必须是有效的。

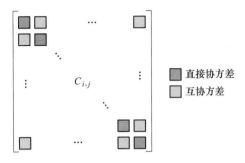

图 6.10　多元协方差矩阵示意图
（对角项是直接协方差，而互协差则填充了矩阵的其余部分）

协同区域化线性模型（LMC）为一组特定相关变量的结果，是由 Journel 和 Huijbregts 首先提出的。可以假设其他类型的共区域化，实例见参考文献［27］，或本书在其他地方提到的马尔科夫模型。

变量 k 与 k' 之间的直接和互变异函数定义如下，其中，$k, k' = 1, \cdots, K$：

$$2\gamma_{kk'}(\boldsymbol{h}) = E\{[Z_k(\boldsymbol{u}) - Z_k(\boldsymbol{u} + \boldsymbol{h})][Z_{k'}(\boldsymbol{u}) - Z_{k'}(\boldsymbol{u} + \boldsymbol{h})]\}, \quad k, k' = 1, \cdots, K$$

上述计算原理可应用于 $K(K + 1)/2$ 的整个直接和互变异函数。但是请注意数据必须是均匀采样的，也就是说，变量 k 和 k' 的数据必须在相同的数据位置可用。在采样数据不均匀的情况下，有必要直接计算互协方差并将其转换为变异函数进行拟合。协方差可以直接计算为：

$$C_{kk'}(\boldsymbol{h}) = E\{Z_k(\boldsymbol{u}) Z_{k'}(\boldsymbol{u} + \boldsymbol{h})\} - m_k m_{k'}, \quad k, k' = 1, \cdots, K$$

直接变异函数与直接协方差之间的关系如上所述。在互变异函数和协方差的情况下，需要将两者转换为配置协方差：

$$\gamma_{kk'}(\boldsymbol{h}) = C_{kk'}(0) - C_{kk'}(\boldsymbol{h}), \quad k, k' = 1, \cdots, K$$

一个变量自身的协方差配置本身是该变量的方差：$C_{kk'}(0) = \sigma_k^2$。当数据被平均采样时，可以直接计算出配置的互协方差。在采样不相等的情况下，必须进行估算。

互变异函数的解释与直接变异函数的解释相似，然而，互变异函数的基台是协方差 $C_{kk'}(0)$，它可以是负的。因此，互变异函数可以是正的，也可以是负的，它们是差值的乘积，而不是差值的平方。下面的例子是关于负相关变量的情况，因此，当空间协方差 $C_{kk'}(\boldsymbol{h})$ 为 0 时，互变异函数位于协方差 $C_{kk'}(0)$ 处，该协方差为负。

在多个变量的情况下，必须对 $K(K + 1)/2$ 个直接和互变异函数进行计算、解释并进行地质合理性检验，然后通过线性协同区域化模型（LMC）进行拟合。LMC 实际上假设了每个变量都是均值为零的普通底层随机变量的线性组合。通过同一数据池 $j = 0$，$\cdots$，$n_{结构}$，对所有直接和互变异函数进行建模，嵌套结构表示为一个大写 $\Gamma^i(\boldsymbol{h})$，按照惯例，$i = 0$ 时对应的块金效应为：

$$\gamma_{kk'}(\boldsymbol{h}) = \sum_{i=0}^{n_{结构}} b_{k,\,k'}^i \cdot \Gamma^i(\boldsymbol{h}), \qquad k,\ k' = 1,\ \cdots,\ K$$

调整系数 b 以拟合试验变异函数，就像调整方差影响参数以拟合单变量变异函数一样。在每个嵌套结构 $\Gamma^i(\boldsymbol{h})$ 组分的规范中，各向异性和变程参数也要进行调整。对于负相关的变量之间的互变异函数，有必要使用负系数 b。系数 b 可以根据需要进行调整以获得良好的拟合，但是 $K(K + 1)/2$ 的直接和互变异函数的结果集必须都是正的。这是通过确保系数 b 的每个 $K \times K$ 矩阵（$i = 0$，$\cdots$，$n_{结构}$）都为正定来实现的。有许多软件程序可以确保这一点，包括电子表格插件。

下面的油砂矿实例说明了互变异函数的一个简单应用。沥青含量和细粒含量是影响油砂采收率的两个关键因素。评价其空间变异性对萃取装置的过程控制具有重要意义。考虑两个变量的正态分数变换，如图 6.11 所示。

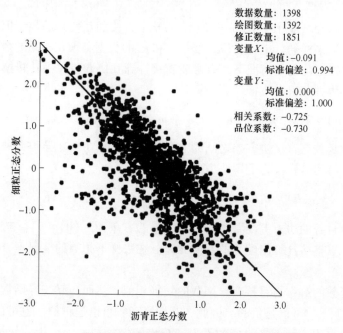

图 6.11 沥青和细粒变量的高斯散点图

可以推导出一个协同区域化模型来解释这种相互关联性。图 6.12 为交叉细粒/沥青变异函数图。

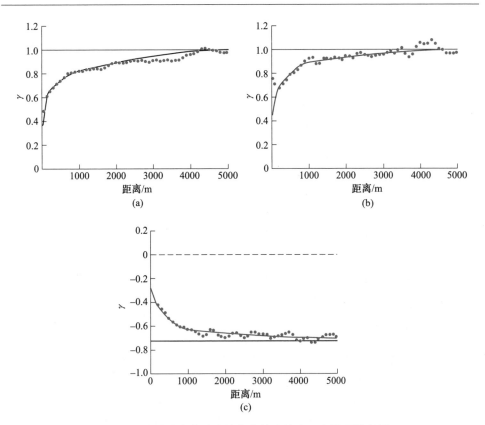

图 6.12 油砂矿床在最连续方向的直接和互变异函数实例

（a）直接变异函数（沥青）；（b）直接变异函数（细粒）；（c）互变异函数

拟合的第一步是选择嵌套结构的数据池 Γ^i，$i = 1$，$\cdots$，$n_{结构}$。每个嵌套结构由其类型和范围定义。选择它是为了能够对试验变异函数上所有被认为重要的特征进行建模。变异函数在不同的方向上可能有不同的精度，但是很重要的是将所有的直接和互变异函数放在一起观察。结构可以存在于直接变异函数中，而不存在于互变异函数中，但在互变异函数中出现的任何结构都必须存在于直接变异函数中。沥青（Z，%）和细粒（Y，%）的正态分数变换的变异函数如下：

$$\gamma_Z(\boldsymbol{h}) = 0.3 + 0.3 \cdot \Gamma^1(\boldsymbol{h}) + 0.25 \cdot \Gamma^2(\boldsymbol{h}) + 0.15\,\Gamma^3(\boldsymbol{h})$$

$$\gamma_{Z,\,Y}(\boldsymbol{h}) = -0.25 - 0.1 \cdot \Gamma^1(\boldsymbol{h}) - 0.25 \cdot \Gamma^2(\boldsymbol{h}) - 0.1\,\Gamma^3(\boldsymbol{h})$$

$$\gamma_Y(\boldsymbol{h}) = 0.4 + 0.2 \cdot \Gamma^1(\boldsymbol{h}) + 0.25 \cdot \Gamma^2(\boldsymbol{h}) + 0.15\,\Gamma^3(\boldsymbol{h})$$

式中，$\Gamma^1(\boldsymbol{h})$ 为变程为 200 m 的球形；$\Gamma^2(\boldsymbol{h})$ 为变程为 1000 m 的球形；$\Gamma^3(\boldsymbol{h})$ 为变程为 5000 m 的球形。

这是一个规范的区域化模型，因为：

$$0.3 \times 0.4 \geqslant (-0.25)^2, \qquad 0.3 \times 0.2 \geqslant (-0.1)^2,$$

$$0.25 \times 0.25 \geqslant (-0.25)^2, \quad 0.15 \times 0.15 \geqslant (-0.1)^2$$

协同区域化线性模型（LMC）可以应用到任意多的变量，并在所有情况下每个 Γ 系数矩阵应为正定。由于实际原因，通常同时考虑的变量不超过 3 个或 4 个，否则将考虑更少的变量或只对原始变量的主要成分进行建模。

6.5 最低限度、良好实践和最佳实践的总结

所进行的变异函数分析至少应包括每个定义估算域内每个变量的模型、对各种情况下遇到的块金效应和各向异性的评估，以及对其地质背景的详细讨论。这些工作的记录文档应该详细，要突出所使用的近似处理、所遇到的数据限制以及数据可能产生的人为影响。模型的定义过程也应该详细说明。

此外，良好的实践需要预先进行更详细的探索性变异函数分析。如果可能的话，应该分析和使用每个估算域中的所有相关数据。应该进行相对块金效应、模型选择、所遇到的各向异性及其建模方法的定义，并对替代方法进行讨论。此外，还需要对结果模型的不确定性来源有详细的了解。对于最重要的估算域，应该尝试使用替代模型，并进行充分的检查，以便使最终模型有较高的可信度。对变异函数模型的描述，就其地质意义而言，应该是详细的和明确的，而且该模型的所有方面，都应该以地质因素而不是数据人工产物加以说明。所有的工作都应该有良好的文件记录和展示，以详细说明质量控制程序。

最佳实践除了上述方面外，还包括使用所有可能的地质、品位和其他辅助数据来获得变异函数模型，应进行详尽的探索性变异函数分析，不能使用未进行分析和论证的参数或方面，并对不同的问题如数据质量和不同的数据支持，进行相应的分析和论证。变异函数模型不确定性的所有可能来源都应该予以量化，并对可能的和相关的交叉验证和重新抽样进行讨论。这些模型应该用数学方法和图形方法来表示。

6.6 练习

本练习的目的是对变异函数进行计算、解释和建模。可能需要一些特定的地质统计学软件。该功能可以在不同的公共领域或商业软件中获得。请在开始练习前取得所需的软件。数据文件可以从作者的网站下载——搜索引擎会显示下载位置。

6.6.1 第一部分：手工计算

以下数据（表 6.1）来自 2000 年版的《实用地理统计学》（*Practial Geostatistics*，作者为 Clark 和 Harper）。您需要重审这些数据并计算一些变异函数。空白格子里面没有数据。要考虑在边长为 a 的正方形网格上分隔开来的数据。水平方向（横过页面）为 X 方向。垂直方向（向上页面）为 Y 方向。

表 6.1 数据

44		40	42	40	39	37	36	
42		43	42	39	39	41	40	38
37	37	37	35	38	37	37	33	34
35	38		35	37	38	36	35	
36	35	36	35	34	33	32	29	28
38	37	35		30		29	30	32

Q1 画出数据的轮廓，展示一些基本的统计情况并加以评述。

Q2 计算 X 方向上距离为 $2a$、在 Y 方向上距离为 a 和 $2a$、在 45°方向上距离为 $\sqrt{2}a$ 和 $2\sqrt{2}a$，在−45°方向上距离为 $\sqrt{2}a$ 和 $2\sqrt{2}a$ 的半变异函数。将您的结果制成表格并绘图，并予以评述。

6.6.2 第二部分：小数据集

Q1 考虑数据文件 red. dat 中的厚度。用正态分数变换厚度，并用厚度的正态分数变换执行计算。将所有的数据对导入 Excel ［应该有 67×67 = 4489 对，但只有 (4489 − 67)/2 = 2211 个独特配对］。有价值的列是数据对之间的距离，即数据对和数据之间的差值的平方的厚度值。对数据按距离排序。剔除前 67 行，因为距离和差的平方应该为零。

提示：没有计算点与点之间东西向的距离，只有高程和南北向的距离。

Q2 将这些值分组，比如分为 200 对（考虑滞后距或间隔数）。计算平均距离、数值对之间的协方差、相关系数和变异函数，以及每个组的变异函数。将结果绘图。

Q3 对不同数量的滞后距数进行合理的敏感性研究。对厚度的正态分数的空间连续性予以评述。

6.6.3 第三部分：大数据集

考虑数据库文件 largedata. dat 中 Cu 的正态分数。在实践中，会将数据按照岩石类型予以分组，但是本练习要考虑所有数据。

Q1 选择用于变异函数计算的平面和垂直网格大小。请注意，这个网格大小与地质统计建模中的最终网格大小无关。它应该与数据的间距大致相同。用于变异函数计算的网格单元的数目，应该使总距离大约为域大小的一半。

计算变异函数图（三维变异函数）。通过体积的中心绘制水平中段（上述实例来自一个具有 140 个交集点的脉型金矿床）。尝试较小的单元尺寸和较大的单元尺寸，以确保计算结果相对于网格尺寸是稳定的。对各种带状异向性和随后的方向变异函数计算的方位方向予以评述。通过变异函数绘制 *XZ* 和 *YZ* 剖面。变异函数中唯一有意义的剖面是通过原点的剖面。

Q2 用 **Q1** 中的变异函数图，设定数据库 largedata. dat 中数据组和您的作业的数据间隔，讨论变异函数参数的选择，如角度容差、间隔间距和间隔容差。建立三个方向的方向变异函数。用不同的参数进行试验，确定您所计算的试验变异函数的稳定性。

Q3 用有效的变异函数模型拟合方向变异函数，并对结果进行评述。对变异函数的不确定方面予以评述。

6.6.4 第四部分：互变异函数

Q1 将第三部分扩展到 Cu 和 Mo 正态分数的直接和互变异函数，Mo 正态分数的三个方向变异函数，Cu 和 Mo 正态分数变换之间的三个方向互变异函数。在互变异函数上标出正确的基台并对结果进行评述。

Q2 使用多变量和互变异函数最困难的方面是拟合一个共区域化模型。共区域化的唯一实用模型是线性共区域化模型（LMC）。复习一下 LMC 以及它对变异函数建模的约束条件。

Q3 将 LMC 与您在 **Q1** 中计算的变异函数相拟合。记录下您所遵循的步骤，并使用拟合模型显示最后的 9 个试验变异函数。

6.6.5 第五部分：连续数据的指示变异函数

考虑与前两部分相同的 3D 数据作为指示变异函数

Q1 对 Cu 的正态分数变异函数进行查找或重新计算/重新建模。考虑方向变异函数。

Q2 使用 GSLIB 的 bigaus 程序，用正态分数变异函数模型计算 0.1、0.25 和 0.9 分位数指示值的变异函数。由于高斯分布是对称的，所以 0.1 分位数和 0.9 分位数的变异函数是相同的。

Q3 计算 0.1、0.25、0.9 分位数对应的试验指示变异函数，并用 **Q2** 的结果作图。对任何差异进行评述。特别注意 0.1 分位数和 0.9 分位数的指示变异函数以及试验变异函数中的不对称性。

Q4 三个指示变异函数适用于检验二元高斯性。不过，对于离散化典型连续变量分布中的变异性区间，9 个指示值的变异函数更为合理。在典型的连续变量分布中，计算 9 个指示值的变异函数对应的十分位数的金品位分布。这些变异函数应该与平滑变化的参数相拟合。用两个球状变异函数结构拟合变异函数，并将参数作为阈值函数绘制。

参 考 文 献

［1］ Armstrong M（1984）Improving the estimation and modeling of the variogram. In: Verly G et al（ed）Geostatistics for natural resources characterization, part Ⅰ, Reidel, Dordrecht, pp 1-19

［2］ Babakhani M, Deutsch CV（2012）Standardized pairwise relative variogram as a robust estimator of spatial structure. Unpublished CCG Research Paper 2012-310

［3］ Barnes, RJ（1991）The variogram sill and the sample variance. Math Geol 23（4）: 673-678

［4］ Christakos G（1984）. On the problem of permissible covariance and variogram models. Water Resour Res 20（2）: 251

［5］ Clark I（1986）The art of cross-validation in geostatistical applications. In: Proceeding of the 19th APCOM, pp 211-220

［6］ Clark I, Harper WV（2000）Practical geostatistics. Ecosse North America, Columbus, p 340

［7］ Cressie N（1985）Fitting variogram models by weighted least squares. Math Geol 17（5）: 563-586

［8］ Cressie N（1991）Statistics for spatial data. Wiley, New York, p 900. Reprinted 1993

［9］ David M（1977）Geostatistical ore reserve estimation. Elsevier, Amsterdam

［10］ Davis BM（1987）Uses and abuses of cross-validation in geostatistics. Math Geol 17（5）: 563-586

［11］ Deutsch CV, Journel AG（1997）GSLIB: geostatistical software library and user's guide, 2nd ed. Oxford University Press, New York, p 369

［12］ Goovaerts P（1997）Geostatistics for natural resources evaluation. Oxford University Press, New York, p 483

［13］ Gringarten E, Deutsch CV（1999）Methodology for variogram inter pretation and modelling for improved reservoir characterization. In: Paper SPE 56654, presented at the SPE annual technical conference and exhibition held in Houston, 3-6 October

［14］ Isaaks EH（1999）SAGE2001 User's Manual, Software license and documentation. http: // www. isaaks. com

［15］ Isaaks E, Srivastava RM（1988）Spatial continuity measures for probabilistic and deterministic geostatistics. Math Geol 20（4）: 313-341

［16］ Isaaks EH, Srivastava RM（1989）. An introduction to applied geostatistics. Oxford University Press, New York, p 561

［17］ Journel A（1988）New distance measures: the route towards truly non-Gaussian geostatistics. Math Geol 20（4）: 459-475

［18］ Journel AG（1987）Geostatistics for the environmental sciences: An introduction. U. S. Environmental Protection Agency, Environmental Monitoring Systems Laboratory

［19］ Journel AG, Huijbregts ChJ（1978）Mining geostatistics. Academic, New York

［20］ Myers DE（1991）Pseudo-cross variograms, positive definiteness and cokriging. Math Geol 23: 805-816

［21］ Omre H（1984）The variogram and its estimation. In: Verly G, David M, Journel AG,

Marechal A (eds) Geostatistics for natural resource characterization: NATO ASI series C, v. 122—Part I. Reidel Publication. Co. , Dordrecht, pp 107-125

[22] Reed M, Simon B (1975) Methods of modern mathematical physics, vol II. Academic Press, New York

[23] Rossi ME, Parker HM (1993) Estimating recoverable reserves: is it hopeless? Presented at the Forum 'Geostatistics for the Next Century', Montreal, 3-5 June

[24] Solow AR (1990) Geostatistical cross-validation: a cautionary note. Math Geol 22: 637-639

[25] Srivastava RM (1987) A non-ergodic framework for variogram and covariance functions. Unpublished Master of Science Thesis, Stanford University, Stanford, CA

[26] Srivastava RM, Parker HM (1988) Robust measures of spatial continuity. In: Amstrong M (ed) Geostatistics. Reidel, Dordrecht, pp 295-308

[27] Zhu H, Journel A (1993) Formatting and integrating soft data: stochastic imagining via the Markov-Bayes algorithm. In: Soares A (ed) Geostatistics-Troia. Kluwer, Dordrecht, pp 1-12

7 开 采 贫 化

摘 要 贫化是影响矿山生产许多方面的一个重要问题。一般由于矿体的几何特征、采矿作业、地质接触的特点以及采矿设备的局限性，无法使矿石回收达到理想的边界或接触点。在估算矿产资源储量时，需要考虑三种类型的贫化。地质接触引起的贫化和块内矿不同类型物料的混入而引起的贫化，最好在建模时由地质学家和资源储量估算师予以处理。作业贫化一般是由采矿工程师在制定开采计划时设定的，但也会有意外发生，被称为计划外贫化。

7.1 可回采资源与原地资源

构建资源模型的目的是预测一定时期内选厂要处理的矿石量和品位，在矿山生产的所有时间内情况都是如此。在项目初步评价时，其作为预可行性和可行性研究的一部分，在生产矿山的长期和短期资源模型中也一样。估算和管理贫化的程序需要定期更新，以便随着矿床开采收集所有新的资料和积累新的经验。旨在满足这一要求的模型被称为"可回采模型"。

可回采资源模型是对在一定边际品位之上的有经济价值矿物总量和品位的估算，但也包括其他影响选厂性能的地质冶金和地质力学特性。收益是品位、产品价格、选冶回收率以及如采矿、选冶、一般事务和行政（G&A）费用等经营成本的函数：

收益＝价格×回收率×品位－（采矿成本＋选冶成本＋一般事务和行政费用）

(7.1)

收益为零的品位称为盈亏平衡品位或经济边际品位。根据所考虑的成本，将使用不同类型的边际品位。在盈亏平衡点，收益方程式（7.1）等于零，对应的经济边际品位为：

$$经济边际品位 = \frac{采矿成本 + 选冶成本 + 一般事务和行政费用}{价格 \times 回收率}$$

(7.2)

成本通常以单位矿石量的费用表示，如美元/吨。计算中使用的单位必须一致，为此通常需要换算系数。

露天采矿作业中另一个重要的边际品位是边际截止品位，它与经济边际品位类似，只是不考虑开采成本。这就是在开采过程中和矿物一起肯定要采出时，对岩矿进行合理的评价。这里唯一要做的决定是把要它送到选厂、堆存，还是排土场。采矿成本必须花费，并被认为是一种沉没成本。边际截止品位用于品位控制的实例见第 13 章。

如果要考虑几种不同的金属，而每种金属的选冶回收率和成本又不同，边际品位计算就变得复杂了。此外，将矿石送到选厂，而不是排土场或堆存场，采矿成本可能会不同。在堆存的情况下，还应考虑再次搬运的费用。最后，G&A 费用是一个综合费用，并不是所有与运营直接有关的费用。对于哪些成本要包括在这些计算中，矿业公司都有不同的政策，每个项目也不尽相同。例如，公司的总部管理费用可能包括也可能不包括在内。考虑到所有的收益和成本，每个块体都必须单独进行估值。然后，总收益为正值的块体被视为矿石。

在下文中除非另有定义，"边际品位"是指式（7.1）所述的经济边际品位。

在项目的初期阶段，主要的问题是要确定矿床是否含有足够的矿化，以保证进行进一步的研究和投资，也就是说，对矿床能否成为一个生产矿山的潜力可能知之甚少。要估算采出矿石量和品位，需要矿山规划和选冶的技术细节和规范。在这种情况下，由于并不知道可供回收的矿化比例，因此最好是对"原地"资源进行估算。

在估算资源储量时，还没有普遍将矿山和选厂的因素考虑在内。贫化和矿石损失的来源是众所周知的，但不容易量化。一些实践者倾向于在没有工程约束的情况下计算矿化模型。然后，矿山规划工程师必须应用全局因素将贫化加入块模型中。一般来说，所有资源模型都应该属于可回收的。

可回采资源模型和储量模型之间的区别，是根据目前使用的不同资源分类体系的定义确定的（第 12.3 节）。"储量"一词是指经合理证明可开采并具有经济效益的部分资源。这意味着已经有了一个明确的采矿计划，冶金学研究已经证明矿石是可选的，产品有可行的市场，矿山开发没有法律或环境方面的障碍。此外，储量模型可以包括一些额外的、可回采资源模型中没有明确包含在内的开采作业贫化。

可用钻孔信息的体积和规模比矿山规划体积和矿石/废石选择小得多。钻孔直径只有几十厘米，每个样本通常代表 $10 \sim 50$ kg 的矿石。相比之下，一个开采选择性很强的露天矿会考虑开采 5 m×5 m×5 m 的单元（大约 325 t，假设体重为 2.65 t/m^3），而大型的、大规模的矿床设计则开采 25 m×25 m×15 m 的单元（大约 25000 t）。有些地下矿山可以有更强的选择性，但设计单元的体积仍比钻孔大几个数量级。

采掘量用"选别开采单元"（SMU）表示。SMU 被定义为开采作业能够回收的最小体积，取决于采矿方法、设备大小、选择时可用的数据和开采的选择性特性。为了方便起见，它通常被表示为一个矩形块体，尽管矿山绝不可能把矿石和废石按完整的平行六面体采出。

对于露天矿，选别开采单元的垂直尺寸就是台阶高度，当然有时也有些矿的开采高度是台阶的两倍或一半。横向尺寸为开采设备的最小宽度，同时考虑了开采深度、矿石和岩石的安息角、设备的可作业性和可获得的信息，以支持短距离范围的品位估算。如果是大型电铲，参见图7.1，标称装载能力为9×10^4 t/d，最小宽度为18~20 m。对于如此大型作业，台阶高度通常是15 m，因此选别开采单元应该是20 m×20 m×15 m。

图7.1　智利北部 Escondida 铜矿使用的 Bucyrus SME 60 电铲，
台阶高度为15 m（由必和必拓提供）

如果考虑的设备是前端装载机（图7.2），挖斗的宽度在5.6~6.2 m（因型号而异），因此一般认为，选择性开采的最小宽度为8~10 m，典型的台阶高度为10 m，因此对于这种类型的作业，常见的选别开采单元尺寸可以是10 m×10 m×10 m。

这两个例子假设有足够的品位控制取样和充分的品位控制实践，用以估算上述选别开采单元尺寸的可靠值。当矿床难采并且采样品位控制差时，选别开采单元的尺寸可能会更大。矿石和废料的接触界限明显，可以用视觉加以区分，在这种情况下，就可以根据设备选择2~3 m的贫化带/矿石损失带。

地下采矿方法的选择性差别很大，它们通常比露天矿更有选择性，但也有明显的例外，如采用矿房崩落法或分段崩落法的矿山。在传统的充填采矿法中，分层高度为5 m，选别开采单元取决于矿体的几何形状，都是假如可以将矿石和废石从采场中分采出来，一般采用5 m×5 m×5 m的单元。

选别开采单元的定义便于建块模型，但不能真实地表示开采过程，因为电铲和装载机不可能装载立方体。此外，尽管选别开采单元的概念假定选择是自由

图7.2　卡特彼勒 992 前端装载机，用于 Cerro Vanguardia 的 Osvaldo Diez 矿脉。Cerro Vanguardia
是位于阿根廷南部巴塔哥尼亚地区的金银矿床，台阶高度为 5 m（由 Cerro Vanguardia 公司提供）

的，但单个块不能孤立地被选择。矿石和废石选择的实践表明，选别开采单元的
概念是一个方便的近似概念。沿边界开采通常比矿山的名义选别开采单元尺寸更
具选择性，而且通常也不会开采一块孤立的选别开采单元的废石或矿石。

7.2　贫化和矿石损失的类型

贫化和矿石损失有多个来源，贫化和矿石损失总是紧密联系在一起的，提到
贫化就包括贫化和损失这两种情况。贫化的主要来源可分为三类。

7.2.1　内在贫化或支撑的变化

内在贫化或支撑的变化是造成预测资源量与原始数据不同的结果。资源量估
算需要在块内进行一定程度的平均，通常使用体积方差或支撑变化修正来建模，
这在下一节将详细讨论。物料的这种混合必然包括高品位和低品位矿化，如果矿
化连续性程度低，这种情况会更加明显。此外，考虑的块体尺寸越大，矿化混合
即内部贫化量就越大。

图 7.3 为典型的斑岩型铜矿化的手标本，在固体岩体内可见高品位的硅孔
雀石细脉（铜矿）。如果要对这种矿化作用进行非常细小尺度的取样，则实验
室化验所得到的铜品位的离散性可以用图 7.4（a）所示的分布来表示。如果
取样体积更大，那么在任何给定的样品中都会有更多的混合物，高品位细脉就
会与周围的低品位物质混合在一起。在这种情况下，可以得到如图 7.4（b）
所示的分布。

注意两种分布的均值是相同的（品位为质量分量并且呈线性增长，因此总的
均值保持不变），但大体积分布的标准差和变异系数较小。同时，分布的最小值

图 7.3 约 3 in(7.62 cm) 大的手标本，显示典型的斑岩型铜矿化
（D 型细脉中的硅孔雀石，由必和必拓提供）

和最大值更接近总平均值。大体积分布也比初始分布更趋于对称。

因为矿化不是均质的，不同品位的物质总是混合在一起。所有类型的矿化都是如此，并且取决于产生矿化的地质事件的性质。矿化细脉、高度破碎区域或单元的存在，以及或多或少具有渗透的岩性，都会影响预期的内在贫化的情况。

7.2.2 地质接触贫化

地质接触贫化是指开采具有不同地质特征的物质所造成的贫化和矿石损失。当资源块模型的定义中使用子单元或分块时，可以考虑到这种类型的贫化（第 3 章）。每个地质单元在每个块体内的品位和其他特征，可以根据模型中每个开采块体内各自的比例计算平均值。

这种贫化的影响和相对重要性，取决于地质单元边界的几何形状和单元之间的品位差异。与几何形状复杂的矿床（如脉状矿床、矽卡岩型矿床或具有明显褶皱和断裂作用而受地层控制的矿床）相比，在高矿量的大规模贱金属矿床中，因地质接触而贫化的影响很小。对一个固定的选别开采单元来说，对于单个地质域或估算域的接触贫化，可以通过表面接触体积（SCV）与采出总体积（V）之比表达，即 SCV/V，用具有地质接触的块体积相对于单元的总体积加以衡量。

这个无量纲因子提供了接触贫化重要程度的一个指标。这一比率为 0.05 或以上时，通常表明接触贫化高，符合脉状、矽卡岩、薄矿床和板状矿床的特点，而小于 0.01 时则对应于储量多的大型矿床，或者斑岩型矿床。

对于大规模矿床，接触贫化通常是一个局部问题，因为大部分矿量将在远离接触带开采，因此它在全矿床资源模型中的重要性可能有限。尽管如此，它仍然会影响到最终的采坑境界或采场的定位，以及为了获得矿石所要移除的相应的废

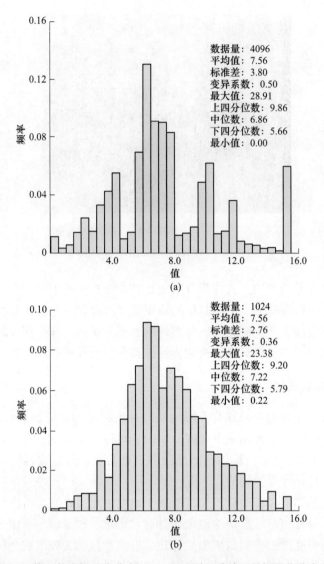

图 7.4 经修正的点铜品位分布（a）和选别开采单元的铜品位分布（b）

石量（剥采比）。对于矽卡岩型和小型、薄板状或细脉型矿床，情况截然不同，接触贫化可能是最重要的贫化类型。

图 7.5 显示 Lince-Estefania 铜矿床岩性模型的横剖面，图中显示了叠加具有次分块的相应块模型。注意一般岩层被侵入岩脉横切的情况，还要注意由于相对较高的接触表面积和体积的比率，地质接触贫化的影响可能是明显的。可以用概念上相似的两种替代技术将接触贫化纳入块模型中。

（1）图 7.5 所示的次分块法可以更好地解释地质接触。如第 3 章所述，把这

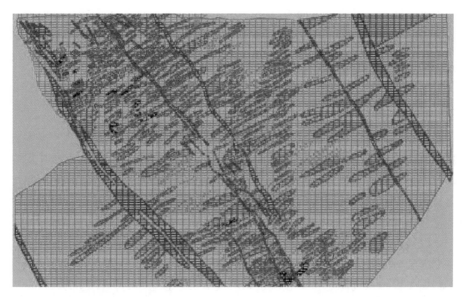

图 7.5 受似地层控制的矿床剖面图。岩性单元以红色（火山角砾岩）和蓝色（安山岩）为主，带有横切岩脉（紫色）。块尺寸为 5 m×5 m，可用于比例，所显示垂直深度约 800 m。块体模型（包含次分块）覆盖在地质模型上，未显示钻孔（由智利 Minera michilla S. A. 提供）

些次分块再归并成母模块的尺寸，以便算出贫化后的品位，并保持在每个块中地质单元的比例。

（2）直接计算每个块中每个单元的比例（百分比），将每个块中每个单元的百分比排序。

块体平均品位表示为块体内各地质单元品位的比例加权平均值：

$$Z_V^* = \sum_{i=1}^{n} p_i \times z_i^* \tag{7.3}$$

式中，Z_V^* 为块平均品位；p_i 为可能出现在块体内的 n 个地质单元占总质量的百分比，$i = 1, \cdots, n$；z_i^* 为块体内每个单元的品位。

一个不太理想的选择是根据预先规定的标准，在块模型中经验性地引入块模型因子，对接触带或其附近的品位进行修正。例如，埃斯康迪达铜矿（Escondida）的资源模型之一就采用了这种方法。在这种方法中，如果一个高品位地质带和废石地质带之间的接触带穿过任何给定的块体，该块体的品位将被人为降低。因为所采用的因子是经验性和全局性的，而不是根据局部估算的品位加以贫化，所以这种方法有很大的局限性。

一种可以用来估算地质接触而造成的贫化和矿石损失的方法，是在矿化带周围画出矿体轮廓，然后估算超挖采矿或额外多采的体积。这可以分段或分梯段进行，并能提供将要回采的总品位和总矿量。采矿工程师也使用类似的方法来估算采矿作业贫化。该方法最适用于由硬边界清晰划定矿体的矿床，如脉型或浅成热液型金矿床。

地质接触贫化要通过地质模型加以量化。因此，接触贫化估算的局部精度取决于地质模型的质量。

7.2.3　采矿作业贫化

采矿作业贫化包括采矿时发生的贫化和矿石损失。在采矿设备的开采中，不可避免地会混入废石，因为即使使用全球定位系统（GPS），设备跟随开采界线的精度也是有限的。如果矿石/废石接触与地质接触相对应，则作业贫化和接触贫化是相同的。然而，更为普遍的情况是在采矿时发生的矿石和废石的接触是按经济意义来圈定的，并不一定沿着地质接触带。

可以通过简单的几何计算得出这种贫化的一种可能的估算。图 7.6 举例说明了一个露天矿的情况，其中考虑到具体的台阶高度和假定的岩矿安息角，将贫化和矿石损失也纳入资源之中。金属量总损失取决于接触的性质，包括矿石损失量和贫化废石的混入量。Pakalnis 等人从矿山规划的角度出发，对地下矿床的贫化程度进行了定量研究，具有很好的参考价值。

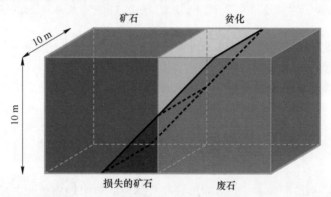

图 7.6　采矿作业中的贫化和矿石损失示意图。贫化和矿石损失台阶高度为 10 m，
破碎矿石的安息角为 45°。如果假定选别开采单元为 10 m×10 m×10 m，
则每个 SUV 总体积为 125 m³

一个矿石贫化和损失的因素是爆破推动和移动，从而造成的开挖矿石和废石的位置偏移，并使建模的开采线复杂化。在这一领域已经进行了重要的研究。但是迄今为止，几乎没几个矿山试图对爆破及爆破引起的移动进行精确量化和解释。

在矿石或废石被运输到错误的目的地的情况下，也会发生矿石损失和贫化，如废石被送到选矿厂，或矿石被送到废石堆场。诸如 GPS 和卡车调度系统这样的控制设备已经减少了这种错误发生的频率，但是目的地管理问题仍然存在，并且可能非常严重。

有时区分设计贫化和非设计贫化很重要，矿山有时可能会有一些意料之外的作业，从而导致贫化增加。在某些情况下，矿石损失和贫化要通过从某种程度的生产调节中获得的因素加以考虑，并应用到全矿区的资源模型中。

如第 10 章中详细讨论的，计划周密的地质统计条件模拟研究，可以用来帮助理解矿石贫化和损失，这种条件模拟研究可以解决所有三种贫化类型。

7.3　体积方差修正

内部贫化有时使用地质统计学工具进行体积-方差修正建模。体积-方差修正中最常用的分布形状变化方法有仿射修正法、间接对数正态法和离散高斯法。这些方法将在初始支持下采样的品位属性分布（通常称为点尺度分布）纠正为选别开采单元块分布。这些分析方法速度快，一般适用于小尺度变化。关于这些方法的经典文献包括参考文献 [11] [12]。

体积与方差的关系如图 7.7 所示。由于对高值和低值取平均值，方差随着体积的增大而减小。取平均值受体积的大小、形状、变量的连续性和平均过程的影响。对于采矿中的大多数变量，由于是取算术平均值，所以平均值不会随着体积的增大和分布方差的减小而变化。不过也有例外，主要是考虑某些岩土和冶金性能变量时。

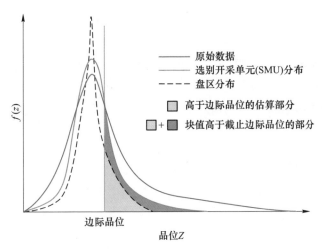

图 7.7　显示原始数据、选别开采单元大小分布和较大盘区分布的体积-方差关系示意图

某一属性的点分布将比同一属性的块分布具有更大的方差。本节中描述的修正适用于所选定估算域中的样本分布。目标是获取点尺度数据的代表性分布，并推断出一个全局块或选别开采单元分布。

第 2 章中定义的传统方差是样本相对于总体均值之差的平方值，它隐含地说明支撑范围的大小（样品）。更为普遍的离散方差定义为：

$$D^2(v,V) = \sigma^2(v,V) = \frac{1}{n}\sum_{i=1}^{n}(z_{i,v} - m_V)^2 \tag{7.4}$$

式中，v 为样本容量等的较小支撑度；V 为较大块体支撑度的平均值，如平稳总体或选别开采单元大小的块分布。

离散方差是对特定体积增加时方差减少的量化。离散方差与前面定义的期望方差相同，只是它与数据和平均值的具体支撑尺度有关。

离散方差可以表示为平均协方差或变异函数的函数，参见参考文献［11］或［12］的论述：

$$D^2(v,V) = \overline{C}(v,v) - \overline{C}(V,V) \tag{7.5}$$

式中，$\overline{C}(v,\ v)$ 和 $\overline{C}(V,\ V)$ 为较小样本支撑 v 和选别开采单元支撑下样本的平均协方差值，定义见第 2 章。请注意，这些是空间平均值，因此与位置无关。

根据方差的可加性，可以得出如下表达式：

$$D^2(v,G) = D^2(v,V) + D^2(V,G), \quad \forall v < V < G \tag{7.6}$$

式中，v、V 和 G 为不断增大的体积。

式（7.6）表明，某一矿床内样品的方差等于某一大小的块体内样品方差与矿床内这些块体方差之和。这种关系是在 20 世纪 50 年代由克里格在试验中发现的，因此经常被称为克里格关系。

由式（7.6）可知其中两项内容：（1）数据的方差 $D^2(v,\ V) = \delta^2$；（2）块内的方差 $D^2(v,\ V)$，可以通过协方差或变异函数模型［式（7.1）］进行估算，也可以得出块之间的方差，例如矿床内的选别开采单元方差 $D^2(v,\ V)$。

块内的方差 $D^2(v,\ V)$，是通过使 n_v 个采样点对选别开采单元块的 V 进行离散化，并计算块内所有可能数据对的平均协方差［$\overline{C}(V,\ V)$］或变异函数值得出的。用于估算 $D^2(v,\ V)$ 的离散点数量在某种程度上会影响其最终值。根据经验，一般认为，在选别开采单元块内 5 m×5 m×5 m 的点网格足以获得 $D^2(v,\ V)$ 的稳健估算。考虑过多的离散点，会给数值精度带来问题。其中一个选择是获得几个离散网格的离散方差。图 7.8 显示了给定变异函数模型的最终方差和几个离散网格的选别开采单元尺寸。请注意在使用了一定数量的离散点后离散方差是如何稳定下来的。

离散方差是预测可回采资源所需的一个关键参数（回顾第 7.1 节）。体积方差修正通常以单个参数为特征，称为方差修正因子（VCF）。VCF 定义为选别开采单元块方差与原始样本方差之比：

$$VCF = f = \frac{D^2(V,G)}{D^2(v,G)} = \frac{D^2(v,G) - D^2(v,V)}{D^2(v,G)} = 1 - \frac{D^2(v,V)}{D^2(v,G)} \tag{7.7}$$

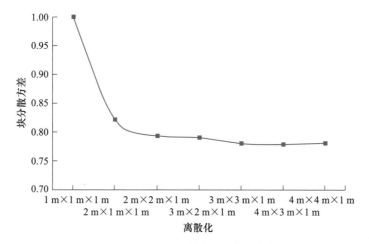

图 7.8 由不同离散化网格产生的块离散方差示例。变异函数模型和块大小是固定的。
因为在本例中台阶高度和组合长度是相同的，所以 Z 的离散值总是 1。
注意，在这种情况下，一个 3 m×3 m×1 m 的网格足以近似估计模块的离散方差

　　系数 f 是度量一个样本分布方差变化程度的因素，因而可以在估算可回采资源中，提供一个体积方差修正重要性的概念。f 值接近 1 意味着样本方差 $[D^2(v, G)]$ 和选别开采单元块 $[D^2(V, G)]$ 内的方差非常相似。这可能是由于选别开采单元体积小（体积小，选择性强），也可能是选别开采单元的空间分布较为连续，即选别开采单元内高低品位的混合相对较少。f 值低则情况相反。

　　随着体积从数据支撑增大到选别开采单元支撑时，平均值保持不变，并且方差的变化在可预测的范围（汇总在 f 因子中），分布的形状也会改变，在一定程度上可以感觉到中心极限定理的影响，因为分布相同的值，其平均值趋于正态分布。选别开采单元内部的品位实际上不是独立的，因此选别开采单元品位的分布并不总是趋近于正态分布。

7.3.1　仿射修正

　　仿射修正是体积方差修正最简单的方法。它基于这样一个概念，即当方差减小时，分布不会改变其形状，因此假设最终分布的对称性没有增加。虽然没有关于点和选别开采单元分布的其他明确假设，但是形状假设的持久性是有限的，因为在较大的体积内对变量取平均值时，分布形状会发生变化。因此，在实际中，该方法的应用范围仅限于方差变化小的情况，其分布形状的变化较小。

　　仿射修正就是将样本分布的每个值转化为选别开采单元分布的不同值，其关系如下：

$$z' = \sqrt{f} \cdot (z - m) + m \tag{7.8}$$

式中，z 为原分布的任意值；z' 为选别开采单元分布的对应值；f 为方差修正因子；m 为样本和选别开采单元分布的均值。

根据 Journel 和 Huijbregts 的研究（参考文献［12］，p714），仿射修正可以应用到大约 30% 的校正系数（$f > 0.7$），尽管根据这些作者的经验，这是乐观的情况。即使体积-方差修正远小于 30%，仿射修正似乎也会提供错误的预测，参见参考文献［20］和其中的例子。

7.3.2　间接对数正态修正

间接对数正态修正（ILC）是基于这样一种观点，即支持度的变化是由两个均值相同但方差不同的对数正态分布来描述的。不管两个原始分布（点分布和选别开采单元支持分布）的特性如何，都认为是这种情况，只是它们都应该是正偏斜的。将原始分布的分位数按指数方程转化为选别开采单元分布：

$$q' = aq^b \tag{7.9}$$

系数 a 和指数 b 分别为：

$$a = \frac{m}{\sqrt{f \cdot CV^2 + 1}} \left(\frac{\sqrt{CV^2 + 1}}{m} \right)^b$$

$$b = \sqrt{\frac{\ln (f \cdot CV^2 + 1)}{\ln (CV^2 + 1)}}$$

式中，m 为均值；CV 为点分布的变异系数；f 为方差修正因子，即式（7.7）中的 VCF。

但是，由于一般情况下分布并不完全是对数正态分布，因此，对于变换后的分布和未变换后的分布，式（7.9）的变换不能得出相同的均值。因此，需要最后一步来确保能得出原始均值：

$$q'' = \frac{m}{m'} \cdot q' \tag{7.10}$$

应用式（7.10）后，选别开采单元分布的分位数被重新调整到正确的平均值。有趣的是，第一个变换后的均值和重新标度后的均值之间的差，可以用来衡量原始分布和对数正态分布之间的差别。最后的修正可能导致方差与目标方差略有不同。

7.3.3　分布模型的其他持久性

作为对前面方法的推广，同样的原理可以应用于其他分布，最实用的是那些以两个参数为特征的分布，如高斯分布、对数正态分布，甚至伽马分布。

假设一个样本分布可以近似为一个多元高斯分布，那么得到的块分布也将是多重高斯分布，具有相同的均值和修正后的方差，正如前面所述。

同样，可以认为是多元对数正态样本分布，在这种情况下产生的选别开采单元分布也被认为是多元对数正态（虽然在仿射修正的情况下，这个假设是不正确的），具有相同的均值和修正的方差。

由于这些方法在实践中很少用到，所以读者可以从 Journel 和 Huijbregts 的论著中进一步了解具体的公式和这些方法局限性的细节。

7.3.4 离散高斯法

分布假设的持久性是一个限制，因为大多数真实的采矿分布都很难用双参数分布（高斯分布或对数正态分布）来拟合。因为它们有多个模式和总体的混合，只能通过某种不做这种假设的方法加以克服。离散高斯模型（DGM）是一种比较稳健的体积方差修正方法。

离散高斯模型的核心思想是将不同支撑的分布转化为高斯单位后得到高斯分布。向高斯单位的转换分为两个步骤：（1）第 2 章所述的正态分布转换；（2）用一系列埃尔米特多项式，对原始品位与正态分数转换之间的关系进行拟合。这些多项式是正交的，这很重要，因为原始品位的方差就是系数的平方之和。通过改变与因子 f 相关的支持系数来改变埃尔米特多项式的系数，从而实现方差的改变。如预期，随着尺度的增大，修正后的分布形状逐渐变得更加高斯化。

埃尔米特多项式的拟合和数学细节都被写入到广泛使用的计算机程序中，并在参考文献中记述，如参考文献[2][14][18]，在此将提供一个概述。变形函数需要与样本数据拟合，通过拟合数据的多项式展开，定义变形函数。埃尔米特多项式与高斯分布有关，由 Rodrigues 公式定义。变形函数相当于正常分数变换，因为它提供了点变量 Z 到高斯变量 Y 的映射，反之亦然：

$$z(\boldsymbol{u}) = \Phi[y(\boldsymbol{u})] \approx \sum_{p=0}^{\infty} \Phi_p H_p[y(\boldsymbol{u})]$$

式中，Φ_p 为多项式每个项的系数；$H_p[y(\boldsymbol{u})]$ 为埃尔米特多项式的值。这个拟合可以被认为是多项式与原始品位和正态分数之间 Q-Q 图的一个拟合。

通过计算埃尔米特多项式的系数值，对变形函数进行拟合。第一个系数就是 Z 个样品的均值：

$$\Phi_0 = E\{\Phi[Y(\boldsymbol{u})]\} = E\{Z(\boldsymbol{u})\}$$

高阶系数采用如下渐进方法计算：

$$\Phi_p = E\{Z(\boldsymbol{u}) \cdot H_p[Y(u)]\} = \int \Phi[y(\boldsymbol{u})] \cdot H_p[y(\boldsymbol{u})] \cdot g[y(\boldsymbol{u})] \cdot \mathrm{d}y(\boldsymbol{u})$$

$$\approx \sum_{\alpha=2}^{n} [z(\boldsymbol{u}_{\alpha-1}) - z(\boldsymbol{u}_\alpha)] \cdot \frac{1}{\sqrt{p}} H_{p-1}[y(\boldsymbol{u}_\alpha)] \cdot g[y(\boldsymbol{u}_\alpha)]$$

式中，$g[y(\boldsymbol{u}_\alpha)]$ 为相应于一个标准高斯分布的概率值 y。

由于多项式是正交的，因此它们之间没有相关性，Z 样本的方差可以确定为：

$$Var\{\Phi[y(\boldsymbol{u})]\} = Var\{Z(\boldsymbol{u})\} \approx \sum_{p=1}^{n} \sum_{q=1}^{n} \phi_p \phi_q Cov\{h_p[Y(\boldsymbol{u})], H_q[Y(\boldsymbol{u})]\}$$

$$= \sum_{p=1}^{n} \phi_p^2$$

通过比较样品分布和变形分布，就可以对已建模的变形函数对照原始数据进行检验。这些分布应该是相同的，尽管在实践中极值很难建模。

然后，利用双高斯假设得到选别开采单元块支持下的样本直方图。为了将样本分布修正为预测的选别开采单元分布，通过加入支持系数 r 来修正变形函数：

$$Z(v) = \Phi[y_v(v)] \approx \sum_{p=0}^{\infty} r^p \cdot \Phi_p H_p[Y(v)]$$

r 的计算需要选别开采单元尺度模块的离散方差，这可以通过由样品值算出的变异函数模型获得（第 7 章）。对应与选别开采单元支持 v 的变形图像函数，假设分布 $[Y(\boldsymbol{u}), Y(v)]$ 为双高斯模型，用下式求得：

$$\sigma_v^2 = \sigma_u^2 - \bar{r}_{v,v} \approx \sum_{p=1}^{n} \sum_{q=1}^{n} r^p \Phi_p r^p \Phi_q Cov\{H_p[Y(\boldsymbol{u})], H_q[Y(\boldsymbol{u})]\} = \sum_{p=1}^{n} r^{2p} \phi_p^2$$

由此可得出系数 r。利用所得系数 r 拟合系数和埃尔米特多项式，可以方便地确定代表选别开采单元体积的品位分布。虽然这个过程看起来很复杂，但是它是自动化的，并且可以在不同的程序中广泛使用。

离散高斯模型（DGM）被认为比仿射或间接对数正态修正更稳健，因为正态分布转换是通用的，对于原始分布或选别开采单元分布不需要额外的假设。

7.3.5　非传统的体积方差修正方法

体积方差修正还有其他一些方法，其中有的是经验性的。从调整用于估算块模型的克里格规划以获得预测的离散方差，到使用概率估算技术（第 9 章），再到条件模拟的应用（第 10 章）。

7.3.6　限制克里格规划

这个概念是基于调节克里格规划来控制平滑，使最终块模型分布与期望的选别开采单元分布尽可能接近。

最初讨论并提出这种方法的是 Parker，Rossi、Parker 和 Rossi 等又进行了探讨。它利用了这样一种理念，即可以控制克里格的平滑特性（第 8 章），从而获得一个与选别开采单元预计分布紧密匹配的估算块模型分布。克里格规划的某些参数，比如邻域搜索、最小和最大样品数和钻孔数、使用或不使用八分区搜索等，都会影响最终块模型分布的平滑程度。

限制克里格规划的优点是简单，尽管克里格块分布很少与期望的选别开采单元分布完全匹配。更常见的是，在品位-吨位曲线上对某些感兴趣的边际品位进行匹配。这种方法对单个块的品位进行估算，这些块模型结合在一起形成一个与所期望的选别开采单元类似的分布，从这点上看，这种方法是局部的。

Journel 和 Kyriakidis 指出，这种方法的缺点之一是具体针对每一个矿床的，不能在通用术语里用公式来表述。此外，对克里格规划所增加的限制，导致最终块模型分布的方差更大，通常以更高的条件偏差为代价。估算值的空间分布仍然是平滑的，即估算值的变异函数将显示出明显较低的块金效应和在块金效应下的连续行为。

重要的是要注意，克里格块模型的条件无偏差性要求，与预测的选厂未来接收矿量和品位的要求并不是一致的，如 Isaaks、Davis 和 Isaaks 所述。这一点已经在实践中取得了经验性验证。然而，在输出的克里格模型中仍然有过多的条件偏差能导致明显的预测偏差，这些偏差是应该避免的。

现在的选别开采单元估算是中期估算，以待从炮孔取样或加密钻孔中获得更多的数据。在最终品位控制估算时，应注意避免条件性偏差。在资源估算的预可行性和可行性阶段，能够得出合理反映最终将获得的可回采资源的预测往往更为重要。

7.3.7 概率估算方法

在第 9 章中详细描述的几种概率估算方法，可以用来把体积方差效应综合到资源估算过程。

一种方法是使用仿射修正、间接对数正态修正（ILC）或者离散高斯模型（DGM）修正法，将多重指示克里格法（MIK）技术得到的点概率分布修改为块模型概率分布。纽蒙特黄金公司（Newmont Gold）在内华达露天金矿采用的是另一种方法，当有足够的生产数据进行正确校准时，这种方法似乎挺好用。

应用多重指示克里格法（MIK）的另一种不同选择是，把体积-方差修正应用到累积概率分布，按照复合尺度，由多重指示克里格法（MIK）得出。这里的合成指的是简单地将多重指示克里格法（MIK）概率分布值平均到更大的盘区。关于这种方法的讨论可以在第 9 章和 Journel、Kyriakidis 的著作（参考文献 [13]）中找到。

也可以把基于高斯或对数正态假设的分布估算方法，用于将体积-方差效应纳入到资源估算模型之中。可用的选项包括多元高斯克里格法、析取克里格法及其衍生方法、统一调节法和对数正态捷径方法。只要相应的高斯或对数正态假设是合理的，这些方法所提供的支持模型的变化通常是稳健的。

所述的体积-方差修正方法具有相同的局限性，即它们不考虑其他类型的贫化和信息效应。他们假设每个块都可以独立于其他块单独选择（自由选择），并且选择本身基于已知的真实品位（完善选择）。

7.3.8　体积-方差修正方法的一般应用

本文所述的体积-方差修正方法在矿产资源建模中得到了多种方式的应用。传统的应用是根据预测的体积-方差效应，对矿区资源模型进行修正，以匹配预测的品位-吨位曲线。由于多种原因，这种应用现在不那么常见了。

（1）以这种方式进行的体积-方差修正是一种全局性修正，因此除了对一个矿床的资源进行全面评价外，没有什么实际用途。矿化的内部贫化应以某种方式纳入基于更多局部修正的资源块模型，以便矿山设计等下游工作考虑其影响。

（2）强制总体资源与体积-方差修正后的产量分布相匹配，就意味着忽略上述所有其他贫化根源。因此，所报告的全部资源都被认为是错误的，因为它们是基于单一贫化来源的考虑。资源模型应包含比体积-方差修正预测的更多的贫化，包括地质接触贫化、信息效应和设计的采矿作业贫化。

一种应用是修正钻孔数据，以便在估算资源之前，获得对预期的选别开采单元分布的一个估算。这就提供了一个可以与资源模型进行对照比较的目标分布。

图 7.9 所示的例子对应于 Cerro Vanguardia 公司在阿根廷南部巴塔哥尼亚地区开采金银矿脉的作业。图 7.9 给出了估算所用的 2 m 组合的分布，以及仿射预测的选别开采单元分布。请注意，在这种情况下，选别开采单元是一个 5 m× 10 m×5 m 的长方体，以便说明目前使用的露天采矿方法。图中显示的例子来自奥斯瓦尔多·迪耶兹矿脉，这是该地区发现的 40 多个金银矿脉之一，也是该矿在 20 世纪 90 年代末和 21 世纪初的主要生产来源。值得注意的是以下几点：

如图 7.9 所示，X 轴为金的边际品位，左侧 Y 轴对应高于边际品位的预测矿量比例，右侧 Y 轴为高于边际品位的相应品位。

品位-吨位曲线允许对兴趣边际品位以及不同品位范围的分布变化，进行直接的分析。

体积-方差修正因子估算为 28%，这意味着从原来的 2 m 组合到 5 m×10 m× 5 m 的选别开采单元分布，方差的变化非常明显。

在这种情况下，仿射修正不是适当的方法。这里介绍它是为了突出最终分布中的差异。在其他原因中，仿射修正产生的人为最小值相当高，尽管这里没有显示，但生产数据证明离散高斯修正模型更好。

对于任何选别开采单元分布和组合样矿量分布之间给定的边际品位，吨位和品位上的差异，是预测的体积-方差修正的严重程度的一个指示。

在文献中还有其他几个关于不同体积-方差修正的详细实例和比较，如参考

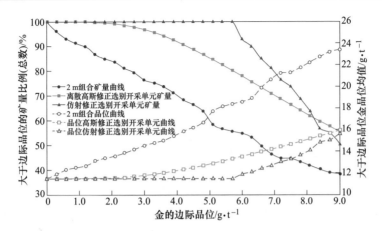

图 7.9　阿根廷 Osvaldo Diez 矿脉（属于 Cerro Vanguardia 矿）的品位-吨位曲线。有一个高体
　　　积方差效应。图中展示了 2 m 组合分布与离散高斯预测和仿射预测的选别开采单元分布

文献［21］［24］。

　　每个估算域的钻孔信息的体积-方差修正还可以提供块模型的目标全局分布（选别开采单元），可用于校准或检查由资源块模型产生的品位-吨位曲线，特别是特定的边际品位。实际分布与目标分布之间的比较也可以通过分布参数来完成，比如变异系数（CV），这是一种可靠的异变性度量。

　　图 7.10 为北埃斯康迪达斑岩铜矿床高富集区离散高斯模型（DGM）预测的选别开采单元品位-吨位曲线与预测的块模型品位的比较。请注意，对于大多数边际品位，块模型的估算品位比相应的离散高斯预测的选别开采单元分布稍微平滑一些。从图 7.10 得出的结论是，除了离散高斯模型所代表的内部贫化外，估算的资源模型还包含了额外的贫化。在这种情况下，选别开采单元的尺寸为 20 m×20 m × 15 m，使用 15 m 组合估算矿量块模型，Cu 的边际品位范围为 0.3%~0.7%。

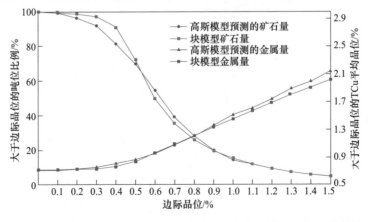

图 7.10　北埃斯康迪达斑岩型铜矿床高次生富集矿体的品位-吨位曲线

体积-方差校正的另一个应用是帮助定义矿井的选择性，这可以通过近似量化开采作业中使用的不同采矿设备对贫化的影响和基于 SMU 体积的变化。最常见的是，在开采作业中研究台阶高度变化的影响。

然而，由于自由和充分选择的假设，使用体积-方差方法来预测最佳阶段高度是有限制的。

7.4　信息的影响

信息效应描述了这样一个事实：在采矿时，用以决定矿床的哪一部分是矿石，哪一部分是废石所依赖的信息，比获得资源模型时的信息更多。

矿石/废石的选择在第 13 章有更详细的描述。虽然有更多的资料，但矿石/废石的选择总是根据估算而不是真实的品位。这是不完善的选择，因为估算误差总是存在的。另外，选择过程并不是自由的，这意味着每个选别开采单元都不是独立于附近的其他选别开采单元而被选择为矿石或废石的。可能还有其他的几何约束和采矿约束，限制了每个选别开采单元的可采性。所有这些近似和误差来源都隐含在信息效应中。

选择的问题可以用以下回收方程进行数学描述：

$$i_v(\boldsymbol{u}; z_c) = \begin{cases} 1, & z_v(\boldsymbol{u}) \geqslant z_c \\ 0, & z_v(\boldsymbol{u}) < z_c \end{cases}$$

式中，$i_v(\boldsymbol{u}; z_c)$ 为选别开采单元 v 的完善选择指标；z_c 为边际品位，如果选别开采单元的 z_v 值高于边际品位，则选别开采单元就被回收 $[i_v(\boldsymbol{u}; z_c) = 1]$。

因此，对于任意盘区或区域 V，所回收的总矿量、金属量和品位为：

$$t_v(z_c) = \sum_{j=1}^{N} i_v(\boldsymbol{u}; z_c), \quad v \in [1, N], \quad x_j \in V \tag{7.11}$$

$$q_v(z_c) = \sum_{j=1}^{N} i_v(\boldsymbol{u}_j; z_c) \cdot z_v(\boldsymbol{u}), \quad v \in [1, N], \quad \boldsymbol{u}_j \in V \tag{7.12}$$

$$m_v(z_c) = \frac{q_v(z_c)}{t_v(z_c)} \tag{7.13}$$

为简便起见，假设上述方程中的体重（吨位系数）为 1.0。式 (7.11) ~ 式 (7.13) 假设选择是完善的，即掌握真实的选别开采单元值。然而，在现实中，只能得到对真实值的一种估算。

从图形上看，矿石/废石选择的问题，可以用未知的真实选别开采单元值与估算的选别开采单元值的散点图加以表示，如图 7.11 所示。

例如，考虑 $z_c = 2.0$ 的边际品位，则会有 4 种可能的结果。

（1）选别开采单元被估算为矿石，并作为矿石进行回收。在这种情况下，不会出现错误（或误分类）（象限 Ⅰ）。

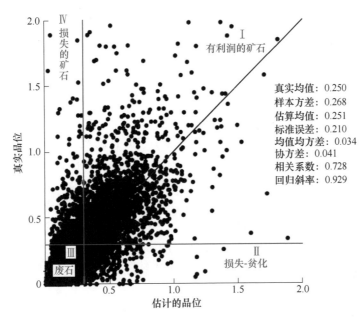

图 7.11 假想真实值与估算的选别开采单元值的散点图。$z_c = 0.3$ 的边际品位值
在图中划分出 4 个象限，有 2 个象限对应于错误分类（以点表示的选别开采单元）

（2）选别开采单元被估算为废石，并将其废弃。与前面一样，没有出现错误（或误分类）（象限Ⅳ）。

（3）选别开采单元被估算是矿石，实际上是废石。在这种情况下，贫化矿石被送到了选厂（象限Ⅱ）。

（4）选别开采单元被估算为废石，实际是矿石（象限Ⅲ）。在这种情况下，因有价物被丢弃而造成矿石损失。

不完善选择是信息效应的重要组成部分。任何生产矿山的经济效益都要受到这种不可避免的选择误差的影响。一般情况下，相对于其经济影响，人们很少注重优化选择。

如果矿石有多个目的地，图 7.11 中所示的简单情况将变得更加复杂，例如破碎后的矿石送到选厂，磨碎后的矿石送到浸出堆以及采出原矿送到不同的浸出堆。在这种情况下，包括废石场有 4 个可能的目的地。矿石/废石选择的最佳程序在第 13 章中讨论。

不完善选择和其他组成部分的信息效应，很难通过常用的经验模型加以理解和预测。更好的选择是使用地质统计条件模拟（第 10 章），这种方法基于模拟数据，允许对钻孔取样和矿石/废石选择的整个过程进行再现，如第 10 章、第 13 章及第 14 章的示例。这种方法已在近几年被成功地用于实践。

在体积-方差修正（基于高斯或对数正态假设）的情况下，可以修改上述概率估算方法的参数,以便纳入信息效应。Roth 和 Deraisme 根据真实值、未知的选别开采单元值和其估算值之间的双高斯假设,就提出了这样一种方法。统一调节法(及其他方法)可以应用于对所预测选别开采单元品位和高于边际品位的矿量进行修正。

除了更完善、更复杂的条件模拟方法外,还有几种处理信息效应的特殊方法。一种常用的方法是保守地偏置矿石资源模式(类似于图 7.10 中所示),以补偿信息效应和未来的损失。这需要在资源模型中有目的地引入一定程度的贫化。如同所有经验方法一样,只有对矿床有足够的了解和有效的生产数据,能够对额外加入模型的贫化量进行合适的校准,才可以成功应用。

在概念上类似的方法是定义一个比生产中可以实际开采的选别开采单元更大的选别开采单元,并假定对其进行完善选择。这一过程弥补了信息效应和理论选别开采单元绝不可能被完善选择(开采)的事实,且没有任何进一步的矿石损失和贫化。因假设选别开采单元大于预期所带来的影响,可以按照模型中加入的额外贫化来量化。

这些经验方法都是主观的,在很大程度上依赖不易验证或量化的假设。因此,它们只能被认为是将信息效应纳入资源模型的近似情况。

在矿石/废石选定阶段可用的额外数据量,远远超过可行性研究时资源模型中的可用数据。因此,仅仅因为有大量的可用信息,在选定阶段,对经济边际品位下可回采矿量和品位的预测会有很大的不同和改善。

7.5　最低限度、良好实践和最佳实践的总结

对资源进行建模的最低实践要求如下。

(1)所有模型都应通过估算域对全局的内部贫化进行评估。该评估应该用于量化内部贫化的影响,并将其与因克里格的平滑特性而引入到块模型中的贫化进行比较。

(2)如果认为地质接触贫化足够重要,也应通过几何特征加以考虑。如果认为可以忽略,则应在建模文件中加以讨论。所使用的方法可以包括采用系数,沿接触带调整块值。最好采用较直接的方法,即先估算块内每个地质单元的品位,然后使用式(7.1)对块品位取平均值。

(3)信息效应通常应用系数来处理,有时要校准到生产数据,并且采矿工程师在制定矿山计划时经常将其应用于矿石资源模型。在任何情况下,块模型说明应该清楚地说明它在贫化方面的局限性,以及在多大程度上可以被认为是"可回采的"。

(4)如果采用间接或经验方法将额外贫化纳入模型,以补偿设计中和设计外的作业贫化,例如使用较大的选别开采单元尺寸,则应在文件中明确说明。

除了上述，良好实践还要求如下：

（1）采用更具体的方法，将内部贫化纳入资源模型。这可以通过第7.3节中提到的任何一种方法来实现，在任何情况下都应包括对所涉及的不确定因素和权衡的合理评估。

（2）地质接触贫化应明确纳入块体模型，并应包括接触位置的不确定性陈述。至少应该用一个合理的经验近似法，对信息效应进行处理，或者对估算方法进行修改。

所有的工作都应该有良好的文件记录和清晰地描述所实施的检查详情和质量控制程序。

最佳实践包括使用不确定性模型来处理所描述的三种贫化：块平均、地质模型不确定性和作业贫化。充分条件模拟研究将：

（1）考虑地质模型的不确定性，从而间接地考虑地质贫化；

（2）通过直接块模拟或简单地将模拟值取平均加到选别开采单元大小中，可以更准确地综合考虑内部贫化；

（3）模拟模型还应通过对整个采矿过程的模拟，将作业贫化和信息效应考虑在内。

因此，大多数可能的贫化和矿石损失的来源都是同时建模的。在这种情况下，不需要应用任何体积-方差修正方法，除非是对模拟模型进行检查。只有对模型进行了彻底验证和检查完成并形成文档时，工作才算完成。模拟模型应该对照生产进行验证，或至少要对照备选模型进行验证，并通过彻底的统计和图形检查（第11章）。

7.6 练习

这项工作的目的是复习支撑计算的变化情况。可能需要一些特定的地质统计软件。该功能可能在不同的公共领域或商业软件中找到。请在开始练习前取得所需的软件。数据文件可以从作者的网站下载，搜索引擎会显示下载位置。

7.6.1 第一部分：组合变异函数和理论复习

您将使用数据库子集 largedata. dat 中的铜变量，在所有尺度变换中的关键参数是变异函数。然而，品位的正态分数变换并不是线性平均的，不能使用正态分数变异函数进行尺度变换。需要直接作出铜品位的变异函数。当然，直接变异函数应该与正态分数变异函数相似。

Q1 计算并拟合一个3D的铜变异函数。对变异函数模型的"平稳性"进行评价，即它是否会随着铜品位的变化而变得平缓？

Q2 对变异函数尺度变换所需的关键理论结果，写一个简短的回顾：

（1）平均变异函数/平均协方差的定义；（2）离散方差的定义和与平均变异函数的联系；（3）克里格关系或方差的可加性；（4）变异函数的基台参数。

Q3　导出块金效应的体积尺度变换律，即证明以下关系是准确的：$CV = |v|/|V|C_v$。其中 CV 和 C_v 分别为 V 和 v 尺度下的块金效应。

7.6.2　第二部分：计算平均变异函数

平均变异函数或"伽马条"值能告知在任何尺度上的方差。稳定的数值积分需要离散化是一个考虑因素，可以在两个不相连的体积 V 和 v' 之间计算平均变异函数值。然而，经典的直方图和变异函数缩放要求计算 $V = v'$ 时的平均变异函数，即相同的体积。这带来了另一个复杂的因素，即零效应。

Q1　考虑您的铜变异函数参考模型和块尺寸为 10 m³ 的一些敏感性研究。创建一个平均变异函数对离散程度（从 1 m×1 m×1 m 到 20 m×20 m×20 m）的图。画两条线，一条是零值的重合离散点，另一条是修正过的。

Q2　计算尺寸从 1 m 到 20 m 的规则立方块的平均变异函数，正确处理零效应。请陈述您对离散化水平的选择。绘图并制表：（1）平均变异函数对块大小的关系；（2）块方差对块大小的关系。

7.6.3　第三部分：形状模型的变化

全局平均值不随规模变化，方差按照可预测的方式变化。然而，这种形状的变化并不为人精确掌握。

Q1　考虑尺寸为 5 m、10 m 和 20 m 的立方体块。使用：（1）仿射；（2）间接对数正态；（3）离散高斯模型计算比例分布。绘制原始的铜直方图和所有缩放的直方图，评述结果。

Q2　尝试通过绘制尺度为 10 m 的品位-吨位曲线来量化形状变化的重要性。对不同模型进行讨论，并解释在什么地方需要这样的模型。

参 考 文 献

[1] Abramovitz M, Stegun I (1964) Handbook of mathematical functions. Dover Publication, New York, p 1046 (9th print)

[2] Armstrong M, Matheron G (1986) Disjunctive kriging revisited (Parts Ⅰ and Ⅱ). Math Geol 18 (8): 711-742

[3] Badenhorst C, Rossi M, (2012) Measuring the impact of the change of support and information effect at Olympic Dam. In: Proceedings of the Ⅸ international geostatistics congress, Oslo, June, Springer, pp 345-357

[4] David M (1977) Geostatistical ore reserve estimation. Elsevier, Amsterdam

[5] GeoSystems International Inc. (1999) Conditional simulation study for the michilla mine.

Unpublished Internal Report, Minera Michilla S. A.

[6] Guardiano FB, Parker HM, Isaaks EH (1995) Prediction of recoverable reserves using conditional simulation: a case study for the fort knox gold project, Alaska. Unpublished Technical Report, Mineral Resource Development, Inc.

[7] Harris GW (1997) Measurement of blast induced rock movement in surface mines using magnetic geophysics. Unpublished M. S. Thesis, Department of Mining Engineering, University of Nevada Reno

[8] Hoerger S (1992) Implementation of indicator Kriging at Newmont Gold Company, In: Kim YC (ed) Proceedings of the 23rd international APCOM symposium, published by the Society of Mining, Metallurgy, and Exploration, Inc. , Tucson, April 7-11, pp 205-213

[9] Isaaks EH (2004) The kriging oxymoron: a conditionally unbiased and accurate predictor, 2nd ed. In: Proceedings of geostatistics banff 2004. Springer, 2005, 1: 363-374

[10] Isaaks EH, Davis B (1999) The kriging oxymoron, Presented at the 1999 Society of Mining Engineers Annual Convention, Denver

[11] Isaaks EH, Srivastava RM (1989) An introduction to applied geostatistics. Oxford University Press, New York, p 561

[12] Journel AG, Huijbregts ChJ (1978) Mining geostatistics. Academic Press, New York

[13] Journel AG, Kyriakidis P (2004) Evaluation of mineral reserves: a simulation approach. Oxford University Press, New York

[14] Machuca-Mory D, Babak O, Deutsch CV (2007) Flexible change of support model suitable for a wide range of mineralization styles, Transactions, Society of Mining Engineering, SME

[15] Matheron G (1976) A simple substitute for conditional expectation: the disjunctive kriging, In: Guarascio M, David M, Huijbregts C (eds) Advanced geostatistics in the mining industry. Reidel, Dordrecht, pp 221-236

[16] Pakalnis R, Poulin R, Vongpaisal S (1995) Quantifying dilution for underground mine operations. Annual meeting of the Canadian Institute of Mining, Metallurgy and Petroleum, Halifax, May 14-18, 1995

[17] Parker HM (1980) The volume-variance relationship: A useful tool for mine planning. In: Geostatistics. McGraw-Hill, pp 61-91

[18] Rivoirard J (1994) Introduction to disjunctive kriging and non-linear geostatistics. Claredon Press, Oxford, p. 190

[19] Rossi ME (2002) Recursos Geológicos o Reservas Mineras? In: Proceedings from the Sextas Jornadas Argentinas de Ingeniería de Minas, San Juan, Argentina, Mayo 30-Junio 1

[20] Rossi ME, Parker HM (1993) Estimating recoverable reserves: is it hopeless? Presented at the Forum 'Geostatistics for the Next Century', Montreal, June 3-5

[21] Rossi ME, Parker HM, Roditis YS (1993) Evaluation of existing geostatistical models and new approaches in estimating recoverable reserves, XXIV APCOM ' 93, Montreal, October 31- November 3

[22] Roth C, Deraisme J (2000) . The information effect and estimating recoverable reserves, In:

Kleingeld WJ, Krige DG (eds) Proceedings of the sixth international geostatistics congress, Cape Town, April, pp 776-787

[23] Verly G (1984) Estimation of spatial point and block distributions: The multiGaussian model. Ph. D. Dissertation, Department of Applied Earth Sciences, Stanford University

[24] Verly G (2000) Accounting for mining dilution and misclassification in resource block modeling. In: Kleingeld WJ, Krige DG (eds) Proceedings of the sixth international geostatistics congress, Cape Town, April, pp 788-797

[25] Yang RL, Kavetsky A (1990) A three dimensional model of muckpile formation and grade boundary movement in open pit blasting. Int J Min Geol Eng 8: 13-34 (Chapman y Hall, London)

[26] Zhang S (1994) Rock movement due to blasting and its impact on ore grade control in Nevada open pit gold mines. Unpublished M. S. Thesis, Department of Mining Engineering, University of Nevada Reno

8 可回采资源储量估算

摘　要　对于某一具体采矿计划来说，可回采矿石的吨位和品位的预测是矿产资源储量估算的核心问题。解决这一问题的传统方法是估算与采矿计划有关的体积内的矿物品位，并根据这些估算数计算可回采资源。本章将详细介绍这种方法。

8.1 估算的目标和目的

一般来说，取样的体积不足矿床总体积的十亿分之一。在未采样区域内，必须估算品位和其他属性，而地质变化使得这种估算很困难。有许多针对不同目标而设计的估算方案，对一个可能是简单和可重复性的目标，多边形面积影响法或距离幂次反比法可能是合适的；对另一个可能是揭示大规模的地质趋势的目标，块克里格法、样条函数法或距离幂次反比法可能是合适的。选择估算方法至关重要的原则是避免可预防的误差。

然而，最重要的目标是预测未来可能开采物料的品位和吨位。有两种重要的情况：（1）中期估算是使用间距较大的数据进行的，在作出最终决定之前将能够得到额外资料。比如，在品位控制取样之前在露天开采情况下的长期估算；（2）最终估算是为选择矿石和废石而进行的。例如，在露天矿进行品位控制时，或在未来灵活性有限的地下开采矿山进行采场品位估算。第一种情况下，估算的局部精度不是最为重要的，而重点是整体可回采储量估算的准确度；第二种情况下的重点不是整体结果，而是局部精度和精确性。

中期估算中，第一种情况的目标是在一个适当大的生产区域或时间段内准确地预测矿石的吨位和品位。另一个重要因素是，将来会有更多的信息。最终估算的目的是计算出期望值正确的估算值，即所回收的真实价值等于期望中的估算值。可能还有其他目标，如正确的分类（第13章）。

对中期估算和最终估算所建议的估算方法有所不同，这种差异可以用条件偏差的概念加以解释。

8.1.1 条件偏差

条件偏差出现在真实品位（Z_V）的期望值在估算品位（$Z_V^* = z$）的条件

下，不等于所估算品位：

$$E\{Z_V \mid Z_V^* = z\} \neq z$$

式中，V 为某个估算体积，例如，一个选别开采单元（SMU）。

　　由于包括克里格在内的所有线性估算过程的平滑效应，在样品数据间隔较大的情况下，条件偏差几乎总是存在的。当估算品位较高时，真实品位通常小于估算品位；当估算品位低时，真实品位通常大于估算品位。有趣的是，简单克里格法可以创建平滑的估算，并且没有条件偏差。然而，通常的做法是使用普通克里格法，并考虑限制搜索以适应局部偏离平稳性的情况。普通克里格法总会有某些条件偏差。

　　图 8.1 显示了条件偏差的一个小例子。请考虑均值为 1.0，方差为 4.0 的对数正态分布直方图的矿化情况。变异函数有一个 20% 的相对块金效应和一个变程为 40 m 的各向同性区。考虑在一个 20 m 的规则网格上的 4 个样品，用来估算一个 10 m 的中心方块的高品位和低品位情况。这是一个良好的估算方案，因为块金效应相对较低，而且相对样品间距而言变程很大。然而，有条件偏差，即克里格法估计的品位在高品位情况下太高，在低品位情况下则太低。

　　条件偏差在很大程度上（但不完全是）可以通过在估算中使用许多样品加以消除。在进行最终估算时，这可能是一个好主意，因为接受在预期值中已知错误的估算是不合理的。实施许多数据的大范围搜索程序，可以用来使条件偏差最小化并提供最佳估算。然而，在开采中，最终估算是采用间隔紧密的数据而获得的，这意味着很少有适合大范围检索和大量样本的应用。露天矿典型的炮孔间距为 5 m×5 m~10 m×10 m。大范围检索和大量样品的代价是块估算非常平滑，钻孔相距越远，越平滑。在某些特殊情况下，如果要进行最终估算，为平滑所付出的代价可能是不可避免的，但对于中期估算来说，这通常是不可接受的。

　　中期估算的一种方法是修改估算过程，使之与最终块分布的平滑相匹配。块分布的预测分析见第 7 章。可以缩小估算中的搜索范围，以增加估算的可变性，使用迭代方法，直到获得足够的平滑量。这些估算会有条件偏差，但不必担心，因为所作的决定是针对整体品位分布，而不是逐块估算。

　　虽然有许多关于条件偏差的论文，但这一主题在地质统计学界仍然缺乏理解并存在争议。诸如 Krige 等作者声称，资源估算应该完全没有条件偏差。Sinclair 和 Blackwell 认为条件偏差导致了资源模型和生产之间的不一致。Guertin 和 Pan 提出了对于条件偏差不同类型的校正方法。Isaaks 认为，一个条件无偏的估算也是可回采资源一个准确的预测器，除了一个理论案例，在实践中从来没有发现，这是自我矛盾的。

　　这些作者发现，与条件偏差相比，露天矿长期规划中的矿产资源（中期）储量估算的平滑性比条件偏差更不可接受，而且事实上，为了更好地预测开采矿

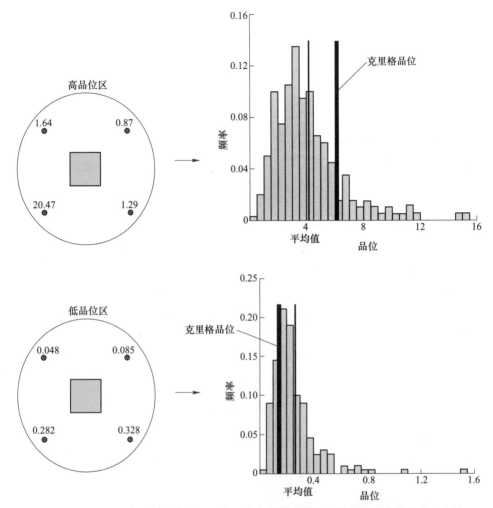

图 8.1 左边的示意图显示数据配置在一个高品位和低品位的情况下估算的中心方块
（边长 10 m）。直方图则显示条件为间隔 20 m 的样本数据的真实品位分布。
垂直粗线为克里格法估计的品位，细垂直线为真实品位均值。
克里格法估计的品位在高品位情况下太高，在低品位情况下则太低

量和品位，在资源储量估算时需要一些条件偏差。这些作者还发现，对于使用间隔紧密数据的最终估算，搜索半径大和样品多并不能改善估算。从业者应该了解估算的目的，并努力管理和了解平滑和/或条件偏差的后果。

有一些替代方法可以避免平滑。第 9 章提出了基于概率估算的方法，避免了将单个克里格法得出估算值作为块品位。第 10 章提出了基于模拟的方法，在构建上并不平滑。在第 13 章中将论述对于矿石/废料的选择和品位控制，基于模拟的方法比任何形式的克里格法更好。

8.1.2　估算的体积支撑

在某些情况下，感兴趣的是点估算，即数据规模下的估算。对大多数来自大间距钻孔的估算进行平滑处理，意味着估算的可变性不同于数据的可变性。然而，在采矿方面，最重要的是估算某一选别开采单元（SMU），即某一特定规模的表征开采选择性的物料体积。选别开采单元（SMU）体积尺寸，定义为矿石和废石能够被分离的最小物质体积，它是采矿方法和选择性的一个函数。该尺寸与设备选别物料的能力有关，但它也基于矿石/废物分类（炮孔和/或品位控制钻孔）的可用数据，用于将这些数据转换为可采极限的程序以及采矿设备开采这些开挖极限的效率。

有几个贫化来源必须予以考虑，包括由于选别开采单元内部品位变化而导致的内部贫化、由于地质和几何接触而导致的外部贫化，以及计划内和计划外的作业贫化。贫化和估算域的定义（第4章）是精确估算可回采资源的两个最重要的因素。

可回采资源意味着对评估整体品位分布的截尾统计数据感兴趣。经典的公式是在定义了任何一组选别开采单元估算数的经济边际品位之后得出的。矿量只是超过该阈值的所有单元矿量的总和（或直方图的面积）：

$$T(z_0) = T_0 \cdot [1 - F_Z(z_0)] = T_0 \cdot \int_{z_c}^{+\infty} f_z(z)\,\mathrm{d}z = T_0 \frac{1}{N_A} \sum_{i=1}^{N_A} t_i(\boldsymbol{u}_i; z_c)$$

式中，T_0 为边际品位为 0 处的原地总矿量；z_c 为采用的边际品位。

金属量为每个单元金属量的总和：

$$Q(z_0) = T_0 \cdot \int_{z_c}^{+\infty} z \cdot f_z(z)\,\mathrm{d}z = T_0 \frac{1}{N_A} \sum_{i=1}^{N_A} z \cdot t_i(\boldsymbol{u}_i; z_c)$$

式中，z 为单元的品位。

最后，所回收物料的平均品位为：

$$m(z_0) = \frac{Q(z_0)}{T(z_0)}$$

8.1.3　全局和局部估算

这里所提到的估算方法产生局部估算，即估算值是特定于矿床内某个位置的，并且来自附近的样品。全局估算是对整个域或整个矿床的估算，如第2章中讨论的那些估算，其中提出了消除丛聚效应所致偏差的方法。

8.1.4　加权线性估算

估算通常采用加权线性估算。一种常用的方法是将这些值作为偏离平均值或趋势面的偏差进行估算,如图 8.2 所示。估算值回归到离数据一定距离的平均值,见最右侧边缘。在非采样处,偏离平均面的偏差用插值的方法进行估算。最常见的插值方案是加权线性估算:

$$z^*(\boldsymbol{u}_0) - m(\boldsymbol{u}_0) = \sum_{i=1}^{n} \lambda_i \cdot [z(\boldsymbol{u}_i) - m(\boldsymbol{u}_i)]$$

式中,$*$ 为某一估算值;$\boldsymbol{u}_0$ 为待估算的未取样位置;$z(\boldsymbol{u}_i)$ 为变量值;$m(\boldsymbol{u}_i)$ 为均值或趋势值;i 为数据标号,$i=1$,$\cdots$,n。

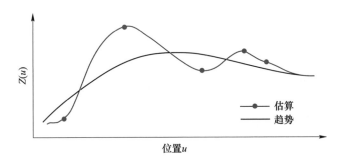

图 8.2 表示一维估算的示意图

再次估算就变成了使用特定标准确定权重 λ_i 的一种估算。在分配权重时所考虑的因素可能包括到待估算位置的距离、数据值之间的冗余、各向异性的连续性(趋向)以及连续性/变异性的量级。

8.1.5 传统的估算方法

可以使用简单的(传统的)估算技术来为块分配值。多边形法和距离幂次反比法常用于采矿项目的早期阶段或用于核查。这些方法不是特别精确,但可以提供一个数量级的资源估算。它们还可以用来检查更复杂的地质统计估算方法的结果。

根据 Popoff 的研究,多边形方法自 20 世纪初就被使用了。多边形法的变种包括断面估算法、经典多边形法和计算机最近地区法(NN)。

8.1.6 经典多边形法

多边形估算也基于给钻孔截距周围划分影响区域。钻孔周围数据多边形的绘制是基于样品与其所有相邻数据之间的垂直平分线,如图 8.3 所示。线段的垂直平分线是一条直线,该线上的点与线段两边的距离相等。这个概念可以扩展到三维空间,尽管多边形通常是在二维空间中绘制的(定义三维空间中垂直于多边形平面的直线决定多边形的体积)。

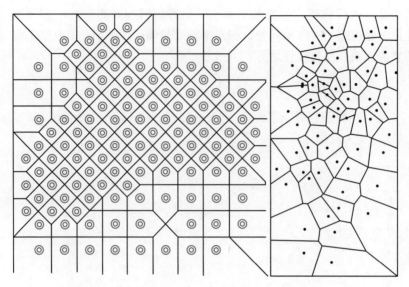

图 8.3 两个影响多边形划分的示意图（无距离单位）

受影响的多边形内的每个点都比其他任何样品更接近中心样品。在外边缘的样品必须特别小心，这些样品并没有被其他样品完全包围，所以以划定多边形的边界很重要。有几种替代方法，包括使用地质边界（如果可用），或者是使用与固定的样品的最大距离值（更常见）。在任何情况下，多边形外边缘的闭合可能是任意的，并可能对最终结果产生重大影响。

多边形法符合一个直观的概念，即每个样品提供的信息量与其影响的面积（或体积）成比例。从这个意义上说，该方法作为一种空间解丛聚工具得到了现代应用，它计算权重旨在避免基于空间钻孔数据聚集的有偏统计（第 2 章）。一个示例是它可以用于提供一种对平均品位在矿床宽度范围的估算。

8.1.7　最近地区法

最近地区法是多边形方法的一种变种，但在这种情况下，品位或属性是直接分配给块模型的。这是最常见的计算机多边形估算方法，它已经演变成两种常见的用途。

第一个也是比较传统的用途是矿产资源储量的计算。由最近的钻孔数据样本或组合，来为块网格分配品位值。该方法不对不同样本取平均值，数据的原始方差保持不变，没有平滑，不存在品位从一个块到下一个块的突然变化，从而产生人为的不连续。

近邻算法在评价品位上不如距离幂次反比法和克里格法优秀。从理论和实践可知，误差比其他方法大。对于许多正偏态分布的矿床，个别块的较大误差会导致对平均品位的高估和对高于边际品位的资源量的低估。近邻算法主要用作一种检测工具（第11章）。

第二个应用是解丛聚品位，它假设块品位分布是解丛聚钻孔数据的合理表示。虽然在概念上相当于多边形的解丛聚技术，但它更容易实现，因此大多数地质和采矿软件包都包含了这种算法。它也可以作为具有特定参数的距离幂次反比法使用。

8.1.8 距离幂次反比法

距离幂次反比法属于加权平均法这一大类。它们得出的估算是原始数据的平滑版本。距离幂次反比法是基于样品到目标点或目标块的距离来计算样本的权值。线性估算方程为：

$$z^* = \frac{\sum\limits_{i=1}^{n} w_i \cdot z_i}{\sum\limits_{i=1}^{n} w_i}$$

式中，w_i 为分配给每个组合数据的权值；z_i 为用于估算的所有组合样（$i=1$，…，N）的相应组合值；z^* 为估算值。

权重 w_i 的计算是基于组合样与估算点之间距离的倒数。表达式如下：

$$w_i = \frac{1}{c + d_i^{\omega}}$$

式中，d_i 为组合与估算点之间的距离；ω 为指数；c 为一个常数，以避免非常接近的数据过度加权。

权重被标准化为总和等于1，以确保整体上的无偏估算。

可能有两个普遍化的情况。一是修改方程中的指数。最常用的指数是 $\omega=2$（距离平方反比，IDS）和 $\omega=3$（距离立方反比，IDC）。IDS 具有平滑变化的属性，如地形表面、地质单元（包括煤层）的厚度、一些层控矿床以及原地体重的插值。当最接近的组合样需要较大的权重时，使用大指数，如 $\omega=3$（IDC）。当被估算的变量更加不稳定，并且当前数据间隔相对于最终可用于决策的数据间隔较大时，就可以应用，例如露天矿金品位的分布。最极端的情况是增加指数，这样只有最接近的组合样才能获得任何权重，这就相当于最近地区法估算。

相反的极端情况是当指数为0时，它等于一个等权移动平均，如第2章所述。Isaaks 和 Srivastava 演示了指数对分配给每个组合权重的影响。

第二个普遍化情况是基于使用各向异性计算的距离，即连续性优先趋向。各向异性可以通过适当地重新调整方向距离来引入，一些大型黄金公司已经使用了这种方法，西澳州一些金矿也使用了这种方法。总体而言，近年来距离幂次反比法的应用在地质统计学方法上呈稳步下降趋势。

克里格法是一种允许计算优化权重的方法，它根据最小二乘或最小期望误差方差标准进行计算。虽然评估方案有时能提供对评估优劣的某种度量，但是对于评估附带的不确定性却没有好的度量方法。为此目的，就需要概率估算（第 9 章）或模拟（第 10 章）。

8.2　克里格估算法

克里格框架的基础是计算能使期望误差方差最小的权重。克里格法有很多种，但其基本形式的差别主要体现在对局部或平稳域均值的假设上，这表现为权重集合的条件。在一些经典文献中早已提出了线性克里格法，如参考文献 [4] [9] [14] [15]。克里格法更常见的类型如下。

（1）简单克里格（SK）：在不限制权重的情况下，使误差方差达到最小。平均值是整个域的一个已知常数（从可用的样本中推断）。

（2）普通克里格法（OK）：局部均值被隐含地重新估算为每个邻域搜索的一个常数。OK 法是一种用于获得中期估算的常用技术。

（3）具有趋势模型的克里格法或泛克里格法（KT 或 UK）：该方法通过指定位置关联平均值 $m(\boldsymbol{u})$ 估算残差。位置关联平均值可以是一个指定的常数（局部变化均值），也可以是一个确定的趋势，通常指定为坐标的函数。因为位置关联均值的原因，这种方法也被称为非平稳克里格。

（4）具有外漂移的克里格法：在这个变量中，趋势模型是从一个次要变量扩展而来的。

（5）因子克里格法：将随机函数 RF 模型 $Z(\boldsymbol{u})$ 分解成独立的分量（因子），然后分别对其进行估算。

（6）非线性克里格法，包括基于高斯法的（析取克里格、统一调节、多元高斯），指示克里格法（中位数、多重、概率），对数正态克里格法。这些将在第 9 章中讨论。

方法的选择取决于地质环境、可获得的信息量和设想的随机函数模型的特征。尽管模型趋势的不同变种在最近几年变得越来越流行，最常见的估算方法还是普通克里格法。

8.2.1　简单克里格

克里格法的目的是确定一组使期望误差方差最小的最优权值。考虑如下一个线性估算：

$$z^*(\boldsymbol{u}) = \sum_{i=1}^{n} \lambda_i \cdot [z(\boldsymbol{u}_i) - m] + m = \sum_{i=1}^{n} \lambda_i \cdot z(\boldsymbol{u}_i) + \left[1 - \sum_{i=1}^{n} \lambda_i(\boldsymbol{u}_i)\right] \cdot m$$

式中，$z(\boldsymbol{u}_i)$ 为数据值；$z^*(\boldsymbol{u})$ 为估算值。常数 m 假设为已知且为稳定值（与位置无关）。

在这种情况下，根据定义简单克里格（SK）估算式是无偏的，并且估算实际上是在残差数据值上执行的。从数据值中减去已知均值 m，然后在估算残差之后再加回去。然后将估算误差表示为残差 $Y^*_{SK}(\boldsymbol{u}) - Y(\boldsymbol{u})$ 的线性组合。

误差方差定义为：

$$E\{[Y^*(\boldsymbol{u}) - Y(\boldsymbol{u})]^2\} = E\{[Y^*(\boldsymbol{u})]^2\} - 2E\{Y^*(\boldsymbol{u}) \cdot Y(\boldsymbol{u})\} + E\{[Y(\boldsymbol{u})]^2\}$$

并且可表示为剩余协方差值的线性组合：

$$\sum_{i=1}^{n} \sum_{j=1}^{n} \lambda_i \lambda_j E\{Y(\boldsymbol{u}_i) \cdot Y(\boldsymbol{u}_j)\} - 2\sum_{i=1}^{n} \lambda_i E\{Y(\boldsymbol{u}) \cdot Y(\boldsymbol{u}_i)\} + C(0)$$

$$= \sum_{i=1}^{n} \sum_{j=1}^{n} \lambda_i \lambda_j C(\boldsymbol{u}_i, \boldsymbol{u}_j) - 2 \cdot \sum_{i=1}^{N} \lambda_i C(\boldsymbol{u}, \boldsymbol{u}_i) + C(0)$$

可以看出，误差方差是按照下列项目表述的：（1）用于估算权重（λ 值）；（2）方差 $[C(0)]$；（3）数据位置和位置 $[C(\boldsymbol{u}, \boldsymbol{u}_i)]$ 之间的协方差；（4）所有数据对 $[C(\boldsymbol{u}_i, \boldsymbol{u}_j)]$ 之间的协方差。之所以需要协方差，是因为估算是线性的，而估算方差是二次型的。所需的协方差值是根据变异函数模型计算出来的。

λ_i 为最优权重，$i = 1, \cdots, n$，是通过对关于权重的误差方差求偏导数并将他们设置为零来确定的：

$$\frac{\partial \sigma_E^2}{\partial \lambda_\tau} = 2 \cdot \sum_{j=1}^{n} \lambda_\beta C(\boldsymbol{u}_i, \boldsymbol{u}_j) - 2C(\boldsymbol{u}, \boldsymbol{u}_i) = 0, \quad \tau = 1, \cdots, n$$

这导致了有 n 个未知权值的 n 个方程组，称为简单克里格法（SK）或正规方程组：

$$\sum_{j=1}^{n} \lambda_j C(\boldsymbol{u}_i, \boldsymbol{u}_j) = C(\boldsymbol{u}, \boldsymbol{u}_i), \quad i = 1, \cdots, n$$

最小化的估算方差也称为克里格方差，即：

$$\sigma_E^2 = C(0) - \sum_{i=1}^{n} \lambda_i C(\boldsymbol{u}, \boldsymbol{u}_i)$$

简单克里格估算法的一种更普通的形式，考虑了被估算位置的支撑度或体积，以及估算中使用的样本（第7章），如下式所示。在更为普通的情况下，对特定块大小的估算，即：

$$z_k^*(\boldsymbol{u}) - m(\boldsymbol{u}) = \sum_{i=1}^{n} \lambda_i \cdot [z_v(\boldsymbol{u}_i) - m(\boldsymbol{u}_i)]$$

$$\sum_{j=1}^{n} \lambda_j \overline{C}(v_i, v_j) = \overline{C}(v_i, V), \quad \forall i = 1, \cdots, n$$

同时：

$$\sigma_k^2 = \overline{C}(V, V) - \sum_{i=1}^{n} \lambda_i \overline{C}(v_i, V)$$

如果矩阵 $[\overline{C}(v_i, v_j)]$ 是正定的（第 6 章），方程就有解，而且是独一无二的。还应注意，重复点的存在将导致一个独特的协方差矩阵，因为距离将为零。简单克里格估算的一些基本性质如下。

（1）简单克里格在定义上是无偏的，因为假设平稳均值是已知的。在实际中，它是通过样品在平稳域内的平均值来推断的。由于平稳域在矿业应用中比较少见，简单克里格法在矿产资源估算中应用较少。不过，它通常用于获得条件模拟（第 10 章）。

（2）所有形式的克里格都是最小误差方差估算法，这是因其构造而决定的，没有其他的权值集能提供比克里格更低的估算方差。虽然最小二乘优化通常被认为是克里格的一个有价值的性质，但在某些情况下，要使用的最小方差可能是错误的优化标准。

（3）克里格法也是一个准确的插值工具，这意味着，在已知位置，估算值就是采样值。如果要估算的位置 u 与基准位置 u_0 重合，则常规方程组返回估算的基准值。克里格遵循在其位置的（硬）数据值。

（4）克里格方差只取决于协方差值，而不是实际样品值。在进行任何估算之前，就可以知道克里格方差。

（5）与方差一样，克里格权重与数据无关。因此，相同的协方差值和数据构型将导致相同的克里格权值，而不管用于估算未知位置 u 的个体样品值如何。

（6）克里格通过体积 V 来考虑被估算体积的几何形状。在实践中，很好理解的是，估算较大的体积 V 更容易，也就是说，估算方差会更小。

（7）数据到被估算位置的距离被视为结构距离。在距离幂次反比法中，所用的距离是欧几里得距离，无论地质、成矿环境或估算的变量如何，都是相同的。克里格法是一种改进，因为它考虑了特定于地质环境的距离。对所考虑变量的结构连续性进行建模，包括其各向异性和测量数据空间相关性所产生的其他特征。

（8）数据的构型通过分项 $[\overline{C}(v_i, v_j)]$ 加以量化，其中考虑了冗余和由此产生的数据丛聚效应。

（9）克里格法的平滑效果是可以预测的。由于可以预先计算出来估算方差、数据之间的协方差值、样品之间的协方差值和被估算的体积 V，因此可以获得不同体积支持的理论分布（第 7 章，选别开采单元）。

8.2.2 普通克里格

普通克里格法是基于在某一位置的等同最小误差方差的线性估算，而该位置真值是未知的。但与简单克里格相反，普通克里格法对平均值不做任何预先假设。由于要求全局无偏性，普通克里格法将权重之和限定为 1.0，因此不需要知道平均值。假设所估算体积的未知平均值为常数：

$$z^*(\boldsymbol{u}) - m = \sum_{i=1}^{n} \lambda_i \cdot [z(\boldsymbol{u}_i) - m]$$

$$z^*(\boldsymbol{u}) = \sum_{i=1}^{n} \lambda_i z(\boldsymbol{u}_i) + \left[1 - \sum_{i=1}^{n} \lambda_i\right] \cdot m$$

当均值 m 是未知时，条件 $\sum_{i=1}^{n} \lambda_i = 1$ 为无偏性条件，这就是普通克里格法的本质，即当权值之和为 1.0 时，估算方差最小。它可以表明，普通克里格相当于重新估算在每个新位置 $\boldsymbol{u}$ 的平均值 m，如同在简单克里格表达式中所使用的一样。因为普通克里格常用于移动邻域搜索，即对于不同的位置 $\boldsymbol{u}$ 使用不同的数据集，隐式重估的均值，即 $m^*(\boldsymbol{u})$，取决于 $\boldsymbol{u}$ 的位置。因此，普通克里格估算值是简单克里格的一种，其中的恒定均值 m 被位置相关的估算值 $m^*(\boldsymbol{u})$ 所取代。

普通克里格法是一种非平稳算法。它对应于一个带有变化的均值，但平稳协方差的非平稳随机函数模型。这种可以将随机函数模型 $Z(\boldsymbol{u})$ 局部缩放到不同均值 $m^*(\boldsymbol{u})$ 的能力说明了普通克里格算法的稳健性。普通克里格法一直是并可能继续是地质统计学的终极算法。

普通克里格系统也是一个普通方程组，但有一个附加的约束，即权值之和等于 1。再次使用拉格朗日公式获得最佳权值，并推导出普通克里格方程组。使用更普通的符号来考虑样品和估算块的不同支持度，普通克里格方程组的推导是：

$$Q(\lambda_i, i = 1, \cdots, n, \mu) = \sigma_{\mathrm{E}}^2 + 2\mu\left[\sum_{j=1}^{n} \lambda_i - 1\right] \rightarrow \text{最小值}$$

对权重和拉格朗日乘数求偏导，

$$\frac{\partial Q}{\partial \lambda_\alpha} = -2\overline{C}(V, v_\alpha) + 2\sum_{\beta=1}^{n} \lambda_\beta C(v_\alpha, v_\beta) + 2\mu = 0, \quad \forall \alpha = 1, \cdots, n$$

$$\frac{\partial Q}{\partial \mu} = \sum_{j=1}^{n} \lambda_j - 1 = 0$$

μ 是由于约束条件权重之和为 1 引入的拉格朗日参数。得到的普通克里格方程组和相应的普通克里格方差为：

$$\begin{cases} \sum_{j=1}^{n} \lambda_j C(v_i, v_j) + \mu = \overline{C}(V, v_i), \quad \forall i = 1, \cdots, n \\ \sum_{j=1}^{n} \lambda_j = 1 \end{cases}$$

$$\sigma_k^2 = \overline{C}(V, V) - \mu - \sum_{\alpha=1}^{N} \lambda_\alpha \overline{C}(V, v_\alpha)$$

8.2.3　具有趋势的克里格

泛克里格法的术语传统上被用来表示具有先前趋势模型的克里格法。因为最为基础的随机函数模型被认为是趋势分量加上残差的和，所以使用具有趋势模型的克里格（KT）更为恰当，即：

$$Z(\boldsymbol{u}) = m(\boldsymbol{u}) + R(\boldsymbol{u})$$

趋势分量定义 $m(\boldsymbol{u}) = E\{Z(\boldsymbol{u})\}$，通常被建模为坐标向量 $\boldsymbol{u}$ 的一个平滑变化的确定性函数，其未知参数由数据拟合获得：

$$m(\boldsymbol{u}) = \sum_{l=0}^{L} a_l f_l(\boldsymbol{u})$$

式中，$m(\boldsymbol{u})$ 为局部均值；a_l 为趋势模型的未知系数，$l = 0, \cdots, L$；$f_l(\boldsymbol{u})$ 为坐标的低阶单项式。

趋势值 $m(\boldsymbol{u})$ 本身是未知的，因为参数 a_l 是未知的。

残差分量 $R(\boldsymbol{u})$ 通常被建模为具有零均值和协方差 $C_R(h)$ 的平稳随机函数。

具有趋势模型的克里格方程组也是一个约束性正规方程组。具有趋势模型的克里格估算式为：

$$Z_{\mathrm{KT}}^*(\boldsymbol{u}) = \sum_{i=1}^{n} \lambda_i^{(\mathrm{KT})}(\boldsymbol{u}) Z(\boldsymbol{u}_i)$$

具有趋势模型的克里格方程组为：

$$\begin{cases} \sum_{j=1}^{n} \lambda_i^{(\mathrm{KT})}(\boldsymbol{u}) C_R(\boldsymbol{u}_j - \boldsymbol{u}_i) + \sum_{k=0}^{k} \mu_k(\boldsymbol{u}) f_k(\boldsymbol{u}_i) = C_R(\boldsymbol{u} - \boldsymbol{u}_i), \quad i = 1, \cdots, n \\ \sum_{j=1}^{n} \lambda_i^{(\mathrm{KT})}(\boldsymbol{u}) f_k(\boldsymbol{u}_j) = f_k(\boldsymbol{u}), \qquad\qquad\qquad k = 0, \cdots, K \end{cases}$$

式中，$\lambda_i^{(\mathrm{KT})}(\boldsymbol{u})$ 为 KT 在趋势克里格方程组的权重；$\mu_k(\boldsymbol{u})$ 为与权重 $(K+1)$ 约束相关联的 $(K+1)$ 拉格朗日参数。

理想情况下，定义趋势的函数 $f_k(\boldsymbol{u})$ 应该由问题的物理特性加以规定。例如，如果已知周期分量对 $z(\boldsymbol{u})$ 的空间或时间变异性有影响，则可以考虑具有特定周期和相位的正弦函数 $f_k(\boldsymbol{u})$ 周期分量的振幅，即参数 a_k，则由 z 数据通过趋势克里格方程组进行隐式估算。

在没有关于趋势形状的任何信息的情况下，将 z 数据分割成趋势和残差分量有些随意。如果额外的数据允许集中在较小尺度的变化上，在大尺度上被认为是随机波动的 $R(\boldsymbol{u})$ 可能稍后被建模为一种趋势。在缺乏物理解释的情况下，趋势通常被建模为坐标 $\boldsymbol{u}$ 的低阶（≤2）多项式，例如 $\boldsymbol{u} = (x, y)$，则：

（1）一维线性趋势：$m(\boldsymbol{u}) = a_0 + a_1 x$；

（2）方向限定为 45° 的二维线性趋势：$m(\boldsymbol{u}) = a_0 + a_1(x + y)$；

（3）二维二次趋势：$m(\boldsymbol{u}) = a_0 + a_1 x + a_2 y + a_3 x^2 + a_4 y^2 + a_5 xy$。

根据惯例，对于所有的 u，$f_0(u) = 1$。因此，$K = 0$ 的情况对应于均值恒定但未知的普通克里格均值，$m(u) = a_0$。

使用高阶多项式（$n > 2$）或者坐标 u 的任意非单调函数的趋势模型，最好由具有大变程变异函数的随机函数分量代替。

正如 Delfine 所提出的，当只有 z 数据可用时，剩余协方差 $C_R(h)$ 是从过滤了趋势 $m(u)$ 的 z 数据的线性组合中推断出来的。例如，一阶差，$[z(u + h) - z(u)]$ 会过滤任何零阶趋势 $m(u) = a_0$；二阶差，$[z(u + 2h) - 2z(u + h) + z(u)]$ 会过滤掉诸如 $m(u) = a_0 + a_1 u$ 任何一阶趋势。

然而，在大多数实际情况下，可以找到能够忽略趋势的子区域或方向，在这种情况下，$Z(u) \approx R(u)$，剩余协方差可以直接从局部 z 数据推导出来。

当趋势 $f_k(u)$ 不是基于物理因素，在实践中，通常在插值条件下，它可以表明具体函数的选择 $f_k(u)$，不会改变估算值 $z_{KT}^*(u)$ 或 $m_{KT}^*(u)$。在处理移动邻域时，重要的是残协方差 $C_R(h)$，而不是趋势模型的选择。

传统的趋势表示法并不能反映克里格移动数据邻域的一般实践。因为用于估算的数据从某一位置 u 变化到另一位置，所以得到的参数 a_1 的隐式估算是不同的。因此，下面的趋势表示更为合适：

$$m(u) = \sum_{k=0}^{K} a_k(u) f_k(u)$$

然而，趋势模型在外推条件中很重要，即当数据位置 u_α 不是环绕在估算位置 u 的协方差范围之内。对 $z_{KT}^*(u)$ 或 $m_{KT}^*(u)$ 外推一个常数，所得到的结果显然既不同于一条直线也不同于一条抛物线（非恒定趋势）的外推，如图 8.4 所示。但是，按照目前的报告标准（第 12 章），根据矿产资源估算外推得出的估算结果一般是不能接受的。在外推条件下估算的资源中，最多只能推断出有限的一部分，因为这些资源被认为是不可靠的，而且在工程研究和经济评价中也没有充分了解它们的用途。

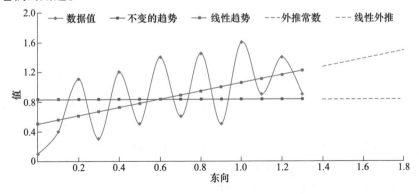

图 8.4　示意图说明线性与恒定趋势外推法的区别。离开实际数据的位置，差异瞬间被放大

　　敬告实践者不要过分热衷于对趋势进行建模，以及不必要的使用泛克里格法或内嵌的 k 阶随机函数（IRF-k）。在大多数插值情况下，在移动搜索邻域中使用更简单且经过充分验证的普通克里格算法就足够了。在外推情况下，根据定义，仅凭样品 z 数据几乎不能证明所选择的趋势模型。

　　具有趋势模型的克里格法有几种变种，包括随机趋势模型、实际趋势的克里格法、利用次要变量对主变量施加趋势的克里格等。其中大多数都是非矿业专用程序，因为考虑到矿业中通常会遇到的数据量，这些应用程序很难证明其合理性。

8.2.4　局部变化均值

　　局部变化均值克里格法是简单克里格法的一种变种，它适用于残差，但不同之处在于，它的均值在任何地方都不是恒定的。在这个意义上，它与普通克里格法相似，尤其是在某些区域内均值为常数的情况下。

　　通常做法是对趋势进行建模，这样在每个位置 $m(\boldsymbol{u})$ 的值都是已知的，并且可能是不同的。和前面一样，需要一个剩余协方差模型。局部均值的影响取决于邻域内原始数据的可用量。若附近样品数量较大，则均值的影响减弱。在原始数据缺乏的区域，均值有很大的影响。局部变化均值法适用于地质趋势和平滑的次级数据进行建模，而且在模拟中更为常用（第 10 章）。

8.2.5　随机趋势模型

　　一个类似于趋势克里格的模型源于将趋势解释为一个随机分量。将随机趋势记为 $M(\boldsymbol{u})$，并加入一个与其独立的残差 $R(\boldsymbol{u})$：

$$Z(\boldsymbol{u}) = M(\boldsymbol{u}) + R(\boldsymbol{u}), \text{同时}, E\{Z(\boldsymbol{u})\} = E\{M(\boldsymbol{u})\}$$

　　假定允许描述趋势的先验数据是可用的，例如它们可以是关于局部 z 数据的先验信息 $m(h)$。这些趋势数据可以推断出协方差 $C_M(h)$，相应的残差数据可以用来推断残差 $R(h)$ 的协方差。基于独立性假设，则 z 数据协方差为：

$$C_Z(\boldsymbol{h}) = C_M(\boldsymbol{h}) + C_R(\boldsymbol{h})$$

　　然后使用 z 数据和协方差模型 $C_Z(\boldsymbol{h})$ 进行克里格法估算，得到的克里格估算值和方差取决于 $E\{M(\boldsymbol{u})\}$ 和 $C_M(\boldsymbol{h})$。$M(\boldsymbol{u})$ 的方差可以是非平稳的，用来衡量先前推测的 $m(\boldsymbol{u})$ 的可靠性。然而，在这种情况下，M 协方差不再是平稳的，对其推断可能会出现问题。

　　随机趋势模型等价于贝叶斯克里格模型（Bayesian Kriging），但实现起来更简单。两种模型的不足之处在于对 $M(\boldsymbol{u})$ 统计量的推断，无论是解释为随机趋势还是对 z 数据的预先推测，以及对 $M(\boldsymbol{u})$ 和 $R(\boldsymbol{u})$ 值独立性的关键假设。通常，唯一的物理现实是 z，而不是 M 或 R。

8.2.6 克里格趋势与过滤

与其估算 $Z(\boldsymbol{u}) = m(\boldsymbol{u}) + R(\boldsymbol{u})$ 的和,不如只估算趋势分量 $m(\boldsymbol{u})$。直接从原始数据 z 开始,上面所示的趋势克里格方程组很容易被修改为 $m(\boldsymbol{u})$ 的趋势克里格估算值:

$$m_{KT}^*(\boldsymbol{u}) = \sum_{i=1}^{n} \lambda_i^{(m)}(\boldsymbol{u}) Z(\boldsymbol{u}_i)$$

趋势克里格方程组:

$$\begin{cases} \displaystyle\sum_{j=1}^{n} \lambda_j^{(m)}(\boldsymbol{u}) \, C_R(\boldsymbol{u}_j - \boldsymbol{u}_i) + \sum_{k=0}^{K} \mu_k^m(\boldsymbol{u}) f_k(\boldsymbol{u}_k) = 0, & i = 1, \cdots, n \\ \displaystyle\sum_{j=1}^{n} \lambda_j^{(m)}(\boldsymbol{u}) f_k(\boldsymbol{u}_j) = f_k(\boldsymbol{u}), & k = 0, \cdots, K \end{cases}$$

式中,$\lambda_j^{(m)}$ 为趋势克里格权重;μ_k^m 为拉格朗日参数。

注意这个方程组不同于变量 $z(\boldsymbol{u})$ 的趋势克里格方程组。

当假设残差模型 $R(\boldsymbol{u})$ 无相关性时,该算法识别趋势模型的最小二乘拟合:对于所有 $\boldsymbol{h} \neq 0$ 的情况,$C_R(\boldsymbol{h}) = 0$。

趋势分量的直接趋势克里格法估算,也可以解释为一个去除随机(高频)分量 $R(\boldsymbol{u})$ 的低通过滤器。因子克里格算法和维纳-卡尔曼过滤算法的原理相同。

因子克里格法(Factorial kriging)是一种旨在从空间数据中提取单独分析所需特征或过滤器特征的技术。该技术最初是由 Matheron 在地质统计学的早期研究提出的,其命名与因子分析相关。因子克里格法是地球物理学家和图像分析工作者最感兴趣的方法。

8.2.7 外部漂移克立格法

带有外部漂移的克里格法是上述趋势克里格的一个特例。它考虑一个单一趋势函数 $f_l(\boldsymbol{u})$,该函数通过某些外部的次变量在每个位置上加以定义。

趋势模型被限制为两项:$m(\boldsymbol{u}) = a_0 + a_1 f_l(\boldsymbol{u})$,式中,$f_l(\boldsymbol{u})$ 为次变量。

设 $y(\boldsymbol{u})$ 为次变量,则趋势模型为:

$$E\{Z(\boldsymbol{u})\} = m(\boldsymbol{u}) = a_0 + a_1 l y(\boldsymbol{u})$$

假设 $y(\boldsymbol{u})$ 反映 z 变异性的空间趋势,直到单位的线性重新标度,对应于两个参数 a_0 和 a_1。

z 变量及其方程组的估算,与趋势克里格估算及 $k = 1$,且 $f_l(\boldsymbol{u}) = y(\boldsymbol{u})$ 的方程组相同,即:

$$Z_{KT}^*(\boldsymbol{u}) = \sum_{i=1}^{n} \lambda_i^{(KT)}(\boldsymbol{u}) Z(\boldsymbol{u}_i)$$

$$
\begin{cases}
\sum_{j=1}^{n} \lambda_j^{(\mathrm{KT})}(\boldsymbol{u}) \, C_{\mathrm{R}}(\boldsymbol{u}_j - \boldsymbol{u}_i) + \mu_0(\boldsymbol{u}) + \mu_1(\boldsymbol{u}) y(\boldsymbol{u}_i) = C_{\mathrm{R}}(\boldsymbol{u} - \boldsymbol{u}_\alpha), \quad i = 1, \cdots, n \\
\sum_{j=1}^{n} \lambda_i^{(\mathrm{KT})}(\boldsymbol{u}) = 1 \\
\sum_{j=1}^{n} \lambda_j^{(\mathrm{KT})}(\boldsymbol{u}) y(\boldsymbol{u}_j) = y(\boldsymbol{u})
\end{cases}
$$

式中，$\lambda_j^{(\mathrm{KT})}$ 为趋势克里格的权重；μ 为拉格朗日参数。

外漂移克里格法是在主变量 $z(\boldsymbol{u})$ 的估算中加入辅助变量的一种有效算法，适用于线性相关的辅助数据，这两个变量之间的基本关系必须具有物理意义。

在采矿中，应用这种技术的情况很少。这里有两个原因：（1）在采矿中，主数据集 $z(\boldsymbol{u})$ 往往比较大，很难证明把辅助变量中的线性相关趋势加入的作用；（2）很少有变量可以有把握地假定这种线性关系。带有外漂移的克里格法在其他应用中更常见。例如，如果次要变量 $y(\boldsymbol{u})$ 表示到达地震反射层的传播时间，假设速度恒定，那么该层的深度 $z(\boldsymbol{u})$ 应该与传播时间 $y(\boldsymbol{u})$ 成比例。因此，这种关系是有意义的。

应用外漂移算法必须满足两个条件：（1）外部变量必须在空间内平稳变化，否则得到的趋势克里格方程组可能不稳定；（2）主数据值的所有位置 $\boldsymbol{u}_0$ 和待估算的所有位置 $\boldsymbol{u}$ 上的外部变量都必须已知。

注意，在趋势克里格方程组中必须使用剩余协方差，而不是原始变量 $Z(\boldsymbol{u})$ 的协方差。在认定为不存在趋势 $m(\boldsymbol{u})$ 的区域或方向上，这两个协方差是相等的。还要注意，变量 $Z(\boldsymbol{u})$ 和 $Y(\boldsymbol{u})$ 之间的互协方差在这个系统中没有作用，这与协同克里格法不同。在某种意义上，$Z(\boldsymbol{u})$ 变量借用了 $Y(\boldsymbol{u})$ 变量的趋势。因此，$Z^*(\boldsymbol{u})$ 估算值反映的是 $Y(\boldsymbol{u})$ 的变异性趋势，而不一定是 z 的变异性。

8.3　协同克里格

克里格法一词是为使用与被估算的具有相同属性的数据进行估算而保留的。例如，某个未采样的金品位值 $z(\boldsymbol{u})$ 是由相邻的金品位值来估算的。

协同克里格是一个类似的估算，它使用按照不同属性定义的数据。例如，黄金品位 $z(\boldsymbol{u})$ 可以通过金和铜样品值的组合来估算。主要变量和次要变量之间必须存在空间相关性，这可以通过可用信息加以推断。当考虑单个变量时，有三个克里格法基本变种：简单的协同克里格法（SCK）、普通的协同克里格法（OCK）和趋势模型的协同克里格法（CCT）。从概念上讲，这些协同克里格方法与上面解释的方法相同，不过，还有处理至少两个变量的额外复杂性，这反映在更复杂的表示法中。

8.3.1 简单协同克里格

考虑主要数据值和次要数据值的线性组合：

$$y_0^*(\boldsymbol{u}) = \sum_{i=1}^{n_0} \lambda_i^0 \cdot y_0(\boldsymbol{u}_i^0) + \sum_{j=1}^{n_i} \lambda_j^l \cdot y_l(\boldsymbol{u}_j^l)$$

估算方差可以写为：

$$Var\{Y_0 - Y_0^*\} = \rho_{0,0}(0) - 2\sum_{i=1}^{n_0} \lambda_i^0 \rho_{0,0}(\boldsymbol{u}_i^0 - \boldsymbol{u}) - 2\sum_{j=1}^{n_j} \lambda_j^l \cdot \rho_{1,0}(\boldsymbol{u}_j^l - \boldsymbol{u}) +$$

$$\sum_{i=1}^{n_0}\sum_{i=1}^{n_0} \lambda_i^0 \cdot \lambda_j^0 \cdot \rho_{0,0}(\boldsymbol{u}_i^0 - \boldsymbol{u}_j^0) + \sum_{i=1}^{n_l}\sum_{j=1}^{n_l} \lambda_i^l \cdot \lambda_j^l \cdot \rho_{1,1}(\boldsymbol{u}_i^l - \boldsymbol{u}_j^l) +$$

$$2\sum_{i=1}^{n_0}\sum_{j=1}^{n_1} \lambda_i^0 \cdot \lambda_j^l \cdot \rho_{0,1}(\boldsymbol{u}_i^0 - \boldsymbol{u}_j^l)$$

在简单的协同克里格方程组中，令估算方差最小化会得到以下结果：

$$\sum_{\beta_1=1}^{n_{1(u)}} \lambda_{\beta 1} C_{ZZ}(\boldsymbol{u}_{\alpha_1} - \boldsymbol{u}_{\beta_1}) + \sum_{\beta_2=1}^{n_{2(u)}} \lambda'_{\beta 2}(\boldsymbol{u}) C_{ZY}(\boldsymbol{u}_{\alpha_1} - \boldsymbol{u}'_{\beta_{21}})$$

$$= C_{ZZ}(\boldsymbol{u}_{\alpha_1} - \boldsymbol{u}), \quad \alpha_1 = 1, \cdots, n_1(\boldsymbol{u})$$

$$\sum_{\beta_1=1}^{n_{1(u)}} \lambda_{\beta 1}(u) C_{YZ}(\boldsymbol{u}'_{\alpha_2} - \boldsymbol{u}_{\beta_1}) + \sum_{\beta_2=1}^{n_{2(u)}} \lambda'_{\beta 2}(\boldsymbol{u}) C_{YY}(\boldsymbol{u}'_{\alpha_2} - \boldsymbol{u}'_{\beta_2})$$

$$= C_{YZ}(\boldsymbol{u}'_{\alpha_2} - \boldsymbol{u}), \quad \alpha_2 = 1, \cdots, n_2(\boldsymbol{u})$$

协同克里格估算式和由此产生的估算方差为：

$$Z^*(\boldsymbol{u}) - m_z = \sum_{\alpha_1=1}^{n_1(\boldsymbol{u})} \lambda_{\alpha_1}(\boldsymbol{u}) [z(\boldsymbol{u}_{\alpha_1}) - m_z] +$$

$$\sum_{\alpha_2=1}^{n_2(\boldsymbol{u})} \lambda'_{\alpha_2}(\boldsymbol{u}) [y(\boldsymbol{u}'_{\alpha_2}) - m_y]$$

$$\sigma^2(\boldsymbol{u}) = C_{ZZ}(0) - \sum_{\alpha_1=1}^{n_1(\boldsymbol{u})} \lambda_{\alpha_1}(\boldsymbol{u}) C_{ZZ}[(\boldsymbol{u}_{\alpha_1}) - \boldsymbol{u}] -$$

$$\sum_{\alpha_2=1}^{n_2(\boldsymbol{u})} \lambda'_{\alpha_2}(\boldsymbol{u}) C_{ZY}(\boldsymbol{u}'_{\alpha_2} - \boldsymbol{u})$$

简单协同克里格法的方程本质上与简单克里格法相同，但考虑了直接协方差和互协方差。和前面一样，方程组必须有一个有效的结果，协同克里格方差必须为正值，这意味着协方差矩阵是正定的。当使用允许的协同区域化模型时，该条件得到了满足，并且没有两个（相同变量的）数据值被配置。

经常避免完全的协同克里格法，因为计算、解释和拟合必要的变异函数非常烦琐。共区域化的线性模型（第6章）是限定性的，在主要变量和次要变量数据量相同的情况下没有实际益处。当次要数据比主要数据多得多，并且样品的简单趋势/局部均值模型被认为是不充分的时候，就应该考虑协同克里格法。

8.3.2　普通协同克里格

对于单个次要变量（Y），$Z(\boldsymbol{u})$ 的普通协同克里格法估算式为：

$$Z_{\mathrm{COK}}^{*}(\boldsymbol{u}) = \sum_{\alpha_1=1}^{n_1} \lambda_{\alpha_1}(\boldsymbol{u}) Z(\boldsymbol{u}_{\alpha_1}) + \sum_{\alpha_2=1}^{n_2} \lambda'_{\alpha_2}(\boldsymbol{u}) Y(\boldsymbol{u}'_{\alpha_2})$$

式中，λ_{α_1} 为赋予样本 $n_1 z$ 的权重；λ'_{α_2} 为赋予样本 $n_2 y$ 的权重。

协同克里格法需要一个协方差函数矩阵的联合模型，其中包括 Z 协方差 $C_Z(\boldsymbol{h})$、Y 协方差 $C_Y(\boldsymbol{h})$、Z-Y 协方差 $C_{ZY}(\boldsymbol{h}) = Cov\{Z(\boldsymbol{u}), Y(\boldsymbol{u}+\boldsymbol{h})\}$ 和 Y-Z 协方差 $C_{YZ}(\boldsymbol{h})$。

更一般地，当 K 个不同的变量被考虑在一个协同克里格实践中时，协方差矩阵需要 K^2 个协方差函数。推断对数据的要求非常高，并且后续的联合建模尤其烦琐。利用外部漂移的克里格和配置的协同克里格等算法，简化了协同克里格法烦琐的推断和建模过程。

在实践中没有被广泛使用的另一个原因，是相关性好的数据（通常是 z 样本）对相关性较低的数据（通常是 y 样本）的屏蔽效应。除非相对于次要变量，主要变量（即被估算的变量）的取样不足，否则给次要数据的权重往往很小，并且由于协同克里格带来的估算方差的减少，并不值得进行额外的推断和建模工作。

除了烦琐的推断和矩阵表示法，协同克里格法与克里格法是一样的。利用趋势模型和过滤 Z 或 Y 的空间变异性的特定分量的协同克里格法可以得到发展。这些重要的发展情况将不在此赘述，但可以在 Journel、Huijbregts 和 Goovaerts 的论著中找到。

协同克里格法最常用的三种类型如下。

（1）传统的普通协同克里格法。赋予主变量的总权值设为 1，应用于其他变量的总权值设为 0。对于两个变量情况，两个条件是：$\sum_{\alpha_1} \lambda_{\alpha_1}(\boldsymbol{u}) = 1$ 和 $\sum_{\alpha_2} \lambda'_{\alpha_2}(\boldsymbol{u}) = 0$。

这种传统形式体系的问题在于，第二个条件往往严重限制了次要变量的影响。

（2）标准化的普通协同克里格法。通常，更好的方法是创建与主变量均值相同的新辅助变量。然后所有的权值都限制为 1。在这种情况下，表达式可以重写为：

$$Z_{\mathrm{COK}}^{*}(\boldsymbol{u}) = \sum_{\alpha_1}^{n_1} \lambda_{\alpha_1}(\boldsymbol{u}) Z(\boldsymbol{u}_{\alpha_1}) + \sum_{\alpha_2=1}^{n_2} \lambda'_{\alpha_2}(\boldsymbol{u}) \left[Y(\boldsymbol{u}'_{\alpha_2}) + m_Z - m_Y \right]$$

式中，$\sum_{\alpha_1}^{n_1} \lambda_{\alpha_1}(\boldsymbol{u}) + \sum_{\alpha_2=1}^{n_2} \lambda_{\alpha_2}(\boldsymbol{u}) = 1$ 是唯一的条件；$m_z = E\{Z(\boldsymbol{u})\}$ 和 $m_Y = E\{Y(\boldsymbol{u})\}$

分别为 Z 和 Y 的平稳均值。

（3）简单的协同克里格。协同克里格法没有对权重的限制，就像简单克里格法一样，这种版本的协同克里格法需要处理数据残差，或者同样地处理均值全部标准化为零的变量。例如，在高斯法中（如 MG 或 UC）应用简单的协同克里格时，情况就是这样，因为每个变量的正态分布变换的平稳均值为零。

除了使用传统的普通协同克里格法外，协方差测量应该在协同克里格法系统中进行推断、建模和使用，而不是使用变异函数或互变异函数。

8.3.3 配置协同克里格

配置协同克里格法进行了两个简化：（1）只考虑一个次要变量；（2）假设互协方差是方差的线性标度。这背后的原因是，配置的 y 值肯定比邻域中可用的其他 y 值更重要，并且可能屏蔽多个辅助数据的影响。在此假设下，不再需要互变异函数，普通的协同克里格估算式改为：

$$Z_{COK}^*(\boldsymbol{u}) = \sum_{\alpha_1}^{n_1} \lambda_{\alpha_1}(\boldsymbol{u}) Z(\boldsymbol{u}_{\alpha_1}) + \lambda'(\boldsymbol{u}) Y(\boldsymbol{u})$$

相应的协同克里格系统只需要 Z 协方差 $C_Z(\boldsymbol{h})$ 和 Z-Y 交叉协方差 $C_{ZY}(\boldsymbol{h})$ 方面的知识。通过马尔科夫模型（Markov）的进一步近似后可以将后者简化为：

$$C_{ZY}(\boldsymbol{h}) = B \cdot C_Z(\boldsymbol{h})$$

$$B = \sqrt{\frac{C_Z(0)}{C_{Y(0)}}} \cdot \rho_{ZY}(0)$$

式中，$C_Z(0)$ 和 $C_Y(0)$ 为 Z 和 Y 的方差；$\rho_{ZY}(0)$ 是为配置 Z-Y 数据的线性相关系数。

如果次要变量 $y(\boldsymbol{u})$ 被密集采样，但在所有被估算位置都不可用，那么可以在那些对应于 y 数据的遗漏位置上进行估算。在配置模型下，由于 y 值只是辅助数据，因此对缺失 y 值的估算不应影响 Z 变量的最终估算。

马尔可夫模型由于其简单性得到了广泛的应用。它只能在使用配置辅助数据时应用。如果辅助数据是平滑的，那么考虑配置值以外的 y 值是没有必要的。

仅保留配置的辅助数据不会影响估算值（邻近的辅助数据通常在数值上非常相似），但它可能影响协同克里格的最终估算方差，即该方差被高估，并且有时很严重。就估算而言，这通常不是问题，因为克里格方差很少使用。在模拟环境中，克里格方差定义用于绘制模拟值的条件分布的扩散情况，这可能是一个问题。

8.3.4 采用贝叶斯更新的配置协同克里格

贝叶斯（Bayesian）更新是一种与协同克里格法密切相关的技术，但它是针对许多辅助变量而设计的，这些辅助变量可以用来预测主数据。该方法可细分为以下几个步骤。

（1）根据同一类型的空间信息计算不确定性先验分布。

（2）根据所预测位置的多元信息，计算不确定性的似然分布。

（3）将先验分布和似然分布合并到一个更新后的（后验）分布中。

（4）用更新后的分布进行后期处理。将（1）中的先验分布作为每个未采样位置的每个变量的条件分布进行计算，其条件为同一类型的周围数据。这就是源于周围数据的克里格法。

将（2）中的似然分布作为每个未采样位置的每个变量的条件分布进行计算，其条件为同一位置的其他数据类型。这是通过使用协同克里格或者某种形式的多元线性回归来实现的。

更新后的分布（3）是通过将先验分布与似然分布合并而创建的。这个算法与配置协同克里格法完全相同。与协同克里格法相比，辅助数据与数据（或同一变量）的单独贡献更容易理解。

贝叶斯更新很有吸引力，因为它很简单。在有多个辅助变量可用的情况下，没有几种方法可以轻松使用。贝叶斯更新的主要步骤包括：（1）数据组合和相关性的计算；（2）利用次要数据计算似然概率；（3）计算所有变量的先验概率，将概率分布和先验分布合并为后验分布；（4）交叉验证与核对；（5）不确定度汇总及结果显示。所得的不确定性分布可用于局部不确定性的定性评价。

贝叶斯更新的结果应该用来补充传统分析。它们对次要数据如何合并在一起以预测主变量提供了量化。贝叶斯更新像所有其他的估算技术一样好用，并且不会超出已经输入到算法中的数据。

8.3.5　成分数据插值

成分数据的插值是一个多变量问题。从地质统计学角度看，协同克里格法是典型的方法。它是一个精确的线性估算，在一定条件下是无偏的，并提供了一个估算方差最小的估算。

确保这些属性为真的，条件包括：（1）域插值，$\Re^D$ 是不受约束的；（2）变量的分布是按照允许对结果进行有效解释的模型进行的，例如正态分布或对数正态分布；（3）数据是二阶平稳的。当数据分布在插值域 $\Re^D$ 中不是无约束时，并且需要进行这样的转换时，第二个条件很重要。例如，对数正态分布的数据被限制在正的实数空间中，并通过自然对数转换呈正态分布。对结果的有效解释，需要对转换空间中的估算期望值和方差进行反向转换。这两个空间的估算必须准确，最小估算方差为最佳和无偏的。

对于成分数据，协同克里格法还没有得到完善开发。大多数可用的工作都是把克里格应用到加法对数比率转化后的组合中。虽然 Aitchison、Pawlowsky-Glahn 和 Olea 都不主张对成分进行直接的统计分析，但还是提出了对成分进行直接的协同克里格法。

由 Walvoort 和 de Gruijter 所解释的克里格方法，是将协同克里格作为约束优化问题的一种重新表述。其目标是在满足以下约束的条件下使估算方差最小化。

(1) 成分分量为正值：$x^*(u_0) \geqslant 0$；

(2) 成分的性质是其值为常数：$l^T x^*(u_0) = c$；

(3) 普通克里格表达式为：$\sum \Phi_k = I$。

很难说这种方法是否提供了最佳的或正确的解决方案，但它是一种替代方法，并且具有某些优点，例如能够处理数据中的零值。

可加对数比率协同克里格法是针对可加对数比率转换后的组合而导出的。它可以应用于遵循正态、对数正态或加法逻辑分布的组合数据。该技术的缺点是缺乏对协同克里格结果的解析性反变换，从而限制了其在基本插值和映射中的应用。回顾一下加法对数比率变换及其倒数（alr^{-1}），c 是组合数据的常数和约束，$x(u) \in \mathscr{D}^D$，且 $y(u) \in \mathfrak{R}^D$。

$$\text{alr}[x(u_k)] = y(u_k) = \lg \frac{x_i(u_k)}{x_D(u_k)}, \quad i = 1, \cdots, d, \quad k = 1, \cdots, N$$

$$\text{alr}^{-1}[y(u_k)] = x(u_k)$$

$$= \left[\frac{\exp y_1(u_k)}{\sum\limits_{i=1}^{d} \exp y_i(u_k) + 1}, \cdots, \frac{\exp y_d(u_k)}{\sum\limits_{i=1}^{d} \exp y_i(u_k) + 1}, c - \sum\limits_{i=1}^{d} x_i(u_k) \right]$$

如果 x 服从可加的逻辑正态分布，则 $y = \text{alr}(x)$ 服从多元正态分布，那么就得到了 y 为最小估算方差和无偏的性质。然而，对于原始组合的估算值和方差没有解释。不存在可解析的反变换过程，即从 $E\{y(u_0)\}$ 计算 $E\{x(u_0)\}$，以及从 $Var\{y(u)\}$ 计算 $Var\{x(u_0)\}$，有些与此近似方法，但 Pawlowsky-Glahn 和 Olea 指出，尚未证实在 $\mathscr{D}^D$ 域中是否能保持对于反转值的最优条件，因为欧几里德度量不适用于单纯形空间。可加对数比率协同克里格法估算式是：

$$x^*(u_0) = \text{alr}^{-1}\left\{ c + \sum_{k=1}^{N} \Phi_k \text{alr}[X(u_k)] \right\}$$

$$y^*(u_0) = c + \sum_{k=1}^{N} \Phi_k y(u_k)$$

应用前面的方程可以得到精确的组合插值。当克里格应用于无约束数据时，出现平滑效应。对于插值组合空间中的结果，不能做出其他可靠的断言。

8.3.6 品位-厚度插值

在使用服务变量时，只要厚度和品位变量不相关，就可以独立估算所涉及的两个变量，品位×厚度和厚度的插值。如果它们相关，那么就需要某种形式的联合估算（协同克里格法）。这些变量可以用任何技术进行估算，无论是否是地质统计学方面的，但最常用的是普通克里格法。最终估算品位是将这两个估算变量相除：

$$G^*(x) = \frac{Acc^*(x)}{T^*(x)}$$

式中，$Acc^*(x)$ 为估算累积变量（品位×厚度）；$T^*(x)$ 为估算厚度；$G^*(x)$ 为最终估算品位，这个并不复杂。

然而，如果想要得到 $G^*(x)$ 的估算方差，那么就需要计算出商的估算方差。这个基本不烦琐，其详细论述可以在 Journel 和 Huijbregts 的论著中找到。最终的计算将取决于品位和厚度是否本质上是共区域化的，以及是逐块计算估算方差，还是对整个域进行全局计算。

8.4　块克里格

在采矿中，大多数被估算或模拟的变量为线性平均。这允许使用线性克里格法估算式直接获得变量 $z(\boldsymbol{u})$ 的线性平均值。一些最常见的例子是对品位的克里格块估算。上面 8.2 节已经讨论了在不同于原始样本的支撑上的估算值。

考虑一个块平均值的估算，定义如下：

$$z_v(\boldsymbol{u}) = \frac{1}{|V|} \int_{V(u)} z(\boldsymbol{u}') \cdot \mathrm{d}\boldsymbol{u}' \cong \frac{1}{N} \sum_{j=1}^{N} z(\boldsymbol{u}'_j)$$

式中，$\boldsymbol{u}'_j$ 为用来离散体积 V 的 N 个点。

对块进行克里格运算，先考虑估算各个离散点 $z(\boldsymbol{u}'_j)$，再对其求平均值，然后获得块值 $z_v(\boldsymbol{u})$。"块克里格"方程组应用一组不同的协方差值，方程组右侧的点对点协方差值被下式中的平均（点对块的）协方差值所取代：

$$\overline{C}[V(\boldsymbol{u}), \boldsymbol{u}_\alpha] = \frac{1}{|v_\alpha| \cdot |v_\beta|} \int_{v(u_\alpha)} \mathrm{d}\boldsymbol{u} \int_{v(u_\beta)} C(\boldsymbol{u} - \boldsymbol{u}') \mathrm{d}\boldsymbol{u}' \cong \frac{1}{N} \sum_{j=1}^{N} C(\boldsymbol{u}'_j - \boldsymbol{u}_\alpha)$$

式中，$V(\boldsymbol{u})$ 表示以 $\boldsymbol{u}$ 为中心的块或盘区。

对于块克里格，有时会犯两个主要的错误。

第一种情况是使用非线性平均的块克里格变量进行估算。其中大多数变量是冶金地质或地质技术变量（第 5 章），因此需要采用不同的估算策略。

第二种情况是不正确地应用非线性变换。一个常见的例子是对数正态克里格法，对数变换的平均值不是 $z(\boldsymbol{u}')$ 平均值的对数变换。因此，块估算的反对数值并不是克里格估算，而是块值 $z_v(\boldsymbol{u})$ 的有偏估算。另一个例子是指标克里格法（第 9 章）。

8.5　克里格规划

克里格规划在很大程度上决定了品位估算的质量。用于估算变量的策略对最终估算有非常重要的影响。通常比实际选择的克里格方法更有意义，这就是那些使用邻域进行局部估算的克里格变种的情况。

构成克里格规划的有几个变量和参数。克里格邻域本身是基于实际考虑而选择，并且对于不同的地质和估算邻域会有所不同。

影响邻域大小和几何形状决策的因素包括：（1）距离较近的数据会屏蔽或减弱距离较远数据的影响；（2）在长距离上的变异函数值来自模型 $\gamma(h)$ 而不是数据；（3）如果所选数据量 n 较大，用于获取克里格权值的协方差矩阵就很大，且权值本身较小，对于大多数数据值都非常相似；（4）在求解克里格方程组时，存在一些可能引起计算问题的情况。如果存在丛聚效应，则可能出现这种情况，即变异函数模型非常连续，而块金效应很小或为 0，或者在一条线上进行克里格运算。

最大搜索半径应该是变异函数模型的可靠性和有效性的极限，而不仅仅是它的变程。回想一下，带状异向性模型可以有很长的变程，它还应该与数据密度相关。根据在变异函数模型中观察到的各向异性，距离可以是各向异性的。如果允许变异函数模型的每个套合结构具有不同的各向异性，则可以针对不同的克里格通道自定义搜索邻域。

通常，邻域被划分为扇区（象限或分区），每个扇区只保留最近的数据。这样可以减少丛聚数据的影响，而有助于从协方差矩阵中的 $\bar{C}(v_i, v_j)$ 项获得效果。

另一个重要的决定是估算中将要使用的最小和最大样本数。此外，有关最少钻孔数和每个象限或分区使用的样品数的相关决策。在所使用的样品数量和条件偏差与可回采资源准确性之间的争论有直接关系。

其他执行决策，包括使用估算域之间的硬边界和软边界、是否使用多个克里格通道、使用块克里格离散化节点的数量，以及不同数据源的使用，包括辅助数据。

所有这些参数在一定程度上都可以修改，从而得到一个能够达到具体目标的资源模型。理想情况下，由于使用了某种校准程序，因此建立克里格规划的过程就成了迭代过程。可以使用的校准类型取决于所评估的矿床是否在生产中。

如果反映生产情况的数据确实可靠，最好能与以前生产情况进行比较。这些数据可能是露天矿的炮孔数据、地下矿山采场划定或品位控制资料，或供给选厂的品位和矿量。但是在所有情况下，生产数据的可靠性应该是可以证明的，因为资源储量估算应该与生产数据相吻合。在考虑生产数据的数量和位置时应该谨慎，以确保它与资源模型预测的未来开采相适应。

如果没有可用的生产数据，则需要使用验证和一些主观标准来定义克里格规划。这一过程仍然是迭代的，但有一些问题，比如全局性解丛聚均值的重新产生、平滑和贫化、替代模型的行为、以前的资源模型、横跨接触带的品位剖面等。这些都是第 11 章所讨论的资源模型验证过程的内容。

8.6　最低标准、良好实践和最佳实践的总结

除了关于对演示和块模型报告的一些一般性评述外，本节还将详细介绍在获取和处理矿石资源模型时所考虑的最低标准、良好实践和最佳实践。

应该对所获得的估算值进行彻底检查和验证，如第11章所详细描述的内容，其中归纳了模型检查和验证的最低标准、良好实践和最佳实践。除了其他的评述外，对于模型是否可以被认为是"可回采的"或者是被彻底贫化的，这些检查应该形成一个说明。假设所有检查都表明该模型是可接受的，则需要考虑其他方面。

一个重要的考虑是资源模式向开采规划的报告和传输。重要的是要交流模型的技术特征、所包括的贫化来源和数量，以及所有变量的建模方法。

根据每个域的地质特征和统计特征，最低标准实践由每个估算域的文档记录参数组成，包括特定的克里格规划和使用特定的变异函数模型。所选择的克里格法应提供清楚的文件和证明，以及基本检查，见第11章相应部分。模型的报告应通过采矿阶段、开采台阶或任何其他适当的体积，从全局角度清楚地说明矿石资源的估算情况。品位-吨位曲线应清晰，并应包括所有相关的经济边际品位和所估算的变量。作为模型局限性的一部分，应对不确定性作出主观表述。应编制一份详细记录所有相关情况的报告，包括改进建议。

除了上述以外，良好实践需要对估算数提出更详细的理由陈述。如果可能的话，通常还需要根据过去的生产情况进行一定程度的校准。至少，资源模型应该能够在合理的范围内重现过去的生产情况。

应该清楚地说明采用克里格规划的理由，以及可能执行的不同估算运行和迭代的"历史"。应该根据第11章中描述的细节，彻底检查模型中所涉及的所有变量。还应该与以前的模型和备选模型进行比较，并解释所有的差异是否是由于增量数据，或是由于方法上的差异。除了标准的资源分类方案外，还应包括潜在的风险区域和全局不确定性的度量。文档追踪应该完善充分，并清楚地说明有关模型的假设和感知到的模型局限。作为建议的风险减轻计划的一部分内容，还应该包括对今后工作的建议。

最佳实践包括使用替代模型来检查预期的最终资源模型的结果。与估算方法的选择、所用参数、所用的数据选择相关的所有问题，都应明确说明并加以证明。应该用一切可能的生产和校准数据，来指示模型是否按预期执行，可能还应包括用模拟模型来校准可回采资源模型。对估算的验证应包括校准数据的验证。模型应充分贫化，并应定量描述所包括的不同贫化类型的量值。应按照第11章所详述情况，执行全面检查和验证并形成文件。模型报告应该完善，包括所有矿带、估算域、变量及被认为与模型相关的各方面。模型的文档也应该是完整的，

并且应该包括便于局外人了解的最好的可视化工具。应详细处理所有风险问题，并尽可能予以量化。这通常需要执行一个或多个模拟研究。

8.7 练习

本练习的目的是回顾克里格法的理论和实践。可能需要一些特定的地质统计学软件。该功能在不同的公共领域或商用软件中可能有。请在开始练习前取得所需的软件。数据文件可以从作者的网站下载——搜索引擎会显示下载位置。

8.7.1 第一部分：克里格理论

Q1 根据协方差推导估算方差。解释一下在推导过程中平稳性假设的由来。

Q2 涉及权系数通过对估算方差求导数，得到简单的克里格方程。解释为什么克里格法的权重不依赖于数据值及其重要性。解释为什么克里格是无偏的且准确的。

Q3 未采样点的简单克里格法估算值与克里格法所用数据值的协方差，即克里格所用的协方差模型是正确的，请证明这个结果。证明这一结果不适用于普通克里格法或泛克里格法。普通克里格法的协方差是过高还是过低？

Q4 求出克里格法估算的方差 $Var\{Y^*(\boldsymbol{u})\}$，并用克里格方差表示结果。评价这一结果相对于克里格平滑性的重要性。

8.7.2 第二部分：手算克里格习题

考虑图 8.5 的配置。总平均值为 1.3，方差为 0.2，设各向同性协方差函数 $C(h) = \exp(-3h/275)$，计算未采样点的简单克里格估值。

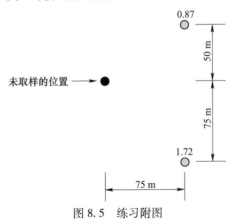

图 8.5 练习附图

8.7.3 第三部分：条件偏差

克里格法的一个严重问题是条件偏差。使用数据库 largedata. dat，在交叉验证模式下进行条件偏差实验。

Q1　设置对数据库 largedata. dat 的交叉验证。考虑搜索半径等于变异函数变程的普通克里格法。在 2 和 40 之间改变数据数量（考虑 2、4、8、16 和 40），绘制真实值对估算值的散点图，拟合线性回归线，绘制回归线对克里格所用数据量的斜率。对结果予以评述。

Q2　为 Q1 的分布绘制品位吨位曲线，并从体积差异（如果这些结果是可用的）中观察哪一个与品位吨位曲线最接近。对这一程序在实践中的应用予以评述。

8.7.4　第四部分：用克里格法建立一个网格

Q1　利用数据库 largedata. dat 建立一个适当的网格。用离散度为 $1\times1\times1$ 的平稳简单克里格法创建一个 3D 模型（这是最接近模拟中发生的情况）。

Q2　评价克里格法的结果：（1）绘制几个剖面或者进行三维可视化，以检查图件看起来是否合理，以及原始数据在其位置的复制情况；（2）将估算直方图与原始数据比较；（3）将估算变异函数与原始数据进行比较。在这些估算中，许多必须在岩石类型的基础上进行。对结果予以评述。

Q3　用普通克里格法建立一个模型，并将结果与初始的简单克里格模型进行比较。研究块估算的可变性如何依赖于所使用的数据的数量（特别是数据量少的情况，比如 4 个）。

Q4　通过将单元格离散化到至少 9 个点，用块克里格法创建一个模型。保持所有其他参数与建立的运行模型是可比的。对结果予以评述。

参 考 文 献

[1] Aitchison J（1986）The statistical analysis of compositional data：monographs on statistics and applied probability. Chapman and Hall，London，p 416

[2] Baafi EY，Kim YC（1982）Comparison of different ore reserve estimation methods using conditional simulation. AIME annual meeting，Preprint，pp 82-94

[3] Boyle C（2010）Kriging neighbourhood analysis by slope of regression and weight of mean—evaluation with the Jura data set. Min Technol 119（2）：49-58

[4] Chilès JP Delfiner P（2011）Geostatistics：Modeling spatial uncertainty，2nd ed. Wiley Series in Probability and Statistics，New York，p 695

[5] Delfiner P（1976）Linear estimation of non-stationary spatial phenomena. In：Guarascio M，David M，Huijbregts CJ（eds）Advanced geostatistics in the mining industry. Reidel，Dordrecht，pp 49-68

[6] Deutsch CV（1994）Kriging with strings of data. Math Geol 26（5）：623- 638（November）

[7] Deutsch CV（1996）Correcting for negative weights in ordinary kriging. Comp Geosci 22（7）：765-773

［8］ Deutsch CV （2002） Geostatistical reservoir modeling. Oxford University Press, New York, p 376

［9］ Deustch CV, Journel AG （1997） GSLIB: Geostatistical software library and user's guide, 2nd edn. Oxford University Press, New York, p 369

［10］ Dominy SC, Noppé MA, Annels AE （2002） Errors and uncertainty in mineral resource and ore reserve estimation: the importance of getting it right. Explor Min Geol 11: 77-98

［11］ Goovaerts P （1997） Geostatistics for natural resources evaluation. Oxford University Press, New York, p 483

［12］ Guertin K （1984） Correcting conditional bias in ore reserve estimation. PhD Thesis, Stanford University

［13］ Isaaks EH （2004） The kriging oxymoron: A conditionally unbiased and accurate predictor, 2nd edn. In: Proceedings of geostatistics banff 2004, 1: 363-374, Springer 2005

［14］ Isaaks EH, Srivastava RM （1989） An introduction to applied geostatistics. Oxford University Press, New York, p 561

［15］ Journel AG, Huijbregts ChJ （1978） Mining geostatistics. Academic Press, New York

［16］ Journel AG, Rossi ME （1989） When do we need a trend model? Math Geol 22 （8）: 715-738

［17］ Kalman RE （1960） A new approach to linear filtering and prediction problems. Trans ASME, Ser D: J Bas Eng 82, 35. 45

［18］ Knudsen HP （1990） Computerized conventional ore reserve methods. In: Kennedy BA （ed） Surface mining, 2nd ed. SME, Littleton, pp 293-300

［19］ Knudsen HP, Kim YC, Mueller E （1978） A comparative study of the geostatistical ore reserve estimation method over the conventional methods. Mining Eng 30: 54-58

［20］ Krige DG （1994） A basic perspective on the roles of classical statistics, data search routines, conditional biases and information and smoothing effects in ore block valuations. Conference on mining geostatistics, Kruger National Park

［21］ Krige DG （1996） A Practical analysis of the effects of spatial structure and data available and used. In: Conditional biases in ordinary kriging. Fifth international geostatistics congress, Wollongong

［22］ Krige DG （1999） Conditional bias and uncertainty of estimation in geostatistics. Keynote address for APCOM'99 international symposium, Colorado School of Mines, Golden, October, 1999

［23］ Luenberger DL （1969） Optimization by vector space methods. Wiley, New York, p 326

［24］ Martin-Fernandez JA, Olea-Meneses RA, Pawlowsky-Glahn V （2001） Criteria to compare estimation methods of regionalized compositions. Math Geol 33 （8）: 889-909

［25］ Matheron G （1971） The theory of regionalized variables and its applications. Fasc. 5, Paris School of Mines, Paris, p 212

［26］ Matheron G （1973） The intrinsic random functions and their applications. Adv Appl Probab 5: 439-468

[27] McLennan JA, Deutsch CV (2004) Conditional non-bias of geostatistcal simulation for estimation of recoverable reserves. CIM bulletin, 97

[28] Pan G (1998) Smoothing effect, conditional bias, and recoverable reserves; Can Inst Min Metall Bull 91 (1019): 81-86

[29] Pawlowsky V (1989) Cokriging of regionalized compositions. Math Geol 21 (5): 513-521

[30] Pawlowsky V, Olea RA, Davis JC (1995) Estimation of regionalized compositions: A comparison of three methods. Math Geol 27 (1): 105-127

[31] Pawlowsky-Glahn V, Olea RA (2004) Geostatistical analysis of compositional data. Oxford University Press, New York, p 304

[32] Popoff CC (1966) Computing reserves of mineral deposits: Principles and conventional methods. Information Circular 8283, US Bureau of Mines

[33] Readdy LA, Bolin DS, Mathieson GA (1982) Ore reserve calculation. In: Hustrulid WA (ed) Underground mining methods handbook. AIME, New York, pp 17-38

[34] Rivoirard J (1987) Two key parameters when choosing the kriging neighborhood. Math Geol 19 (8): 851-856

[35] Sinclair AJ, Blackwell GH (2002) Applied mineral inventory estimation. Cambridge University Press, New York, p 381

[36] Srivastava RM (1987) Minimum variance or maximum profitability. CIMM 80 (901): 63-68

[37] Stone JG, Dunn PG (1996) Ore reserve estimates in the real world. Society of Economic Geologists, Special publication 3: 150

[38] Vann J, Jackson S, Bertoli O (2003) Quantitative kriging neighbourhood analysis for the mining geologist—a description of the method with worked case examples. In: 5 th international mining geology conference, Bedigo, 17-19 November, 2003 (8): 215-223

[39] Walvoort DJJ, de Gruijter JJ (2001) Compositional kriging: a spatial interpolation method for compositional data. Math Geol 33 (8): 951-966

[40] Zhu H (1991) Modeling mixtures of spatial distributions with integration of soft data. Ph. D. Thesis, Stanford University, Stanford

9 可回采资源：概率估算

摘　要　传统的距离反比法或克里格法所作的块估算没有附加对不确定性的可靠度量。本章提出的方法就是要根据概率分布模型，对采区品位的变化/不确定性进行直接预测。对支持这些模型的限定和假设，以及关于点分布和块分布估算的一些最重要的问题予以总结。

9.1 条件分布

条件概率函数可以代替单点品位或块品位的估算。解释原始数据旨在提供一个条件分布函数，该条件分布函数要在局部更新，以获得每个未采样点/块位置的后验概率分布函数。这个函数可表示为一个累积条件分布函数（ccdf），并描述估算的可能取值范围。累积条件分布函数表达式为：

$$F[Z, u|(n)] = \text{Prob}\{Z(u) \leq z|(n)\}$$

式中，$|(n)$ 为对用于导出累积条件分布函数的邻近信息的所需条件。此函数包含关于未知位置的所有可用信息。

可提取的基本分布参数为：E 型或平均估算值、品位超过临界阈值的概率、品位在某些阈值内的概率等。

非线性变换：了解概率函数估算方法的第一步是了解非线性地质统计学。所有的非线性克里格算法实际上都是应用于原始数据的特定非线性变换的线性克里格（SK 或 OK）。所使用的非线性变换指定了所考虑的非线性克里格算法。由于这些变换，这些算法又被划分为参数方法或非参数方法。

（1）建立概率模型的参数化方法是在地质统计学的早期发展起来的。这些方法基于假设随机函数模型 $Z(u)$，$u \in A$，为多元或双变量分布。这个假设要求所有的累积条件分布函数完全由有限数量的参数所确定。

最常用的参数化方法是基于高斯的方法，其中对数正态变换可以认为是一种特例。由于高斯分布的独特之处是它的均值和方差，确定累积条件分布函数模型概率 $\text{Prob}\{Z(u) \leq z|(n)\}$ 的问题，就变成了估算模型两个参数的问题。具体例子是多元高斯克里格法、析取克里格、统一调节法和对数正态克里格。参数方法的限制在于，确立模型适当性的限制与估算其参数的限制一样多。

（2）非参数变换源于对分布不做强制单变量假设的方法。相反，他们是直接对函数 $\text{Prob}\{Z(\boldsymbol{u}) \leqslant z \mid (n)\}$ 估算出一系列概率值，然后将这些值插入以获得完整的累积条件分布函数。所有指示克里格法的变种都属于这一类，包括概率克里格法。

非参数方法在很大程度上依赖于可用数据的数量和质量。建模过程比较耗时，因为它需要更多空间连续性模型的推断。在平稳域内必须有足够的信息，才能实现稳健可靠的非参数估算。

9.2　基于高斯的克里格法

高斯方法的流行源于它的简单、多元高斯分布的性质，以及它能产生可接受的估算。虽然高斯分布的某些特性表明其存在明显的缺陷，但它的简单性和易用性使得基于高斯的概率估算和模拟非常受欢迎。多元高斯随机函数的一些便捷性质，在第 2 章已作讨论。

高斯方法属于最大熵方法，在某种意义上，对于给定的均值和方差，分布将倾向于产生尽可能无组织的估算。这意味着，在极值的连通性高（低熵）的情况下，高斯方法不会重现这种连通性。大多数矿床的地质特征是构造性的，这反映在典型地质学家的解释、地质模型和矿床成因理论中。

通过分析多元高斯随机函数的指示变异函数，可以更好地理解其最大熵或解构效应。可以看出，对于 $y_p \to 0$，$y_p \to 1$ 或 $y_p^2 \to \infty$，两点累积分布函数趋于独立。因此，指示变异函数趋于其理论基台 $\sigma^2 = p \cdot (1 - p)$，其中 p 是对于指示变换的累积分布函数值。

高斯方法的另一个重要属性是同方差性，这意味着条件方差 $\sigma_{\text{K}}^2(\boldsymbol{u})$ 并不依赖于实际数据的值。这在统计世界里是一个不寻常的性质，因为其他随机函数都没有这种性质。在实践中获知许多变量是异方差的，这证明了前面讨论的比例效应。在将数据转化为高斯分布时，消除了方差对数据值的依赖性。

如果开发条件模拟（第 10 章），反向转换将延迟到模拟完成之后。然而，在估算 $Z(\boldsymbol{u})$ 的条件分布时，必须进行还原转换，比例效应和其他特性可能无法在估算中充分反映出来。还原转换对高斯单位中条件分布的方差 $\sigma_y^2(\boldsymbol{u})$ 相当敏感，这使得 Z-估算可能会不稳定。有一些程序可以用来减弱这种影响，但是它们也有局限性。

9.2.1　多元高斯克里格

多元高斯随机函数模型是应用最广泛的参数模型。多元高斯克里格法很直接。如果作出了高斯假设，正态分数数据的简单克里格估算值 $y_{\text{SK}}^*(\boldsymbol{u})$ 和简单克里格方差 $\sigma_{\text{SK}}^2(\boldsymbol{u})$，就是条件高斯分布频率的参数。

由样品正态分数协方差建立的协方差模型，必须用于多元高斯克里格法系统，否则就与第 8 章描述的方程组相同。在估算了这两个参数后，使用以下方法对整个累积条件分布函数进行建模：

$$\{G[\boldsymbol{u}\,;\,|y|(n)]\}_{\mathrm{SK}}^{*} = G\left[\frac{y - y_{\mathrm{SK}}^{*}(\boldsymbol{u})}{\sigma_{\mathrm{SK}}(\boldsymbol{u})}\right]$$

多元高斯简单克里格法估算要求严格的平稳性，即在整个域和所有可能的子域上的每个位置有个已知的平均值。

多元高斯也可以使用普通克里格法和趋势克里格法作为准平稳或非平稳域的选项来实现。这是通过简单使用正态分数数据上的普通克里格或趋势克里格算法（在其任何变种中）来实现的。然而，对于所估算的高斯分布，普通克里格或趋势克里格系统的克里格方差不再是正确方差。只有简单克里格方差在理论上是正确的。所有其他的方差，因为它们来自约束系统，将倾向于扩大估算的高斯分布的方差。这种膨胀的方差可能导致反向转换估算的偏差。因此，必须对普通克里格和趋势克里格的方差进行修正，以解决这种差异。

趋势克里格法的另一种方法是先对原始数据 z 进行去趋势处理，然后用正态分数对残差进行变换。残差被假定是严格平稳的，均值为 0，因此多元高斯和简单克里格法可以更稳健地应用。然而，多元高斯估算分布仍然依赖于去趋势过程的有效性。

9.2.2　统一调节法

统一调节法（UC）是一种用于估算采矿盘区可回采资源储量的高斯方法。该方法需要盘区估算和改变支撑模型。假设盘区品位已知，则可以利用二元高斯模型建立盘区内选别开采单元的分布。之所以出现统一调节法这个名称，是因为要假定可回采资源储量的估算，对于每个盘区品位都要调整为相同的数据配置。

这个理念就是估算一个比选别开采单元大得多的盘区。盘区的大小是基于在盘区内要拟合数目合理的选别开采单元，通常不考虑钻孔间距。然而，通常使用实际钻孔间距或稍大的钻孔间距。盘区品位的估算应尽量没有不确定性。图 9.1 显示了统一调节法所考虑的尺度示意图。

最早提到统一调节法的是 Matheron，见参考文献 [22]，此外，也可参阅参考文献 [2]、[9]、[26]~[28]、[33]。一般来说，关于统一调节法的理论和实践的详细参考文献发表较少。由于其简单性和在商业软件中的可用性，该方法得到了一定程度的普及。下面的描述是基于 Neufeld 所做的最新汇编。

完成统一调节需要 6 个基本步骤：估算盘区的品位、将离散高斯模型（DGM）与数据拟合、确定选别开采单元和盘区大小的块的支撑系数的变化、利用盘区变形函数将 $Z^{*}(V)$ 盘区估算值变换为高斯变量 $Y^{*}(V)$、利用选别开采单

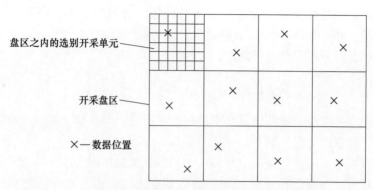

图 9.1 统一调节法设置示意图。请注意有三种重要的支撑尺寸：
数据、选别开采单元和盘区

元变形函数将边际品位 $Z_c(v)$ 转换为 $Y_c(v)$、计算高于每个边际品位的金属量的比例和数量。

（1）在统一调节法中第一步是估算盘区品位。最常用的是普通克里格法，统一调节依赖于对盘区品位的稳健估算。此外，盘区品位估算必须一致地稳健，也就是说，具有几乎相同的数据量。之所以使用大盘区，是因为对于较大的盘区，块克里格的盘区品位更稳健。此外，在统一调节法中，选别开采单元被视为是对较大盘区的离散，应该有足够的单元数量。原始品位单元中的普通克里格法是最常用的选择，尽管盘区品位也可以直接用高斯单位进行估算，参见参考文献[8]。必须首先选定盘区和选别开采单元的大小，才能完成盘区的普通克里格。此外，必须获得品位定向变异函数和相应的 $\gamma_Z(\boldsymbol{h})$ 模型。虽然不是必需的，但通常的做法是将块（盘区）克里格的离散化设置为盘区内的选别开采单元的解析度。

（2）第二步是将离散高斯模型（DGM）与点标度数据相拟合，点标度数据用于执行从样品支撑到更大的盘区以及选别开采单元尺寸块的支撑变化。离散高斯模型在第 7 章中有描述，也可以在一些参考文献中找到，例如参考文献[15]。图 9.2 为高斯变形的图形表示。

（3）应用离散高斯模型，以获得选别开采单元块尺寸的变形函数。使用相应于较大盘区尺寸 V 的系数 γ'，重复同样的步骤，计算对于盘区大小块支持度下的变化情况。通过变异函数模型计算出的盘区离散方差，提供了用于获得 γ' 的理论方差。

在解出如下等式中的 γ' 之后，才能求得盘区方差：

$$\sigma_V^2 = \sum_{p=1}^{n} (\gamma')^{2p} \phi_p^2$$

可以看出，双高斯分布 $[Y(v), Y(V)]$ 的相关系数为：

$$\rho(v, V) = \frac{\gamma'}{\gamma}$$

图 9.3 显示了盘区和选别开采单元品位的变形转换。

（4）第四步是利用盘区变形方程将估算的盘区品位转换为高斯单位。

（5）第五步是使用建模的选别开采单元变形值将边际品位转换为高斯值。在双变量正态假设下，了解高斯盘区品位有助于计算条件选别开采单元分布的均

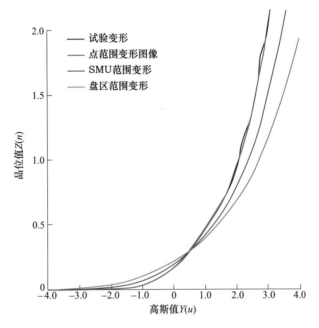

图 9.2 高斯变形和品位变换

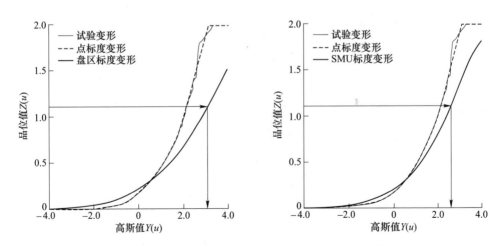

图 9.3 盘区品位（左）和选别开采单元品位（右）向高斯单位的转换

值和方差。对于这种转换，使用了选别开采单元变形。

（6）最后，计算出条件选别开采单元分布的比例和高于边际品位的品位。如果已知盘区品位，则可以计算出该盘区内的选别开采单元分布，选别开采单元的平均值就是所估算盘区的品位，高斯单位的方差是基于支撑系数的变化。对于盘区品位 $y(V)$，该盘区内的选别开采单元的均值和方差为：

$$E\{y(v)\} = \frac{\gamma'}{\gamma} \cdot y(V) ; \quad Var\{y(v)\} = 1 - \left(\frac{\gamma'}{\gamma}\right)^2$$

利用双变量高斯假设和变形函数可以方便地计算可回采资源。考虑图 9.4，其中显示了盘区估算值和选别开采单元分布。可回采资源被作为一种边际品位统计进行评估，即选别开采单元的边际品位 $Y_c(v)$。

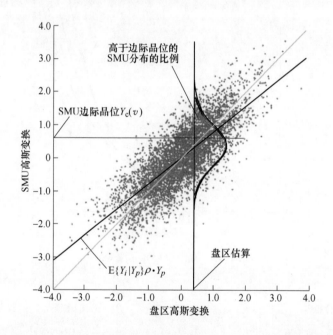

图 9.4　盘区品位（左）和选别开采单元（右）转换为高斯单位。
此图改编自 Isatis 的《用户手册》

高于边际品位的矿量（或比例）可计算为：

$$P(z_c) = P[z(v) \geqslant z_c | z(V)] = P[y(v) \geqslant y_c | y(V)] = 1 - G\left[\frac{y_c - \left(\frac{\gamma'}{\gamma}\right) y(V)}{\sqrt{1 - \left(\frac{\gamma'}{\gamma}\right)^2}}\right]$$

金属量和平均品位可以用两种不同的方式计算，其结果非常近似。

（1）通过合并边际品位以上的条件分布：

$$Q(z_c) = \int_{y_c}^{\infty} \Phi_v[y(v)] \cdot g[Y(v)] | Y(V) \cdot dy(v)$$

（2）通过使用拟合的埃尔米特多项式，请参阅参考文献［26］。

高于边际品位的最终品位很简单，即 $M(z_c) = \dfrac{Q(z_c)}{P(z_c)}$。在实践中，为了避免虚假的结果，仅当 $P(z_c)$ 大于1%时才考虑。

统一调节法基于几个重要的假设：（1）高斯变换点数据、选别开采单元和盘区都是双变量正态的；（2）选别开采单元的支持模型的变化可以扩展到盘区，这是其他支持模型变化的共同假设。

统一调节法至少有两个重要的限制。首先，对于高品位或低品位选别开采单元在盘区内的位置，它没有提供任何信息，这种信息对大多数矿山规划是方便的。这不是一个理论上的限制，因为它是统一调节法基本前提的一部分。盘区品位可以可靠地预测，但选别开采单元品位不能。但这是一个重大的实践限制，因为矿山规划者需要选别开采单元的位置来计算可回采储量。这是尚未解决的最重要的实际问题。

第二个重要的限制是，不管周围的数据如何，具有相同估算值的盘区将具有相同的品位和比例曲线。周围的钻孔样本用于估算盘区的品位，但它们不用于确定选别开采单元分布。例如，考虑两个盘区估算值，一个盘区位于均质区域，其周围样品的所有值都相同，而另一个盘区周围的样本具有相同的估算平均值，但差异很大。当盘区估算值相同时，可回采储量估算值也相同。这一限制意味着，尽管使用了普通克里格来估算盘区品位，但与其他方法相比，统一调节法对偏离平稳性更敏感。

因此，统一调节法只建议在项目开发的早期阶段使用。当数据均匀稀疏且选别开采单元块不能进行可靠估算时，统一调节法是有用的。在勘探钻孔孔距大的情况下，其他直接估算较小块的估算方法被认为是不可靠的。当有足够的加密钻孔或是一个生产矿山时，其他方法可能会得出更好的局部估算结果。

9.2.3 析取克里格法

析取克里格（DK）是由 Matheron 提出的。该方法也依赖于双高斯假设，使用埃尔米特多项式将原始数据转换为可加函数。其目的是评估任何尺寸块体的可回采品位和高于边际品位的矿量。

该方法是将变量分解成一组不相关的正交因子，通过对各分量的简单克里格（SK）求出各正交因子的最优解。

这是一种涉及数学的方法，这里不作详细说明，可参阅参考文献［1］［2］［27］。另外，Kumar 的论著中有一个易读的总结。这种方法在矿业上只有很少的应用，其最大的缺点是理论上的复杂性。同时，由于析取克里格高度依赖于平稳性，因为它需要理论上正确的简单克里格法，所以估算对平稳性假设非常敏感。经验表明，估算值趋向于非常平滑，在平均值附近几乎没有什么变化。

9.2.4　多元高斯假设检验

正态分数变换（或其等效变形）确保了单点分布是高斯分布，这是证明一个随机函数模型是多元高斯的必要条件，但不是充分条件。在理论上，应该检查两点、三点和一般 n 点分布的正态性。

两点统计可以从数据中推断出来，而三点及更高阶的统计很难得到。存在相应的解析表达式，但稀疏数据和不规则网格不允许从取样值进行推断。此外，多元高斯假设的实际意义是有限的，因为多元高斯的绝大多数应用是双变量的。在实际应用中，仅对两点分布进行双正态性检验，如果双高斯假设成立，则采用多元高斯形式。

检验两点分布的高斯性，意味着检验由任意向量 $\boldsymbol{h}$ 所分隔的任意一组样本对的试验累积分布函数值是否符合理论的高斯分布。在实际中，将相应的 p 分位数 $y_p = y_p'$ 进行比较，从而使两点高斯分布变为：

$$G(\boldsymbol{h};y_p) = \mathrm{Prob}\{Y(\boldsymbol{u}) \leqslant y_p, Y(\boldsymbol{u} + \boldsymbol{h}) \leqslant y_p\} = p^2 + \frac{1}{2\pi}\int_0^{\arcsin C_Y(\boldsymbol{h})} \exp\left(\frac{-y_p^2}{1 + \sin\theta}\right) \mathrm{d}\theta$$

$$(9.1)$$

完成实际检查过程所需的步骤如下。

（1）计算正态分数数据的变异函数 $P_Y(\boldsymbol{h})$ 并建模，并从此得到方差模型 $C_Y(\boldsymbol{h})$。

（2）回顾两点高斯累积分布函数 $G(\boldsymbol{h}; y_p)$ 是阈值 y_p 的非置中指示协方差（第6章）。然后，对一系列 p 分位数 y_p 值求解［式（9.1）］，则可得到相应的指示变异函数：

$$\gamma_I(\boldsymbol{h};y_p) = p - G(\boldsymbol{h};y_p)$$

在本例中，如果 $Y(\boldsymbol{u}) \leqslant y_p$，则指示函数定义为 $I(\boldsymbol{u}; y_p = 1)$，否则为 0。

（3）对于相同的 p 分位数，算出正态得分数据的实验指示变异函数 $\hat{\gamma}_I(\boldsymbol{h}; y_p)$。

（4）通过图形对试验获得的指示变异函数 $\hat{\gamma}_I(\boldsymbol{h}; y_p)$ 和高斯理论推导 $\hat{\gamma}_I(\boldsymbol{h}; y_p)$ 进行比较。根据比较质量，双高斯假设可能被拒绝或接受。

另一项检查是验证指示空间相关性的模式相对于 p 分位数是否对称，即，$\gamma_I(\boldsymbol{h}; y_p) = \gamma_I(\boldsymbol{h}; y_p')$，其中 $p' = 1 - p$。p 和 p' 的正态分数数据的试验指示变异函数应匹配良好。此检查并不常见，因为很难评估差异是否显著。

9.3 对数正态克里格法

如果平稳多变量随机函数假设为对数正态，就会发现一个特殊情况。在这种情况下，随机函数 $Y(\boldsymbol{u}) = \ln Z(\boldsymbol{u})$ 具有一个多元高斯分布，其均值为 m'，协方差为 $C'(\boldsymbol{h})$，方差为 $\sigma'^2 = C'(0)$。算术矩与对数矩之间的关系为：

$$m = \mathrm{e}^{m' + \sigma'^2/2}$$

$$C(\boldsymbol{h}) = m^2(\mathrm{e}^{c(\boldsymbol{h})} - 1) \Rightarrow \sigma^2 = m^2(\mathrm{e}^{\sigma'^2} - 1)$$

在这一方法的实施中，对原始数据进行对数转换 $y(\boldsymbol{u}) = \ln z(\boldsymbol{u})$。变量 $z(\boldsymbol{u})$ 必须绝对为正值。对数数据的简单克里格法或普通克里格法得出对 $\ln z(\boldsymbol{u})$ 的 $y^*(\boldsymbol{u})$ 估算。不幸的是，对 $\ln z(\boldsymbol{u})$ 的一个良好估算，对 $z[\boldsymbol{u}]$ 不一定是很好的，特别是反对数逆变换 $\mathrm{e}^{y^*(\boldsymbol{u})}$ 是 $z[\boldsymbol{u}]$ 的一个有偏估算量，这可以从上面的关系推导出来。简单对数正态克里格估算 $y^*(\boldsymbol{u})$ 的无偏逆变换实际上为：

$$z^*(\boldsymbol{u}) = \mathrm{e}^{[y^*(\boldsymbol{u}) + \sigma_{\mathrm{SK}}^2(\boldsymbol{u})/2]}$$

式中，$\sigma_{\mathrm{SK}}^2(\boldsymbol{u})$ 为简单对数正态克里格方差。

在实践中，理论上的无偏估算 $z^*(\boldsymbol{u})$ 常常与期望值 m 不同。这是由于逆变换中涉及的求幂运算。这是个特别的问题，因为它明显放大在对数正态估算 $y(\boldsymbol{u})$ 或其简单克里格方差 $\sigma_{\mathrm{SK}}^2(\boldsymbol{u})$ 估算中的任何错误。

另一个常见的问题是估算值随着克里格方差的增大而增大。这是一个严重的问题，因为较高的克里格方差对应于样品稀少的区域，因此它会导致估算值被高估。其中，在 1980 年内华达北部（美国）的几个金矿，这个问题至关重要，因为预测的品位在远离主矿化带的地方增加了。在许多其他类型的矿床，如斑岩铜矿床中，也可以用这种方法产生类似的人为品位趋势。

这种对逆变换的极端敏感性，解释了对数正态克里格不再被使用的原因。该方法已被其他高斯方法或指示克里格方法所取代。虽然有例外，但对数正态克里格法的使用主要限于南非，因为该方法最初是在南非发展起来的。

9.4 指示克里格法

基于指示克里格的估算方法是非参数的，因为它们没有对估算的分布做任何的事先假设。该方法的目的不是估算某一假定分布的参数，而是直接估算分布本身。

将原始 $Z(\boldsymbol{u})$ 变量的二值变换定义为：

$$I(\boldsymbol{u}; z_k) = \begin{cases} 1, Z(\boldsymbol{u}) \leqslant z_k \\ 0, Z(\boldsymbol{u}) > z_k \end{cases} \tag{9.2}$$

指示形式是将连续变量 z 用 K 个阈值 z_k 离散化，$k = 1, \cdots, K$。n 个样本在平稳域内的试验累积分布函数被认为是先验分布，可以通过等权平均得到：

$$F(\boldsymbol{u};z_k) = \mathrm{Prob}\{Z(\boldsymbol{u}) \leqslant z_k\} = \frac{1}{n}\sum_{\alpha=1}^{n} i(\boldsymbol{u}_a;z_k)$$

这就是低于边际品位 z_k 的样品 $z(\boldsymbol{u}_\alpha)$ 的比例。在此先验累积分布频率下，可以对样本进行加权以考虑空间丛聚效应情况。随机变量指数 $I(\boldsymbol{u};z_k)$ 只有两种可能的结果，即 1 或 0。因此，根据期望值的定义：

$$E\{I(\boldsymbol{u};z_k)\} = 1 \times \mathrm{Prob}\{I(\boldsymbol{u};z_k)=1\} + 0 \times \mathrm{Prob}\{I(\boldsymbol{u};z_k)=0\} = E\{I(\boldsymbol{u};z_k)\}$$
$$= 1 \times \mathrm{Prob}\{I(\boldsymbol{u};z_k)=1\} = \mathrm{Prob}\{Z(\boldsymbol{u}) \leqslant z_k\}$$

这些关系仍然适用于条件期望，如：

$$E\{I(\boldsymbol{u};z_k) = \mathrm{Prob}\{Z(\boldsymbol{u}) \leqslant z_k|(n)\} = F[\boldsymbol{u};z_k|(n)]$$

实际结果表明，通过 K 指示克里格估算，可以建立一个条件性累积分布函数。该条件累积分布函数为非采样值 $z(\boldsymbol{u})$ 的不确定性提供了一个概率模型。

$$[i(\boldsymbol{u};z_k)]^* = E\{I(\boldsymbol{u};z_k)|(n)\}^* = \mathrm{Prob}^*\{Z(\boldsymbol{u}) \leqslant z_k|(n)\}$$

它可以通过加权线性平均获得。通过对指示数据的克里格系统，给出如下最优权值：

$$E\{I(\boldsymbol{u};z_k)|(n)\}^* = [i(\boldsymbol{u};z_k)]^* = \sum_{\alpha=1}^{n} \lambda_\alpha(\boldsymbol{u};z_k) i(\boldsymbol{u}_\alpha;z_k)$$

由于使用了多个阈值 k，这通常称为多重指示克里格法（MIK）。权重和累积条件分布函数 $(\boldsymbol{u};z_k)$ 依赖于位置和阈值 z_k 的数量，$k=1,\cdots,K$。因此，对于每个阈值都有一个指示变异函数 $\gamma_I(\boldsymbol{u};z_k)$ 和一个克里格方程组。虽然推断更耗时，但灵活性更大，而且对任何类型的分布不作预先假设。

指示值方法的另一个优点是不需要逆变换，因为使用指示值变量可以直接得到随机变量 $Z(\boldsymbol{u})$ 的累积条件分布函数模型。指示克里格方法的另一个重要方面是它可以同样应用于连续变量或分类变量。在接下来的内容中，对连续变量的引述也适用于分类变量。

对于指示克里格法的挑战包括：（1）分布细节的推断，尤其是高于克里格中采用的最高阈值的情况；（2）推断所有必需参数如变异函数需要更大的努力；（3）在高阶分布（>2）的情况下，因为取平均所致的不可避免的多元高斯性质；（4）概率或光滑估算量的实际应用。

9.4.1　数据集成

指示值形式允许更直接地集成不同的数据类型。有四种数据类型可用于指示值编码。

第一种类型是来源于局部硬数据 $z(\boldsymbol{u}_\alpha)$ 的局部硬指示数据 $i(\boldsymbol{u}_\alpha;z)$，如式（9.2）。

第二种类型是局部硬数据指示 $j(\boldsymbol{u}_\alpha;z)$，来自辅助信息，这些信息提供约束

局部值 $z(\boldsymbol{u}_\alpha)$ 的硬不等式。如果 $z(\boldsymbol{u}_\alpha) \in [a_\alpha; b_\alpha]$，则：

$$j(\boldsymbol{u}_\alpha; Z) = \begin{cases} 0, & z \leqslant a_\alpha \\ \text{丢失}, z(\boldsymbol{u}_\alpha) \in [a_\alpha; b_\alpha] \\ 1, & z > b_\alpha \end{cases}$$

第三种类型是软指示数据 $y(\boldsymbol{u}_\alpha; z)$ 的编码，来自提供 $z(\boldsymbol{u}_\alpha)$ 值先验概率的辅助信息：

$$y(\boldsymbol{u}_\alpha; z) = \mathrm{Prob}\{Z(\boldsymbol{u}_\alpha) \leqslant z | \text{本地信息}\} \in [0, 1]$$

第四类编码是全局先验信息，它是平稳区域内所有位置 $\boldsymbol{u}$ 的公共先验信息：

$$F(z) = \mathrm{Prob}\{Z(\boldsymbol{u}_\alpha) \leqslant z\}, \forall u \in \boldsymbol{A}$$

这种全局先验不同于指示克里格系统中使用的样本局部先验直方图。图 9.5 显示了这四种方法的图形表示。

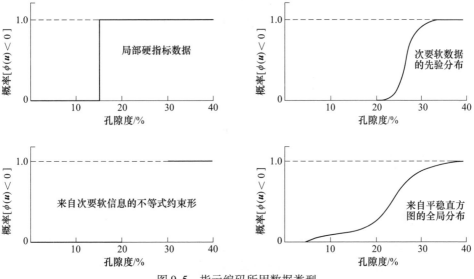

图 9.5 指示编码所用数据类型

9.4.2 有先验均值的简单克里格法和普通指示克里格法

在简单指示克里格法中，假设每个类别的指示转换的期望值，在整个研究区域都是已知和恒定的。线性估算则是 n 个附近随机变量指示值和累积分布函数值的线性组合。

$$i^*(\boldsymbol{u}; z_k) - F(z_k) = \sum_{\alpha=1}^{n} \lambda_\alpha [i(\boldsymbol{u}_\alpha; z_k) - F(z_k)] = i^*(\boldsymbol{u}; z_k)$$

$$= \sum_{\alpha=1}^{n} \lambda_\alpha \cdot i(\boldsymbol{u}_\alpha; z_k) + F(z_k)\left(1 - \sum_{\alpha=1}^{n} \lambda_\alpha\right)$$

简单指示克里格法方程组为：

$$\sum_{\beta=1}^{n} \lambda_\beta\, C_I(\boldsymbol{u}_\alpha - \boldsymbol{u}_\beta; z_k) = C_I(\boldsymbol{u}_\alpha - \boldsymbol{u}; z_k); \quad \alpha = 1, \cdots, n$$

式中，$C_I(\boldsymbol{h}; z_k)$ 为边际品位 z 处的指示协方差，$C_I(\boldsymbol{h}; z_k) = Cov\{I(\boldsymbol{u}; z_k), I(\boldsymbol{u} + \boldsymbol{h}; z_k)\}$。

如果保留 K 个边际品位值，简单指示克里格需要 K 个指示协方差加上 K 个累积分布函数值。

在某些情况下，可以认为先验均值是非平稳的，并且可以从次要变量中推断出来。在这些情况下，可以使用简单克里格的一般非平稳表达式。例如，如果 $I(\boldsymbol{u}; s_k)$ 表示类别 k 在 $\boldsymbol{u}$ 处存在或不存在的指示，$p(\boldsymbol{u}; s_k)$ 是类别 k 在 $\boldsymbol{u}$ 处存在的先验概率，则更新后的概率由简单指示克里格给出：

$$\left[\mathrm{Prob}\{\boldsymbol{u} \in k \mid (n)\}\right]_{IK}^* = p(\boldsymbol{u}; s_k) \cdot \left[i(\boldsymbol{u}_\alpha; s_k) - p(\boldsymbol{u}; s_k)\right]$$

式中，$p(\boldsymbol{u}; s_k)$ 为位置 $\boldsymbol{u}$ 处的先验指示均值。

简单克里格方程组保持为上述假设的平稳残差指示协方差模型。

对于普通克里格法，假定每个类别的指示变换的期望值在一个局部邻域内是未知的，但却是恒定的。

$$i^*(\boldsymbol{u}; s_k) = \sum_{\alpha=1}^{n} \lambda_\alpha \cdot i(\boldsymbol{u}_\alpha; s_k) + F(z_k)\left(1 - \sum_{\alpha=1}^{n} \lambda_\alpha\right)$$

条件是，$\sum\limits_{\alpha=1}^{n} \lambda_\alpha = 1$，由此得到的普通指示克里格方程组为：

$$\begin{cases} \sum\limits_{\beta=1}^{n} \lambda_\beta C_I(\boldsymbol{u}_\alpha - \boldsymbol{u}_\beta; z_k) + \mu = C_I(\boldsymbol{u}_\alpha - \boldsymbol{u}; z_k), \quad \alpha = 1, \cdots, n \\[2mm] \sum\limits_{\beta=1}^{n} \lambda_\beta = 1 \end{cases}$$

普通指示克里格法之所以普及，是因为它在偏离平稳性方面更加稳健，而且与多元高斯克里格法不同，它没有使用简单克里格法的理论要求。

9.4.3　中位数指示克里格法

在指示克里格法中，选择 K 个边际品位值 z_k 时需要考虑的一个问题是相应的指示协方差 $C_I(\boldsymbol{h}; z_k)$ 彼此之间会差别很大。然而，样品指示变异函数偶尔出现成比例或彼此相似。所对应的连续随机函数模型 $z(\boldsymbol{u})$ 称为镶嵌模型：

$$\rho_z(\boldsymbol{h}) = \rho_I(\boldsymbol{h}; z_k) = \rho_I(\boldsymbol{h}; z_k; z_{k'}), \forall\ z_k, z_{k'}$$

式中，$\rho_z(\boldsymbol{h})$ 和 $\rho_I(\boldsymbol{h}; z_{k'})$ 为连续随机函数 $z(\boldsymbol{u})$ 的相关图和指示互相关图。

单相关图函数可得到更好的估算，这既可以直接通过样本 z 相关图估算，也可以通过样品指示相关图的边际品位中位数 $z_k = M$，即 $F(m) = 0.5$。在中位数边际品位处，指示数据确实为均匀分布，值为 0 和 1，根据定义没有异常值。

镶嵌模型下的指示克里格称为中位数指示克里格。这是一个特别简单快速的过程，因为它需要一个易于推断的中位数指示变异函数，用于所有 K 个边际品位。此外，如果指示数据配置对于所有边际品位都是相同的，需要利用用于所有的边际品位的最终权重值，对一个单一的指示克里格方程组求解。例如，对于简单的指示克里格的情况：

$$\left[i(\boldsymbol{u};z_k)\right]_{\mathrm{SK}}^* = \sum_{\alpha=1}^{n} \lambda_\alpha(\boldsymbol{u}) \cdot i(\boldsymbol{u}_\alpha;z_k) + \left(1 - \sum_{\alpha=1}^{n} \lambda_\alpha\boldsymbol{u}\right) F(z_k)$$

式中，$\lambda_\alpha(\boldsymbol{u})$ 为所有边际品位 z_k 共同的权系数，并由一个简单克里格方程组给出：

$$\sum_{\beta=1}^{n} \lambda_\beta(\boldsymbol{u}) C(\boldsymbol{u}_\beta - \boldsymbol{u}_\alpha) = C(\boldsymbol{u} - \boldsymbol{u}_\alpha), \quad \alpha = 1,\cdots,n$$

协方差 $C(\boldsymbol{h})$ 可以通过 z 样本协方差建模，或通过样本中位数指示协方差更好地建模。注意，权重 $\lambda_\alpha(\boldsymbol{u})$ 也是使用 $z(\boldsymbol{u}_\alpha)$ 数据对 $z(\boldsymbol{u})$ 进行简单克里格估算 z 的权重。

9.4.4 使用不等数据

通常，指示数据 $i(\boldsymbol{u}_\alpha;z)$ 来源于被认为是完全已知的数据 $z(\boldsymbol{u}_\alpha)$，因此指示数据 $i(\boldsymbol{u}_\alpha;z)$，为硬数据，其取值为 0 或 1，可用于任何边际品位值 z。

在一些应用中，一些 z 信息采用不等式的形式，如：

$$z(\boldsymbol{u}_\alpha) \in [a_\alpha,b_\alpha]$$

或者 $z(\boldsymbol{u}_\alpha) \leqslant b_a$，相当于 $z(\boldsymbol{u}_\alpha) \in (-\infty, b_\alpha)$，或 $z(\boldsymbol{u}_\alpha) > a_\alpha$ 相当于 $z(\boldsymbol{u}_\alpha) \in (a_\alpha, +\infty)$。约束区间对应的指示数据仅在该区间外有效：

$$i(\boldsymbol{u}_\alpha;z) \begin{cases} 0, & z \leqslant a_\alpha \\ 未定义, & z \in (a_\alpha,b_\alpha] \\ 1, & z > b_\alpha \end{cases}$$

使用不等数据不会造成任何复杂情况。在区间 $(a_\alpha, b_\alpha]$ 内未定义或遗漏指示数据可以忽略，指示克里格算法同样适用。约束区间信息由最终的累积条件分布函数提供。

如果使用中位数指示克里格法，指示克里格法解决方案特别快。但是，如果考虑类型的约束区间，数据配置可能会改变。在这种情况下，对于每个边际品位，可能必须解一个不同的指示克里格方程组。

9.4.5 使用软数据

除了某些阈值缺失，硬指示数据和不等数据的处理方式类似。然而，软指示数据实际上是不同的数据类型，应采用一种协克里格法将它们合并到估算中。通常要考虑马尔柯夫-贝叶斯形式方法。

9.4.6　指示克里格的正合性

假设要估算的位置 u 正好与数据位置 u_α 重合，不管是硬数据或约束类型间隔。那么，根据克里格法（简单、普通或中位数指示克里格法）的正合性要求，返回的累积条件分布函数要么是零方差的条件分布函数，从而识别的数据值 $z(u_\alpha)$ 的类别；或者遵守约束区间的累积条件分布函数，约束区间直到边际品位间隔幅度：

$$[i(u_\alpha;z)] = \text{Prob}^* \{Z(u_\alpha) \leqslant z_k \,|\, (n)\} = \begin{cases} 0, z_k \leqslant a_\alpha \\ 1, z_k > b_\alpha \end{cases}, \quad z \in (a_\alpha, b_\alpha)$$

因为指示克里格法返回的累积条件分布函数同时考虑了硬数据 z 和约束区间，相应的期望值类型（E 类型）估算也考虑了这些信息。更准确地说，在某一数据位置 u_α，如果 z 数据是硬数据，则 $[z(u_\alpha)]_E^* = z(u_\alpha)$；如果在 u_α 处的可用信息为约束区间 $z_k(u_\alpha) \in (a_\alpha, b_\alpha]$，则 $[z(u_\alpha)]_E^* \in (a_\alpha, b_\alpha]$。在实践中，$E$ 类型估算的正合性受限于进入 K 个边际品位值 z_k 的有限离散化。例如，在硬数据 z 的情况下，估算是 $[z(u_\alpha)]_E^* \in (z_{k-1}, z_k)$，$z_k$ 为约束数据值 $z(u_\alpha)$ 的区间的上界。

9.4.7　指示克里格支撑的改变

指示变量 $I(u; z)$ 由原始样本 $z(u)$ 的非线性变换得到。因此，块指示变量 $I_V(u; z)$ 不是点指示 $I(u; z)$ 的线性平均值。因此，如同对线性变量所作的那样，对一个块内的离散点进行平均，不会得到估算块的指示值：

$$i_V^*(u;z) \neq \frac{1}{|V|}\int_{V(u)} i(u';z) \cdot \mathrm{d}u'$$

或者相当于：

$$[F_V[u;z|(n)]]^* \neq \frac{1}{N}\sum_{\alpha=1}^{N} [F(u'_\alpha;z)|(n)]^*$$

通过对块 $V[u]$ 内的点值的比例取平均值所得出的累积条件分布函数，被称为"复合"累积条件分布函数 $[F_N[u; z|(n)]]^*$，并且是一种 $V(u)$ 之内点值比例的估算，$V(u)$ 不超过阈值 z。这与累积条件分布函数将给出的真实块完全不同，根据定义它是平均值不大于阈值 z 的概率。

实践者们一直在尝试使用支撑方法的变化，来纠正块内的指示克里格所派生的点累积条件分布函数，最常见的是在第 7 章中所讨论的仿射修正法。这个过程只是将指示克里格估算的点累积条件分布函数，修正为代表一个"块"的累积条件分布函数。在不改变任何估算值的情况下对所有 z_k 阈值进行修正 $i(u; z_k)$：

$$z_{V,k}(\boldsymbol{u})^* = \sqrt{f}\,[\,z_k - m(\boldsymbol{u})^*\,] + m(\boldsymbol{u})^*$$

式中，f 为经典方差缩减因子。离散方差由 z 值变异函数模型得到。

　　在一个已公布的案例中，仿射修正被应用于对数空间中分布假设的持久性。这种支持模型的改变很难加以验证。如果有生产数据或紧密间隔的数据，可以用于验证结果，则该方法更为有用。

　　指示克里格通常不用于提供整个块的累积条件分布函数 $[\,F_V[\boldsymbol{u};z\,|(n)]\,]^*$，而只用于块的 e 型平均值。这是通过块内点的 e 型平均计算的。在这种情况下，这个过程类似于线性克里格，实践者必须决定，定义和求解 k 指示克里格方程组所需的额外工作是否值得。

　　e 型普通指示克里格的结果可能与线性普通克里格法有很大不同。矿床的地质情况和 z 变量的空间分布特征典型地解释了这种差异。用来决定是否值得进行 e 型指示克里格法估算的标准是：（1）k 阈值所界定的整个品位范围都有足够数量的样本；（2）z 变量的分布变化较大，变异系数在 1.0 以上，经常高于 2.0；（3）指示变异函数模型和其他统计数据表明，成矿类型存在重叠现象。参考文献［35］对指示克里格法的应用有很好的参考意义。

9.5　指示克里格法的实践

　　完成指示克里格估算要求有几个步骤，如文献［4］［13］所述，这要看最终目标是一个点累积条件分布函数、e 型点或块的估算，还是一个复合的累积条件分布函数。

　　第一步，获得一个无偏的（解丛聚的）全局直方图。由于空间丛聚效应的原因，A 域上的可用样品可能不能代表该域。指示克里格法的概念可以看作是对从整个区域的样品中得到的先验累积分布函数的修正，修正为特定于每个位置的后验累积分布函数。更有代表性的先验累积分布函数应得出一个更好的、更有代表性的局部累积条件分布函数。

　　第二步，选择 K 个阈值。指示克里格从建立一系列阈值开始，阈值的选择是可用数据量和累积条件分布函数模型 $F(\boldsymbol{u};z_k)$ 所寻求的解析度之间的一种折中平衡。此外，指示变异函数应在空间结构上有足够的差异。

　　虽然应该有足够多的阈值来获得良好的解析度，但是过多的边际品位会导致更多的次序关系问题。定义阈值的标准包括：（1）应该将类别划定为金属量大致相同，且幅度不同。（2）附加阈值通常围绕相应项目的 z 值而布置，如经济边际品位。不过，经济边际品位本身无需使用。（3）每个类别应该有足够数量的数据以便于稳健的插值。通常使用 8~15 个阈值，虽然也有例外。

　　第三步，建立指示变异函数模型。有 K 个指示变异函数需要建模，每个指示变异函数对应一个阈值。由于没有特异值，这些变异函数往往具有定义合理的结构，并且易于解释。它们之间不应存在任何比例关系。如果有，比例变异函数模型将产生相同的克里格权值，从而可以降低其中一个阈值。

指示变异函数将所有的点和模型标准化为 $p(1-p)$ 的单位方差，其中 p 是该阈值处的比例或平均值。使用标准化的指示变异函数是一种常见的做法，其中每个变异函数的基台要除以其方差 $p_k(1-p_k)$。在这种情况下，模型被解释为理论基台为 1.0，使得指示变异函数的联合建模更加容易和一致。

建议对模型使用相同类型的结构，因为它们都与相同的随机函数有关。它们可以是球状的、指数的或任何其他符合规则的模型。然而，每个结构的作用会随着阈值的变化而变化，通常建模为一个平滑过渡。

从一个指示值到下一个指示值，方差作用、各向异性变程和方向的变化应该是平滑的。绘制所有阈值的相关块金效应、小尺度变程和各向异性参数，以检查模型之间的转换是一种很好的做法。

对于正偏态分布，较高的阈值将表现为较少的连续性，因此析构效应是可以预期的，并可以量化。

虽然从一个模型到下一个模型的平滑过渡是理想的，因为它们最小化了次序关系问题，但是可以并且应该期望有不同的各向异性模式。如果同时存在多个总体，或者在地质控制方面可解释的变化是显而易见的，这一点尤其正确。例如，许多矿床的低品位值往往更容易浸染到母岩之中，而品位较高的矿化则倾向于在空间上受限，往往位于有利的构造、岩脉或母岩的高孔隙度区域。在这种情况下，品位越低，各向同性越强，而品位越高的地方，各向异性比例越大。

第四步，克里格规划。执行估算的策略遵循与第 8 章所讨论的一般标准相同。但是，对于实施指示克里格法还有一些具体建议。

所有 K 个阈都应该使用相同的搜索邻域和相同数量的数据。即使由于地质控制的混杂，指示变异函数显示出不同的各向异性，搜索邻域也应该是相同的。如果使用四分或八分圆搜索，则应用于这些搜索的条件对于所有阈值也必须是相同的。改变阈值之间的搜索邻域会改变所使用的数据，并导致估算概率以非物理方式显著变化，次序关系偏差会更多。

根据所解释的各向异性模型确定样本搜索方向是合理的。然而，只有在所有 K 个变异函数模型中各向异性方向没有显著变化时，才可以这样做。在任何情况下，搜索邻域应该比变异函数模型所建议的更具有各向同性。这是为了确保远离被估算点的所有方向都表示在样品池中。

第五步，纠正次序关系偏差。有必要确保每个位置 $\boldsymbol{u}$ 上的指示克里格估算的累积条件分布函数符合累积分布函数的公理：

$$F[\boldsymbol{u};z|(n)] \geqslant F[\boldsymbol{u};z'|(n)], \quad \forall z > z'$$

$$F[\boldsymbol{u};z|(n)] \in [0,1]$$

由于 K 阈值是相互独立估算的，估算的累积条件分布函数值可能不满足这些次序关系。虽然偏差的数量可能很大，也许是累积条件分布函数总数的 1/2，这些偏差的绝对值不应该很大。Journel 建议如果偏差大于 0.01，就要检查指示克里格的实施情况。在实践中，极限为 0.05 的更合理。

秩序关系问题有几个来源。最常见的是由于不一致的变异函数模型和克里格实施策略。此外，指示克里格负权值和某些类别中数据的缺乏也会增加次序关系问题。虽然次序关系问题可以最小化，但不能完全避免。

与连续变量相比，对分类变量的次序关系进行修正更为简单。如果一个类别的概率估算 s_k 是在合理范围之外，那么解决的方法是将估算值 $F^*[\boldsymbol{u};s_k|(n)]$ 重设到最近的束缚值，0 或 1。这种重置与二次规划给出的解完全一致。

另一个约束更难解决，因为它涉及 K 个单独的克里格法。一种解决方法是只对 $K-1$ 个概率进行克里格估算，而把一个分类 p_{k_0} 搁置，这是通过足够大的先验概率 p_{k_0} 选定的，因此：

$$F^*[\boldsymbol{u};s_{k_0}|(n)] = 1 - \sum_{k \neq k_0} F^*[\boldsymbol{u};s_k|(n)] \in [0,1]$$

另一个解决方案是通过总和 $\sum_{k \neq k_0} F^*[\boldsymbol{u};s_k|(n)] < 1$，对每个估算概率 $F^*[\boldsymbol{u};s_k|(n)]$ 进行再标准化。这应该在估算分布修正后（如果有必要）加到区间 $[0,1]$。

对连续变量的累积条件分布函数的次序关系的修正，由于累积指示的排序而更加细致。图 9.6 显示了一个有次序关系问题的示例。

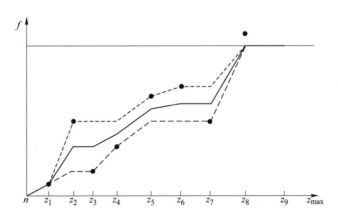

图 9.6　次序关系问题及其修正。图中的点是指示克里格返回的累积条件分布函数值。修正后的累积条件分布函数，是通过对正向修正和向下修正取平均得到的

软件 GSLib 中执行的以下修正算法，考虑了向上和向下修正的平均值。

（1）向上修正，导致在图 9.6 中的上部线段所示的次序关系问题。

1）从最低边际品位 z_1 开始；

2）如果指示克里格返回的累积条件分布函数值 $F[\boldsymbol{u}; z_1 | (n)]$ 不在 $[0, 1]$ 之内，将其重置到最接近的束缚；

3）继续到下一个边际品位 z_2，如果指示克里格返回的累积条件分布函数值 $F[\boldsymbol{u}; z_2 | (n)]$ 不在 $[F[\boldsymbol{u}; z_1 | (n)], 1]$ 之中，将其重置到最接近的束缚；

4）通过所有剩余的边界 z_k，$k = 3$，…，K，循环上述操作。

（2）向下修正，导致在图 9.6 中的下部线段所示的次序关系问题。

1）从最大的边际品位 z_k 开始；

2）如果指示克里格返回的累积条件分布函数值 $F[\boldsymbol{u}_\alpha; z_k | (n)]$ 不在 $[0, 1]$ 之内，将其重置到最接近的束缚；

3）继续下一个边际品位 z_{k-1}，如果指示克里格返回的累积条件分布函数值 $F[\boldsymbol{u}_\alpha; z_{k-1} | (n)]$ 不在 $[F[\boldsymbol{u}_\alpha; z_k | (n)], 1]$ 之内，将其重置到最接近的束缚；

4）通过所有剩余的边界 z_k，$k = K - 2$，…，1，向下循环执行。

（3）将两组修正后的累积条件分布函数平均，得到图 9.6 中的中间粗实线。

实践表明，大多数次序关系问题都是由于数据的缺乏所造成的，更确切地说，就是一种在边际品位附近 z_k 尝试指示克里格法的情况，而 z_k 是一个没有 z 数据的分类 $[z_{k-1}, z_k]$ 的上界。在这种情况下，对于 z_{k-1} 和 z_k 的指示数据集是相同的，但相应的指示变异函数模型是不同的。因此，得到的累积条件分布函数值很可能不同，很有可能出现次序关系问题。

一种解决办法是只保留那些先验边际品位值 z_k，这样分类 $[z_{k-1}, z_k]$ 至少有一个数据，如图 9.7 所示。

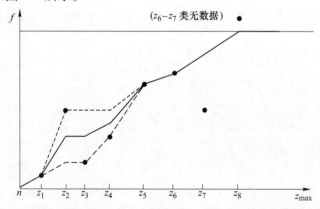

图 9.7　次序关系问题及其修正，修正忽略了不包含任何 z 数据的分类
(z_6, z_7)。累积条件分布函数值 $F[\boldsymbol{u}_\alpha; z_7 | (n)]$ 被忽略，
并将修正应用于其余的边际品位值

次序关系问题是指示法最严重的缺陷。这些方法是试图复制（甚至是近似地）不止一个样品协方差所要付出的代价。

第六步，在累积条件分布函数的 K 个值之间进行插值。一旦修正了 K 个累积条件分布函数值，就需要在阈值之间进行插值，并在第一个和最后一个阈值之外进行外推，以获得完整的分布。在 Deustch 和 Journel 的文献中可以找到关于通常实施模型的更完整的描述。

指示克里格法的某些实施假定两个连续阈值之间的间隔为一种特定的分布模式，如线性模型，它假定分布均匀并在阈值之间普遍接受，幂函数模型通常用于外推下尾，在 0 和阈值 z_1 之间，有时也用于外推上尾，在阈值 z_k 和 1 之间。双曲线模型最常用来控制上尾的外推。在实际应用中，最好使用非参数全局分布形状，这种分布适用于指示克里格所估算的累积条件分布函数值。

第七步，使用指示克里格模型并计算可回采资源。累积条件分布函数分布可用于为位置 $\boldsymbol{u}$ 提供任何兴趣值的统计。累积条件分布函数是对不确定性的一种度量，由此可以得出概率区间。

一个特殊的情况是超过某些阈值的概率，例如经济边际品位。当然，也可以得到 e 型的均值和其他截断统计。

在采矿和其他地质科学应用中，知道块品位超过某一边际品位的概率是至关重要的：

$$z_V(\boldsymbol{u};z_c) = \mathrm{Prob}\{Z_V(\boldsymbol{u}) \geqslant z_c \,|\,(n)\} = 1 - F_V[\boldsymbol{u};z_c\,|\,(n)]$$

其结果就是所估算的可回采块品位的概率。

任意值 $z(\boldsymbol{u})$ 的不确定性可以通过概率区间得到，如下式：

$$\mathrm{Prob}\{Z_V(\boldsymbol{u}) \in [a,b]\,|\,(n)\} = F_V[\boldsymbol{u};b\,|\,(n)] - F_V[\boldsymbol{u};a\,|\,(n)]$$

式中，a、b 为定义兴趣区间的阈值。

例如，通常有多个经济边际品位。除了品位较高的入选边际品位，可能还存在品位较低的边际品位，用于确定那些将采用低成本方法进行处理的物料，如浸出或者只是简单地堆存起来供以后处理。要适当设计堆存或堆浸工程，重要的是要掌握在两个经济边际品位之内的块的概率。

然而，指示克里格法最常见的应用可能是 e 类型估算。e 类估算可以表达为：

$$m(\boldsymbol{u})^* = \sum_{k=1}^{k+1} m_k[i(\boldsymbol{u};z_k) - i(\boldsymbol{u};z_{k-1})]$$

式中，$i(\boldsymbol{u};z_k)$ 为对于阈值 k 的指示克里格估值，$i(\boldsymbol{u};z_0) = 0$，$i(\boldsymbol{u};z_{k+1}) = 1$；$m_k$ 为（解丛聚的）分类均值，也就是落入区间 $[z_{k-1}, z_k]$ 的数据的均值。

请注意，如果只需要 e 类型，那么对支撑改变的修正就是没有必要的，因为对于线性升级的变量，$m_V(\boldsymbol{u})^* = m(\boldsymbol{u})^*$。

9.6　协同指示克里格法

上述指示克里格法对每个阈值独立地进行克里格运算，因此不能充分利用一系列指示值中所包含的信息。互指示值中包含的全部信息，可以通过使用互定义阈值的协同克里格法估算式加以考虑。请注意，这个协同指示克里格法并不是在多个数据类型之间，而是在考虑所有可能阈值的同一数据类型之间。

然后，将协同指示克里格（co-IK）估算定义为：

$$\left[i(\boldsymbol{u};z_{k_0})\right]_{\text{co-IK}}^* = \sum_{K=1}^{K}\sum_{\alpha=1}^{N} \lambda_{\alpha,k}(\boldsymbol{u};z_{k_0}) \cdot i(\boldsymbol{u};z_k)$$

相应的协同克里格法需要 K^2 矩阵的该类别的直接和互指示协方差：

$$C_I(\boldsymbol{h};z_k,z_{k'}) = Cov\{I(\boldsymbol{u};z_k),I(\boldsymbol{u}+\boldsymbol{h};z_{k'})\}$$

K^2 协方差的直接推断和联合建模，在 K 很大的情况下是不实际的。与直接指示变异函数相比，互变异函数的形状非常平滑，因此不可能用协区域化的线性模型来拟合协方差/变异函数集。同样，需要反转的克里格矩阵会显著地变大。然而，已经有一些提出解决办法。Suro-Perez 和 Journel 提出，通过对互相关性较小的指示变量进行线性变换，如指示主分量等，以减少协同指示克里格方程组。另一种解决方案需要先验双变量分布模型。

先验双变量分布模型，相当于放弃部分或全部指示互协方差的实际数据推断。大多数情况下，采用原始变量经正态分数变换后的二元高斯模型 $Z(\boldsymbol{u}) \rightarrow Y(\boldsymbol{u}) = \varphi[Z(\boldsymbol{u})]$。通过用于析取克里格的（双变量）同因子模型，可提供一种稍微推广的二维高斯模型。这种推广是通过原始变量 $Z(\boldsymbol{u})$ 的一种非线性尺度变化而获得的，变换 $\psi(\cdot)$ 不同于正态分数变换 $\varphi(\cdot)$。在任何一种情况下，所有的指示互协方差都由高斯 Y 协方差确定。在这一点上，只靠完全的多元高斯模型更有实际意义。

更为重要的是，一般的经验表明，协同指示克里格法对指示克里格法几乎没有什么改善。如果对主要和次要变量同等采样，情况确实如此，就像在不同的边际品位下所定义的指示数据的情况。此外，在处理连续变量时，相应的累积指示数据从一个边际品位到下一个边际品位，的确承载了大量的信息。在这种情况下，与使用指示克里格法而不用协同指示克里格法相关的信息丢失，并不像看起来那么大。最后，协同指示克里格法通常会造成更多的次序关系问题，这需要对所估算的累积分布函数进行额外的掌控。

9.7　概率克里格法

另一种替代指示协同克里格法的方法是，不仅使用转换后的指示，还使用其标准化的秩变换，这些秩变换分布在 $[0,1]$ 中。其想法是在数据位置附近可以获得更高的解析率。

所谓的概率克里格（PK）估算，实际上是 $Z(\boldsymbol{u})$ 的累积条件分布函数估算，其简单的克里格形式为：

$$[i(\boldsymbol{u};z_k)]^*_{\mathrm{PK}} - F(z_k) = \sum_{\alpha=1}^{N} \lambda_{\alpha}(\boldsymbol{u};z_k) \cdot [i(\boldsymbol{u}_{\alpha};z_k) - F(z_k)] +$$

$$\sum_{\alpha=1}^{N} v_{\alpha}(\boldsymbol{u};z_k) \cdot [p(\boldsymbol{u}_{\alpha}) - 0.5]$$

式中，$p(\boldsymbol{u}_{\alpha})$ 为数据值 $Z(\boldsymbol{u}_{\alpha})$ 的平均（累积分布函数）变换，$p(\boldsymbol{u}_{\alpha}) = F[z(\boldsymbol{u}_{\alpha})] \in [0, 1]$，期望值为 0.5；$F(z)$ 为 $Z(\boldsymbol{u})$ 的平稳累积分布函数，$F(z) = \mathrm{Prob}\{Z(\boldsymbol{u}) \leq z\}$；协同克里格权重 $\lambda_{\alpha}(\boldsymbol{u}; z_k)$ 和 $v_{\alpha}(\boldsymbol{u}; z_k)$ 分别对应指示和均匀数据。

相应的简单概率克里格系统需要对 $2K+1$ 个互协方差进行推断和建模，K 个指示协方差、K 个指示均匀互协方差，以及一个均匀变换协方差。这种建模仍然很麻烦，而且在实践中也存在缺陷。因此，概率克里格的实际应用很少。

9.8 最低限度、良好实践和最佳实践的总结

本节将详细介绍概率估算中的最低限度、良好实践和最佳实践，并讨论具体的演示和报告问题。应该根据建议的最低限度、良好实践和最佳实践的标准，对已获得的块模型进行彻底的检查和验证，如第 11 章所详细说明的那样。与前面一样，这些验证应该与其他注释一起，形成一个关于模型是否可以被认为是"可回采的"或完全贫化的陈述。

对于每个块有一个可能值的估算分布的情况，更重要的是要考虑资源模型向下游客户的报告和传输。一种可能性是获得块的 e 类型平均，并将其提出。不过，已经开发出了一系列可能的值，还应提供其他信息，如超过重要边际品位的概率。从这个意义上说，重要的是要考虑到概率可以被视为块比例，这是一个概念，可能使下游客户更易于理解和操纵这些信息。

估算分布的最低限度实践，应该包括使估算执行具体到每个估算域。第 8.4 节规定的所有其他标准均应适用于此，包括所选克里格法的文件和选择理由、矿产资源的报告（应以 e 类型概算为基础）、品位-吨位曲线的使用，以及更多相关方面的全部文件。不确定性、假设和限制的主观表达，以及改进建议都应包括在内。

此外，良好实践需要对模型进行更详细的论证。主要的区别包括校准的使用，以及与备选模型和先验模型的比较。如果可能，应该与过去的生产情况进行比较，并将模型完全贫化。如前所述，在描述模型的不确定性和潜在风险区域时，应重点进行详细讨论，并应提出风险降低规划。

最佳实践包括使用替代模型来检查预期的最终矿产资源模型的结果。应该使

用所有相关的生产数据和校准数据，来指示模型是否按预期执行，可能还包括用来校准可回采资源模型的模拟模型。模型应对不同贫化类型的数量进行定量描述。还应该完成与检查和验证、模型表示、报告和可视化相关的所有其他任务。同样，所有的风险问题都应该被详细地加以处理，如果可能的话，还应该被量化，这就需要用特定的模拟研究来补充估算过程。

9.9　练习

本研究的目的是回顾指示克里格法（IK）和多元高斯克里格法（MG）的不确定性评估。可能需要一些特定的地质统计软件。该功能可能在不同的公共领域或商业软件中可以找到。请在开始练习前取得所需的软件。数据文件可以从作者的网站下载——搜索引擎会显示下载位置。

9.9.1　第一部分：指示克里格

Q1　利用数据库文件 largedata. dat，考虑第 6.5 节中的指示变异函数。设置指示克里格，用 9 个十分位数作为阈值进行估算。您可能希望在数据集的中心附近选择一个较小的区域。运行指示克里格，并在中位数阈值处创建一个地图以便检查。

Q2　对指示克里格结果进行后验处理，以便计算局部平均值（e 类型估算）和局部条件方差。将结果映射到图上。局部平均值应该看起来像一张克里格地图。条件方差应考虑比例效应，即当钻孔间距均匀时，高品位区域应具有较高的条件方差。

9.9.2　第二部分：不确定度的多元高斯克里格

这个练习的目的是要熟悉如何使用克里格法来算出不确定性，而不需要借助于模拟。

在某一特定区域内的铜品位符合指数分布，平均值 m 为 1%。考虑由两个附近位置 u_1 和 u_2 的样本提供信息的特定位置 u，如图 9.8 所示，例如 $|u-u_1| = 20$ m，$|u-u_2| = 37$ m，$|u_1-u_2| = 38$ m。感兴趣的是在位置 u 处铜品位的不确定性，以及一个位于 u 中心的 10 m³ 块的铜品位的不确定性。u_1 处的铜品位为 2.5%，u_2 处的品位平均为 1%。

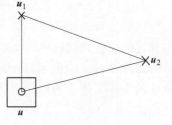

图 9.8　练习附图

Q1　详细描述如何描述未采样值 $z(u)$ 的不确定性，以及如何计算最佳估算值和 90% 的概率区间。您要采用多元高斯模型，说明所有的步骤和近似方法，全面地评述，并在适当的地方利用数字/草图。

在适当的正态分数变换后，假定铜品位的平稳随机函数的多元分布是多元正态的。对铜品位的标准正态变换进行方差分析。结果会得到一个各向同性的球体模型，其块金效应为 10%，变程为 100 m。

Q2 写出变换到高斯单位和从高斯单位变换的方程。一般来说，关系必须是拟合的，但在这种情况下可以写出方程。将数据值转换为高斯单位。您可以借助计算器在纸上做这道题。

Q3 建立高斯空间中解析条件分布的参数。这需要两个方程和两个未知数的解。同样，这也可以通过计算器在纸上完成。

Q4 逆变换 99 个均匀百分位数，在铜品位单元建立条件分布。您可能会用 Excel 或一个简短的程序来解这个题。计算平均品位和 90% 的概率区间。

Q5 将铜品位的条件分布改为代表 10 m^3 块的品位。假设 Z-铜品位的平稳变异函数与正态分数变异函数形状相同。计算平均品位和 90% 的概率区间。

参 考 文 献

［1］ Armstrong M，Matheron G（1986）Disjunctive kriging revisited（Parts Ⅰ and Ⅱ）. Math Geol 18（8）：711-742

［2］ Chilès JP，Delfiner P（2011）Geostatistics：Modeling spatial uncertainty，2nd edn. Wiley，New York，p 695

［3］ Deustch CV，Journel AG（1997）GSLIB：Geostatistical software library and user's guide. 2nd edn. Oxford University Press，New York，p 369

［4］ Deustch CV，Lewis RE（1992）Advances in the practical implementation of indicator geostatistics. In：Kim YC（ed）Proceeding of the 23rd international APCOM symposium，Society of Mining，Metallurgy，and Exploration. 7-11 April，Tucson，p 169-179

［5］ Deutsch CV（2002）Geostatistical reservoir modeling. Oxford University Press，New York，p 376

［6］ Goovaerts P（1994）Comparative performance of indicator algorithms for modeling conditional probability distribution functions. Math Geol 26（3）：389-411

［7］ Goovaerts P（1997）Geostatistics for natural resources evaluation. Oxford University Press，New York，p 483

［8］ Guibal D（1987）Recoverable reserves estimation at an Australian gold project，Geostatistical case studies，vol 1. In：Matheron G，Armstrong M（eds）Reidel，Dordrecht，p 149-168

［9］ Guibal D，Remacre A（1984）. Local estimation of the recoverable reserves：Comparing Various methods with the reality on a porphyry copper deposit. In：Verly G et al. （eds）Geostatistics for natural resources characterization，vol 1. Reidel，Dordrecht，p 435-448

［10］ Hoerger S（1992）Implementation of indicator kriging at Newmont Gold Company. In：Kim YC（ed）Proceeding of the 23rd international APCOM symposium. Society of Mining，Metallurgy，and Exploration. 7-11 April，Tucson，p 205-213

［11］ Isaaks EH，Srivastava RM（1989）An introduction to applied geostatistics. Oxford University

Press, New York, p 561

[12] Journel AG (1980) The lognormal approach to predicting local distributions of selective mining unit grades. Math Geol 12 (4): 285-303

[13] Journel AG (1983) Non-parametric estimation of spatial distributions. Math Geol 15 (3): 445-468

[14] Journel AG (1987) Geostatistics for the environmental sciences: An introduction. U. S. Environmental Protection Agency, Environmental Monitoring Systems Laboratory

[15] Journel AG, Huijbregts ChJ (1978) Mining geostatistics. Academic, New York

[16] Journel AG, Posa D (1990) Characteristic behavior and order relations for indicator variograms. Math Geol 22 (8): 1011-1028

[17] Krige DG (1951) A statistical approach to some basic mine valuation problems on the Witwatersrand. J Chem Metall Min Soc S Afr 52: 119-139

[18] Kumar A (2010) Guide to recoverable reserves with disjunctive kriging. Guidebook Series, Vol 9. Centre for Computational Geostatistics, University of Alberta, Edmonton

[19] Marcotte D, David M (1985) The bi-Gaussian approach: A simple method for recovery estimation. Math Geol 17 (6): 625-644

[20] Matheron G (1971) The theory of regionalized variables and its applications. Fasc. 5, Paris School of Mines, p 212

[21] Matheron G (1973) The intrinsic random functions and their applications. Adv Appl Prob 5: 439-468

[22] Matheron G (1974) Les Fonctions de transfert des petits panneaux. Centre de Géostatistique, Fontainebleau, France, No. N-395

[23] Matheron G (1976) A simple substitute for conditional expectation: the disjunctive kriging. In: Guarascio M. , David M, Huijbregts C (eds)

[24] Advanced geostatistics in the mining industry. Reidel, Dordrecht, p 221-236

[25] Neufeld C (2005) . Guide to recoverable reserves with uniform conditioning. Guidebook series, Vol 4. Centre for Computational Geostatistics, Edmonton

[26] Parker H, Journel A, Dixon W (1979) The use of conditional lognormal probability distribution for the estimation of open-pit ore reserves in stratabound uranium deposits, a case study. In: Proceedings of the 16th APCOM, p 133-148

[27] Remacre AZ (1987) Conditioning by The panel grade for recovery estimation of non-homogeneous ore bodies. In: G. Matheron G, Armstrong M (eds) Geostatistical case studies. Reidel, Dordrecht, p 135-148

[28] Rivoirard J (1994) Introduction to disjunctive kriging and non-linear geostatistics. Claredon Press, Oxford, p 190

[29] Roth C, Deraisme J (2000) The information effect and estimating recoverable reserves. In: Kleingeld WJ, Krige DG (eds) Proceedings of the sixth international geostatistics congress. Cape Town, April, p 776-787

[30] Sichel HS (1952) New methods in the statistical evaluation of mine sampling data. Trans Inst

Min Metall Lond 61: 261

[31] Sichel HS (1966) The estimation of means and associated confidence limits for small samples from lognormal populations. In: Proceedings of the 1966 symposium South African Institute of Mining and Metallurgy

[32] Sullivan JA (1984) Non parametric estimation of spatial distributions. PhD Thesis, Stanford University, p 367

[33] Suro-Pérez V, Journel AG (1991) Indicator principal component kriging. Math Geol 23 (5): 759-788

[34] Vann J, Guibal D (1998) Beyond ordinary kriging—An overview of non-linear estimation. In: Beyond ordinary kriging: Non-linear geostatistical methods in practice. The Geostatistical Association of Australasia, Perth, 30 October, p 6-25

[35] Verly G (1984) Estimation of spatial point and block distributions: The multigaussian model. PhD Dissertation, Department of Applied Earth Sciences, Stanford University

[36] Zhang S (1994) Multimetal recoverable reserve estimation and its impact on the Cove ultimate pit design Min Eng July 1998: 73-79

[37] Zhu H (1991) Modeling mixtures of spatial distributions with integration of soft data. PhD Thesis, Stanford University, Stanford

[38] Zhu H, Journel A (1992) Formatting and integrating soft data: Stochastic imagining via the Markov-Bayes algorithm. In: Soares A (ed) Geostatistics-Troia. Kluwer, Dordrecht, p 1-12

10 可回采资源：模拟

摘　要　局部不确定性评估并不考虑从一个位置到另一个位置的变异性。模拟的概念是评估多个现实之间的联合不确定性，允许更完整地表示块不确定性和多个块位置之间的不确定性。本章描述的工具允许将资源估算的不确定性转移到下游的风险研究之中。这些研究就是矿山设计、矿山计划或者开采作业优化研究等。将转换函数应用于条件模拟模型后，就可以得出风险评估。

10.1　模拟与估算

模拟模型提供了与估算块模型相同的信息，但是它还提供了一个不确定性的联合模型。一个"完整"的资源模型不仅应包括所估算的品位，甚至要包括所估算的分布，而且还应包括对不确定性及其后果的更详细评估。

估算提供了某一数值，平均而言，根据对良品或优质的某种定义，要尽可能接近（未知的）实际值。它是无偏的，有最小的二次方误差，使用可用数据的线性组合，并有一个不可避免的平滑效应。模拟重现在数据中观察到的原始可变性，并允许对不确定性进行评估。这说明保留了原始分布的极值，如图10.1所示。将其应用于传递功能时，不确定性模型还为风险分析提供了工具。

估算重视局部数据，在局部更准确，并且具有适合于可视化趋势的平滑效果，但不适用于模拟极值，也不提供对局部不确定性的评估。模拟也重视局部数据，但还可再现直方图，重视空间变异性，并能提供不确定性的评估。

作为可以在采矿项目的不同阶段提供模型的不确定性的工具，地质统计条件模拟已经普及。在日常生产中，这些方法被用作品位控制的工具、资源分类相关的风险分析、项目可行性阶段可回采储量的不确定性评估，以及在特定环境下矿化潜力的评估。其他应用包括可回采储量评估和钻孔间距优化研究。

地质统计学条件模拟被用来建立模型，重现完整的直方图，以及对所模拟的原始数据的空间连续性的建模度量。它们重视由模拟数据所代表的感兴趣的空间变量的特征。

模拟模型应正确地表示数据的高低值比例、均值、方差等单变量统计特征，如用直方图表示。它还应该正确地再现变量的空间连续性，包括低污染区和高污

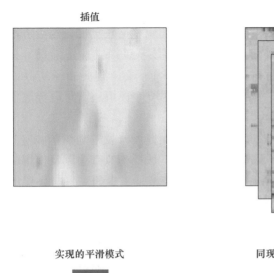

插值   模拟

实现的平滑模式   同现实具有相同空间变异性的等概率图像

不利于对极值建模   利于对极值建模

图 10.1 估算模型与模拟模型的比较

染区之间的连接性、各向异性、相对块金效应以及变异函数模型的其他特征。

条件模拟建立在精细的网格之上，其精细程度足以在感兴趣的块大小内提供足够数量的节点。网格的垂直解析度应该是支持数据的函数，例如采矿的台阶高度（如果对露天矿开采的变量建模）。有时可能会使用较大的网格尺寸，因为考虑到涉及大量的计算机工作时间和硬盘空间。

在建立条件模拟模型时，估算线性和非线性估算中的许多条件和要求都适用，最重要的是关于平稳性的决策。地质环境的变化要求把数据分成不同的总体。需要详细了解取样总体中极端值和特异值的行为。应仔细考虑限制最高模拟品位等问题。

模拟方法本身应根据矿床类型、选择的随机函数模型、可用样本的数量和质量、使用"软"信息或模糊信息的可能性，以及期望的输出结果等来确定。所有这些都是主观的决定。这些和其他执行参数，以及选定的算法和模拟域，都与输出模拟和不确定性模型有关。

条件模拟方法可以像第 8 章和第 9 章中的估算方法一样进行分组，有连续和离散。分类变量的模拟方法有高斯和基于指示的方法，如序贯高斯和序贯指示。后者更复杂，基于多重指示克里格技术，并需要定义几个指示的边际品位。前者较简单、快捷，尽管其基本假设有更多限制。与任何估算工作一样，变异函数模型是必需的。

还有其他类型的模拟，包括基于对象的模拟方法和序贯退火法，这是一种特殊的优化情况。此外，还有几种类型的多元模拟。

条件模拟模型为每个节点生成一组品位或模拟实现。这些实现在构造上都是等概率的，它们描述每个块的不确定性模型，即为该节点提供条件累积分布函数。最好使用大量的模拟来更好地描述累积条件分布函数。但是由于实际的限制，通常使用数量较少。根据这些作者的经验，20~50 个模拟通常足以描述模拟值的可能取值范围。

不确定性不是被建模的物理属性的一个特点，而是所开发的随机函数（RF）模型的特点。随机函数模型包括所做的平稳性决策、选择模拟算法以及使用的执行参数。因此，（1）由条件模拟得到的不确定性模型是主观的，只与底层的随机函数模型相关；（2）从该不确定模型得出的应用或风险评估，只有在与所关心的问题有关时才有用和"现实"。

一个常见的例子是块模型的不确定性评估，用于定义矿床的资源和储量。如果要描述资源的不确定性，应该使用与构建块模型相同的底层随机函数模型来构建条件模拟。同样，用于约束块模型的地质模型和估算域，也必须用于约束模拟模型。否则，不确定性模型将不能与资源模型相完全关联。

10.2　连续变量：基于高斯的模拟

高斯模拟最常见于采矿应用。在这些方法中，序贯高斯模拟（SGS）是最常用的方法，尽管也有其他几种方法被使用。

高斯方法是最大熵方法，从某种意义上说，对于一个特定的协方差模型，它们提供了尽可能最"无序"的空间排列。虽然协方差模型控制高值和低值的混合，但一些高度结构化的空间分布可能更难用高斯模拟重现（图 10.2）。这就导致一个模型可能低估了分布极值的连续性。然而，在实践中，可以通过平稳地质域的定义和某种程度上的协方差模型，来控制这种影响。高斯模拟因其方便的特性和易于执行而受到广泛的关注，也因为在大多数情况下，其结果是对空间分布的合理表示。

转向带（TB）法是最早开发的模拟算法，作为对一般趋势加随机误差的模拟。这曾经是多年来唯一可行的方法，尽管从未大规模应用于工业。新方法包括基于指示的模拟，是在 20 世纪 80 年代的后半期发展起来的。这些方法在几个开采场景和应用中进行了测试，但是由于硬件限制和其他实际原因，未能在行业中完全实施。

直到 1991 年，第一次全面实施和应用才在采矿业内完成。H. M. Parker 和 E. H. Isaaks（个人通信）开发了两个序贯高斯模拟（SGS）方法。为了支持对巴布亚新几内亚 Lihir 金矿项目的可行性研究，开发了条件模拟研究，该项目当时为 Kennecott 矿业公司所有。此后不久，西澳 Marvel Loch 矿的 N. Schofield（当时

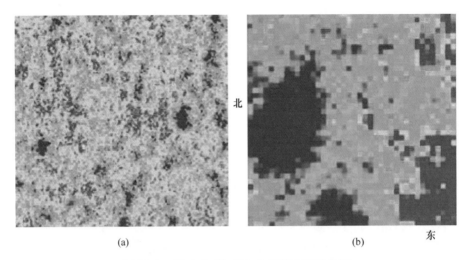

图 10.2　高（a）低（b）空间熵分布的比较

为 FSS 的国际顾问），将第一个基于品位控制的条件模拟法付诸实施，几个月后，类似的品位控制方法在智利北部的 San Cristóbal 矿得到应用。

20 世纪 90 年代，随着计算机硬件能力的大幅度提高，越来越多的模拟研究被尝试和发表，尽管完整的、工业规模的实施仍然相对缺乏。逐渐地，应用数量有所增加，在后十年的后半程，一些矿业公司开始常规使用条件模拟，诸如必和必拓等大公司将这些方法纳入其项目评估的内部良好实践指南中。

10.2.1　序贯高斯模拟

序贯高斯模拟算法是基于多元高斯随机函数模型假设的。这是多元高斯算法的模拟版本，它得益于多元高斯随机函数所提供的所有方便的特性，即所有的条件分布都是高斯的，并且简单克里格法是产生（准确地）估算高斯均值和方差的唯一方法。

（1）序贯高斯模拟包括以下步骤。

1）对原始数据进行完整的探索性数据分析，包括变异性和域定义。

2）定义域之后，分析数据是否需要消除趋势，即是否应该对残差进行模拟。

3）对原始数据进行正态分数变换，得到相应的高斯分布。

4）得到变换后变量的高斯变异函数模型。

5）对每个模拟的域的定义随机路径。模拟的路径是随机定义的，以避免人为干扰。

6）通过简单克里格估算，将要模拟的是每个节点在高斯空间中的条件分布。所估算的简单克里格值 $Y^*(\boldsymbol{u})$，为条件分布的均值，其方差为简单克里格的方

差 $\sigma_{SK}(\boldsymbol{u})$。如果模拟是对消除趋势后的残差进行，则条件分布的高斯均值为 0。

7）从条件分布中随机取值，以获得节点的模拟值 $Y_s(\boldsymbol{u})$。

8）将模拟值 $Y_s(\boldsymbol{u})$ 加入，作为稍后模拟节点的条件数据。这对于保证变异函数的再现是必要的。

9）重复并继续此过程，直到模拟完所有节点和所有域。

10）验证所模拟值的单变量分布（直方图）为高斯分布，并检查模拟值是否能很好地再现模拟中使用的高斯变异函数模型。

11）将高斯模拟值逆变换到原始变量空间。

12）如果对残差进行模拟，则应将趋势添加回来。

13）验证逆变换数据的直方图是否与原分布相似，并验证通过模拟值得到的变异函数与原始值的变异函数是否相似。

14）验证该模型代表的空间分布是否合理，且在模拟各平稳域时未出现其他误差或遗漏。

使用序贯高斯模拟的代价是这些值显示的连接性比原始数据少。这是由于高斯分布的最大熵特性。这个问题的重要性通常很小，这取决于所使用的总体空间分布和平稳域的定义。与估算方法相比，条件模拟对偏离严格平稳性更为敏感，因此域定义是获得具有代表性模拟模型的关键。

使用蒙特卡罗模拟技术（MCS），从每个节点的估算条件分布绘制模拟值，见上述第 7）步，生成一个介于 0 和 1 之间的随机数，通过从估算的累积分布中读取相关分位数来获得模拟值。图 10.3 用一个铜品位分布的例子说明了这一点。

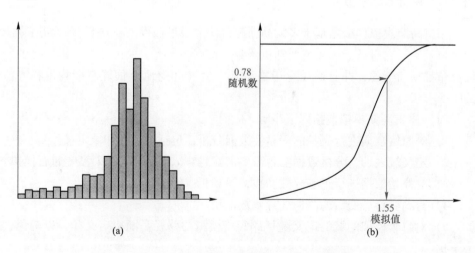

图 10.3　使用蒙特卡罗模拟绘制点的示意图

（a）铜品位直方图；（b）铜品位累积分布函数

（2）序贯高斯模拟实施的实际考虑。

使用正态分数（NS）转换将数据转换为标准正态分布，是一种一对一的（保留秩）图形转换，这在第 2 章中已讨论过。

建议使用解丛聚权值后来执行转换。另一个潜在的重要问题是削峰。削峰是用来描述删除原始变量可能出现的相持的过程的术语，由于正态分数转换不允许相持，所以削峰可能很重要。为处理相持所选的方法可能很重要，特别是对于相持有很大比例的分布。这是很常见的，例如，在来自低温热液金矿床的数据中，通常大多数采样值都低于探测极限，可能高达 70% 或 80%。在这些类型的分布中，一部分高值包含了钻孔数据库中的大部分金属。随机削峰速度很快，并且一般不会在此后的逆转换分布中造成假象。一般的经验法则是，对于相持值超过50% 的分布，局部平均削峰方法可能更为安全，值得付出额外的努力。在数据可能太少的区域，可以使用全局转换表。

搜索路径应该是随机的，以避免模拟模型中的人为因素。同样重要的是，确保每个单元都只访问一次。已经具有值的节点将被跳过，并在模拟中保留原来的节点。

数据可以被分配到网格节点，这可以大大加快模拟的速度。这是因为对以前模拟的节点和原始数据的搜索，是在一个规则网格的基础上一步完成的。然而，这是要付出代价的，因为将几个可能数据中最接近的数据分配给一个节点，会丢失一些信息。这种信息丢失取决于数据密度和节点间距。垂直方向的节点间距应与原始组合长度相同，这可以确保大多数钻孔数据都能被使用，可能的例外是倾斜或次水平钻孔，以及双孔或紧密钻孔。

在模拟中使用的数据数量（原始组合样和之前模拟的节点），可能是一个至关重要的决策。较多的数据可以更准确地估算条件平均值和方差，从而更好地再现变异函数模型，但这需要更长的时间。同时，在偏离严格的平稳性方面，较少的数据也可以提供一个更稳健的模型，从而更好地重现局部变异性。

应该用简单克里格法估算高斯均值和方差。在某些情况下，实践者们使用普通克里格法，通常是为了避免偏离平稳性的后果。这种选择的代价是高斯模拟值的方差被夸大，普通克里格估算器不再提供准确的高斯平均值，而只是一个近似值。虽然这些作者通常不鼓励使用普通克里格进行模拟，但是如果有大量原始数据（比如爆破孔），那么方差夸大问题可能就不那么重要了。

与所有其他模拟技术一样，最关键和最耗时的步骤是检查结果。首先要检查的是高斯值的解丛聚直方图和原始分布的解丛聚直方图。此外，还应检查高斯数据和原始数据的变异函数模型的再现。模拟的空间分布应反映原始数据的特征和趋势，充分再现趋势和局部均值及方差。

如果有可靠的生产信息，从模拟模型中得到的品位吨位曲线应能很好地再现实际生产数值。同样的，如果品位控制数据存在，并且没有在模拟中使用，那么它可以用来验证条件模拟模型。

最好先在小范围内进行模拟，对模拟参数进行微调，以便更好地再现直方图和变异函数模型，以及在可能的情况下再现生产数据。在定义了实现细节之后，将完成完整的多次模拟运行。

10. 2. 2　转向带法

转向带法（Turning Bands）是最早的三维地质统计模拟方法，是由 Matheron 提出、由 Journel 开发的。虽然序贯模拟方法已经流行多年，但转向带模拟仍在使用。转向带法通过沿着几条在三维空间中可以旋转的线，进行几个独立的一维模拟，可以生成一个三维模拟。这种独特的模拟方式提供了 3D 的非条件实现。

在将原始数据转换为高斯值后，转向带法包括两个主要步骤：（1）利用通过变换复制的实验直方图，以及通过数据复制的协方差或变异函数，在高斯单位中进行非条件模拟；（2）采用克里格后处理方法，调整转向带模拟。该方法完全尊重调整数据，同时保留了非条件模拟实现的可变性。该方法已被移植应用于对多点结构进行调节。

转向带法的第一步是根据现有数据得出的协方差模型进行非条件模拟。最初，在三维空间中定义 N 条线：D_i，$i = 1$，$\cdots$，N；在每一条线上，定义一个一维随机函数 $Y(\boldsymbol{u}_{D_i})$，$i = 1$，$\cdots$，N，这 N 个随机函数是相互独立的；对于每一条线，还有一个 3D 随机函数 $Z_i(\boldsymbol{u})$，$i = 1$，$\cdots$，N。

首先，在线段上的每个点 $\boldsymbol{u}_{D_i}$ 处，对线段 D_i 进行模拟。移动平均线通常用于初始的一维模拟。其次，将 $\boldsymbol{u}_{D_i}$ 处的模拟值 $y(\boldsymbol{u}_{D_i})$ 赋给 $\boldsymbol{u}_{D_i}$ 处垂直于直线 D 的剖面或条带之内的所有点：

$$Z_i(\boldsymbol{u}) = y(\boldsymbol{u}_{D_i})$$

然后，在三维空间的每个点 $\boldsymbol{u}$，将 N 个剖面或条带的所有值相加，得到该点的现实：

$$Z_s(x) = \frac{1}{\sqrt{n}} \sum_{i=1}^{n} Z_i(x)$$

在获得三维模型中所有点的值后，生成非条件模拟。

转向带法模拟的数据调整是通过建立两个克里格运行来完成的：第一步，对调整数据应用克里格法以获得 $y_{kc}(\boldsymbol{u})$，这可以再现数据趋势；第二步，用这些调节数据位置的非条件模拟值进行克里格估算，得到 $y_{ku}(\boldsymbol{u})$。然后通过两个克里格估值之间差值的调整，将条件模拟值 $y_{cs}(\boldsymbol{u})$ 计算为非条件模拟值：

$$y_{cs}(\boldsymbol{u}) = y_{uc}(\boldsymbol{u}) + [y_{kc}(\boldsymbol{u}) - y_{ku}(\boldsymbol{u})]$$

模拟是在高斯空间中进行的，以保证直方图的再现，而利用非条件模拟的方法保证协方差的再现。

条件模拟过程可以用一个一维的例子加以理解，如图 10.4 所示。在每个真实数据位置，取出非条件模拟值，放入调节数据。在数据位置附近，克里格估算器使得样本数据与克里格值范围之外的非条件模拟值之间的变化变得平滑。因此，这 N 个数据位置的条件模拟值将就是数据值。在相关范围之外，条件模拟值就等于非条件模拟值。

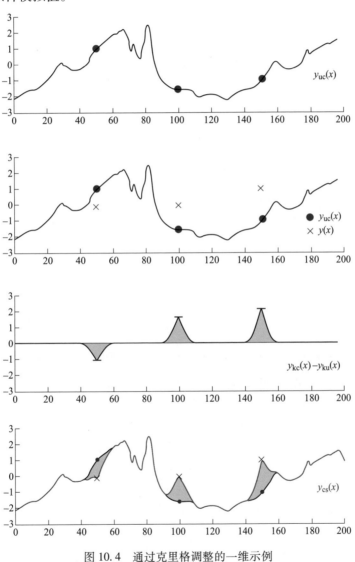

图 10.4 通过克里格调整的一维示例

转向带算法有一些内在的局限性：（1）调节的后验处理烦琐；（2）由于各嵌套结构和协方差在二维情况和三维情况的形状不同，一维协方差必须分别计算；（3）只能使用各向同性协方差，各向异性是由几何变换引入的。

在早期的转向带法应用中，由于硬件的限制，原始 N 条线的位置在最终的模拟图像中非常明显。避免假象的解决方案是使用的线条数目 N 非常大，这种情况现在比过去几年更为实用。假象可能是一个重大的缺点，特别是如果实施方法不好的情况下。

10.2.3　*LU* 分解（三角矩阵分解）

当条件数据的总数加上要模拟的节点数很少（少于几百个）并且需要大量的现实时，通过协方差矩阵的 *LU* 分解进行模拟可以提供最快的解决方案。

设 $Y(\boldsymbol{u})$ 为具有平协方差 $C_y(\boldsymbol{u})$ 的平稳高斯随机函数模型，让 $\boldsymbol{u}_\alpha(\alpha = 1, \cdots, n)$ 为条件数据的位置，$\boldsymbol{u}_i'(i = 1, \cdots, N)$ 为要模拟的 N 个节点。将大型协方差矩阵 $(n+N) \cdot (n+N)$ 分为数据对数据的协方差矩阵、节点对节点的协方差矩阵，以及两个节点对数据的协方差矩阵：

$$C_{(n+N)(n+N)} = \begin{bmatrix} [C_Y(\boldsymbol{u}_\alpha - \boldsymbol{u}_\beta)]_{n \cdot n} & [C_Y(\boldsymbol{u}_\alpha - \boldsymbol{u}_j')]_{n \cdot N} \\ [C_Y(\boldsymbol{u}_i' - \boldsymbol{u}_\beta)]_{N \cdot n} & [C_Y(\boldsymbol{u}_i' - \boldsymbol{u}_j')]_{N \cdot N} \end{bmatrix} = \boldsymbol{L} \cdot \boldsymbol{U}$$

大矩阵 $\boldsymbol{C}$ 被分解为下三角矩阵和一个上三角矩阵，$\boldsymbol{C} = \boldsymbol{L} \cdot \boldsymbol{U}$。条件实现 $\{\boldsymbol{y}^{(l)}(\boldsymbol{u}_i'),\ i = 1, \cdots, N\}$ 是通过下矩阵 $\boldsymbol{L}$ 乘以正态偏离的列矩阵 $\boldsymbol{\omega}_{(N+n)1}^{(l)}$ 而得到的：

$$\boldsymbol{y}^{(l)} = \begin{bmatrix} [\boldsymbol{y}(\boldsymbol{u}_\alpha)]_{n \cdot 1} \\ [\boldsymbol{y}^{(l)}(\boldsymbol{u}_i')]_{N \cdot 1} \end{bmatrix} = \boldsymbol{L} \cdot \boldsymbol{\omega}^{(l)} = \begin{bmatrix} \boldsymbol{L}_{11} & 0 \\ \boldsymbol{L}_{21} & \boldsymbol{L}_{22} \end{bmatrix} \cdot \begin{bmatrix} \boldsymbol{\omega}_1 \\ \boldsymbol{\omega}_2^{(l)} \end{bmatrix}$$

式中，$[\boldsymbol{y}(\boldsymbol{u}_\alpha)]_{n \cdot 1}$ 为 n 个正态分数条件数据的列矩阵；$[\boldsymbol{y}^{(l)}(\boldsymbol{u}_i')]_{N \cdot 1}$ 为条件模拟值 y 的列矩阵。

调整数据的识别式为 $\boldsymbol{L}_{11}\boldsymbol{\omega}_1 = [\boldsymbol{y}(\boldsymbol{u}_\alpha)]$；因此矩阵 $\boldsymbol{\omega}_1$ 设为：

$$\boldsymbol{\omega}_1 = [\boldsymbol{\omega}_1]_{n \cdot 1} = \boldsymbol{L}_{11}^{-1} \cdot [\boldsymbol{y}(\boldsymbol{u}_\alpha)]$$

列向量 $\boldsymbol{\omega}_2^{(l)} = [\boldsymbol{\omega}_2^{(l)}]_{N \cdot 1}$ 是 N 个独立标准正态离差的向量。

另外的实现，$l = 1, \cdots, L$，是通过抽取一组新的正态离差 $\boldsymbol{\omega}_2^{(l)}$，然后通过矩阵乘法而获得的，这几乎不用付出额外成本。主要的成本和存储需求是对大矩阵 $\boldsymbol{C}$ 的前期 *LU* 分解和对权重矩阵 $\boldsymbol{\omega}_1$ 的识别。

LU 分解算法要求在一个协方差矩阵 $\boldsymbol{C}$ 中，同时考虑所有节点和数据位置。当前实用的数量极限 $(n+N)$ 不超过几百。

已经考虑了执行变量，旨在试图通过考虑数据位置的重叠邻域，来放宽以前的大小限制。但不幸的是，如果没有充分考虑所有模拟节点之间的相关性，则会出现假象不连续。

当一个小体积或块（$n+N$ 很小）需要大量现实时，特别适合用 *LU* 分解算法。一个典型的应用是对区块累积条件分布函数的评估。任何区块 V 都可以离散

成 N 个点。通过 **LU** 分解算法并逆变换到模拟点的 z 值，$\{z^{(l)}(\boldsymbol{u}'_i)$，$i=1,\cdots,$ N；$\boldsymbol{u}'_i$ 位于 $V \in \boldsymbol{A}\}$，$l=1,\cdots,N$，对这些 N 个点处的正态分数值进行 L 次模拟（$l=1,\cdots,L$）。然后，可以对每组 N 模拟点的值取平均，从而生成一个模拟的块值。L 个模拟块值 $z^{(l)}$，$l=1,\cdots,L$，提供块平均值的概率分布（累积条件分布函数）的数值近似值，条件是所保留的数据。

10.2.4 直接序贯模拟

直接序贯模拟，是基于一种观点，只要数据分布与它所取代的高斯分布具有相同的均值和方差，就可以在序列路径中考虑非高斯分布，因此它被认为是更成熟的高斯模拟范式的一种扩展。在本质上，直接序贯模拟与序贯高斯模拟是一样的，只是没有正态分数变换步骤。

人们对直接序贯模拟感兴趣的原因包括：（1）以原始单位复制变异函数；（2）能处理正态分数变换后不是线性平均的变量，在这种情况下，高斯法不适用于尺度不同的数据；（3）具有高斯分布的最大熵特征。

考虑在节点 $\boldsymbol{u}=\boldsymbol{u}_l$ 处的简单克里格，有 N 个数据值 $z(\boldsymbol{u}_\alpha)$，$\alpha=1,\cdots,N$：

$$z^*(\boldsymbol{u}) = \sum_{\alpha=1}^{N} \lambda_\alpha z(\boldsymbol{u}_\alpha)$$

$$\sigma_{SK}^2(\boldsymbol{u}) = 1 - \sum_{\alpha=1}^{N} \lambda_\alpha \rho(\boldsymbol{u} - \boldsymbol{u}_\alpha)$$

$$\sum_{\beta=1}^{N} \lambda_\alpha \rho(\boldsymbol{u}_\beta - \boldsymbol{u}_\alpha) = \rho(\boldsymbol{u} - \boldsymbol{u}_\alpha), \quad \alpha = 1,\cdots,N$$

随机变量 $z_s(\boldsymbol{u})$ 是从单变量概率分布函数（pdf）$f[\boldsymbol{u}, z|(N)]$ 中抽取的。

$$z_s(\boldsymbol{u}) = z^*(\boldsymbol{u}) + R_s(\boldsymbol{u})$$

其中，残差 $R_s(\boldsymbol{u})$ 抽取自一个均值为 0、方差为 $\sigma_{SK}^2(\boldsymbol{u})$ 的概率分布函数 $f_l(r)$。关键点是 $z^*(\boldsymbol{u})$ 和 $R_s(\boldsymbol{u})$ 的独立性，这与高斯方差 $\sigma_{SK}^2(\boldsymbol{u})$ 的同方差性质有关联。

现在考虑下一个节点 $\boldsymbol{u}'=\boldsymbol{u}_l+1$。使用 $N+1$ 个数据的简单克里格包括之前的模拟值 $z_s(\boldsymbol{u})$，可记作：

$$z^*(\boldsymbol{u}') = \sum_{\alpha=1}^{N} \lambda_\alpha(\boldsymbol{u}') z(\boldsymbol{u}_\alpha) + \lambda_{N+1}(\boldsymbol{u}') z_s(\boldsymbol{u})$$

$$\sigma_{SK}^2(\boldsymbol{u}') = 1 - \sum_{\alpha=1}^{N} \lambda_\alpha(\boldsymbol{u}') \rho(\boldsymbol{u}' - \boldsymbol{u}_\alpha) - \lambda_{N+1}(\boldsymbol{u}') \rho(\boldsymbol{u}' - \boldsymbol{u})$$

$$\sum_{\beta=1}^{N} \lambda_\beta(\boldsymbol{u}') \rho(\boldsymbol{u}_\beta - \boldsymbol{u}_\alpha) + \lambda_{N+1}(\boldsymbol{u}') \rho(\boldsymbol{u} - \boldsymbol{u}_\alpha) = \rho(\boldsymbol{u}' - \boldsymbol{u}_\alpha), \quad \alpha = 1,\cdots,N$$

$$\sum_{\beta=1}^{N} \lambda_\beta(\boldsymbol{u}') \rho(\boldsymbol{u}_\beta - \boldsymbol{u}) + \lambda_{N+1}(\boldsymbol{u}') = \rho(\boldsymbol{u}' - \boldsymbol{u})$$

然后可以从这个分布中得出一个模拟值：

$$z_s(u') = z^*(u') + R_s(u')$$

这两个克里格估值显然相互依赖，第二个位置的克里格估值取决于第一个随机值。

可以看出，这两个值之间的协方差是正确的。这是公认的序贯模拟理论，它是无偏的，方差是正确的，所有模拟值之间的协方差是正确的。然而，直接序贯模拟也存在一些问题：（1）它根本无法避免高斯性的影响；（2）保留原始直方图所需的 R 值分布形状；（3）克里格方差的比例效应或异方差性；（4）多尺度多元数据。生成的直方图形状很难控制，并且多变量空间特征通常与序贯高斯模拟（SGS）非常相似。

虽然任何形状的分布都可以使用，并且可以局部变换，但是最终得到的直方图会受到三个方面的影响：原始数据的直方图、所选随机分布的形状，以及通过对随机分量取平均得到的高斯分布，即中心极限定理。

为获得正确的局部直方图而提出的校正方案，包括现实的后处理、选择性取样，以及建立一套一致的分布。后者是基于使用高斯单位和真实数据单位之间的关联，来构建条件分布的形状，它是解决直接序贯模拟直方图再现问题的推荐选项。这是因为，虽然与高斯模型的关联给出了累积条件分布函数预期的形状，但结果不是高斯的。此外，没有后处理或特别校正，块数据是完全复制的。

一个重要问题是比例效应。对于大多数变量，均值和方差是相关的。使用某种转换的模拟，如指示模拟和高斯技术，对比例效应不敏感。这是因为变换有效地消除了比例效应，尽管原始空间中的数据确实显示出比例效应。

在直接序贯模拟中，克里格方差提供了局部累积条件分布函数的方差。这种方差只取决于数据配置，与数据值无关，但在处理原始单位的数据时，大多数情况下都不是这样。克里格方差不是局部变异性的度量，它只在高斯变换后才有效。然而，直接序贯模拟的中心思想是避免高斯变换。

使用 DDS 的最佳方法是：（1）使用标准化的变异函数；（2）计算标准化克里格方差；（3）将这个方差缩放到一个局部的可变性度量。这需要两个额外的步骤：拟合比例效应和计算每个位置的局部平均值。

10. 2. 5　直接块模拟

直接块模拟是另一种模拟选项，它试图通过直接在原始节点或组合之外的支持上工作，来简化模拟过程。Journel 和 Huijbregts 最初提出了一种基于分开模拟和调整步骤的直接块模拟。该方法基于支持度的全局变化（第 7 章），基于分布技术的持久性，将点支持数据修正块支持数据。然后，在块支持层进行调整。

Gomez-Hernandez 在模拟渗透系数场时提出了一种不同的方法。其思想是，如果块统计是已知的，并且点和块的分布是联合高斯分布，那么联合序贯高斯模拟可以提供直接的块模拟值，这些值被调整到原始的点支持数据。可以通过使用一个分布假设持久的全局支持变化，完成块协方差的推断，或者如 Gomez-Hernandez 开发的方法，通过训练图像和点和块的单变量对数正态分布假设，即序贯高斯模拟在原始数据的记录上进行。

Marcotte 提出了另一种方法，基于析取克里格法（DK）获得局部的块累积分布频率。模拟值是从这个局部块累积分布函数中提取的。这种方法在使用析取克里格方面有很大的缺点，析取克里格是一种在实现理论上烦琐和实施困难的方法，这也需要一个块品位分布的强大先验假设，但与此同时提供使用不同支持的集成数据类型的灵活性，包括钻孔数据、批次样品，以及采空采场或采空区。

Godoy 也开发了一个替代版本，即直接块模拟（DBSim）算法。直接块模拟算法是对"经典"序贯高斯模拟法的一种适应。

传统序贯高斯模拟和直接块模拟方法之间的主要区别是，最初直接块模拟是对节点进行，紧接着按照指定的选别开采单元尺寸重新分块，并且利用块数据（通过其离散化点），对所使用的顺序随机路径上的节点和块进行进一步调整。直接块模拟在块的重心上进行，在内存中只保留先前模拟的块值，而序贯高斯模拟首先要获得随机路径上的完整节点集。对于序贯高斯模拟，从节点支持重新分块为选别开采单元块尺寸是一个独立的步骤。

与直接序贯模拟一样，直接块模拟的实现也有不可避免的缺陷。但是，在模拟模型的尺寸非常大的情况下，或者不切实际时，甚至是在节点尺度上执行，那么它就可能是一个值得研究的替代方法。

10.2.6 概率场模拟

概率场（P 场）模拟的关键理念是在两个独立的步骤中进行模拟。第一步是构造不确定性的局部分布，这只需使用原始数据就可以完成，这样就可以只做一次，而不是对每个现实重复执行。第二步是利用相关的概率从这些分布中取值，而不是用传统的蒙特卡罗模拟中使用的随机数。

典型的序贯模拟方法是先从局部条件分布中提取随机概率，然后将每个模拟值加入条件数据池中。通过分解这两个步骤，概率场法的前提是已知局部累积分布函数，并且成为输入参数。概率值用于从局部累积分布函数中取值，从而构成一个概率场，并被解释为具有均匀分布和已知协方差函数的随机函数的结果。

假设对感兴趣区域内的每个位置 u 都获得了一个模拟值。模拟值 $z_s(u)$ 对应局部累积分布函数的特定概率 $p(u)$：

$$F[u, z_s(u)] = p(u)$$

局部概率 $p(u)$ 被解释为随机函数 $P(u)$ 的结果。如果可以得到局部累积分布函数，并且可以推断出 $P(u)$ 的单变量和双变量统计，那么概率场模拟就可以简单地完成。

局部累积分布函数可以使用硬数据、软数据、详尽数据导出，或者凭经验使用地质学家对局部累积分布函数可能取值范围的主观意见。或许更重要的是，概率场参数的推断面临着更大的挑战。Froidevaux 建议以两个直觉的基本假设开始：（1）正如人们所期望的那样，概率场 $P(u)$ 遵循一个均匀分布；（2）概率场 $P(u)$ 的协方差与变量 $U[Z(u)]$ 的统一变换相同。因而：

$$C_P(h) = C_U(h), \quad \text{其中} \ U(u) = F[Z(u)]$$

本质上，假设原始变量统一变换的两点连续性与概率场的两点连续性相似。这些特征包括相对块金效应、各向异性比、最大连续性的方向和范围。这是一个相当强硬的假设，很难验证。通常，硬数据越多，$C_P(h)$ 和 $C_U(h)$ 的相似度就越低。

概率场的实现遵循这些基本步骤，示意图解如图 10.5 所示。

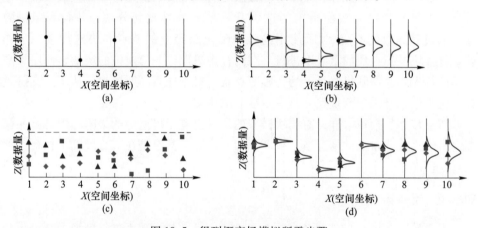

图 10.5   得到概率场模拟所需步骤

（a）数据值；（b）不确定性的分布；（c）概率值（非条件模拟）；（d）从条件分布中得到模拟值

（1）用先验和似然性构建不确定性分布；（2）生成空间相关的概率值；

（3）同时取值并以一种联系关联在一起

（1）在定义要模拟的网格间距和节点后，必须获得所模拟变量的局部累积分布函数。这些累积分布函数可以通过非线性估算方法（第 9 章），从局部的硬数据中得到，可以有也可以没有辅助信息，甚至可以凭经验定义。局部累积分布函数与模拟过程无关。

（2）计算并建立原始变量 $U[Z(u)]$ 统一变换后的变异函数。假设概率场 $P(u)$ 服从均匀分布，并且 $C_P(h) \approx C_U(h)$。

（3）根据均匀分布和协方差 $C_P(h)$ 生成 $P(u)$ 的非条件模拟。

（4）在每个节点上，使用概率值 $Z_s(u) = F^{-1}[u, P(u)]$，从本地累积分布

函数 $F(\boldsymbol{u}, z)$ 中抽取一个模拟值 $z_s(\boldsymbol{u})$。

（5）重复上述两个步骤，直到获得足够数量的实现。

概率场模拟的主要优点是速度快，而且可以构造不确定性的分布来表示所有的数据，并在实现之前进行检查。模拟结果与不确定性分布基本一致。概率场另一个有趣的方面是，很容易将辅助数据结合到模拟中，而不会显著增加实现所需的时间和精力。该方法的一些潜在缺点是，局部条件数据有被作为局部不连续而重现的趋势，并且空间相关性可能被不符合实际地增加。同样，数据统一变换的空间连续性特征与概率场也可能不相似。

10.3　连续变量：基于指示的模拟

序贯指示模拟（SIS）本质上与序贯高斯模拟相同，不同之处在于模拟的不是高斯变量，而是原变量的指示变换。除了提供了一种不依赖于高斯假设的方法外，序贯指示模拟不需要任何逆变换，直接从局部指示克里格法得出的条件分布中提取原始空间的模拟值。指示的形式体系见第9章。

请记住，指示变换的平均值是平稳域的全局比例。指示变量的变异函数衡量的是空间相关性，而不是可变性：

$$\gamma_I(\boldsymbol{u}) = \frac{1}{2} E\{[I(\boldsymbol{u};k) - I(\boldsymbol{u}+\boldsymbol{h};k)]^2\}$$

因为总是使用更多的条件数据，所以累积指示变异函数的推断比类别指示更容易，而且累积指示可以携带跨越边际品位的信息。

累积条件分布函数是利用附近指示数据的线性组合来计算的：

$$p_k^*(\boldsymbol{u}) = \sum_{\alpha=1}^n \lambda_\alpha(\boldsymbol{u}) \cdot I(\boldsymbol{u}_\alpha;k) + \left[1 - \sum_{\alpha=1}^n \lambda_\alpha(\boldsymbol{u}) \cdot m_k\right]$$

权重 $[\lambda_\alpha(\boldsymbol{u}), \alpha = 1, \cdots, n]$ 是由克里格法决定的。简单克里格法是最小二乘法最优估算的精确解。如果要考虑局部偏离于平稳性的问题，可以使用局部均值的估算值，但通常的代价是方差被夸大。

与前面一样，要抽取一个随机数，来确定分配给节点的类别 k 是哪个。由于条件概率是用给定的变异函数克里格法估算的，因此模拟值将再现原始数据的直方图和变异函数。

序贯指示模拟中的步骤与序贯高斯模拟中的步骤相同。所有与现实相关的决策都是相同的，用于检查模型的过程也是相同的。然而，在实践中，连续变量的序贯指示模拟已经被证明是很难校准的。方差膨胀是常见的，因为很难控制分布的尾部，特别是正偏态分布上的高点。

序贯指示模拟主要用于表现出高可变性的变量，例如热型液金矿床的品位。处理具有高变异系数的变量始终是困难的，在这种情况下，序贯指示模拟可能会面临重大挑战。

　　虽然指示变异函数可以按预期的方式再现（取决于遍历性波动），但不能保证再现原始的 z 变异函数。为此，应进行全面的指示协同克里格，这在实践中从未做过。它可以表明，序贯指示模拟再现绝对值变异函数，$2\gamma_{\mathrm{m}}(\boldsymbol{h}) = E\{|Z(\boldsymbol{u}) - Z(\boldsymbol{u} + \boldsymbol{h})|\}$，由于这个函数是所有指示变异函数的积分。但实际结果是微不足道，因为没有特别的理由更喜欢 z 的变异函数，而不喜欢 z 的绝对值变异函数的再现。

　　对于那些勇于接受挑战、对连续变量使用序贯指示模拟的人们，其回报是一个不依赖于高斯假设的模拟模型，因此不具有潜在的最大熵特性。但对于连续变量的序贯指示模拟，当需要很好地再现极值的连通性时，高斯特征可能是一个问题。

10.4　模拟退火

　　模拟退火是一项最小化/最大化技术，近年来吸引了大量关注。它是一个基于热力学的类比，可类比为液体冻结和结晶，或金属冷却和退火。其基本原理是：（1）分子在高温下自由运动；（2）如果冷却缓慢，热能的流动性会损失；（3）原子通常可以在相对于原子本身数十亿倍的距离上，沿所有方向排列；（4）这些晶体结构为最低能量状态。如果缓慢冷却，让原子有时间重新分布，就总能找到这个状态。

　　退火方法模拟了自然的最小化算法。它与传统的最小化算法不同，因为传统的最小化算法会寻找附近的、可能是短期的解决方案，然后就停止。也就是说，传统算法在任何一步中都尽可能立刻下滑，而退火不可能立刻下滑（图 10.6）。

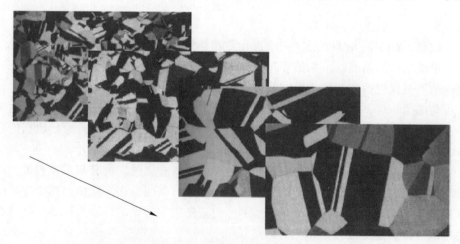

图 10.6　物理过程中的退火：随着金属冷却，黄铜颗粒趋向于重组

　　玻耳兹曼概率分布表达了这样一种思想，即在一个处于热平衡状态的系统

中，其能量在所有不同的能态之间都是概率分布的。即使在低温（T）状态下，也有很小的机会处于高能（E）状态：

$$P(E) \approx e^{\frac{-E}{kT}}$$

因此，有可能摆脱局部的最低能量态，从而找到一个更好的、更全局的最低能量态。玻耳兹曼常数（k）是一个把温度和能量联系起来的自然常数。

在 1953 年，Metropolis 及其同事首次将这些原理应用到数值计算中。这个想法是提供一系列的选择，模拟热力学系统将能量态由 E_1 改变为 E_2，其概率为（图 10.7）：

$$P(E) = \begin{cases} e^{\frac{-(E_2-E_1)}{kT}}, & E_2 > E_1 \\ 1, & E_2 \leq E_1 \end{cases}$$

这种总是下滑有时上升的通用方案，被称为"大都市"算法。

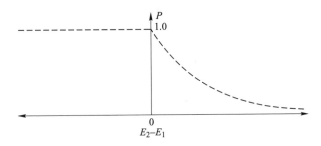

图 10.7　根据 Metropolis 算法的能量状态变化概率函数

为了实现这个想法，还需要一些关键元素：（1）应该说明可能的系统配置；（2）一个随机发生器的变化，需要给系统提供选项；（3）定义一个目标函数 O（类似于热力学能量），其程序的目标是最小化这个函数；（4）一个控制参数 T（模拟温度）；（5）一个说明 T 是如何由高值降到低值的退火方案。例如，方案在 T 值进行下一步骤之前要定义需要多少个随机变化，以及这一步骤有多大。

考虑旅行推销员的问题，推销员访问了 N 个给定位置（x_i，y_i）的城市，最终返回原城市。其目标是每个城市只参观一次，而且行程越短越好。

这个问题被称为 NP 完全问题，其精确解答的计算时间（e^{cN}）随着 N 的增加而增加。值得庆幸的是，模拟退火方法将计算限制在 N 的一个很小的幂次之内。为了解决这个问题，退火的执行过程如下。

（1）通过将城市编号为 $i=1$，…，N，定义初始配置。任何其他配置都是数字 1，…，N 的排列。

（2）重新安排就是调换两个城市的次序。重新安排城市次序的程序效率程度不同。

（3）目标函数被定义为总旅行距离：

$$E = \sum_{i=1}^{N} \sqrt{\left(x_i - x_{i+1}\right)^2 + \left(y_i - y_{i+1}\right)^2}$$

将最后一个城市点 N，加 1 后标识为第一个城市，也就是，回到原来的起点。

（4）通过选择 T 的起始值大于在能量 ΔE 中通常遇到的最大变化值，确定退火进度表。当没有任何事情发生，即目标函数值没有改善时，这个过程就算完成（图 10.8）。

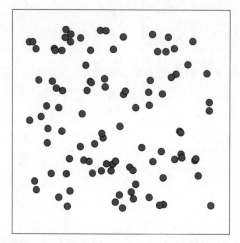

图 10.8　旅行商需要走访 1200 mile×1200 mile❶范围内的 100 个城市

考虑一个在 1200 mile×1200 mile 范围内，N = 100 个城市的问题：

一开始，先随机选择多重配置（图 10.9），以便评估非最优结果的情况。图 10.10 显示了这些多重配置所行走的总行程的直方图，在本例中为 1000 条随机路径。

用一个近似优化法来解决这个问题（图 10.11），结果是总行程为 8136 mile。在一台能力较强的电脑上，这通常只需要几分钟，而且编码也很简单。

序贯退火方法的另一个特点是，它可以直接向目标函数中添加分量，通常需要反复试验才能得到正确的退火方案。但最终，它能为一个棘手的问题提供解决方案。

扩展应用到地质统计的采矿问题也很简单。首先，必须构建一个可能包括许多不同分量的目标函数。例如，带有地质信息和化验结果的局部钻孔数据、变异函数或其他两点空间相关性的度量、多点空间连接情况（如果有）、垂直和平面

❶　1 mile（英里）≈1609.34 m。

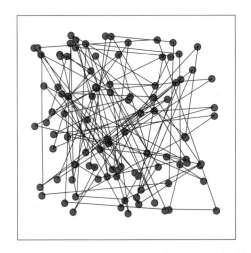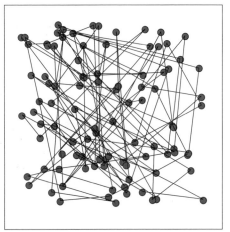

图 10.9　两个随机选择的初始配置

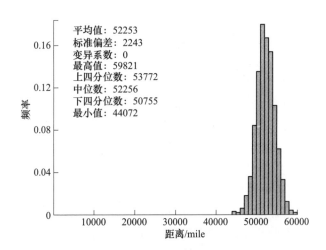

平均值：52253
标准偏差：2243
变异系数：0
最高值：59821
上四分位数：53772
中位数：52256
下四分位数：50755
最小值：44072

图 10.10　随机路径所经过的 1000 个城市总行程的直方图。平均总行程为 52253 mile

趋势、与辅助数据的相关性（并列或空间相关性），以及历史数据。

　　目标函数一般采用多重分量加权总和的形式，基本方法是一样的。

（1）建立初始猜测；

（2）计算初始目标函数；

（3）提出一个变化值；

（4）更新目标函数；

（5）决定是否保留变化值，这是模拟退火的决策规则；

（6）返回并提出一个新的变化值；

（7）当目标函数足够低时停止进行，通常，这意味着原始数据是匹配在可

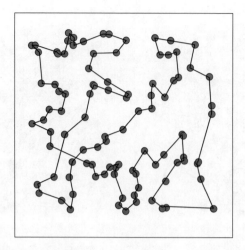

图 10.11　旅行商问题的近似优化法。在这个例子中，总行程已经减少到了 8136 mile

接受的容差范围之内的。

　　模拟退火提供了一种灵活的优化过程，它有多种应用，但在矿业中还没有得到充分的开发。这在一定程度上可能是因为需要小心地设置参数，以避免人工影响，比如调整数据存在的点和边缘效应。

　　退火计划可能很难建立，它通常需要一些该方法的经验，以避免降低温度太慢，造成求解时间缓慢；或降低温度太快，导致算法可能只找到一个次优解。可以采用能保证收敛的严格的数学方案，但是这些方案速度太慢，不切合实际。

10.5　模拟分类变量

　　模拟分类变量的目的是为离散分类提供空间模型。地质模型提供了这些分类的经典例子。考虑 K 个在平稳域内相不包含的类别 s_k，$k = 1, \cdots, K$。这些分类是详尽的，也就是说，任何位置 u 都总有并且只有这 K 个类别中的一个被分配给它。

10.5.1　离散变量序贯指示模拟

　　如果为每个位置 u 定义了任何类别 k 的存在 $[i(u; s_k) = 1]$ 或不存在 $[i(u; s_k) = 0]$ 的指示，那么对指示的简单克里格估算提供了 s_k 在该位置出现的概率：

$$\text{Prob}^* \{ I(u; s_k) = 1 \mid (n) \} = P_k + \sum_{\alpha = 1}^{n} \lambda_\alpha [I(u_\alpha; s_k) - P_k]$$

式中，P_k 为类别 k 的期望值，例如从整个域的已解丛聚数据中推断。权重 λ_α 是利用简单克里格方程组中的 s_k 指示协方差求解的。明智的做法是选用局部平均值，而不是整个域的全局平均值，以便获得更能代表位置 u 邻域的比例。

序贯指示模拟（SIS）算法对于连续或分类变量是一致的。关键的区别在于后一种情况下，K 个类别可以按任何顺序定义。通过指示克里格得到的局部累积条件分布函数，提供了一个 K 区间内被离散化的概率区间 [0, 1] 的累积分布函数型的有序集。位置 u 处的模拟类别由随机数 p 所在的区间定义，该随机数从均匀分布 [0, 1] 中抽取。

请注意，K 个类别的排序是任意的，并不影响模拟模型。因为随机数 p 为均匀分布，所以排序不影响在位置 u 处抽取的类别或类别的空间分布。

10.5.2　截断高斯模拟

截断高斯技术模拟连续的标准高斯场，并将其截断到一系列的阈值处，从而得到一个分类变量的实现。在此技术中只能指定一个（高斯）变异函数模型。根据不同岩石类型的比例，生成连续高斯现实并截断。按每个类别（或岩石类型）的中心点处的正态分值，将条件数据编码（图 10.12）。

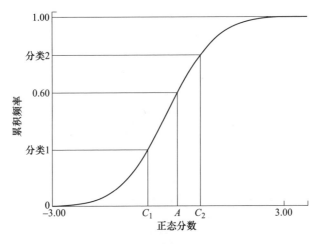

图 10.12　截断高斯模拟

截断高斯模拟的一个重要特点是结果概率密度函数（pdf）模型的排序。用于表示各个类别的代码是由底层的连续变量生成的。因此，分类 2 通常出现在分类 1 和分类 3 之间。代码 1 与代码 3 相邻的情况非常少见（图 10.13）。在某些特定的应用中，这可能是个优势，例如在模拟沉积岩层中。然而，在采矿中最常见的应用是岩性、矿化类型和蚀变的模拟。在这些情况下，很少有排序是所模拟的自然过程的一部分。

10.5.3　截断多元高斯模拟

截断高斯函数的一种变种是截断复数高斯法。该方法使用多个高斯变量，允

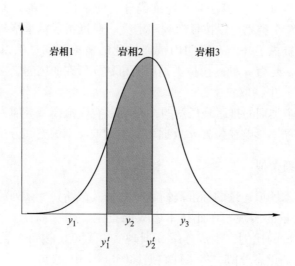

图 10.13　在截断高斯技术中隐含的排序结果

许使用不同的变异函数，每个变异函数都有自己的空间变异模型，包括不同的相对块金效应、各向异性、变程和其他变异函数参数。

　　由于实际原因，高斯函数的数量通常保持为 2，一个类别为另一类别的补充。通过截断对标准高斯随机函数 $y(\boldsymbol{u})$ 的模拟，可以得到指示变量 $i(\boldsymbol{u})$ 的非条件模拟：

$$i^{(l)}(\boldsymbol{u}) = \begin{cases} 1, y^{(l)}(\boldsymbol{u}) \mid \leqslant y_p \\ 0, y^{(l)}(\boldsymbol{u}) > y_p \end{cases}$$

其中 $y_p = G^{-1}(p)$ 为标准的正态 p 分位数，同时 $E\{I(\boldsymbol{u})\} = p$ 为指示的期望比例。

　　高斯随机函数模型完全以其协方差 $C_Y(\boldsymbol{h})$ 为特征，并且在 p 分位截断后，$C_Y(\boldsymbol{h})$ 和指示协方差之间有直接关系。因此，通过指示变异函数的反演，可得到高斯变异函数（图 10.14）。

　　同一高斯现实在不同阈值下的多次截断，会产生多个比例正确的分类指示（边际概率）。但是额外类别的指示协方差将由高斯随机函数来控制，因为协方差 $C_Y(\boldsymbol{h})$ 是定义高斯随机函数的单一参数，因此只能用来定义一个指示协方差。如果定义了两个以上的类别，就会有一个显著的缺点，因为额外的指示协方差不会再现正确的空间连续性。

　　与截断高斯法一样，类别的顺序和空间序列是固定的。虽然这在沉积地层环境中可能是合理的，但在更一般的环境中可能是不合理的。

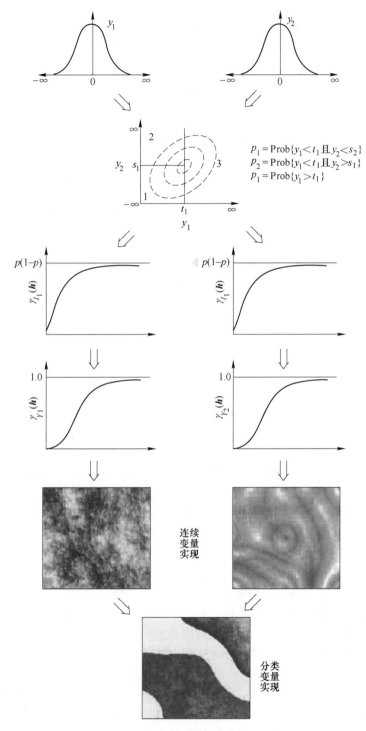

$p_1 = \mathrm{Prob}\{y_1 < t_1 \text{ 且 } y_2 < s_2\}$
$p_2 = \mathrm{Prob}\{y_1 < t_1 \text{ 且 } y_2 > s_1\}$
$p_1 = \mathrm{Prob}\{y_1 > t_1\}$

连续
变量
实现

分类
变量
实现

图 10.14   截断多元高斯方法的执行示意图

10.6 联合模拟：利用辅助信息和联合条件模拟

考虑多个变量可以有两种不同的方法。第一种方法是通过使主要变量同时适应主要和次要信息，从而把次要信息考虑在内。次要信息可以引用相同的主要变量，但是以不同的格式表示，或者更一般地说，可以引用与主要变量相关的任何其他变量。这与联合模拟主要信息和次要信息不同，后者将在后面予以讨论。

第二种方法是鉴于其简单性，通常要使用高斯方法，但是基于指示的方法可能更可取，因为次要信息很容易被合并到过程之中。

10.6.1 基于指示的方法

指示克里格法产生后验条件分布（累积条件分布函数）的一个主要优点是它能够考虑次级数据或软数据。只要软数据可以编码为先验局部概率值，就可以使用指示克里格将该信息整合为后验概率值。

先验次要信息可采用下列其中一种形式。

（1）来自局部硬数据 $z(\boldsymbol{u}_\alpha)$ 的局部硬指示数据 $i(\boldsymbol{u}_\alpha;z)$：

$$i(\boldsymbol{u}_\alpha;z) = \begin{cases} 1, z(\boldsymbol{u}_\alpha) \leqslant z \\ 0, z(\boldsymbol{u}_\alpha) > z \end{cases}$$

$$i(\boldsymbol{u}_\alpha;s_k) = \begin{cases} 1, \boldsymbol{u}_\alpha \in s_k \\ 0, \boldsymbol{u}_\alpha \notin s_k \end{cases}$$

（2）来自辅助信息的局部硬指示数据 $j(\boldsymbol{u}_\alpha;z)$，提供对局部值 $z(\boldsymbol{u}_\alpha)$ 的不等式硬约束。例如，如果 $z(\boldsymbol{u}_\alpha)$ 只能在区间 $(a_\alpha, b_\alpha]$ 之内取值，则：

$$j(\boldsymbol{u}_\alpha;z) = \begin{cases} 0, & z \leqslant a_\alpha \\ 未定义（消失）, & z \in (a_\alpha, b_\alpha) \\ 1, & z > b_\alpha \end{cases}$$

（3）来自辅助信息的局部软指示数据 $y(\boldsymbol{u}_\alpha;z)$，提供关于 $z(\boldsymbol{u}_\alpha)$ 值的先验概率：

$$y(\boldsymbol{u}_\alpha;z) = \text{Prob}\{Z(\boldsymbol{u}_\alpha) \leqslant z | 局部信息\} \in [0,1]$$

（4）在固定区域 A 内所有位置 $\boldsymbol{u}$ 的通用全局先验信息：

$$F(z) = \text{Prob}\{Z(\boldsymbol{u}) \leqslant z\}, \quad \forall \boldsymbol{u} \in A$$

在 A 中的任意位置 $\boldsymbol{u}$，关于值 $z(\boldsymbol{u})$ 的先验信息都是由前面四种先验信息中的任意一种来描述的。使用指示克里格构建累积条件分布函数的过程，包括将局部先验的贝叶斯更新为后验累积分布函数：

$$\left[\text{Prob}\{Z(\boldsymbol{u}) \leqslant z | (n+n')\}\right]_{\text{IK}}^* = \lambda_0(\boldsymbol{u})F(z) + \sum_{\alpha=1}^{n} \lambda_\alpha(\boldsymbol{u};z) - \sum_{\alpha'=1}^{n'} \lambda_{\alpha'}(\boldsymbol{u};z)y(\boldsymbol{u}'_\alpha;z)$$

$\lambda_\alpha(\boldsymbol{u};z)'$ 为属于 n 个邻近硬指示数据的权重，$v'_\alpha(\boldsymbol{u};z)'$ 为属于 n 个邻近软指示数据的权重，λ_0 为属于全局先验累积分布函数的权重。为了确保无偏性，λ_0

通常设置为：

$$\lambda_0(\boldsymbol{u}) = 1 - \sum_{\alpha=1}^{n} \lambda_\alpha(\boldsymbol{u};z) - \sum_{\alpha'=1}^{n'} v_{\alpha'}(\boldsymbol{u};z)$$

因此，累积条件分布函数模型是一个指示值协同克里格法，它汇集不同类型的信息：硬指示数据 i 和 j，以及软先验概率 y。当软信息不存在或被忽略（$n' = 0$）时，表达式恢复到已知的指示克里格表达式。

如果软数据 y 的空间分布是通过硬指示数据的协方差为 $C_I(\boldsymbol{h};z)$ 建模，那么先验概率值 $y(\boldsymbol{u}'_\alpha;z)$ 在其位置 $\boldsymbol{u}'_\alpha$ 就没有更新：

$$\left[\mathrm{Prob}\{Z(\boldsymbol{u}'_\alpha) \leqslant z \mid (n+n')\}\right]^*_{\mathrm{IK}} \equiv y(\boldsymbol{u}'_\alpha;z), \forall z$$

在很多情况下，源自相关信息的软数据 z 与硬数据 $z(\boldsymbol{u}_\alpha)$ 有关但不同。在这种情况下，软数据 y 的指示空间分布可能不同于硬指示数据 i：

$$C_Y(\boldsymbol{h};z) \neq C_{IY}(\boldsymbol{h};z) \neq C_I(\boldsymbol{h};z)$$

那么，指示协同克里格等于是所有先验累积分布函数的一次彻底更新，这些先验累积分布函数早已不是硬数据。

在约束间隔 $j(\boldsymbol{u}_\alpha;z)$ 的位置，指示克里格或协同克里格相当于用空间插值的累积条件分布函数值，将间隔 $(a_\alpha; b_\alpha]$ 填满。因此，如果在该位置执行模拟，则必须从区间内提取 z 属性值。

10.6.2 马尔可夫-贝叶斯模型 （Markov-Bayes）

有了足够的数据，可以直接进行推断并对协方差函数矩阵建模（每个边际品位 z 对应一个）：$[C_Y(\boldsymbol{h};z) \neq C_{IY}(\boldsymbol{h};z) \neq C_I(\boldsymbol{h};z)]$。马尔可夫-贝叶斯模型为这种单调乏味的工作提供了另一种选择：

$$C_{IY}(\boldsymbol{h};z) = B(z)\,C_I(\boldsymbol{h};z), \qquad \forall \boldsymbol{h}$$
$$C_Y(\boldsymbol{h};z) = B^2(z)\,C_I(\boldsymbol{h};z), \qquad \forall \boldsymbol{h} > 0$$
$$= |B(z)|\,C_I(\boldsymbol{h};z), \quad \boldsymbol{h} = 0$$

通过对软数据 y 向硬数据 z 的校准，得到系数 $B(z)$：

$$B(z) = m^{(1)} \mid (z) - m^{(0)}(z) \in [-1,1]$$

其中：

$$m^{(1)} \mid (z) = E\{Y(\boldsymbol{u};z) \mid I(\boldsymbol{u};z) = 1\}$$
$$m^{(0)} \mid (z) = E\{Y(\boldsymbol{u};z) \mid I(\boldsymbol{u};z) = 0\}$$

考虑一个校准数据集 $\{Y(\boldsymbol{u}_\alpha;z), i(\boldsymbol{u}_\alpha;z), \alpha = 1, \cdots, n\}$，其中软概率 $Y(\boldsymbol{u}_\alpha;z)$ 值在 $[0, 1]$ 之间，相比于实际值 $i(\boldsymbol{u}_\alpha;z)$ 值为 0 或 1，$m^{(1)}(z)$ 是对应于 $i=1$ 时 y 值的均值。最好的情况是当 $m^{(1)}(z) = 1$ 时，也就是说所有的 y 值都准确地预测了结果 $i=1$。类似地，$m^{(0)}(z)$ 是 $i=0$ 时 y 值的均值，最好的情况是 $m^{(0)}(z) = 0$。

参数 $B(z)$ 度量了软数据 y 对两个实际情况（$i=1$ 和 $i=0$）的分离程度。最好的情况是 $B(z) = \pm 1$，最差的情况是 $B(z) = 0$，即 $m^{(1)}(z) = m^{(0)}(z)$。

$B(z) = -1$ 的情况对应于软数据预测错误，最好是将错误的概率 $y(\boldsymbol{u}_\alpha; z)$ 修正为 $1 - y(\boldsymbol{u}_\alpha; z)$。

当 $B(z) = 1$ 时，先验概率软数据 $y(\boldsymbol{u}'_\alpha; z)$ 被视为硬指示数据，并不予更新。相反，当 $B(z) = 0$ 时，软数据 $y(\boldsymbol{u}'_\alpha; z)$ 被忽略，即其权重变为零。

由于 Y 协方差模型一般表现出较强的块金效应，所以马尔科夫模型意味着 y 数据之间的冗余度很小。这样做的副作用是给丛聚的、相互冗余的 y 数据过多的权重。在实践中，只保留最接近的 y 数据，这就导致使用配置相关，即距离 0 处的软自协方差 $C_Y(\boldsymbol{h} = 0; z)$。

10.6.3　软数据校准

请考虑有相关辅助变量 $v(\boldsymbol{u})$ 提供信息的连续主变量 $z(\boldsymbol{u})$ 的情况。这一系列指示数据值 $[0$ 或 1, $i(\boldsymbol{u}_\alpha; z_k)$, $k = 1, \cdots, K]$ 来自每个硬数据值 $z(\boldsymbol{u}_\alpha)$。

相应的辅助变量值 $v(\boldsymbol{u}'_\alpha)$ 的软指示数据 $y(\boldsymbol{u}'_\alpha; z_k)$，在 $[0, 1]$ 之间，$k = 1, \cdots, K$，可以通过 z 值对配置的 v 值的散点图得到（图 10.15）。

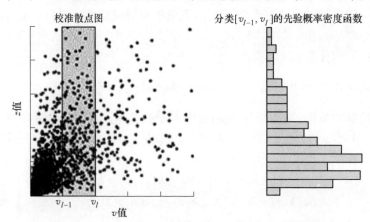

图 10.15　从校准散点图推断软先验概率。在位置 $\boldsymbol{u}'_\alpha$ 处的先验概率的
概率密度函数（pdf），被认定为校准的条件性概率密度函数，
其中，辅助变量 $v(\boldsymbol{u}'_\alpha)$ 在 (v_{l-1}, v_l) 之间，如右图所示

v 值的范围值被离散成 L 类 $(v_{l-1}, v_l]$, $l = 1, \cdots, L$。对于分类 $(v_{l-1}, v_l]$，y 先验概率的累积分布函数可以通过主数据值 $z(\boldsymbol{u}'_\alpha)$ 的累积直方图建模，从而使配置辅助数据值 $v(\boldsymbol{u}'_\alpha)$ 进入分类 $(v_{l-1}, v_l]$：

$$y(\boldsymbol{u}'; z) = \mathrm{Prob}\{Z(\boldsymbol{u}'_\alpha) \leqslant z \,|\, v(\boldsymbol{u}'_\alpha) \in (v_{l-1}, v_l]\}$$

注意，次要变量 $v(\boldsymbol{u})$ 不一定是连续的，这些分类实际上可以是 v 值的类别（例如，信息 v 与不同的岩性或矿化类型有关）。

提供先验 y 概率值的校准散点图，可以从不同的更好的采样场中借用。该校准散点图可基于数据，但不是用于校准协方差参数 $B(z)$ 的数据。

10.6.4 高斯联合模拟

如果使用高斯方法，数据必须转换成标准正态分布。如果考虑两个变量，Y_i 和 Y_j 之间的互相关性应该呈双变量正态分布，即沿原点的一条直线的椭圆概率等值线。对于三阶及更高阶，k 高斯变量的分布应呈现遵循 k 维超椭球体的概率等值线。

第一种可能的方法是由 Verly 提出的直接联合模拟，与常规模拟相似，如图 10.16 所示。它首先通过所有网格节点建立一个随机路径。在每个网格节点处，

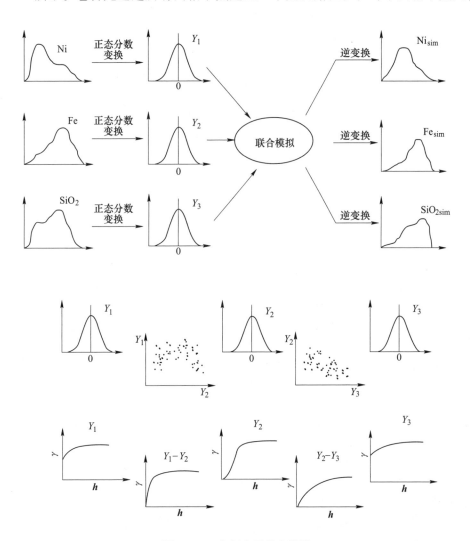

图 10.16　高斯变量联合模拟

找到附近的数据和之前模拟的网格节点，利用协同克里格法构造一个条件分布，并从该分布中得到一个模拟值。将模拟值添加到调节数据中，重复这个过程，直到模拟所有节点。最后一步是对模拟值进行逆变换并检查结果。

联合模拟的第二种方法是定义变量的层次结构。在这种情况下，变量不是同时模拟的，而是按照预先定义的层次结构，有条件地模拟以前模拟的变量。这个理念允许实施一个完整的协同克里格，一个配置的协同克里格近似法，或值在马柯夫-贝叶斯模型基础上的进一步近似。

第三种方法是应用一种能使相关变量独立的转换。想要获得不相关的变量，有几个选项。将原始变量 $Z_i(u)$ 分解为正交因子，即得到原始 Z 变量在 $|h|=0$ 处的相关矩阵的主要分量。这里重要的假设是，主要分量在滞后为 0 时的正交性延伸到所有可能的滞后情况。

替代方法是要么使用超级辅助变量，或者使用逐步条件转换。这两种转换方法之间的选择，取决于两个变量之间的散点图的形状。如果变量之间存在非线性或受约束的关系，则分步调节就是一种更为灵活的方法（尽管需要大量数据）；如果散点图基本上表现了一种能够通过其线性相关系数正确而充分表征的关系，那么更简单的超级辅助变量方法可能是更好的选择（图 10.17）。

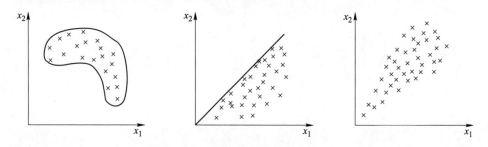

图 10.17　非线性、约束和异方差特征

10.6.5　逐步条件变换

逐步条件变换（SCT）由 M. Rosenblatt 在 1952 年引入，并在 2003 年由 Leuangthong 和 Deutsch 重新引入，用于地质统计学。这样做的出发点是它产生了独立的模型变量，从而避免了联合模拟。

在双变量情况下，第二个变量的法向变换取决于第一个或主变量的概率分类。扩展到 k 个变量的情况，第 k 个变量是在前面 $k-1$ 个变量的基础上，有条件地转换的。

下面是一个双变量情况的例子，其中 Zn 是主变量，Pb 是次变量。利用正态分数程序将 Zn 转化为高斯分布。Pb 的变换如图 10.18 所示。逐步条件变换在 $h=0$ 处得到一个不相关的变量，说明不需要进行联合模拟。

将数据划分为条件为Zn的分类

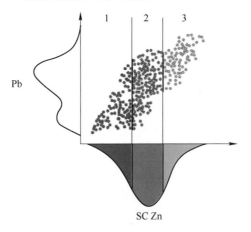

每个类的正态分数转换

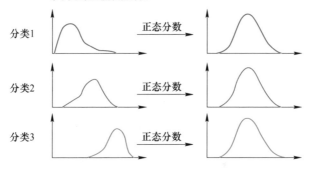

逐步条件转换变量的散点图

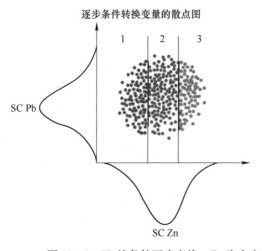

图 10.18 Pb 的条件逐步变换，Zn 为主变量

在实践中使用逐步条件模拟的主要原因，是其在处理复杂的多元分布时比较稳健。这意味着逐步条件模拟能够解决与多高斯假设下不一致的问题，同时显著简化了多变量联合模拟。其主要的缺点是数据密集型，但是必须小心不要定义数据值小于 50 的分类，这可能使最终的条件分布不具有代表性。另一个可能的限制是，逐步条件模拟可能在次要变量的转换中产生假象。在进行任何后续模拟之前，应该对这一点进行彻底检查。

逐步条件变换（SCT）更重要的实施问题如下。

（1）分类的数目，建议使用不少于 10 个。较多的分类会导致相关性趋近于零，但是应该注意不要在转换后的二级条件分布中生成数据较少的分类。

（2）需要考虑的另一方面是逐步条件模拟对特异值很敏感。建议进行广泛的探索性数据分析，可能需要对数据进行清理或封顶。

（3）转换执行的顺序至关重要。主变量的选择应该以哪个变量拥有的数据最多为依据，如果两个变量的样本数量相似，则应该选择最连续的变量为主变量。

逐步条件变换应该确保变换后的变量整体上应为零相关的多元高斯变量。因此，可以应用传统的高斯模拟技术，而不需要协同克里格，或者拟合某种共区域化模型。在正向和逆向变换中考虑了变量之间的相关性。

10.6.6 超级辅助变量

在多元高斯模型下，可以通过将多个辅助数据合并到一个单独的辅助变量中来进行联合模拟，这样就可以应用标准的联合模拟过程。当配置的联合模拟被认为适当时，就是最为实际的设置。

所有的辅助数据都可以以线性组合的形式合并成一个单独的辅助变量，从而可以用于传统的协同克里格法。

$$y_{超级辅助}(\boldsymbol{u}) = \frac{\sum_{i=1}^{n_{\text{sec}}} c_i \cdot y_{s,i}}{\rho_{超级辅助}}$$

c_i 的权值由熟知的协同克里格方程算出：

$$\sum_{j=1}^{n_{\text{sec}}} c_j \cdot \rho_{i,j} = \rho_{i,0}, \quad i = 1, \cdots, n_{\text{sec}}$$

左边的 $\rho_{i,j}$ 值代表辅助数据之间的冗余，右边的 $\rho_{i,0}$ 值表示每个辅助数据和所预测的主变量之间的关系。超级辅助值与被估算主变量的相关系数基于协同克里格方差：

$$\rho_{超级辅助} = \sqrt{\sum_{i=1}^{n_{\text{sec}}} c_i \cdot \rho_{i,0}}$$

平方根内的表达式是 1 减去估算方差，如果使用一个数据，那么估算方差就是相关系数。回想一下在有一个数据的情况下，$\sigma_k^2 = 1 - \rho_{i,0} \cdot \rho_{i,0}$，因此，$\rho_{i,0} = \sqrt{1 - \sigma_k^2}$，假如已知估算方差，就如现在这种情况。

在众所周知的配置协同克里格方程中，单一辅助变量与主数据一起使用：

$$y^* = \sum_{i=1}^{n} a_i \cdot y_i + c \cdot y_{超级辅助}$$

$$\sigma_k^2 = 1 - \sum_{i=1}^{n} a_i \cdot \rho_{i,0} - c \cdot \rho_{超级辅助}$$

10.6.7 利用成分克里格的模拟

成分克里格法不需要将组分从单纯形变换到真实空间。求解克里格方程组，可得到一个符合组分约束条件的向量。这些不一定构成期望值 m^* 的向量，并且也不是在处理多元正态数据或分布。可以计算协方差矩阵。不幸的是，组分的空间是单纯形的，在这个空间中没有协方差和互协方差的定义。

定义使用本方法对组分进行模拟的多元分布，是一个突出的问题。已知分布的两个约束条件：$x \geq 0$；$\sum_i x_i = c$，但多元条件分布的形状也是必要的。尚不清楚 m^*（估算平均值）和 s^*（估算方差）是否能对这些分布正确地实施参数化。

利用 alr 的协同克里格模拟。在一定的假设条件下利用 alr 协同克里格法进行模拟是可行的。如果假设成分的分布是加性 Logistic 正态分布，那么加性 Logistic 正态变换后的数据就是多元正态分布。在 u_{M+1} 处，克里格法给出了多元条件分布，其均值和协方差参数为：

$$\mu_y^* = y^*(u_{M+1}) = c + \sum_{k=1}^{N} \Phi_k \mathrm{alr}[x(u_k)] = c + \sum_{k=1}^{N} \Phi_k y(u_k)$$

$$\sum_y^* = Cov\{y^*(u_{M+1})\} = \sum_{k=1}^{M} \sum_{l=1}^{M} \Phi_k C(u_l - u_k) \Phi_l^T$$

虽然没有 m^* 和 s^* 的解析逆变换，但通过多元条件分布仍然可以模拟向量 $y^s(u_{M+1})$。逆向加法对数比变换可用于恢复模拟组分 $x^s(u_{M+1})$。

$$x_k^s(u_{M+1}) = \mathrm{alr}^{-1}[y_k^s(u_{M+1})] = \frac{\exp y_k^s(u_{M+1})}{\sum_{i=1}^{d} \exp y_k^s(u_{M+1}) + 1}, \quad k = 1, \cdots, d$$

$$x_d^s(u_{M+1}) = c - \sum_{i=1}^{d} x_i^s(u_{M+1})$$

虽然可以得到模拟模型，但该方法存在许多未解决和未知的问题。首先，alr 变换数据的克里格并不一定能得到单纯形中原始组分数据的最优解（第 8 章）。还有，已知组分与模拟组分之间的协方差也不一定是正确的，两个模拟组分之间的协方差也不一定是正确的，而且还不知道诸如变异函数、均值、方差和其他矩等全局统计信息是否能在单纯形中重现。

10.7　模拟现实的后处理

条件模拟产生许多可能的结果，都具有正确的可变性。处理多重现实已被证明是一个困难的实际问题，却通常被地质统计学研究人员低估。

模拟能修正克里格的平滑性，并且在理论上没有条件偏差。多种现实允许不确定性评估，因此需要条件模拟技术来评估综合不确定性。不确定性可视化就是需要考虑的一个方面。

以下概括地讨论了条件模拟（CS）在采矿中的一些最常见的应用，包括点尺度不确定性评估、支撑的变化、现有矿山规划和进度计划的不确定性、各种类型的优化研究，以及可回采储量计算。

多个现实表示在每个位置可以收集到的最多信息。整个范围内的可能值，被描述为条件累积分布频率（ccdf），是局部不确定性的一种模型。

模拟可以更好地理解体积方差关系。其基本思想是简单地模拟一个密集网格间距下的值，然后将其平均到相关块大小。这种"蛮力"方法是观察体积-方差关系的最佳方法，因为所有其他支持方法的变更都需要难以验证的假设，或者可能只是理论上的近似。

更重要的是，条件模拟允许模拟采矿过程本身，无论是通过爆破钻孔和取样，还是通过地下矿山的生产炮孔。采矿是对不规则多边形边界进行的，孤立的块不可能自由采出，因此自由选择的假设是个乐观的假设。如果从可行性前阶段开始使用条件模拟模型，对品位控制过程进行模拟就是可行的，这样可以及早了解信息效应、选择性、贫化和矿石损失。

模拟的另一个有用的应用是预测金属回收率和其他相关的冶金性能变量。这是通过对所有变量在每个位置上同一个现实的访问，以及应用某种转移函数来实现的，该转移函数考虑已知的冶金工艺，并将多种金属的品位转换为该位置的回收率。对于所有现实数据重复操作，便可创建多个回收率模型。这些回收率模型可用于生成局部和全局回收率不确定性的分布。这一过程需要对冶金工艺有清楚的认识，包括所涉及的某些地质冶金性质的非线性特点。

利用模拟结果可以很容易地得到概率图。这是通过访问多个现实中的位置来确定局部不确定性分布得以完成的。然后根据这个局部分布计算超过边际品位的概率。对所有位置都做这样的操作。然后就可以绘制概率图。可以对感兴趣的特定分位数进行分析，例如 10%、50% 或 90%。在 p_{10} 地图上的任何高概率区肯定都是高品位的，在 p_{90} 地图上任何低概率区肯定都是低品位区域，同样的技术也可用于资源分类。例如，当预测值 Y% 在年产量的 X% 之内，可以被称为已证实。

模拟模型也可以用来模拟库存。这里选择与爆破方式一致的大矿量，该矿量用于模拟的现实，以确定库存的平均品位。重复的所有现实，以获得每个现实的平均品位。此信息可用于确定满足配矿标准或经济边际品位的矿量的概率。

模拟结果还可以确定全局储量及其不确定性。全局储量是使用金属品位、回收率模型和经济边际品位值等所有相关信息而计算的。这是针对每个现实而进行的。至此，就可以得出储量的不确定性。

模拟生成的模型还有一个后处理应用，是评估设备尺寸和矿山选择性之间的关系，从而确定选择性开采的价值/成本，这既适用于露天矿也适用于地下开采环境。不过，地下开采的采场设计和回采方法不如露天矿灵活，因此这项研究应在矿山开发前做好。在露天开采中，条件模拟模型用于评估设备的选择性，这些选择性与可用的取样方法、台阶高度、矿石/废料边界划定、爆破孔间距、爆破隆起等有关。这个过程总是用到一个或几个转移函数，这些函数可以集成相关的经济评估和成本/收益曲线。

报告条件模拟模型的研究结果，通常是按区域（时间段、台阶、采场等），并且是报告常用的分位数，即（p_{10}；p_{50}；p_{90}）或（p_5；p_{50}；p_{95}）。

NPV/ROI 类型统计的不确定性可以表示为多个现实的误差界限。在图 10.19 的示例中，p_{90}分位超过当时值的 10%，而兴趣值则低于 p_{10} 分位当时值的 10%。

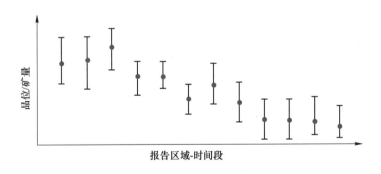

图 10.19　某一段时间内的误差边界示例

通常需要对模拟值进行排序。根据定义，所有的现实都是等概率的，但对所研究的问题有不同的影响。通常，为了限制应用程序中使用的现实的数量，有必要进行排序，因为要考虑整个不确定性模型可能是不切实际的。

对于来自统一调节法、指示克里格法和模拟方法的不确定性的后处理，一种越来越流行的方法是局部化。每个块选择一个值，其方式是在较大的盘区中再现块分布。

最常用的排序标准是金属总量。例如，在露天矿或采场优化中，重要的是块体的货币总价值，这又是块体中金属含量的函数。有时，根据总体可变性（根据平稳域）排序可能是一种选择，特别是如果需要总体局部不确定性度量的情况下。所选择的现实应该很好地代表被认为是最高结果变量的不确定性的所有空间。

10.8　最低标准、良好实践和最佳实践的总结

最低标准实践就是要彻底检查和验证所获得的现实。验证过程的细节在第11章中给出，但是这是一个比任何估算块模型都更加复杂和苛刻的过程。

现实比任何其他模型都更难于报告和交流，因为它们包含了更多的信息，并且采用了非专业人员和业内人员不太熟悉的格式。可视化工具对于模型的定性演示非常有用，但是通常模拟模型的报告取决于其目标和所提供的风险评估。

联合不确定性的描述也是应该考虑的一个关键因素。示例说明了联合不确定性的含义，以及它可能的应用和对下游工作的影响。

另一个需要详细讨论的方面是对单个模拟进行排序的问题。讨论内容包括是否需要进行排序的决定准则、可以用于单个模拟进行排序的方法，以及通常要作出的权衡。

最小实践包括模拟特定区域，通常是通过综合地质情况和统计分析，对相同的估算（模拟）域进行定义。目标的清晰陈述、所选择的模拟方法的论证、感兴趣的相关风险评估，以及具体实现的参数，都应该在适当的时候清楚地说明和演示。有些模拟应该仔细验证，以达到第11章中详细描述的程度，而整体的不确定性模型应该与其他模型进行比较，包括估算的品位模型和已知的生产数值（如果有的话）。模拟模型的报告和可视化是至关重要的，它们应该始终与条件模拟研究的原始目标相关。通常情况下，风险评估研究只使用所获得的模拟的一个子集，因此所有与单个模拟排序相关的决策，都应该予以提供并证明其正确。应该详细地记录模拟工作，特别是关于验证、应用和感知的模型限制。

除了上述内容外，良好实践还需要对模拟模型进行更详细的验证。在总体积更小的子集上进行校准，要进行更多的迭代和比较后，才能认可接受一个单独模拟，并且对结果不确定性模型的验证和检查要比以前做得更多。此外，还应该对地质模型进行评估（对分类变量进行模拟），并将其引入到整个资源模拟中。尽可能与过去的生产情况进行详细比较。需要完整地报告模型的所有相关方面和相应的风险评估，以及完整和详细的文档。重要的是要强调模拟模型的正确使用、其局限性以及对工作可做的进一步改进。

最佳实践包括可用技术的全面实施，以及使用替代模型来验证其适用性。矿石资源模型中所有潜在的不确定性来源都应该加以研究，包括使用的原始钻孔或爆破钻孔数据的不确定性、地质模型的不确定性，以及所定义的估算（模拟）域等。应该充分探讨和记录使用替代现实参数的结果。所有相关的生产和校准数

据，都应用于表明模拟模型是否按预期执行。与矿石资源模型有关的所有可能的不确定性，都应进行定量描述和讨论，无论是全局性的还是局部性的，包括内部贫化和地质接触贫化、信息效应的影响等。检查和验证应该是详尽的，包括模型演示、报告和可视化。应在风险评估研究中使用整套的单个模拟，并对其进行全面描述、验证和记录。

10.9 练习

本练习的目的是回顾各种模拟技术和后处理方法，可能需要一些特定的地质统计软件。该功能可以在不同的公共领域或商业软件中找到，请在开始练习前取得所需的软件。数据文件可以从作者的网站下载——搜索引擎会显示下载位置。

10.9.1 第一部分：序贯指示模拟

该练习的目的是构造一个分类变量的序贯指示模拟现实。在采矿应用中，具有确定性的岩石类型模型是很常见的，然而岩石类型之间的边界并不是硬边界。经常希望能够考虑模糊边界或软边界。这项工作使用了一些地形数据，但是对于传达原理和方法是适当的。

请考虑为您的分析所提供的 2D 数据 SIC. dat。您将必须执行粗略的数据分析，以确定 X/Y 极限和现有的变量。根据数据间隔选择合理的网格大小。这些数据曾用于 1997 年举办的国际空间插值竞赛。数据文件中的分类变量在这里很重要。

Q1 绘制指示的二维图，并注意连续性的方向。计算、绘制和拟合主要方向的指示变异函数。

Q2 打印序贯指示模拟参数文件，并对本练习的适当设置进行评述。创建两个序贯指示模拟现实并绘制结果。对您不确定的参数进行合理的敏感性研究。

Q3 创建 100 个现实并绘制每个类别的概率图。这张地图应该看起来像一个克里格模型。

10.9.2 第二部分：序贯高斯模拟

序贯模拟很常见，因为对局部数据的模拟和调整只需一步完成。历史上，条件模拟分为两个步骤，即非条件模拟和克里格条件模拟。矩阵法和移动平均法用于非条件模拟，但它们实际上只适用于小网格。转向带法过去（现在仍然）用于在更大的三维网格上进行非条件模拟。

这里将要考虑一个二维的例子，以便检验某些替代性的高斯模拟方法。

考虑一个 50×50 的网格，每个单元格为一个单位正方形。有四个规则间隔的数据，如图 10.20 所示。两个数据取平均值，一个高值一个低值。该变异函数是一个全向球状模型，其变程为 10 个网格单元。

考虑一个 50×50 的域的非条件和条件模拟。这样的小网格允许快速计算，并能对诸如需要小网格的 LU 模拟等方法进行测试。

序贯高斯模拟（SGS）因其简单和灵活而受到人们的欢迎。序贯高斯模拟算法通过贝叶斯定理的递归应用，实现多元高斯分布。本部分专注介绍序贯高斯模拟的适用范围和局限性。

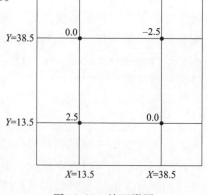

图 10.20　练习附图

Q1　使用上述条件数据建立二维高斯模拟。运行搜索半径为 10 个网格单元、16 个以前模拟的网格节点的模拟。使用上面给出的参考变异函数。注意 100 个现实的 CPU 时间。为检查创建四个现实，绘制四种现实图。绘制模拟值的直方图，并与参考分布进行比较。用输入的参考变异函数模型，计算和绘制变异函数。

Q2　序列模拟的显著特征是马尔可夫筛选假设。然而，它会导致不良的变异函数重现。用之前模拟的 4、8、16 和 32 个网格节点创建 4 个现实，关闭多重网格搜索。添加坐标并计算全向变异函数。对变异函数的重现予以评述。使用多个网格运行 "4" 和 "8" 案例，并对变量函数重现进行评述。

模拟是在数据的尺度上进行的，也就是说，某些指定长度的组合数据。模拟程序中的网格规范不是块大小，而是模拟值的点尺度间距。出于这个原因，在最终需要的最小选别开采单元（SMU）尺寸之内，至少要模拟 10 个点值。地质统计模拟同时涉及多个位置，在早期的模拟中，这就涉及过多的 CPU 时间和存储需求。所以设计了快速非条件模拟技术，并采用克里格作为条件调节的后处理器。

Q3　给出对于局部数据非条件现实的调整方程。清楚地解释在实践中如何实施。

Q4　利用上面给出的参考变异函数，使用转向带法对域为 50×50×5 的 4 个非条件进行现实模拟（因为转向带算法依赖于维度——转向带法 3D 程序仅适用于 3D；所有方向的间距均设为 1）。绘制现实的中心二维剖面。检查现实的直方图和变异函数再现。

Q5　使用 LU 法来模拟域为 50×50×1 的 4 个非条件现实（所有方向的间距设为 1），使用上面给出的参考变异函数。绘制现实。检查直方图和变异函数再现。

Q6　将这些现实调整到上述 4 个高斯数据值。

10.9.3 第三部分：三维数据模拟

从理论上讲，相对于克里格估算，模拟需要增加一些努力。然而在实践中，通过模拟生成多个现实，可能会显著增加计算量和时间需求。请考虑来自 largedata. dat 的 3D 数据。您可能希望复习一下您以前的工作/结果，其间您使用交叉验证后提炼的参数，创建了克里格估算模型。

Q1 使用与克里格相同的网格定义和相似的参数，生成 10 个 Au 现实。对于其中 4 个现实（选择哪一个都不重要），绘制模型的中间剖面，并将其与克里格模型中的相同部分进行比较。对任何差异/相似予以评述：（1）克里格模型和模拟现实之间；（2）一个现实到另一个现实之间。

Q2 创建局部平均值的地图（也称为 E 型估算）。对于这个 E 型模型，绘制中间的剖面并与克里格模型中的相同剖面进行比较。对您注意到的任何相似点/不同点进行评述。

Q3 计算 10% 和 90% 概率的概率图。您对 10% 概率图所传达的信息有什么看法？

Q4 检查最终结果的比例效应。

Q5 考虑一种现实，并将这种现实扩展到由 3×3 网格点组成的任意体积（即总共 9 个模拟值的平均值，以获得一个块值）。

Q6 如上所述，重新计算不确定性度量（E 类型、局部方差和概率图）。

10.9.4 第四部分：模拟中的特殊问题

本练习的目的是用多变量模拟方法进行实验。大多数地质统计学家都不愿费心去计算和拟合一个完整的协同区域化模型。通常采用配置的协同克里格捷径或采用多元变换，如逐步变换。拟合共区域化线性模型（LMC）是一个挑战。此外，许多软件不允许在联合模拟中使用完整的共区域化模型。协同克里格法更直接。在模拟中广泛采用马尔可夫模型。

Q1 回想一下马尔科夫模型和隐式互变异函数，如果将该模型用于联合模拟，就会用到它们。

Q2 请考虑以（1）沥青、（2）细样为主要变量的马尔科夫假设。用实验互变异函数，绘制马尔科夫模型的隐式互变异函数。对任何不匹配进行评述。

Q3 对沥青进行序贯高斯模拟，并对配置到沥青的细样进行联合模拟。模拟一个现实并检查所模拟值的散点图。如果有时间，运行 10 个现实并记录每组现实的相关系数，并绘制相关系数的直方图。请说明与预期相关系数相比较的情况。

为避免互变异函数的要求，逐步条件变换正变得越来越常用。

Q4 解释逐步条件转换，并使用 oilsands-3d. dat 数据文件，做两次转换。（1）细样以沥青为条件；（2）沥青以细样为条件。交叉绘制转换后的值，并确认不存在交叉相关。

Q5 对于这两种情况，计算三个方向上转换值之间的互变异函数。对出现的任何非零相关性予以评述。

Q6 对沥青和细样进行序贯高斯模拟。模拟一个现实并检查模拟值（逆向转换后）的散点图。请说明这与原始数据散点图的比较。如上所述，如果您有时间，请运行 10 个现实，记下每组现实的相关系数，并绘制相关系数的直方图。对比评述：（1）与期望相关系数对比；（2）与第一部分的相关系数分布对比。

参 考 文 献

[1] Aarts E, Korst J (1989) Simulated annealing and boltzmann machines. Wiley & Sons, New York

[2] Abzalov M (2006) Localised uniform conditioning: a new approach for direct modeling of small blocks. Math Geol 38 (4): 393-411

[3] Aguilar CA, Rossi ME (1996) (January) Método para Maximizar Ganancias en San Cristóbal. Minería Chilena, Santiago, Chile, Ed. Antártica, No. 175, pp 63-69

[4] Alabert FG (1987a) Stochastic imaging of spatial distributions using hard and soft information. MSc Thesis, Stanford University, p 197

[5] Alabert FG (1987b) The practice of fast conditional simulations through the LU decomposition of the covariance matrix. Math Geol 19 (5): 369-386

[6] Almeida AS, Journel AG (1994) Joint simulation of multiple variables with a Markov-type coregionalization model. Math Geol 26 (5): 565-588

[7] Babak O, Deutsch CV (2009) Collocated cokriging based on merged secondary attributes. Math Geosci 41 (8): 921-926

[8] Badenhorst C, Rossi M (2012) Measuring the impact of the change of support and information effect at olympic dam. In: Proceedings of the IX international geostatistics congress, Oslo, June 11-15, 2012, pp 345-357, Springer

[9] Boucher A, Dimitrakopoulos R, Vargas-Guzman JA (2005) Joint simulations, optimal drillhole spacing and the role of stockpile. In: Leuangthong O, Deutsch C (eds) Geostatistics Banff 2004. Springer, Netherlands, pp 35-44

[10] Caers J (2000) Adding local accuracy to direct sequential simulation. Math Geol 32 (7): 815-850

[11] Caers J (2011) Modeling uncertainty in the earth sciences. Wiley-Blackwell, Hoboken, p 229

[12] Deutsch CV (2002) Geostatistical reservoir modeling. Oxford University Press, New York, p 376

[13] Dimitrakopoulos R (1997) Conditional simulations: tools for modelling uncertainty in open pit optimisation. Optimizing with Whittle. Whittle Programming Pty Ltd, Perth, pp 31-42

［14］ Dimitrakopoulos R, Ramazan S（2008）Stochastic integer programming for optimising long term production schedules of open pit mines: methods, application and value of stochastic solutions. Min Tech: IMM Transactions Section A 117: 155-160

［15］ Dowd PA（1994）Risk assessment in reserve estimation and openpit planning. Trans Instn Min Metall Sect A-Min Industry 103: A148-A154

［16］ Froidevaux R（1992）Probability field simulation. In: Soares A（ed）Geostatistics Toria' 92, pp 73-83

［17］ Geman S, Geman D（1984）（November）Stochastic relaxation, Gibbs distributions, and the Bayesian restoration of images. IEEE Trans Pattern Anal Mach Intell PAMI-6（6）: 721-741

［18］ Glacken IM（1996）Change of support by direct conditional block simulation. Unpublished MSc Thesis, Stanford University

［19］ Godoy M（2002）（August）The effective management of geological risk in long-term production scheduling of open pit mines. Unpublished PhD Thesis, W. H. Bryan mining geology research centre, The University of Queensland

［20］ Gómez-Hernández JJ（1992）Regularization of hydraulic conductivities: a numerical approach. In: Soares A（ed）Geostatistics Troia' 92, pp 767-778

［21］ Goovaerts P（1997）Geostatistics for natural resources evaluation. Oxford University Press, New York, p 483

［22］ Guardiano FB, Parker HM, Isaaks EH（1995）Prediction of recoverable reserves using conditional simulation: a case study for the Fort Knox Gold Project, Alaska. Unpublished Technical Report, Mineral Resource Development, Inc

［23］ Hardtke W, Allen L, Douglas I（2011）Localised indicator kriging. 35th APCOM symposium, Wollongong pp 141-147

［24］ Isaaks EH（1990）. The application of Monte Carlo methods to the analysis of spatially correlated data. PhD Thesis, Stanford University, p 213

［25］ Journel AG（1974）Geostatistics for conditional simulation of ore bodies. Econ Geol 69（5）: 673-687

［26］ Journel AG, Huijbregts ChJ（1978）Mining geostatistics. Academic Press, New York

［27］ Journel AG, Kyriakidis P（2004）Evaluation of mineral reserves, a simulation approach. Oxford University Press, p. 216

［28］ Journel AG, Xu W（1994）Posterior identification of histograms conditional to local data. Math Geol 26（6）: 323-359

［29］ Leuangthong O, Deutsch CV（2003）Stepwise conditional transformation for simulation of multiple variables. Math Geol 35（2）: 155-173

［30］ Leuangthong O, Hodson T, Rolley P, Deutsch CV（2006）Multivariate geostatistical simulation at Red Dog Mine, Alaska, USA, Canadian Institution of Mining, Metallurgy, and Petroleum, v. 99, No. 1094

［31］ Luster GR（1985）Raw materials for Portland cement: applications of conditional simulation of coregionalization. PhD Thesis. Stanford University, Stanford, p 531

[32] Marcotte D (1993) Direct conditional simulation of block grades. In: Dimitrakopoulos R (ed) Geostatistics for the next century. Montreal, Canada, June 2-5, 1993 Kluwer, pp 245-252

[33] Matheron G (1973) The intrinsic random functions and their applications. Adv Appl Prob 5: 439-468

[34] Metropolis N, Rosenbluth AW, Rosenbluth MN, Teller AH, Teller E (1953) Equations of state calculations by fast computing machines J. Chem. Phys. , 21 (6): 1087-1092

[35] Oz B, Deutsch C, Tran T, Xie Y (2003) DSSIM-HR: A FORTRAN 90 program for direct sequential simulation with histogram reproduction. Comput Geosci 29: 39-51

[36] Pawlowsky-Glahn V, Olea RA (2004) Geostatistical analysis of compositional data. Oxford University Press, New York p 304

[37] Ren W (2005) Short note on conditioning turning bands realizations. Centre for Computational Geostatistics, Report Five, University of Alberta, Canada

[38] Ren W, Cunha L, Deutsch CV (2004) Preservation of multiple point structure when conditioning by Kriging, CCG Report Six, University of Alberta, Canada

[39] Rosenblatt M (1952) Remarks on a multivariate transformation. Ann Math Statist 23 (3): 470-472

[40] Rossi ME (1999) Optimizing grade control: a detailed case study. In: Proceedings of the 101st annual meeting of the Canadian Institute of Mining, Metallurgy, and Petroleum (CIM), Calgary (May 2-5)

[41] Rossi ME, Camacho VJ (2001) Applications of geostatistical conditional simulations to assess resource classification schemes. Proceedings of the 102nd annual meeting of the Canadian Institute of Mining, Metallurgy, and Petroleum (CIM), Quebec City (April 29- May 2)

[42] Soares A (2001) Direct sequential simulation and cosimulation. Math Geol 33: 911-926

[43] Strebelle S (2002) Conditional simulation of complex geological structures using multiplepoint statistics. Math Geol 34: 1-22

[44] Van Brunt BH, Rossi ME (1999) Mine planning under uncertainty constraints. Proc of the optimizing with Whittle 1999 conference, (22-25 March), Perth

[45] Verly G (1984) Estimation of spatial point and block distributions: the multigaussian model. PhD Dissertation, Department of Applied Earth Sciences, Stanford University

[46] Verly G (1993) Sequential Gaussian Cosimulation: a simulation method integrating several types of information. In: Soares A (ed) Geostatistics Troia' 92, vol 1. Kluwer Academic Publishers, Dordrecht, pp 543-554

[47] Wackernagel H (2003) Multivariate geostatistics: an introduction with applications. Springer, New York, p 387

11 资源模型验证和协调

摘　要　矿产资源储量估算依赖于许多相互依存和主观的决定。需要利用可用的数据检查模型的保真度，以确保模型在内部是一致的，如果生产数据可用，则需要用生产数据对模型进行验证。本章讨论一些常用的模型验证技术。

11.1　检查和验证资源模型的需要

有许多重要的理由要求对资源模型进行检查和验证。资源模型的验证有两个基本目标：（1）确保模型的内在一致性；（2）如果可能，对所预测变量的模型的准确度提供一个评估。

内在一致性意味着形成资源模型的所有过程都能如愿执行，没有不一致性、明显的错误、遗漏或导致模型偏离预期的其他因素。模型应该是可用数据的良好表达。为了确保这一点，建模过程的每一步都必须进行检查，包括化验分析、合成数据库、地形、钻孔位置、孔底测量、地质编码、地质解释、块模型开发、品位估算和资源分类。

一个精确的模型能够很好地再现实际开采矿量和品位的模型。这种检查只能在矿山运行时进行。生产数据可用于校准，并能改善资源模型的进一步更新。然而，这个过程并非简单，因为有许多复杂的问题和潜在的陷阱，本章稍后将讨论这些问题。

验证资源模型的动机源于各种不同原因。在所有情况下，不管模型的目的是什么，都应该执行起码数量的检查，以确保模型是恰当的，并按预期执行。此外，可能有一些内部或外部因素，有助于并决定是否需要对资源模型进行额外的检查和验证，包括独立审计人员参与这一过程。尽管动机可能不同，但验证和/或尽职调查过程在所有情况下都是类似的。矿业越来越谨慎地要求并强调对资源模型进行验证和尽职调查。

项目所有者有时需要内部或外部的尽职调查，因为需要确保模型是可靠的，并提供足够的细节来做出关键性的投资决策，例如收购或开发决策。当寻求外部融资以开发或收购新的矿业资产时，就会进行外部尽职调查或审计。

充分验证模型所需的详细程度，也与资源建模本身及其目标的详细程度相关。决定性因素可能包括项目开发所处的阶段以及可能的尽职调查或审计要求。

11.2   资源模型的完整性

在讨论资源模型的完整性时应该记住资源模型包括大量的步骤和过程，其中每一项都应该检查，以确保最终的产品是合理的。

11.2.1   现场程序

检查和确认应从现场开始，包括与取样、孔口位置、地形、孔内测量、钻探方法、样品收集和制备、化验分析、样品质量控制和质量保证程序有关的检查。

地形图的表面应与钻孔孔口核对，以确保匹配合理。作为露天矿的一般指导原则，尽管高差超过建议台阶高度的或实际台阶高度的一半，才被认为是严重误差，但许多从业人员只接受 2 m 或更小的垂直误差。最好是将可接受的误差与项目开发程度和设计工程所需的细节联系起来。在可行性阶段，对地面或岩土的移动和基础设施位置的准确估算要求误差小于 2 m。而在开发早期阶段的项目，则可以容忍较大的误差。在地下矿山中，地形精度更为关键。

有时，地形是由间隔很宽的测量点或者几乎没有地面控制点的航空照片的平滑模式导出的。如果对于独立测量提供的钻孔孔口海拔高度有足够的信心，则建议对地形表面重新插值，包括钻孔孔口的海拔高度，以更好地反映地形的局部变化。

一个重要的方面是使用的坐标系统（投影系统）的定义，以及与本地网格的连结点。有时，因为使用现代技术进行重新测量，政府机构提供的关键连入点的"官方"坐标会有变化。应充分了解测量中使用的基点的历史。如果基础连接点的坐标发生了变化，用通用的项目坐标转换（平移和/或旋转），就可以解决问题。

应检查钻孔孔口位置是否准确，测量钻孔偏斜的孔内测量也可能是重大误差的来源。钻孔的预期偏差取决于钻探方法、钻探人员的经验、穿过的岩石类型以及钻孔是斜孔还是垂直孔。应检查所有钻孔的偏斜，并检查所有测量的一致性和不准确性。需要考虑的问题包括使用的测量仪器是否受岩石中磁性矿物的影响、测量值是否经过磁偏角校正、对项目的纬度和时间周期是否重要、方位角和倾角的测量是否按足够紧密的间隔进行，以及信息是否被正确地解释、分析和合并到数据库中。这些问题在第 5 章中讨论。

使用的钻探方法应记录在案，记录岩芯、孔径、是否存在地下水，以及每米钻探速度。数据验证工作的一部分，应该是对不同方法获得的数据进行比较和统计评估，有时还包括钻孔直径。如果观察到明显的差异，应进行一项旨在解决问题的详细研究。从钻孔中采取的岩芯或岩屑采取率（分别以百分比或回收重量表示）应归入数据库并进行统计评估。应该了解品位与采取率或样本重量（如果有的话）之间的关系并加以描述。

样品采集、制备和缩分程序，无论在靠近钻机的现场还是在制备实验室完成，都应形成文件。样品保管链也应该有良好的文件记录，如果可能的话，要在钻探过程中进行检查。

重要的是要观察和记录是否发生了粉矿损失，是否在钻探时使用了过多的水，以及所有其他可能影响样品质量的问题。通常有必要回收钻探时产生的一些细粉，并对其进行分析，以验证其是否具有重要的矿化作用。

11. 2. 2　数据管理与处理

所使用的任何坐标系转换都应该被检查，并考虑到在项目的整个服务年限中可能发生的不同层次和类型的测量。此外，还应该检查为方便或改善建模（例如展开）而执行的坐标转换。

计算机化的取样数据库有时被认为是理所当然的，因而没有得到彻底的检查。在最好的情况下，地质编码和化验品位值都是在采集数据时以电子方式记录的。数字输入降低了出错的风险。在实践中，仍然经常遇到手工输入，如果是这样，应该始终包括一个双重输入规程，以使数据输入错误降到最低。

数据库中自动执行的最低限度检查，应该包括"自-至"检查（"至"值总是大于或等于"自"值）、孔口坐标出界检查（确保没有数字丢失或被加到坐标值里）、可采用的化学计量检定（品位加入不得大于预定值）、数值所在范围检查（如所有的铜化验值应在0~100%）、重复样本坐标检查（以避免批次数据被输入两次）、其他检查视情况而定。不过，重要的是要考虑到，这些检查是针对潜在错误的第一道防线，但它们本身并不足以确保数据库的完整性，因此不排除定期检查和其他检查的需要。

应该建立安全保存和更新数据库的规程，以避免出现错误。所有这些规程都应记录在手册中，作为审计跟踪的一部分，以备将来参考。此外，应对已正式制定的规范和规程进行定期审查和审计，以确保这些规范和规程得到所期望的应用。这些内部审查的记录对存储信息的演变提供了非常有用的日志。就像车主的汽车保养日志一样，它将增加项目的价值和资源模型的可靠性。

电子数据库的备份应保存在不同的地方。数据库本身应该是关系型的，最好不用专门的管理和维护人员。

对照原始信息检查时，应将实验室签发并由实验室代表适当签署的原始化验证书，与数据库中存储的数值进行比较。这种核查还应与原始的地质记录、原始的孔内信息（证书或照片，取决于使用的方法），以及签过字的关于钻孔孔口位置的测量师原始报告相对照。当比较原始信息和计算机化的数据库时，普遍认可的预期差错率为所有记录的1%或更小。虽然实践者采取不同的方法，但通常需要区分后果性错误和非后果性错误。当处理影响很小的错误时，就可以使用更大的容差。

在验证过程中经常遗忘体重数据。第5章更详细地讨论了体重数据的重要性，但是在任何情况下，每种岩石类型或地质域都应该有充分的测量数据，其位置应有充分的记录，度量应该为现场体重。对破碎物料的测量方法（例如冶金实验室进行的测量）不适用于资源储量估算。岩石中可能存在的空隙是最常见的误差来源之一，因此测量时应使用涂蜡的方法。对于某些类型的矿床，如块状硫化物矿床、红土型矿床，或者湿度高的热带环境下的矿床，体重是一个关键变量，可能是一个重要的误差来源。

　　建议的样品质量保证和质量控制程序的细节，已在第 5 章中讨论过。可利用的信息应该在资源模型完成之前就进行分析，并要随着钻探进行分析。这样就允许在建模过程开始之前实施诸如重新分析等纠正措施。这些信息应该作为整个项目数据库的一部分存储起来。

11.3　重新采样

　　交叉验证和刀切法（jackknifing）技术有时被用来试图确定在品位估算过程中将要使用的"最佳"变异函数模型。此外，有时也会根据交叉验证结果对克里格规划进行优化。

　　这些方法有几种类型，最常用的要求从数据库中提取一个样品，然后使用剩余样品和正在测试的变异函数模型，对其值重新进行估算。如果对多个变异函数模型和估算策略进行测试，那么可以选择产生最小误差统计的模型。这虽然听起来很诱人，但是这种交叉验证方法不能滥用，现讨论如下。

　　一种更可接受但在实践中很少使用的替代方法，是从数据集中舍弃一些亚组数据，然后使用剩余的信息和正在测试的变异函数模型重新估算或模拟。这种方法需要使用一个具有大量样品、已经建好的平稳域，这样，其中约 50% 的样品可以被提取出来，并且仍然保持变异函数模型和其他统计特性。

　　交叉验证技术有时也称为刀切法，已被用于验证替代的变异函数模型。这个想法是要重新评估每个钻孔取样间隔 $z(x_\alpha)(\alpha = 1, \cdots, n)$，忽略这个位置上的样本，而在重新估算中使用 $n - 1$ 个其他样本。对于整个兴趣区域内的每个样本重复这个过程，就可以得到一组 n 个误差值，即 $z^*(x_\alpha) - z(x_\alpha)$，其中 $z^*(x_\alpha)$ 为每个位置的重新估算值，$z(x_\alpha)$ 为已知的化验值。对这些误差进行的统计，可以说明在重新估算中使用的变异函数模型和克里格规划的优点。该方法通常用于两种或多种可选的变异函数模型的比较，或克里格法的替代类型（普通克里格法、泛克里格法等），或不同的克里格规划。

　　这种类型的交叉验证技术的有效性和实用性受到了理所当然的质疑，主要是因为该方法不够敏感，无法发现一个变异函数模型相对于另一个模型的细微优势。此外，分析是使用样本集来进行的，它不允许对最终块的估算得出任何确切的结论。根据替代变异函数模型在重新估算样本时的表现对其进行的排序，不一定与执行最终估算运行时的排序相对应。

　　使用这项技术时的另一个潜在问题是，在刀切法过程中是否应该忽略与重新被估算样本最接近的那些样本。由于变异函数模型对小变化不是很敏感（参见第

6 章和第 8 章中关于克里格法对变异函数模型的稳健性的评述），误差统计可能
具有误导性或过于相似，无法提供有效的指导。

尽管如此，这项技术仍然可以用来指示变异函数模型的适用程度，特别是在
比较两个非常不同的变异函数模型时。还有，所生成的统计数据有助于理解地质
统计分析的结果，因此应该将其视为另一种探索性数据分析工具。它还可以检测
严重的建模错误，并标示在求解克里格方程时遇到的数值或计算问题。

只要域是平稳性的，并且有足够的数据来获得统计上有意义的误差集，那么
基于将数据库分割成两个钻孔数据子集的交叉验证方法就是一个更有趣的选择。
这种交叉验证方法具有与上述相同的目的。Journel 和 Rossi 描述了一个使用交叉
验证来评估普通克里格法和泛克里格法之间差异的案例。如果有一个"真实"
的数据集可用，那么可以根据误差分布对结果进行比较，如图 11.1 所示。这些
比较可以用误差分布（概率分布函数和累积分布函数）和真实值对估算值的交
叉图来表示。查看错误值和真实值之间的关系也很有用。

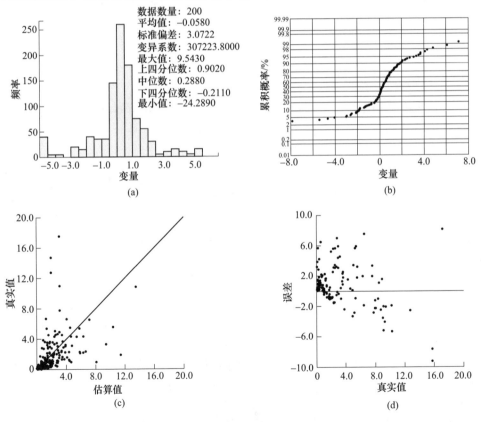

图 11.1 误差检查

（a）普通克里格误差分布；（b）误差的累积概率；（c）真实值与估算值的累积分布函数；
（d）误差与真实值的累积分布函数

　　误差程度可能与位置有关，如图 11.2 所示，因此获得误差的位置图很有用。因此，可以将交叉验证视为生产运行之前的演练。

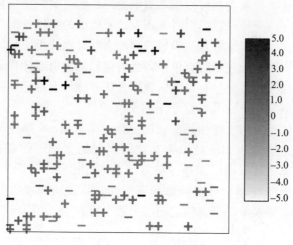

图 11.2　误差位置图

11.4　资源模型验证

　　矿产资源模型应使用统计和图形工具进行验证。所建议的检查有助于确保模型的内部一致性，这意味着模型具有预期的特征。另外，没有严重错误或虚假错误，所有的过程都被正确地实施。资源模型验证实际上应该包括所用数据和地质模型、所定义的估算域，以及应用的地质统计模型。

　　在模型构建计划和预算中允许模型迭代是一个很好的做法。通过改变估算参数，可以更好地控制估算的品位，包括平滑、接触带品位剖面再现和全局无偏性。

11.4.1　地质模型验证

　　地质模型的验证应采用统计和图解两种方法。本章稍后将讨论图解法。

　　地质模型是确定资源模型高于边际品位矿量的关键。这是因为估算域通常要定义为高中低品位和贫瘠区域。那些品位大部分高于经济边际品位的矿石将被送到选厂。如果这些区域的矿体品位被高估或低估，其误差将直接转化为高于边际品位的相应矿量的误差。在这种情况下，地质统计学几乎无法纠正这种体积偏差。

　　最常见的数值检查方法是将数据库中每个地质单元的比例，与所建模的三维实体的比例（体积）进行比较。这通常是通过将用于资源估算的组合，用建模地质单元的代码进行反向标记来实现。然后，可以将每个建模单元的统计信息，与用于创建模型的原始日志间隔进行比较。有些差异是可以接受的，因为可能有一些单元太小或太复杂而无法建模，以及在钻孔数据库中的一些截距太窄而无法考虑。一个可能的目标是使每个地质单元在记录间隔和反标记的组合之间的重合率超过90%，但是这个百分比将根据地质情况的复杂程度而变化。

　　另一个可以执行的检查，在概念上类似，是使用最近邻技术（NN）将地质编码分配给块。该方法的假设是，被解丛聚的数据（通过最近地区法）能正确地代表矿床内每种矿化类型和岩性的比例。这样，预期相应的被建模体积，则代表每一矿区和岩性单元的类似比例。

　　对于这种检查有几点需要提醒的地方。首先，假设钻孔数据库中所映射和记录的长度具有代表性。空间丛聚或空间非代表性数据是一个可能的误差来源。如果在解释过程中对原始映射的钻孔信息做过更改，而没有将这些更改合并到更新后的数据库中，则会出现其他可能的差异。有时候决策是在解释单元时作出的，并不会引发全面的重做日志记录或在数据库中做任何更改。

　　此外，被解释的体积可能不具有代表性，因为模型中的一些单元是"边界"单元。因此，它们可能会超出其他单元的合理范围，就像岩性模型中的围岩或母岩那样。这种检查适用于在模型中被明确划定并被外围单元包围的那些单元。

11.4.2　统计验证

　　基本统计分析对数据和模型的均值和方差进行比较，包括模拟情况下的空间相关模型。在所有情况下，这些检查中使用的钻孔数据应该与用于估算模型的数据相同，通常为组合数据。这应该通过用于条件估算或模拟的估算域而进行，并使用每个域的代表性（已解丛聚的）钻孔统计信息。图11.3显示了所估算的黄金品位值的直方图示例。

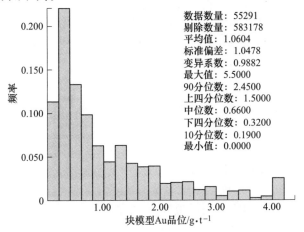

图 11.3　估算金品位直方图

　　直方图和基本统计，可以与用于估算每个域品位的解丛聚的原始钻孔数据相比较。除此之外，这就是要检查确认总平均值（不加边际品位）是非常相似的，因为所估算的品位应该是无偏的。同时，直方图的形状可以为估算质量提供线索，特别是在考虑的域不是严格平稳的情况下，在品位总体中有不连续情况。有时，在估算时采用某种特殊的联合选择的方法，可能会对估算品位直方图的形状产生假象，如人为的边界。正因为如此，可以很方便地查看估算品位的频率分布，而不只是一个方框图或一个主统计表。

　　与模型相比，检查数据中观察到的品位趋势也很重要。这可以根据三个笛卡尔主坐标，绘制解丛聚后的钻孔品位与块模型平均值的对比图来实现，同时还要考虑到相当大的体积。通常要为每个主方向定义剖面或剖面间距。剖面间距应该足够大，以便对剖面的解丛聚的平均品位提供合理的估算，通常用最近地区法进行逼近。图 11.4 为一个示例。

图 11.4　金品位的北南向趋势（50 m 剖面，模型漂移，高硅化单元）

　　资源模型另一个应该充分再现的重要方面是，接触带附近品位的行为。应检查该模型，以确保按照估算时所规定的条件，重现接触带附近的品位剖面。这涉及从资源模型生成接触带剖面。其中一个比较如图 11.5 所示。请注意，块模型的品位在接触带附近有一定程度的平滑，倾向于略微高估 5 单元的品位，而低估 6 单元的品位。这种类型的比较不应该孤立地进行分析，而是在决定要么重做改变某些参数的品位估算过程，要么接受现有模型结果之前的另一个疑点。

　　将要评估的最重要的问题之一，是对块模型的平滑程度和条件偏差的评价以及如何与实际的或计划的操作中的预期平滑或理论平滑相比较。模型品位的过度平滑相对于加入模型中的内部贫化。通过使用地质统计学模型预测预期的内部贫化（体积方差效应），可以预测一个给定的选别开采单元（SMU）的预期内部贫化数量。因此，就可以得出一条品位-吨位曲线，从而对资源模型进行验证。

　　表 11.1 显示了预测的选别开采单元分布与品位模型在均值和变异系数方面的比较，而图 11.6 则显示了一条品位-吨位曲线，在预测的选别开采单元和估算

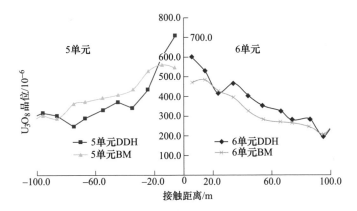

图 11.5 铀品位北南向变化趋势（2006 年资源模型，50 m 接触带剖面）

的品位模型之间进行比较。请注意，对于大多数边际品位，品位模型似乎比选别开采单元分布预测的矿量略高，品位略低。在大多数情况下，像图 11.6 中所示这样的小差异是可以接受的，因为资源模型应该包含其他类型的贫化，而不仅仅是块内或内部的贫化。

表 11.1 目标与通过估算域实现的基本统计的比较

估算域	克里格平均品位/%	选别开采单元预测的平均品位/%	块估算的变化系数	选别开采单元预测的变化系数
1	0.805	0.882	0.745	0.698
2	1.553	1.673	0.504	0.470
3	0.231	0.333	0.735	0.805
4	1.294	1.648	0.579	0.599
5	0.691	0.823	0.639	0.649
6	0.509	0.611	0.563	0.596
7	0.927	1.058	0.607	0.62

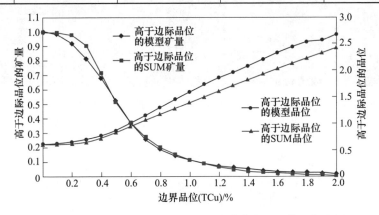

图 11.6 选别开采单元（SUM）的离散高斯预测模型与实际
资源模型品位-吨位曲线对比实例

11.4.3 图形验证

用适当的比例尺形象地观察所得到的模型永远是个好办法，这样既可以观察数据，也可以观察所应用的地质编码。这既可以利用所使用的采矿软件的可视化功能在计算机屏幕上完成，也可以在尽可能大的纸张上完成，最常见的纸张尺寸是 E 号纸。

一般情况下，要绘制出地质模型、块体模型品位和组合的钻孔数据的剖面图和平面图。图 11.7 显示了必和必拓公司 Cerro Colorado 矿的两个矿化单元模型剖面细节。通过单元轮廓的不同色度对两种模型进行比较。旧模型以白色轮廓线表示，彩色实线轮廓表示更新后的模型，绿色为氧化物，红色为浅成富集的硫化物，黄色为浅成-深成过渡单元，棕色为淋滤帽单元，紫色为深成单元，此处未显示已解释的轮廓。

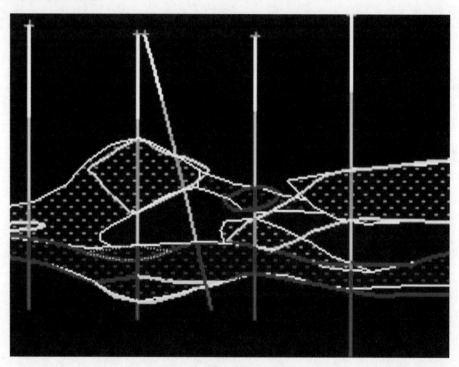

图 11.7　智利北部 Cerro Colorado 铜矿床 82230N 横剖面的细节。图中显示比较的
两种模型的彩色编码地质单元以及映射单元的钻孔（由必和必拓提供）

当根据新增钻孔数据对一个被修正的新模型进行解释时，这种比较是合适的，并且有必要评估新钻探对旧解释的影响。请注意，一个新的钻孔（图 11.7 中右数第二个）截断了上部的氧化物矿体（绿色），形成了一个孤立的浅成小硫化物体（红色）。可以看到以前的和更新模型的轮廓。

图 11.8 显示一个横剖面图示例，图中标有颜色编码的块品位和钻孔组合品位。图中显示的还有几个表面，包括当前地形（绿色）、规划的最终采坑轮廓（洋红色），以及矿化的外轮廓，这个轮廓划定了被块填充的体积。好的做法是用较暖色调表示较高品位，并且块品位和组合品位采用相同的配色方案。

图 11.8 剖面详图，图中显示 5 m×5 m×5 m 彩色编码模型、5 m 组合品位及矿化带，并给出了对应于建模时的地形和预测的最终采坑的轮廓线

对这些图的详细审阅和检查，能保证估算或模拟过程不会产生意外的错误结果。它还为将来的内部或外部的审查和审计提供了一套现成的图件，并应被视为关于资源模型的最终文件的一部分。

11.5 与以前模型和备选模型的比较

总是需要将更新的模型与以前的模型进行比较，其可视化示例如图 11.7 所示。这种比较对生产矿山和开发项目都是有用的，因为任何矿床的资源和储量都随时间而变化，因为新的钻探会改变可获得的资料和模型的质量，还因为生产就是会采出矿床的一部分。

必须在模型之间进行比较，以确保所比较的这部分模型彼此相关。例如，如果估算域的定义从一个模型变到下一个模型，则必须加以小心。矿山的选择性或者贫化条件已经发生变化，或者随着时间的推移，经济边际品位已经变化。这些方面不仅对用于更新后资源模型的估算方法有影响，而且影响其报告和文件。

图 11.9 显示了一个块上更新前后两个块模型之间的黄金品位（g/t）差异的直方图，负值差表示更新后的模型品位较低。在这个案例中，二者之间几乎没有区别。请注意，直方图能立刻突出体现品位差异最大的块（最大值和最小值，以

及 25 分位数和 75 分位数）。这些块可以在空间中加以识别，并充分了解产生明显差异的原因。

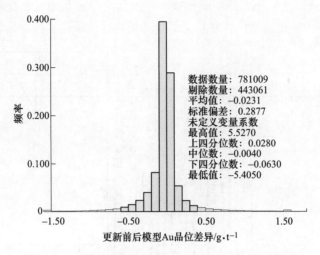

图 11.9　两种块模型的金品位差异直方图及基本统计

另一个数值示例如图 11.10 所示，其中显示了埃斯康迪达矿两种模型（以其开发日期为特征）的 Q-Q 图。请注意，在比较相应的估算域时，这种比较和大多数其他数值比较最为有用。在图 11.10 中，被比较的是浅成富集单元。请注意，与 2 月模型相比，12 月模型的平滑度较低（高品位值和低品位值更多）。更新的目标之一是要更好地控制平滑。

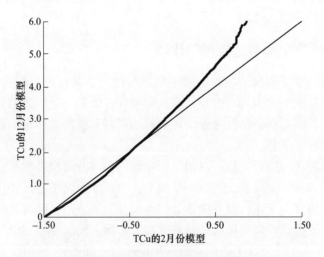

图 11.10　埃斯康迪达矿浅成硫化物估算域 2 月、12 月
资源模型 Q-Q 图（1 号和 2 号构造块）

只要有可能，就必须对被认为影响比较的主要因素进行详细的分解。所有的差异必须按照数据密度和数值、地质建型或其他相关因素加以解释。

另一种选择是使用不同的估算或模拟技术，获得可供比较的块模型。最近地区法模型等简单模型可用于检查资源模型。虽然由于获取品位的方法不同，这些模型并不具有可比性，但它们可以提供资源模型是否合理的一般指示。

在适当的情况下，必须谨慎地理解并陈述所获得的每个模型的特征，以及可能遇到的由于各自属性而带来的差异。此外，还需要对可接受匹配有一个清晰的定义。

11.6 协调

生产信息与所使用的预测模型之间的协调，对于评估其有效性是至关重要的，并且可以优化资源建模过程。无论是露天开采还是地下开采，矿山与选厂之间的协调，都可以是管理人员进行适当核算和评估模型的较好工具之一。

任何协调方案都应以一套明确的标准和目标为基础。它还应该通过逐步的、逻辑的方法来执行。要使协调有效，需要有许多假设和关键性的必要条件，而且这里并非没有误区。利益和成本是与信息升级保持相关性而存在的，所以应采取保障措施来避免采集和使用误导性信息。

协调程序必须简单、健全，并特别是适合于操作。协调数据应该可靠，程序应该尽可能包括完整的生产流程（模型、矿山、工艺设备，以及最终产品的比较）。因此，该过程可能涉及多个预测模型（长期和短期块体模型）、不同的露天矿山和地下矿山、堆存和多个处理流。

11.6.1 与过去生产数据协调

生产调节可以被认为是一个优化工具。这一概念超出了通常的行业实践，因为协调通常被视为一种物料运动和物料平衡的会计工具。如果作为一种优化工具，用来分析预测性能的基本数据必须足够精确。

在生产矿山中，任何协调程序的主要目的都是对所有开采物料（包括矿石和废石）进行合理的核算。但是，它也可以用来评估资源和储量模型的准确度，因此可以在任何时候对开采对象作出更准确的估价。

这些目标是相互关联的，如果要使结果有意义，它们都有一些基本的要求。当然，最重要的要求是可靠的数据。这不是小事，因为许多操作没有对入选矿石的品位和矿量进行充分的取样。设置在选矿设施供矿流程上的自动采样设备可能很昂贵，但总是值得的。不幸的是，这通常要等到完全进入生产服务期才能实现。

对于在选矿流程中取样，有时还会有其他一些问题。例如，因为矿石随着爆破被直接装运到堆浸场，所以不能对采出原矿（ROM）物料取样。如果不进一步破碎，采出原矿物料的采样是不切合实际的。一般情况下，用粗粒物料筑堆的浸出作业本身就不适合进行入选品位可靠的取样，必须依靠爆破孔信息（爆破前），从而对运达堆场的品位提供估算。可靠的入选矿量也可能无法获得，除非实施一个严谨的卡车称重程序，或者给每辆卡车配备计重器。称重计应定期校准。为了简单起见，有些矿山使用卡车系数，系数通过运往选厂物料的长期平均值计算出来。卡车系数的使用是不可靠的，也不是针对正在开采的域或具体时期的，因此应当避免使用。

在某些企业，爆破孔数据可能不可靠。其原因可能是没有对爆破孔取样，也可能没有对所有可用的爆破孔取样。在地下矿山中，即使在最好的情况下，从采场得到的取样品位也很困难，通常依赖于抓取样或爆堆样来提供采场品位信息。诸如分段崩落法或者矿块崩落法等大矿量采矿方法，可以在采场的放矿点采取足够的矿石样，但并不是总能这样进行。应该评估这些问题，旨在评估实施详细的协调计划是否能得到可靠的信息，是否适合长期和短期的模型校准。如果需要进行某些更改或增加，例如为采掘工作面品位增设一个新的取样器，通常可以进行成本效益分析，以便管理层作出知情决策。

除了拥有可靠的原始数据外，企业的高管层还必须致力于并参与促进地质、采矿和冶金部门之间的必要协调，包括明确的职责划分，从而确保适当的信息收集和处理。

第一个要求是必要的，因为生产协调可能很快成为相关团队之间争论的焦点。争议可能是针对一个采场，因为不可避免的组织结构。读者如果是在企业工作或曾经参与过企业，都很容易认识到，冶金学家往往会把入选品位低，归咎于矿山的生产协调差异，而采矿部门则会把预测模型不佳归咎于地质部门。地质部门最终将提出，需要更多的加密钻孔来解决矿山与选厂之间的协调差异。因此，确保所有相关方都做出善意努力的最佳方式，是让运营经理认识到问题的重要性，并充分分配责任，并优先考虑协调程序中涉及的任务。

最后，程序和数据源应该尽可能始终保持恒定，以便对模型、矿山和选厂的性能进行相关的比较。建立协调程序有多种选择，但在任何情况下都应根据所讨论的基本原则来制定。图 11.11 显示了一个基于原始的、未经调整数据的每月协调示例，因此更有可能更好地反映操作性能。在这种情况下，请注意在建模过程中引入修正措施之后，协调在某个时间点上是如何改进的。

11.6.2　建议的协调程序

这里提出了一种简单而系统的调节方法，用于比较长期块模型与短期模型、品位控制模型、矿山报告和磨矿入选信息（如果有的话）。

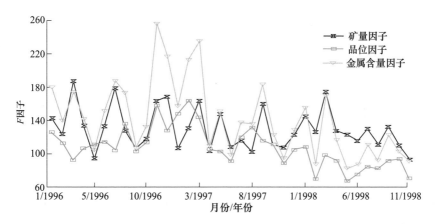

图 11.11 长期模型与矿山报告协调的示例。请观察 1997 年 5 月以后协调的变化，
这些因子还没有调整到金属总产量

这种协调程序在工业上很常见。大多数将生产与预测模型相协调的操作，都是利用一些比较因子的变种来实现的，这些因子有时被称为"矿量修正因子"。这里的演示基于 Parker 提出的扩展方案。

这里建议的性能因子，是为了分别评价长期模型（资源和储量块模型）、短期模型（季度或月度模型，第 13 章）、每日品位控制模型和采矿造成的贫化和矿石损失（作业贫化）的性能。理想的情况是，将这些比较固定在相对于选矿设施的可靠的采掘工作面品位和矿量中。这些资料应根据合理的生产周期加以比较，最常见的是按月比较，不过也有例外。

如果资料的质量相对较差或者企业规模很小，可能需要进行较长时期（季度、半年、甚至一年）的比较，并且是唯一可行的选择。估算较大数据量（时间段）的平均值比估算较小时间段的平均值更容易。此外，如果企业要处理大量的堆存，可能需要较长的时间，因为很难准确地测量出堆和入堆的矿量和品位。所建议的方法不包括选矿设施的内部调节（选厂平衡），这应该是调节过程的一个组成部分，但超出了本书的范围。

拟编制的基本资料如下。

（1）本阶段长期资源模型的矿量、品位和金属含量。这意味着获得该阶段的矿山推进位置，并将它们叠加在块模型上。

（2）类似地，如果有短期模型，也应该从相同时期的短期模型中获得矿量、品位和金属含量。

（3）矿量、品位和金属含量应从日常生产模型（品位控制模型）中获得。这些资料应每日收集，但应纳入适当的调整期（月度）。在露天矿中，相同时期的品位控制模型（连同它的所有潜在问题和缺陷），包括样品质量，有时还有不合适的建模技术，假定在典型的信息密度情况下，这些情况代表了可能获得的最佳"现场"信息。有时这也适用于地下矿山，但更普遍的情况是唯一可靠的信息是用于最终采场设计的短期模型。

（4）矿山报告的矿量、品位和金属含量。品位通常与品位控制模型分配给开采盘区或采场的品位相对应。这可能包括一些品位下降，以考虑开采贫化和矿石损失，以及爆破位移。报告的矿量可能来自卡车重量（最好不用卡车因数），或通过采出体积的直接地形测量。有时，唯一可用的矿量是品位控制模型报告的矿量。

（5）以入选品位和矿量为信息的矿量、品位和金属含量。这应该基于直接取样，而不是根据尾矿品位和调整后的回收率进行反算。反算的总矿量和品位不能用于模型优化。

在矿山和选厂之间可能会有堆存需要考虑。此外，冶金流程之中本身的物料也应考虑在内。但是，如果在报告期间全部或部分库存被完全"移交"或更换，则这些库存可能与协调方案无关。在这种情况下，对于生产调整可以直接将其忽略。

根据上述信息，可以计算出几个无量纲因子。

（1）F_1 因子，定义为矿量、品位和金属含量（F_{1t}、F_{1g}、F_{1m}）。根据相应的矿量、品位和金属量的长期和短期模型，其计算如下：

$$F_1 = \frac{\text{短期模型数值}}{\text{长期模型数值}}$$

（2）F_2，包括矿量、品位和金属含量因子（F_{2t}、F_{2g}、F_{2m}）。这些模型将品位控制（生产）模型与短期模型（如果存在）进行比较，计算如下：

$$F_2 = \frac{\text{品位控制模型数值}}{\text{短期模型数值}}$$

（3）F_3 因子（F_{3t}、F_{3g}、F_{3m}）可以根据矿山月报的矿量、品位和金属量，对照品位控制模型进行定义。有时，矿山报告的矿量和品位只是简单地从品位控制模型中获取，并作为材料发送到选厂。在其他情况下，矿山报告品位控制模型所提供的品位（一般在露天开采中没有其他选择，但是在地下作业，可能根据另外取样报告），但报告的矿量却是根据卡车重量、计数或推进的体积测量数值。如适用，F_3 因子的计算如下式：

$$F_3 = \frac{\text{开采报告数值}}{\text{品位控制模型数值}}$$

（4）F_4 因子（F_{4t}，F_{4l}，F_{4f}）基于矿量、品位和（在选厂收到的）物料的金属量与矿山报告的物料。F_4 因子可按下式计算：

$$F_4 = \frac{\text{入选数值}}{\text{开采报告数值}}$$

并非所有这些因子都需要定义，例如在不存在短期模型的情况下。请注意，根据定义，因子大于1.0意味着低估，而因子小于1.0意味着高估。从这些因子中，可以很容易地获得几个性能度量。例如，按照输送到选厂的矿石的矿量和品位，对长期模型的性能进行量化，可获得如下F_{LTM}因子：

$$F_{LTM} = \frac{入选矿石数值}{长期模型数值} = F_1 \times F_2 \times F_3 \times F_4$$

F_{LTM}衡量的是资源块模型对运达选厂物料的预测情况，这是预测企业未来现金流的基础。同样地，也可以定义F_{STM}，用以量化加密钻探所获得的效益，假设建立了一个中间短期模型：

$$F_{STM} = \frac{入选矿石数值}{短期模型数值} = F_2 \times F_3 \times F_4$$

为了将品位控制模型的性能与选厂接收到的物料进行比较，也就是说，为了评估矿山的作业性能和未列入计划的贫化和矿石损失，F_{GCM}可以计算为：

$$F_{GCM} = \frac{入选数值}{品位控制数值} = F_3 \times F_4$$

最后，请注意F_4因子直接衡量的是作业的矿石损失和贫化程度。当然，这时假设选厂的取样点对于入选矿量和品位都是可靠的。

重要的是要为这些比较考虑一个适当的时间尺度。例如，不太可能每周或每两周就进行资源模型与入选物料的比较。（长期）资源模型的目的是支持矿山的长期规划和调度，这种规划和调度一般以月、半年、年或更大的时间单元为基础。因此，不宜在较小的时间单元内对它们进行比较，因为长期模型一般不应该用于小规模估算。类似地，根据库存是否存在以及其规模大小，可以每天对F_4因子进行比较，因为，相对于选厂收到的物料，它衡量的是矿山报告的物料。

图11.12显示一个黄金堆浸作业的每月协调结果示例，即长期资源模型数值和"选厂供矿"数值之间的协调情况。请注意，每月因子可能随月份的不同而有很大的差异，这个因子可能是主要生产矿量和地质复杂性的函数（较小矿山往往有较大的相对偏差）。如果被认为是可靠的，则应使用图11.12所示的图表来评估模型的预测能力并用以改善今后的模型。

通常的期望是资源模型大体上与过去的生产相匹配。这是基于这样一种假设，即如果该模型不能很好地估算过去生产区域的品位和矿量，那么就有必要对其预测能力提出质疑。不过，还要考虑其他方面。这与生产信息的质量和可靠性有关，也与所用数据中可能存在的系统性偏差有关。例如，一个系统品位偏低的钻孔数据库总是会产生低估产量的资源模型。在工业上有几个案例，例如智利北部的许多铜矿（Los Pelambres、Escondida、Radomiro Tomic、Gabriela Mistral 项目等），从浅成富集层获得的样品的铜品位低估了原生品位。矿化有时会以非常细的粉矿形式被丢失，最明显的证据是在钻探浅成平伏层时，可以观察到明显的浅

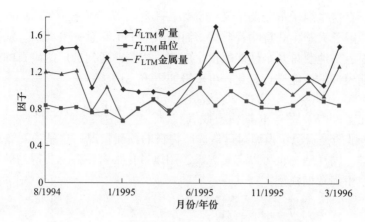

图 11. 12　长期资源模型与选厂调节收到的资源模型

蓝色或绿色粉沙。

其他的例子包括大粒金的存在，这意味着块金效应高的矿床。钻孔通常不会把原地所有的黄金都取样，因为粗金颗粒可能不会被岩芯或岩屑收集，除非钻孔直径非常大或者是大批次样品，否则只有在矿石处理完成之后，才能知道矿床的真实品位。所有这些因素可能导致资源模型和生产信息之间的比较是一个糟糕的结果。

一个重要的问题是，过去的生产在多大程度上可以用来"校准"当前的资源模型。答案取决于矿床的地质条件和矿山作业的特点。可以根据每个月的产量和所定义的每个估算域，实施旨在重现最近产量（例如，过去两年的产量）的估算策略。其假设是，用于成功重新估算近期已生产的方法，在不久的将来也同样有效。

当调节数据被认为是可靠的，过去的生产可以用于生成误差估算，即针对特定体积和估算域的不确定性模型。这些"矿山调用"因子，本质上就是上面所说的 F_{LTM}，将被应用到各个评估域。

作者警告不要将这些"矿山调用"因子应用于资源模型，因为它们往往是全局性的，即使是针对每个估算域而得出的。最好使用这些因子来校准资源模型，而不是把它们作为修正因子使用。主要的问题还是过去的生产是否与预测的未来资源相匹配。至少，过去的生产应该用于对所开发的模型进行"真实性检查"，既适用于资源量估算，也适用于模拟和风险分析。

11. 7　最低标准、良好实践和最佳实践的总结

检查和验证资源模型的最低标准，包括彻底使用统计和图形工具来评估模型的内部一致性程度。在地质模型（可转化为矿化矿量偏差）和品位模型中，检查潜在偏差都很重要。应该对所用数据的偏差进行评价，并考虑所有可能的偏差

来源。最重要的问题包括：

（1）取样和分析，包括质量保证/质量控制程序的制定、结果，以及对观察到偏差的潜在后果的讨论；

（2）数据库的质量，包括错误比率；

（3）地形和钻孔位置误差，包括钻孔偏差及其对解释地质和品位模型的影响；

（4）体重的确定，以及诸如可用样本的数量和质量、所有估算域的空间表示的有效性、块体重值分配中可能出现的错误等问题；

（5）作为潜在偏差来源的估算域定义，包括非平稳域；

（6）克里格规划、平滑和条件偏差的实施；

（7）资源核算、使用适当的经济边际品位等。

还应考虑到资源分类方案及其在资源公布方面的影响。至少应该在过去生产（如果有）和资源模型之间进行比较，并详细解释可能的差异。始终应该有完整的文档和信息披露文件，包括一套完整的比例适当的剖面图和平面图，显示地质模型、用于解释和建模的数据、用于估算或模拟的综合数据集，以及块模型本身，并显示所有的重要变量。

另外，良好实践还需要使用其他工具进行更彻底的验证。还需要对预测的准确度进行检查和评估。应该使用替代模型来检查资源模型，并且如果可能的话，应与以前的模型进行比较，以及详细的生产核对。资源模型应该使用已知的"事实"（例如生产数据）进行校准。详细的过程描述应该作为模型验证的一个组成部分。

除了上述之外，最佳实践还包括，充分利用可用的替代模型来描述所提供的资源模型的质量。如前所述，应该使用条件模拟，为全局和局部的不确定性提供度量，这里将其解释为对资源模型的进一步验证。

在所有情况下，应编制详细的审计记录，记录要与资源模型的详细程度和采矿项目或矿山的发展阶段相对应。

11.8　练习

本练习的目的是回顾交叉验证，并试验检验不确定度的方法。可能需要一些特定的地质统计软件。该功能可以在不同的公共领域或商业软件中找到。请在开始练习前取得所需的软件。数据文件可以从作者的网站下载——搜索引擎会显示下载位置。

11.8.1　第一部分：交叉验证

如果有足够的数据，交叉验证是一个有用的练习。每次忽略一个钻孔，然后根据周围的钻孔进行重新估算。可能会发现数据或估算中的错误，同时能得出对预期不确定度的初步评估。

Q1　使用以前练习中使用的数据文件 largedata. dat，设置执行交叉验证。绘制估算值对真实值的散点图和误差直方图。在已经出现异常大的高估或低估处，查找数据/钻孔。对结果予以评述。

Q2　执行 2~4 次合理的敏感度运算并记入文档。您可以更改搜索、数据数量或变异函数模型。对结果予以评述。

11.8.2　第二部分：检查模拟

模拟的目的是再现输入的直方图和变异函数。使用与前面练习中构建的相同现实集。您可能需要重新创建一些序贯高斯模拟现实。

Q1　绘制 10 个模拟现实的直方图，并比较现实与模拟中使用的原始解丛聚数据的平均值和方差。对结果予以评述。

Q2　绘制 10 个现实（在一个主要方向）的变异函数，并与输入模型进行比较。对结果予以评述。

不确定性有一个非常精确的意义，即 80% 的概率，就意味着数值的 0.8 部分应该在 80% 的概率区间内。对于数据文件 red. dat 中的数据：

Q3　构建交叉验证模式下品位正态分数变换的不确定度分布。

Q4　计算不确定度的高斯分布在固定区间内的真值比例，并绘制一个精度图。

参 考 文 献

[1] Clark I （1986） The art of cross-validation in geostatistical applications. Proceedings 19th APCOM, pp 211-220

[2] Davis BM （1987） Uses and abuses of cross-validation in geostatistics. Math Geol 17：563-586

[3] François-Bongarçon DM （1998c） Due-diligence studies and modern trends in mining. Unpublished internal paper, Mineral resources development, Inc

[4] Journel AG, Rossi ME （1989） When do we need a trend model? Math Geol 22 （8）：715-738

[5] Leuangthong O, McLennan JA, Deutsch CV （2004） Minimum acceptance criteria for geostatistical realizations. Nat Resour Res 13 （3）：131-141

[6] Parker HM （2012） Reconciliation principles for the mining industry. The Australasian Institute of mining and metallurgy. Mining Tech 121 （3）：160-176

[7] Rossi ME, Camacho VJ （1999） Using meaningful reconciliation information to evaluate predictive models, Preprint, SME Annual meeting, March 1-3, Denver

[8] Schofield NA （2001） The myth of mine reconciliation. In：Edwards AC （ed） Mineral resource and ore reserve estimation—the AusIMM guide to good practice. Vic. , AusIMM, Melbourne, pp 601-610

[9] Vaughan WS （1997） （July） Due diligence issues for mining investors post Bre-X. Randol conference on sampling and assaying of gold and silver, Vancouver

12 不确定性和风险

摘 要 本章展示了如何使用多个现实来支持对不确定性和风险的评估。

12.1 不确定性模型

所有的估算都有一些误差或不确定性。预测总是不准确的，误差来自间隔稀疏的数据、地质变化、缺乏确定最佳估算参数的知识、估算程序中所作的近似以及所用模型的局限性。

除非在将来收集数据的位置，否则永远不能知道误差，尽管如此，传统统计和地质统计还是提供了不确定性模型。第 8~10 章讨论了估算、估算方差以及获得随机变量不确定性条件分布的方法：

$$F[z;\boldsymbol{u}\mid(n)] = \mathrm{Prob}\{Z\mid(\boldsymbol{u}) \le z\mid(n)\} \tag{12.1}$$

式（12.1）是基于随机函数模型对变量 z 中的不确定性的完整描述。对于式（12.1）中所示的条件分布，已经被证明难以获得可靠的模型，特别是对于小体积（一次一个块），而不是矿体规模的大体积。

早期的地质统计学尝试使用克里格方差来描述不确定性，通常采用附属于每个估算块品的置信区间的形式：

$$\mu_{\mid(n)} - d \le \mu_{\mid(n)} \le \mu_{\mid(n)} + d \tag{12.2}$$

式中，d 为定义置信程度的平均值的差值，例如 $d = 2\sigma$（随机变量标准差的两倍）代表了如果有高斯分布形状（第 2 章），置信程度即为 95%。

如果误差分布是高斯的，估算误差不依赖于实际样品值，最小估算方差或克里格方差只能等于局部估算误差，这一性质称为同方差，在第 8 章中讨论过。在这种情况下，估算方差可以与误差分布的方差相关联。这种情况在实践中很少发现，因为大多数品位分布是正偏态的，局部的不确定性取决于局部的品位，在高品位地区将会有更多的不确定性。估算方差不能为小块区域提供可靠的不确定性模型。

克里格方差可以用在分布可能为高斯分布的情况下。这可能适用于考虑体积非常大的物料，因为大多数空间分布将趋向于变得更加对称，因此变得更像高斯分布，因为更多的小尺度值被平均在一起。合理的适用范围并不能提前知道，参见 Davis 等人的研究。

一些最近发展起来的其他技术，试图通过使克里格估算方差依赖于数据，引入对不确定性的局部度量。这些技术大多数已经应用于资源分类的环境中。

非线性地质统计技术依赖于数据转换来获得带有不确定性的概率估算（第 9 章）。除了指示转换的情况外，不确定性模型是在转换空间中建立的，最常见的是高斯空间。

条件模拟通过一组模拟现实，在每个位置提供一个不确定性模型。当有大量的现实时，可以更好地描述不确定性，但是相对较小的数量（比如 100 个）就足以提供一个合理的近似值。

模拟技术及其不确定性模型高度依赖于平稳性，趋势和偏离平稳性显著影响不确定性模型及其质量和有用性。基于模拟的不确定性模型依赖于所使用的随机函数模型，在某些矿床中，基于高斯的模型可能是适当的，而对于其他矿床，如指示模拟等非参数技术，可能是更好的选择。不确定性模型还取决于条件数据的数量和统计特性。因此，不确定性模型并不是唯一的，也不存在客观的或真实的不确定性模型。不确定性依赖于模型，这已经在 Journel、Kyriakidis、Goovaerts 等人的文章中讨论过。

通常，模拟模型不能捕获资源模型中存在的所有可能的不确定性来源。从这个意义上说，它们是对不确定性空间的不完整描述，因此讨论条件模拟模型对当前问题的适用程度是有意义的。

依赖于模型的一个实际后果是模拟方法应该通过用于获得资源模型的相同随机函数模型进行模拟。重要的是，它们共享相同的基本假设和现实参数，否则，基本案例资源可能是不同的，并且模型是不兼容的。

不确定性的来源。资源模型将包括多种来源的不确定性。导致总体不确定性有几个因素，而且它们并不一定相互抵消。样本值本身具有一定的不确定性，部分来自被采样材料的固有异质性。然而，大多数取样误差是由于取样过程本身。尽管总会有不能完全消除的误差，取样理论就是要处理使取样方差最小化的程序的开发。样品采集、样品制备、化学分析本身以及整个数据处理都是不确定性的来源。

可用钻孔信息的数量取决于地质情况和项目的开发阶段。通常，当模型中包含额外的数据时，不确定性往往会降低。地质模型也是不确定性的主要来源。基于稀疏钻探，它们是矿化控制的表征，但仍带有一定程度的不确定性，来源于填图和编录、数据处理、解释过程本身，以及计算机模型的开发。通常，地质模型的不确定性对资源模型的影响最为重要，因为它严重影响所估算的高于边际品位的矿量如图 12.1 所示。

与品位插值过程有关的不确定性，包括数据间距、选择的克里格法、变异函

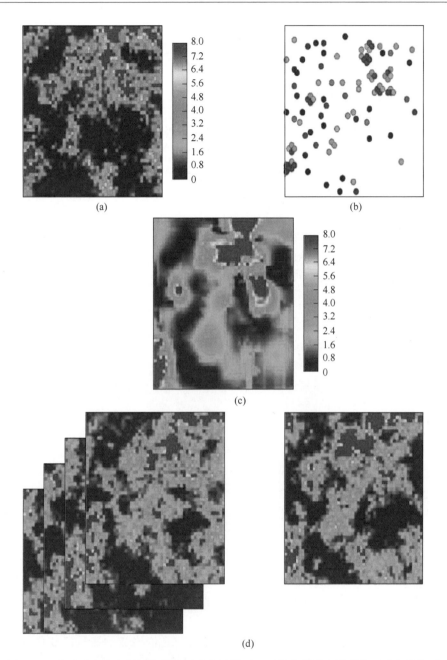

图 12.1 多重现实代表原始变量的不确定性模型，而估算图没有附带的不确定性模型
(a) 真实分布；(b) 样品数据位置图；(c) 克里格分布；(d) 模拟分布

数模型和克里格规划。此外，必须包括适当的贫化，以便预测采矿时可用的矿量和品位。可回采资源和储量的预测是资源模型不确定性的另一个重要来源。

当使用地质统计模型的不同现实参数时，不确定性模型也会发生变化，如第11章和Rossi等人所述。看似很小的决策，例如使用随机路径还是模拟值的多重网格搜索，都会影响最终的不确定性模型。其他通常考虑的参数包括搜索半径、所用原始数据的数量、以前模拟的数据数量、要运行的模拟数量和要使用的克里格方法等。有一种替代方法是通过选择界限，即"最佳"与"最差"情况，来评估与实施标准相关的不确定性，尽管过程是主观的，并且难以证明。

由于数据点之间有大量未采样的区域，因此信息是有限的。在诸如矿床总体均值等统计参数中存在不确定性。参数不确定性模型也是主观的，但可能导致更现实的评估。量化参数不确定性的方法有解析模型法、传统的自助法和空间自助法。

自助法是一种普遍应用于统计重采样方案的名称，它允许从用于计算相同参数的数据中评估数据统计参数中的不确定性。其基本过程是从原始数据抽取 n 个值，对这些自助取出的样品进行计算统计，重复数次，从而构建不确定性的分布。假定输入的分布是总体分布的代表。如果抽样是用蒙特-卡洛模拟（MCS）进行的，那么就有另外一个数据为独立的假设。

当已知数据是相关的情况下，假设样本数据独立是不现实的。空间自助取样在数据位置进行模拟。不确定性通常随着抽样值数量（n）的增加而减少。空间自助取样需要数据集的变异函数、模拟，随后计算每个模拟数据集的平均值。

12.2　风险评估

不确定性模型可以用来描述风险特征。区分不确定性和风险很重要，因为在某些情况下，较大的不确定性可能不会导致重大风险。在其他情况下，小的不确定性可能对应于不可接受的风险。

风险考虑不确定性对所评估应用程序的影响。其概念可概括为一个"传递函数"（TF），这个函数将获得最终产品所需的所有过程概念化。例如，传递函数可以代表一个采坑或采场优化器、一个生产或矿山调度器，进而用于定义可回采储量。如果不确定性模型是通过传递函数携带的，那么就可以对预期的适当品位的矿量不运达选厂的风险进行评估。从这个评估，就可以制定风险缓解措施。这个概念如图12.2所示。

敏感性分析通常由采矿工程师进行，评估产品价格或估算品位变化的影响。例如，如果不同的产品价格或品位导致设计的露天坑边坡发生重大变化，则所涉及的材料可能是边缘性的。同样重要的是，要判别开采露天坑的范围是否含有少量不稳定或高度不确定的矿化带。制定采矿计划的工程师通常会考虑简单的敏感性分析，例如把块模型的品位上下调整10%。类似的方法用于分析项目对金属价格、运营成本和其他相关变量的敏感性，但这方面没有标准的程序。

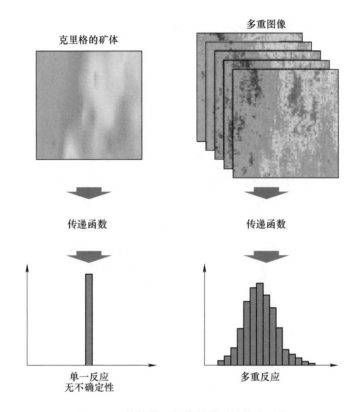

图 12.2　估算模型与模拟模型的传递函数

　　完整的风险评估需要通过传递函数，对完整的不确定性模型（所有现实）进行处理。这可能涉及全面的矿山规划工作，包括在矿山服务年限的某些时期，调度安排供给选厂的矿石。在实践中，可以有些捷径，例如只处理最佳、最差和最可能的情况。这些捷径有自己的缺陷，包括对现实进行排序的标准。

　　根据优化的露天矿开采轮廓线进行详细的矿山设计，包括对轮廓进行平滑处理以提供可开采的形状，同时尽可能减少与优化轮廓的偏差。这个过程是手工进行的，关于平硐、斜坡道、平台的位置和宽度，以及能使采矿可操作的其他几何参数，都是至关重要的。由开采台阶和开采阶段作出的概率图，可以作为最终平滑和采坑设计以及斜坡道位置确定的指导。图 12.3（摘自参考文献［18］）显示了根据用资源模型制定的矿山计划，每个开采块的台阶概率图。创建如图 12.3所示的条件概率图，为矿山规划工程师提供了一种强于传统规划的优势。通过增加中间阶段和修正采坑边坡的位置，可以减轻高度异变的矿化所造成的风险。此外，这些图可以用来找准新增的加密钻探。

　　品位控制是一种直接利用风险分析来进行经济决策的应用。在这种情况下，

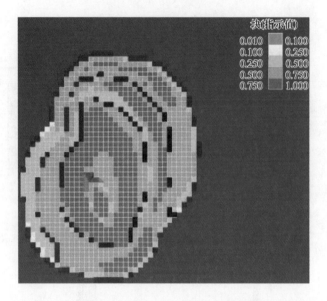

图 12.3　台阶开采概率图。块是根据被开采的概率来编码的。
紫红色、蓝色和栗色表示中间和最终开采边坡的位置

直接评估品位不确定性的后果，并根据最大利润或最小损失的选择做出最优选择。

在露天开采中，是否回采某一盘区并将其送往选厂的决定，直接或间接地依赖于品位估算值 $z^*(x)$。损失函数 $L(e)$ 是一个数学表达式，它将经济价值（影响或损失）附加到每个可能的误差上，比如按货币价值计算。通过将损失函数应用于由现实得到的条件概率分布［式（12.1）］，可以得到期望损失值：

$$E\{L(z^* - Z) \,|\, (n)\} = \int_{-\infty}^{\infty} L(z^* - Z) \cdot dF[z;x \,|\, (n)] \approx \frac{1}{N_{real}} \sum_{l=1}^{N_{real}} L(z^* - z_l)$$

(12.3)

式中，N_{real} 为现实数；z^* 为保留估算值。

然后，通过简单地计算对于估算值 z^* 的所有可能值的条件期望损失，并保留使期望损失最小的估算值，就可以找到最小的期望损失。正如 Isaaks 所解释的那样，期望条件损失是一个阶跃函数，其值取决于每个错误决策的假定成本和误分类的相对成本。这就意味着，只要所有利益和成本对于品位是恒定的，预期的条件损失只取决于估算值 $z^*(u)$ 的分类，而不取决于估算值本身。

因此，损失函数量化了虚报和漏报的后果，权衡了每种情况的概率和相对影响，然后在所使用的损失模型下提供最小成本解决方案。例如，当一个矿石品位盘区被送到废石场时所产生的损失是一种损失的机会成本，用本应实现的利润来

衡量。如果同样的盘区是废石，但被送到了选厂，其损失是加工物料中所产生的综合损失，它不能生产金属来为自己买单，加之在加工可盈利物料中的机会损失所带来的损失（如果有的话）。

损失函数一般是不对称的，因为低估或高估的后果有不同的成本。在金属采矿中，少量的矿石也可能会有很高的价值，因此，把矿石运往废石场的代价通常比处理废石的成本要高。贵金属矿和大多数贱金属矿都有这种特性，如果采用高经济边际品位，这种特性就更加显著。在其他一些情况下，情况正好相反，比如大规模的直接运销铁矿石的矿山，它们更注重避免运输过程中的贫化。

如果随机变量的条件分布是可用的，就可以得到损失函数的最优估算。通过实现所描述的不确定性模型，提供了在不确定性下优化决策所需的所有信息。

在评估不确定性和风险时，考虑利益的范围也很重要，比如被评估物料的体量。全局性的、矿床范围的地质置信度评估，与更局部的、以矿山生产为导向的风险评估之间存在差异。全局置信度量不能用于局部的、逐个块的风险评估。一个典型的例子是资源分类办法，采矿工程师经常用它来衡量矿山进度计划的置信度，例如月度计划。如下文所讨论的，资源分类一般意味着一个全局性的置信指南，主要意味着股东和投资者的利益，它不应被用来作为一个不确定的模型，为矿山计划提供详细的风险评估。

图 12.4 和图 12.5 说明了风险是所考虑体量的函数。图 12.4 显示一个正在开采的铜矿的铜品位的月概率区间。图中显示了两个值，分别对应于条件模拟得到的条件分布的 p_{90}（90 分位数）和 p_{10}（10 分位数）。它还显示了同一时期的资源模型品位，以及矿山规划中的品位，后者的值通常低于资源模型品位。这是因为采矿计划人员有时在资源模型预测的品位上，会增加贫化和安全系数，通常是按月计算，而不是逐块计算。矿山规划者可能认为资源模型所提供的每月平均品位是有风险的，从而在某种程度上是对估算的妨碍。但是实践是可变的，不存在标准的方法。它取决于确定预算品位的工程师的经验和偏见。

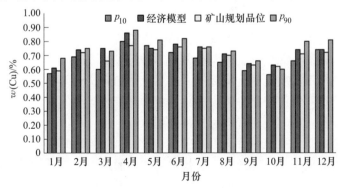

图 12.4　第一年的月概率区间：模拟得到的 p_{90} 和 p_{10}、资源模型品位、矿山规划品位

　　图 12.5 显示了一个五年采矿规划下的年度概率的类似图。请注意，图 12.5 中的第 1 年情况，是通过对图 12.4 中所示的 12 个月的品位进行简单平均得到的。

　　请注意，图 12.4 所显示的情况比图 12.5 易变性高得多。正如所料，图 12.4 中 12 个月所代表较小数量，比年度数量的平均品位更易变（图 12.5，第一年）。同时，有趣的是，资源模型预测的品位和矿山规划的品位，不一定要在由 p_{90} 和 p_{10} 极限定义的时间间隔之内。对于月度和年度数量都出现了这种情况，并且当考虑更长远的时间段时，更是如此。这是可以预料到的，因为更长远的时间段可能钻探会更少，因此更加不确定。

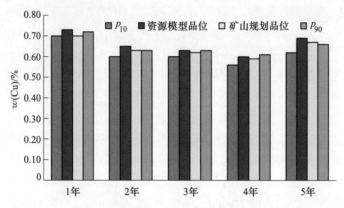

图 12.5　　五年矿山规划的年度概率区间为模拟得到的 p_{90} 和 p_{10}、
资源模型品位、矿山规划品位

　　无法达到每一时间段预期产量的风险，可以通过进一步的加密钻探使其降低。加密钻探可以定向到那些不确定性较大的域。大多数资源分类方案中使用的全局置信度量，不允许将加密钻探优化到如此详细的程度。

12.3　资源分类和报告标准

　　公开披露已估算资源量要求根据置信等级进行分类，并划分为探明的、控制的和推断的。根据资源量分类的某些规则，储量必须分为证实储量或可信储量。不同的国家使用不同的资源分类标准，虽然意图和形式大同小异，但每个国家都有其自己的特点。资源分类方案大多数旨在为投资者提供保护，所以在每个国家通常由证券委员会或其他相应政府机构强制执行。

　　资源分类准则主要是为了适应在公布矿物资源量方面透明度的需要而制定的。因此，资源分类并不一定是一个技术问题，而是矿业为了转移投资风险而做出的自我规范反应，也是对一些臭名昭著的欺诈案例的回应。尽管这些规范都有一个共同的主线，从而使其在精神上和主要概念的应用上具有相似性，但这些规范都是根据每个管辖区域的具体要求而制定的。考虑到采矿业的全球性，这种共同性促进了致力于使这些规范国际化的长期努力，统一了应用上的一些细节，以便规定一整套能被全世界所接受的定义，即国际标准。

尽管最常用的规范都附加了指导方针，但它们在与技术问题相关的所有方面都是非规范性的。因此，披露的适当性责任由在资源估算和分类上签字的个人的技术能力来承担，这些人被定义为胜任人或合格人（CP 或 QP）。在这种情况下，与不同规范一起发布的指导方针，是用来为实践设定一些最低标准，而不是用作实施工具。

使用最广泛的规范是（澳大利亚）联合矿石储量委员会 JORC 标准，加拿大 43-101 号国家文书所使用的 CIM 准则：矿物项目的披露标准（NI43-101），美国证券交易委员会的行业指南，南非的 SAMREC 规范以及泛欧盟和英国的报告准则。

JORC 规范已经获得了广泛的国际认可。在加拿大，大多数省级证券委员会和多伦多证交所（TSE）采用 NI43-101，适用于所有口头声明和书面披露的科学或技术信息，包括矿产资源量或矿产储量的信息披露。NI43-101 扩展到了加拿大矿业、冶金和石油协会（CIM）的定义和指导方针。CIM 的成员、采矿和冶金研究院理事会（CMMI），其中 CIM 是成员，开发出的一种资源/储量分类、定义和报告系统也被广泛接受。

近年来，人们越来越强调合资格人（QP）或胜任人（CP）的概念。编制资源模型和报表的专业人员必须是该领域的专家，也必须是所建模的矿床类型的专家。典型的要求是，个人必须是在公认的专业协会中有良好地位的会员，包括通过了国家或省级的专业考试，并且具有至少 5 年的同类型矿床建模经验。

作为一个例子，2010 CIM 指南采用加拿大国家文书 NI43-101 号，允许合资格人把矿化或其他天然材料的经济价值划分为探明资源，条件是数据的性质、质量、数量和分布可以在接近的限度内估算矿化的矿量和品位，并且估算的变异不会明显影响潜在的经济可行性。这种分类需要对矿床的地质和控制有高度的置信和充分的了解。

当资料的性质、质量、数量和分布，能够对地质结构作出有信心的解释并合理地假定矿化的连续性时，这种矿化可以由合资格人划分为控制矿产资源。合资格人必须认识到控制类矿产资源对提升项目的可行性的重要性。控制矿产资源的估算，其质量应足以支持初步可行性研究，作为重大开发决策的基础。

如果数量、品位或质量可以被合理假设，但不一定经过验证，则矿化可以被归类为推断矿产资源。由于推断矿产资源可能带有不确定性，因此不能假定推断矿产资源的全部或任何部分，将因继续勘探而升级为控制或探明矿产资源。对估算的置信度不足以使技术经济参数得到有价值的应用，也不足以使经济可行性的评价具有公开披露的价值。必须把推断矿产资源排除在构成可行性或其他经济研究基础的评估之外。

矿产储量是指经过初步可行性研究论证的探明矿产资源或控制矿产资源中可以经济开采的部分。这项研究必须包括关于采矿、选矿、冶金、经济和其他有关因素的充分资料，在提交报告时，这些资料应该能证明经济开采是合理的。矿物储量包括贫化物料和开采时可能发生的物料损失。

证实储量是指至少是经过初步可行性研究证明的探明矿产资源中经济上可开采的部分。这项研究必须包括关于采矿、选矿、冶金、经济和其他有关因素的充分资料，这些资料在提出报告时应该证明经济开采是合理的。

可信矿产储量是控制矿产资源中可以经济开采的一部分，在有的情况下是某些探明矿产资源一部分，这至少要经初步可行性研究证实。这种研究必须包括关于采矿、加工、冶金、经济和其他有关因素的充分资料，在提出报告时，这些资料要能证明控制的资源经济开采是合理的。

报告规范和相应的准则在其定义中使用了笼统的语言，因为很难提供一个可以适用于所有不同类型矿床和资源评估实践的通用准则。一般倾向于建议使用某种形式的针对不确定性的统计描述，即使只是作为一种分清不确定性的程度的附带工具。

所有准则都要讨论地质和品位的连续性，作为分类标准的关键组成部分，有时还要加入修正因素以适应当地情况。至于这种连续性的可接受证据是什么，则是合资格人的决定，这可能部分取决于合资格人之前在这类矿床方面的经验。在实践中，资源分类常常简化为确定所要采用的准则，包括连续性，然后找到一种最能把握基本准则的方法，对资源进行分类。一个常见的误解是，资源分类方法提供了一个客观的置信评估。事实上，这种分类是合资格人观点的一种表达。

通常的做法是使用钻孔到估算块的距离的某种形式。几何标准的选择，应以矿床类型的一般惯例、特定地点的考虑，以及对其他因素的专家判断为基础。使用简单的距离测量的好处是标准易于表述，这是一个透明和易于理解的过程，几乎不会出错。同样，它也不依赖于所选择的评估方法。反对这类方法的最常见的担忧是它们过于简单，因为它们不能完全取得地质置信。

几何方法对分类一般不提供不确定性的实际度量，如果提供，也只对非常大的体积，如克里格方差。越来越多的人对不同体积（如果可能，是逐块地）的不确定性予以量化感兴趣，这会导致进行相应的风险评估。

在实践中遇到的其他替代方法包括克里格方差（这种方法在地质统计资源估算的早期应用中非常普遍）、钻孔距离的组合法（以某种方式）、用于评估每个块使用的钻孔数量、考虑信息密度等地质因素的分次克里格估算规划、这些方法的可能组合，以及手工轮廓法和平滑方法，这些通常作为上述任何一个方法的后验处理步骤。

　　用系统的和标准的方法去评估和表达不确定性，也是一种发展方向。不确定性报告通常包括的方面有：所考虑的总体或样本的说明、"＋／－"不确定性的度量、在"＋／－"不确定性度量之内的概率，以及不确定性的假设及其组成的列表。在资源分类中有三个方面需要考虑。它们是体积、"＋／－"不确定性的度量以及在"＋／－"不确定性度量范围内的概率。不确定性报告的格式清晰易懂。例如，H. M. Parker（个人交流）建议，将那些在90%的概率内，真实品位被预测为在所估算品位的15%之内的月产量归类为探明资源量。将那些在90%的概率内，真实品位在预测品位的15%之内的季度产量定义为控制的资源量。没有既定的规则或准则来决定这三个参数，这仍然掌握在合资格人手中。

　　图12.6突出了概率分类方案中经常使用的三个参数：（1）与生产周期相关的体积（通常一个月或一个季度）；（2）所需的精度；（3）在指定精度内的概率。体积并不需要是一个连续的块，但是为了简单起见，通常将其选择为一个简单的体积。这可能是一个重大的局限，因为任何一个给定时期的产量一般来自矿

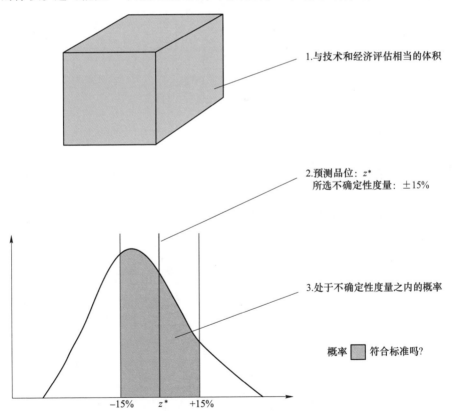

图 12.6　概率分类方案中常用的三个参数示意图

山的不同区域，这些区域可能具有不同的地质特征，而且是按照非均等不确定性予以评估的。后两个参数对不确定性进行总结，可以理解为被定义总体的比例。月产量的品位在评估品位的 15% 之内的概率为 90%，这一概率陈述意味着在 100 个被类似分类的月产量的真实品位中，有 90 个将在其评估值的 ±15% 之间。

　　另一种方法是固定兴趣量，例如一个季度的产量，然后减少期望真实值落在区间内的次数，如图 12.7 所示。在这个图中，探明资源是那些在 95% 的概率内，预期月产量误差在实际值的 ±15% 之内的资源。控制资源是那些将条件放宽到 80% 概率内的资源，而推断资源只需要 50% 的概率（或生产月）的真实值在 ±15% 值内。

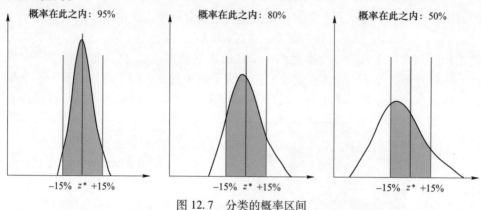

图 12.7　分类的概率区间

　　不确定性预测可以来自地质统计学或更传统的方法。如果使用地质统计学方法来构建不确定性的概率分布，则参数在局部和域内会发生变化。可以使用的技术很多，但是条件模拟是最好的选择，因为任何感兴趣参数的不确定性，都可以通过简单地对模拟值进行平均来预测。

　　可以通过对来自钻孔或过去生产数据的不确定性的预测，来检验不确定性模型。构建概率区间，计算真实值落在这些区间内的次数，从而确定所预测的比例是否得到验证。

　　在任何资源估算工作中，应明确说明对被估算资源进行分类的目的，并明确区分地质置信度（即资源分类）和矿山风险评估。利用资源类别作为获得矿山生产风险评估的手段是很有诱惑力的，尽管其目的是在非常全局的意义上进行地质置信度评价。

　　尽管可以找到一些共同的作法，但是资源分类并没有针对所有矿床的恒定方案。

12.3.1　基于钻孔间距的资源分类

　　这个概念的多个变种一直在被人们使用，但在其最简单的形式中，是根据估算块的质心到插值中使用的最近样本的距离对资源进行分类。附近有临近样品的估算块，将被赋予较高的置信度，这被认为是一种非常简单的方法。

另一种方法是算出用于估算块的所有样本的平均加权距离。这个距离可以是各向异性的，这要看变异函数模型椭球体和/或搜索邻域的形状。这看起来是一个合理的选择，因为估算中使用的所有样本都被考虑了。这能够潜在地避免假象，这与把高置信度分配一个估算块的情况有关，这个估算块有一个非常接近的样本，而许多其他样本都很远。但是这个系统也有缺点，同样与缺乏不确定性度量和使用的简单标准有关。

资源的实际分类应该依赖于选作描述置信度的距离，而置信度又应该基于地质、钻探密度和变异函数的范围。通常，不同的估算域会采用不同的分类参数。此外，有时还使用最低样品数量和钻孔密度度量，以及矿床不同区域的地质特征差异。

12.3.2 基于克里格方差的资源分类

克里格方差是数据配置的一个指数。因此，它可以被用于根据估算每个块所使用的信息量，对资源模型块进行排序。它可以被标准化，例如，标准化到某一局部平均值，这样得出的相对克里格方差，可以用于涵盖不同品位的矿化带。

划分资源类别的克里格方差值，通常与预先设定的钻孔配置相关，如图12.8所示，这是一个来自智利北部斑岩铜矿的例子。获得矿床中存在的三种主要铜矿化类型的变异函数模型后，使用两种标准的钻孔配置作为参考来确定资源分类。5个组合样复合配置的克里格方差值（案例B）定义了每种矿化类型的探明和控制类别的界限，而4个组合样配置的相应克里格方差（案例A）定义了控制和推断类别之间的界限。请注意，克里格方差通常用作相对阈值，因为这些值本身没有任何物理意义或地质意义。

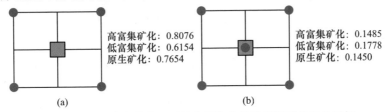

图 12.8　通过参考钻孔配置的克里格方差进行资源分类的示例

（a）案例 A：2D 示例，4 个组合样，间距为 100 m×100 m；（b）案例 B：在块中心的另一个组合样

定义资源类别的其他替代方法可以包括对克里格方差的可视化检查，尽管克里格方差能与资源分类相关联的明显机会或迹象很少。因此，每个类别阈值的确定高度依赖于主观标准。正因为如此，该方法可以被认为等价于在一个更正式的地质统计框架中发展的基于钻孔距离的方法。

12.3.3　基于分次估算克里格规划的资源分类

　　另一种选择是从多次克里格估算中导出资源分类。利用不同程度的约束条件，即约束从多到少的数次克里格迭代，对模型品位进行估算。

　　约束条件是根据一次估算发生的必要条件予以定义的。在约束更多的情况下，可以采用较高的最小样本数和较大的最小钻孔数相结合的方法，并采用较短的搜索半径。在受限更大的算程中，估算的块的数量会更少，但是它们将比以后的估算过程中所估算的块获得更好的信息。如果根据地质和地质统计标准来设置估算过程，则每个块可以使用一个标志，表明是在哪一次估算的，作为资源分类的一个初步指示。

12.3.4　基于不确定性模型的资源分类

　　条件模拟提供了在全局和局部意义上不确定性模型的实现。这些现实既适用于资源分类，也适用于矿山生产风险分析。然而，利用这些现实来获得概率区间并用于资源分类还不是很普遍。从 JORC 规范开始，资源分类规范都鼓励在可能的情况下对不确定性进行量化，但这些规范并没有规定要这样做，相应的细则也没有对这种量化提出具体方法。

　　Deutsch 等人认为，由条件模拟得到的不确定性模型，只能作为其他更简单的几何方法，比如钻孔距离法的备份。本书给出了几个理由来支持这一建议，主要是因为概率区间对用以获得它们的一些参数的定义很敏感，以及模型的整体依赖性。不确定性模型依赖于模拟中使用的现实参数的细节。

　　概率可以用实际比例进行检查，只要有可能，就要进行这种检查。生产矿山通常会保持充分的生产记录，以便检查实际生产矿量和品位。如果被建模的不确定性可以得到实际生产验证，那么就有几个很好的理由信赖资源的不确定性模型分类：（1）考虑了品位的量级和数据的本地配置；（2）明确考虑了开采量；（3）不确定性被认为更加客观，并且可以转用到不同的矿床。

　　用于划定探明资源、控制资源和推断资源的概率取决于矿业公司的实践。许多公司在预可研或可研期间，将其他工程研究和费用估算所需的精确性转化为资源分类。典型的情况是，以一个季度的产量为例，探明资源在90%的概率内误差在±15%之间；控制资源，在90%的概率内误差在±30%之间；推断资源在90%的概率内误差在±30%到±100%之间。已知超出±100%之间的物质不属于资源，可能标记（但不公开报告）为无价值的或者潜在矿化。

12.3.5　资源类的平滑和手工解释

　　因为资源分类通常是以块体为单位在一个块上进行的，上述大多数非概率方法通常需要最终体积的后验平滑，这主要是因为有个普遍认可的观点，即所分类的物料在短距离内应该是均值的，在短距离内没有混合的资源分类。

这大多是一个美学问题，因为分类方案就是为了提供置信度的全局性指示，而不一定是块对块的平滑图像。上述任何方法，都可以针对每个资源类别，生成与划定其标准相一致的体积。在钻孔间距不均匀、地质特征多变，以及在资源类别间突变的地区，经常可以看到这种现象。

如果希望要平滑且连续的体积，那么根据初始定义对区域手动进行解释，可能是达到此目标最实用的方法之一。替代方法可能包括运行一种平滑算法，该算法将按照一定尺寸的窗口对块之间的资源分类进行转换，以生成更均匀的体积。在任何情况下，这都应该谨慎进行，不能偏离或显著改变由既定标准定义的全局体积。根据地质或地质统计知识，对一致性以及可能被认为不一致的分类，只能作微调修正。在平滑过程之前和之后，按资源分类检查总的品位-吨位曲线，以了解引入的变化程度，是一个很好的做法。

图 12.9 显示了必和必拓（BHP Billiton）在智利北部的 Cerro Colorado 矿（斑岩铜矿）手绘轮廓的一个示例。平滑是通过对阶梯进行解释并将凸凹弄平滑而完成的，在某些情况下，还需要混合资源类型。红色的轮廓定义了探明资源的体积，亮绿色的轮廓为控制资源的体积，其余的材料被归类为推断资源。请注意某

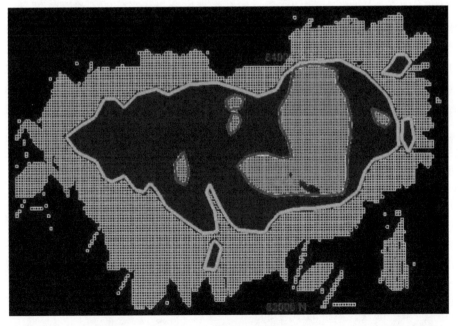

图 12.9 智利北部 Cerro Colorado 矿，2003 年资源模型 2440 m 台阶资源分类等值线
（红色轮廓包围的是探明类，绿色轮廓包围的是控制类。由必和必拓提供）

些最初被划分为控制类的部分是位于红色轮廓内（台阶的中东部分），结果最终被划分为探明类的情况。此外，由于地质环境的变化，在这张图的北东方向的台阶里有一小块区域，探明类直接延伸到了推断类中。

12.4　最低标准、良好实践和最佳实践的总结

开发不确定性模型的最低标准实践要求应用简单和更传统的统计技术。这些模型的适用范围相对较小，只能依附于较大的体积。两个最常见的示例包括资源分类（对于所描述的所有方法，不包括条件模拟），以及从大体积平均值的方差中获得的全局置信区间。因此，风险评估是有限的，而且通常是定性的。

良好实践除了上述要求外，还需要开发条件模拟，以便获得不确定性模型的现实。这个模型应该比较全面，因为它包括尽可能多的不确定来源，但主要是地质和品位估算的不确定因素。其中，应强调与贫化相关的问题，以及对信息效应的评估。得到的不确定性模型应该对照实际生产（如果可用），或者对照某些作为参考或基本情况的资源模型进行检查。风险评估应充分开发、验证并形成文件，要具有明确的目标。

最佳实践除上述外，还包括对所有公认的和可量化的不确定因素，包括与数据、取样和分析程序、地质模型和模拟域的定义（如上所述）、品位建模等关联的不确定因素。因此，应该使用条件模拟来提供全局和局部的不确定性度量，以及资源模型的完整描述。但是，不建议仅使用概率进行资源分类。任意选择概率标准，往往会导致每个类别中出现不合理的大体积或小体积。然而，明智的做法是应用几何标准来进行资源分类，可以使用或不使用混合资源类别来平滑区域，并通过概率分析提供进一步的支持。概率分析可能会使胜任人重新考虑他们的几何标准，但几何标准用于披露。

然而，如果有可能对通过矿山生产条件模拟得到的不确定性模型进行可靠的验证，那么使用概率区间作为资源分类的基本定义是合理的。

12.5　练习

这项工作的目的是审查不确定性和风险评估的各个方面以及损失函数和决策。可能需要一些特定的地质统计软件。该功能可能在不同的公共领域或商业软件中可以找得到。请在开始练习前取得所需的软件。数据文件可以从作者的网站下载——搜索引擎会显示下载位置。

12.5.1　第一部分：取样的不确定性

本试验的目的是尝试不同的不确定性取样和敏感性评估方法。可用于这两个目的的方法可能会有很大的不同，这取决于人们是否对取样效率和/或考虑结构

依赖性的现实不确定性评估感兴趣。在本练习中探索的工具集，将应用不同方法，在不同程度上可以满足这两方面的特点。考虑一个简单的石油地质储量计算（OIP），它只依赖于几个输入参数：

$$OIP = 6.2898 \times GRV \times \varphi \times (1 - S_w)/FVF$$

式中，GRV 为岩石总体积；φ 为孔隙度；S_w 为含水饱和度；FVF 为岩层体积系数；常数 6.2898 为一个公制转换系数，将立方米与储罐桶数联系起来。

假设每个输入变量都可以描述为一个随机变量，所有变量均服从正态分布，其均值和方差如表 12.1 所示。

表 12.1 均值和方差

变 量	均 值	方 差
GRV	$7900 \times 10^4 \ m^3$	$500 \times 10^4 \ m^3$
φ	17%	0.05%
S_w	11%	0.09%
FVF	1.3	0.2

Q1 使用蒙特卡罗模拟，为每个输入参数抽取 100 次现实，然后为每个现实计算相应的 OIP。绘制 OIP 的不确定性分布。

Q2 现在考虑将每个输入分布划分为十个不同的分区（您可以设置十分位数的阈值）。应用拉丁超立方体抽样（LHS）并计算 OIP（应该只需要为每个输入抽取 10 次现实，并确保只从每个分区抽取一次）。策划并评述 OIP 的分布。

Q3 现在假设 φ 和 S_w 之间的关系可以被描述为二元高斯关系，相关性为 0.5。假设所有输入变量之间不再具有独立性，请描述如何实现蒙特卡罗方法（类似于 **Q1**）来考虑这种关系对 OIP 中不确定性的影响。如果您有时间，您可能希望执行这个题目并与 **Q1** 中的分布进行比较。

Q4 敏感性分析最常见的方法可能是每次变一个数值的方法。这需要将所有输入变量保持在基本情况值（通常是平均值），然后对于一个输入变量，选择该输入变量的 p_{10} 和 p_{90} 值，并评估其对 OIP 的影响。通过按影响的降序排列输入变量，将这种影响绘制成龙卷风图。

Q5 现在考虑改变每个输入变量（将所有其他变量保持在基本情况），方法是将其值从基本情况值按 ±5% 的增量变化，直到为 ±20%。对每种情况评估 OIP 的变化，并将其绘制为蛛网图。

Q6 不是让每个输入变量与基本情况按百分比变化，而是按一组百分比变化每个输入值。为此，请考虑在按照输入变量的十分位数更改输入变量时，对 OIP 的评估。现在把结果绘制成与蛛网图类似的格式，并注意与前一个题中的蛛网图的任何不同之处予以评述。

12.5.2　第二部分：损失函数

高估和低估的后果往往是不一样的。然而，这两个常见的损失函数是对称的。

Q1　证明一个分布的均值总是使均方误差损失函数最小。也就是说，对于高估和低估，都是一个其损失随误差平方的增加而增加的损失函数。

Q2　证明一个分布的中位数，总是使平均绝对误差损失函数最小。也就是说，对于高估和低估，都是一个其损失随误差的绝对值的增加而增加的损失函数。

Q3　L 最优值是一个惩罚分布的特定的分位数，因为高估和低估都是线性的，只是斜率不同。如果斜率相同，则 0.5 分位数或中位数是最优的。对于高估和低估的任意（不同）斜率，分位数是多少？

参 考 文 献

［1］Arik A（1999）An alternative approach to resource classification. In：APCOM proceedings of the 1999 Computer Applications in the Mineral Industries（APCOM）symposium，Colorado School of Mines，Colorado，pp 45-53

［2］Blackwell GH（1998）Relative kriging errors—a basis for mineral resource classification. Explor Min Geol 7（1，2）：99-106

［3］Davis BM（1997）Some methods for producing interval estimates for global and local resources. SME Annual Meeting，SME 97（5），Denver

［4］Deutsch CV，Leuangthong O，Ortiz J（2006）. A case for geometric criteria in resources and reserves classification. Centre for Computational Geostatistics，Report 7，University of Alberta，Edmonton

［5］Diehl P，David M（1982）Classification of ore reserves/resources based on geostatistical methods. CIM Bull 75（838）：127-136

［6］Dohm C（2005）Quantifiable mineral resource classification—a logical approach. In：Leuangthong O，Deutsch CV（eds）Geostatistics Banff 2004，1：333-342. Kluwer Academic，Dordrecht，p Froidevaux R（1982）Geostatistics and ore reserve classification. CIM Bull 75（843）：77-83

［7］Goovaerts P（1997）Geostatistics for natural resources evaluation. Oxford University Press，New York，p 483

［8］Isaaks EH（1990）The application of Monte Carlo methods to the analysis of spatially correlated data. PhD Thesis，Stanford University，p 213

［9］Jewbali A，Dimitrakopoulos R（2009）Stochastic mine planning：example and value from integrating long-and short-term mine planning through simulated grade control. In：Orebody modelling and strategic mine planning 2009，Perth，pp 327-334

［10］Journel AG（1988）Fundamentals of geostatistics in five lessons. Stanford Center for Reservoir

Forecasting, Stanford University, Stanford

[11] Journel AG, Kyriakidis P (2004) Evaluation of mineral reserves: a simulation approach, Oxford University Press, New York

[12] Matheron G (1976) Forecasting block grade distributions: the transfer function. In: Guarascio M, David M, Huijbregts C (eds) Advanced geostatistics in the mining industry. Reidel, Dordrecht, pp. 237-251

[13] Miskelly N (2003) Progress on international standards for reporting of mineral resources and reserves. In: Conference on resource reporting standards, Reston, 3 October

[14] Rossi ME (1999) Optimizing grade control: a detailed case study. In: Proceedings of the 101st annual meeting of the Canadian Institute of Mining, Metallurgy, and Petroleum (CIM), Calgary, 2-5 May

[15] Rossi ME (2003) Practical aspects of large-ccale conditional simulations. In: Proceedings of the 31st international symposium on applications of Computers and Operations Research in the Mineral Industries (APCOM), Cape Town, 14-16 May

[16] Royle AG (1977) How to use geostatistics for ore reserve classification. World Min 30: 52-56

[17] Van Brunt BH, Rossi ME (1999) Mine planning under uncertainty constraints. In: Proceedings of the optimizing with Whittle 1999 conference, Perth, 22-25 March

13 短期模型

摘　要　大多数矿产资源储量估算都不是最终的，大多是临时估算，要在获得更多资料后随时进行修正。在实际开采时，或正要开采之前，估算的性质和要求是不同的。即使在较长时间范围内准确的结果也不再是充分的。本章对短期和中期矿山规划模型的考虑因素作了解释。

13.1　长期模型用于短期规划的局限性

用于长期矿山规划的资源模型，例如矿山服务年限（LOM）规划，被称为是长期的。当为一个新的采矿项目编制可行性研究时，需要编制一个开采进度表，以估算企业未来的现金流。矿山服务年限规划基于储量模型，而储量模型是由资源模型转换而来的。它为矿山整个服务年限直到结束，每个时期所涉及的矿量和品位提供估算。矿山服务年限规划通常根据不同的时间单位安排计划。例如，在最初两年的生产中，计划可能是按月进行的，此后两年可按半年的量为基础，从第五年直到矿山闭坑，可以是按年度计划。

长期模型基于大孔距钻探，随着工程的推进逐步加密。长期模型通常要利用新钻孔采集的信息，每年更新一次。同时也常常需要更加准确的短期预测。人们总想利用现有的长期资源模型进行短期预测。然而，由于生产作业是动态的，长期模型很快就会过时。

长期模型在构造上就是要提供精度可接受的全局估算。全局估算被理解为相当于一年或更长时间的产量。因此，不能期望它也可以逐块地执行，甚至对于小体积也是如此。有时，对于体积小于一年的长期模型，可以获得合理的准确性，特别是对于浸染型矿床、地质条件非常简单的矿床，以及没有呈现高度空间变异性的品位变量。在新建矿山的情况下，长期模型一般基于相对紧密的钻孔间距（加密），可以覆盖最初几年的生产，旨在准确估算返本年限。

由于若干原因，其实所有矿山企业都需要更新长期模型。最重要的原因是需要提高中期和短期矿山规划的准确性。例如，这些计划将与每年的预算、每季度的矿山生产预测以及相应的现金流量相对应。

对于月与月的矿山规划，通过加密钻探提高了模型的可靠性。补充的钻探将提高资源模型对于近期矿山生产的准确性。用新数据更新长期模型，然后更新相应的矿山规划，可以减少企业短期现金流的不确定性。

"中期"和"短期"模型的定义因矿业公司而异，也因地域而异。在许多情况下，"短期"模型实际上是一种品位控制模型，即每天的矿石/废石选择过程。在本书中，中期模型将是任何旨在提供比长期资源模型小得多的估算模型，并且是短期的。它一般是指相当于 1~6 个月的产量，尽管产量还取决于开采类型。为每日矿石/废石选择和每周采矿计划而建立的模型，在这里通常称为短期模型或品位控制模型。

13.2 中期和短期建模

使用加密数据更新长期资源模型，意味着重复前面章节中描述的许多步骤。这与任务是否涉及数值估算、分布估算或模拟无关。不过，需要一些特殊的考虑，特别是在使用生产信息时。

更新短期模型最困难的方面之一，是使用生产数据更新地质模型和估算域。在实践中，可以从地下工作面对掌子面、台阶、采场进行测绘，以及对炮孔岩屑或生产钻探孔进行描述，但很少使用。这在一定程度上是由于数据质量的问题，同时也与时间紧迫有关。

品位模型既可以利用加密钻孔数据，也可以利用生产数据进行更新。使用炮孔可能有争议，原因包括已经感知到的取样质量，以及其品位分布与勘探钻孔品位分布的差异。尽管个别样品的质量有所不同（钻探孔与炮孔），但可用的炮孔数量通常要大得多，这弥补了个别样品精度较低的缺陷。使用炮孔样本的关键是不存在明显的偏差。

另一个问题是评估策略。任何估算方法的实施，都应考虑到某些区域炮孔会掩盖加密钻探孔的可能性。因此，一个适当的评估策略应该仔细考虑如何使用炮孔。

在所有情况下，中期或短期块模型更新仅对矿床的有关部分进行更新，比如，对应于未来三个月的生产。这里提供了一个由必和必拓公司提供的智利北部 Escondida 铜矿的中期模型的例子。它举例说明了这一过程的实际应用。

13.2.1 实例：Escondida 矿季度储量模型

在 2002 年初的 Minera Escondida 矿，中期规划需要每隔 13 周做一次，因为这是已使用的预测期，并要每月更新。因此，季度规划周期实际上是一个月度的移动窗口，代表了一次三个月的规划开采量。为了开发一种实际的方法，并证明对长期资源模型进行更新的有用性，进行了一项初步研究，其内容如下。

（1）建立一个连续的高斯条件模拟模型，并准备好相对于上一年度产量，FY01（2000 年 7 月 1 日~2001 年 6 月 30 日）的体积组成。模拟网格为 1 m×1 m× 15 m，并作为比较替代模型和所开发方法的参考。模拟模型既尊重了调节数据的直方图和变异函数模型，又反映了实际生产数据。模拟变量为全铜（TCu）、酸溶铜（SCu）、砷（As）和铁（Fe）。条件模拟模型在这里没有详细的描述，因为它只是作为一个参考。

（2）定义了下一个季度要开采的体积，并在其中创建了一个储量块模型。这些块的大小可以与长期资源模型的块相同，如果补充的加密孔和/或炮孔数据可以证明其合理性，则可以小一些。在最初的研究中，对于FY01期间的每个月，根据实际采出的产量定义了一个季度模型。

（3）地质模型每月更新一次，使用的信息来自台阶和工作面测绘，以及炮孔的岩屑。例如，在完成1月份的季度模型时，将考虑2~4月份的计划开采量，并可以使用截至12月31日的地质资料。

（4）通过上个月的加密钻探孔和炮孔，更新了品位模型（TCu、SCu、As和Fe）。使用了与长期资源模型相同的方法，只是因为得到了可用补充钻探孔的保证，从而采用了更小的块。长期块模型为25 m×25 m×15 m，季度模型为12.5 m×12.5 m×15 m。因此，在长期模型的每个块中有4个季度模型块。按照与长期模型的几何结构一致的方式定义季度块模型，总是很方便，这样就很容易进行比较。

（5）将季度模型与长期资源模型和参考模拟模型进行比较，以量化所获得的改进。在例行情况下，即操作程序中，比较是对照前几个月的每月核对数字而进行，以便保持对长期和中期模型的更密切控制。

长期资源模型在历史上低估了矿山产量，特别是TCu的原地品位。资源估算方法是造成这一结果的部分原因，但即使改进了估算方法，资源模型仍然存在TCu偏低的缺陷。这种缺陷可以追溯到勘探钻孔中TCu品位低于预期的情况，这些钻孔主要使用传统的旋转技术，但在反循环钻孔中也存在这种情况，现在使用的金刚石钻探孔中也有，但程度较低。

在钻孔中，TCu品位的低估是由于高品位辉铜矿（硫化铜）的损失，有时铜以非晶形式出现，在钻探过程中很容易被冲走。较浅的加密钻孔就不太可能丢失这些物料，炮孔也不太可能，因为它们的直径较大，炮孔数量较多，而且人们也认识到这个问题。为了改善短期的品位和矿量估算，必须结合最新的生产资料和当地的地质填图。

另一项重要的要求是，在短时间内最好在两三天的工作时间内，就能取得季度模型，而除现有资源以外不需要大量的额外资源。另一个要求是公司的目标，每月获得一个准确度为±5%、用于铜品位和高于经济边际品位矿量的模型。

用于研究和季度模型更新的数据库，与用于估算长期资源模型的15 m样品组合数据库相同。这包括最新的加密孔，再加上当前炮孔的数据库。炮孔代表整个15 m台阶的品位。

13.2.2 更新地质模型

由于生产地质（台阶、工作面和炮孔岩屑填图）是由不同于负责勘探和加密钻探填图的地质工作者进行的，因此需要事先对命名规则和编码予以统一和固定。

岩性、蚀变和矿化类型模型，是从现有地质模型（用于估算长期资源模型）更新而来的，仅限于后三个月产量的范围之内。围绕这个体积的一个附加区域也被重新建模，以允许长期地质模型与更详细的短期模型的"契合"。地质模型的更新，是通过对长期平面图的资源模型的现有解释进行修正而完成的。对多边形要逐个台阶进行调整，进而生成三维实体。因为更新是对先前解释的调整，所以没有必要采用与长期模型相同的详细程度（第3章）。如果遇到意外的地质特征，就有必要重新审查原来的地质解释。

图13.1显示了用于台阶2845的最终全铜（TCu）估算域的示例。较大的块

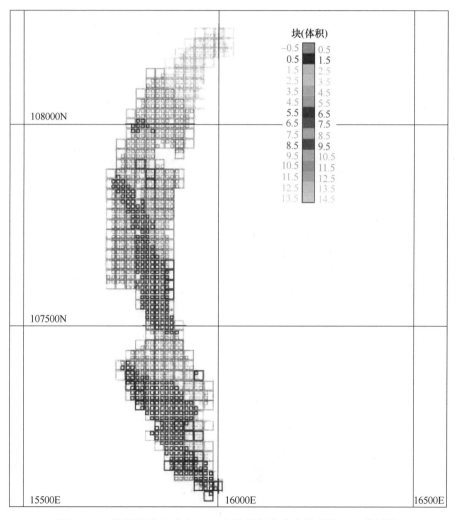

图 13.1　埃斯康迪达矿山 2845 台阶长期和季度模型的 TCu 估算域

是长期资源模型块，较小的块对应于估算域的相同定义，但是更新为季度模型之后的情况。图中所示的面积，是所考虑时期内在这条台阶上计划开采的全部体积。请注意，尽管在接触点附近存在差异，但这两种估算域模型之间通常有很好的一致性。

采用与长期资源模型相同的方法，即普通克里格法对 TCu、SCu、Fe 和 As 的品位进行估算，使用的数据是所有可用的数据，包括炮孔数据。评估分 3 次进行，不同的估算过程有助于控制每种数据类型的影响程度。炮孔只在第一算程中使用，估算一个块时使用最小的搜索邻域和更多的数据限制。这限制了更充足的炮孔数据的影响。

图 13.2 显示了 2845 台阶中相同区域的长期和季度块模型的 TCu 估算品位。

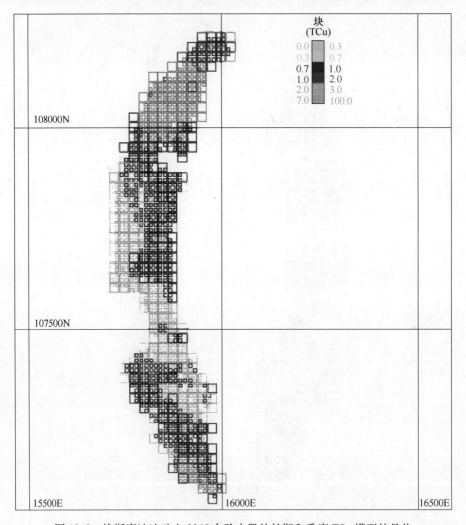

图 13.2　埃斯康迪达矿山 2845 台阶中段的长期和季度 TCu 模型的品位

根据显示的图例，品位用不同的颜色表示。请注意，有一些差异对短期计划很重要，而且大多是在接触带附近。这些差异得失参半。季度模型能更好地划分高、低品位。例如，观察所示区域的北端（坐标108000N以北），季度模型预测了一个北西向趋势的高品位窄结构，TCu品位高于3%，并用橙色表示。这条高品位的条带并没有被长期资源模型预测出来。

总的来说，中期模型的结果同预期的一样。加密钻孔和炮孔的使用提高了储量模型的品位和金属含量，也增加了其可变性。地质和品位的局部定义也提高了估算值的置信度。季度模型不如长期模型平滑。

图13.3为长期（LT）模型与季度（QT）模型的品位-吨位曲线对比。请注意，这两个模型高于边际品位的矿量非常相似，但是季度模型对于大多数边际品位的矿量稍高。感兴趣的边际品位（TCu）分别为0.7%（直接入选）和0.3%（边际库存）。

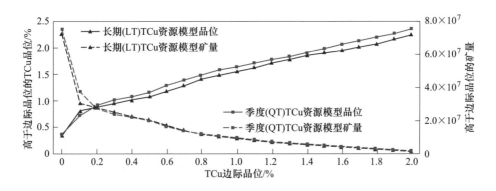

图13.3　品位-吨位曲线，2001年长期（LT）和2002年2季度（QT）资源模型，QT模型与LT模型相比，在大多数情况下具有更高的品位和更少的矿量

图13.4显示了两个模型自2002年2季度开始的每季度的台阶平均品位。大多数台阶都有非常相似的估算品位，尽管有些地方的总平均品位有所不同。2845号台阶尤为如此，其品位显示在图13.2中。

图13.5显示了从2002年2月开始的3个月间，长期和季度模型的TCu月平均品位的相对差异。将其与条件模拟参考模型进行了比较，参考模型已根据生产数据进行了校正。负误差意味着低估了当月的TCu品位。请注意，季度模型的月平均值，比参考模型预测的大多数月份的相应品位更为接近。虽然参考模型只是另一种模型（基于单一条件模拟），但在构建上能很好地代表前面时段的生产品位。部分基于炮孔的季度模型，也被期望成为更好的生产品位预测指标。

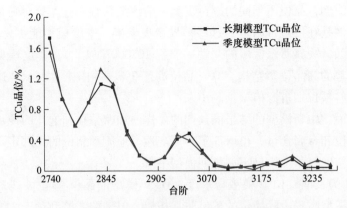

图 13.4　按台阶计算的全铜品位，2001 年长期（LT）和
2002 年 2 季度（QT）资源模型

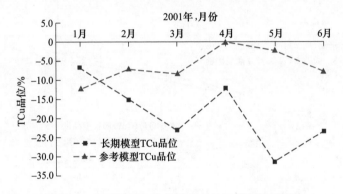

图 13.5　相对误差与参考模型（%）月平均值对比

13.3　矿石和废石的选择

在一个矿山中，无论是地下开采还是露天开采，矿石/废石的选择过程，即品位控制都是最重要的地质决策。最后，都要对什么是矿石，什么是废石作出不可逆转的决定。在露天矿，决策通常是每日都要进行，一般是根据采样的炮孔信息决定。在地下开采的情况下，这一过程可以根据加密钻探，并且要在划定将要开采的采场时完成（短期采矿设计），因为通常会将整个采场要么划分为矿石，要么为废石。在这个决策点上可能发生的任何错误不仅是不可逆的，而且也不能由其他类型的错误得以补偿，就像资源估算的情况一样。

品位控制是盈利能力的关键，因为资源是有限的，并且选择的时间是矿业公司实现其预期收入的最后机会。这也被用于将资源回收最大化，或在西方世界更为常见的是回收的货币价值。此外，当供矿品位恒定时，选厂会运行得更好。为了避免品位波动，有时必须要有库存。兴趣品位的控制有四个方面，即分类、边际品位、品位控制的损失函数和非自由选择的考虑。

分类就是决定要将开采出来的物料送往何处的过程。如果作为矿石加工所获得的收益超过了作为废石开采的成本，则把这一块选择作为矿石。正如第 7 章所讨论的，边际品位的计算可能是复杂的并与具体现场有关。许多不同的成本和变量可能会起作用。选矿（也称为截止或坑内）边际品位的一种可能定义是：

$$z_c = \frac{c_t + (c_0 - c_w)}{pr}, \quad z_c = \frac{c_t}{pr} \tag{13.1}$$

式中，c_t 为选矿单位成本；c_0 为单位矿石开采成本；c_w 为单位废石采矿成本；r 为金属回采率；p 为单位金属价格；z_c 为收益为 0 时的品位。

在这个截止边际品位方程中，不考虑总务及管理等费用和采矿成本，只考虑开采矿石时可能产生的额外成本，不包括废石，这个边际品位适用于企业已决心要开采这些物料。唯一悬而未决的是，要把它运到废石场，还是堆场或选厂。

品位控制就是试图使错误分类降到最低程度。基本问题如图 13.6 所示，每个块的未知真实值的散点图与相应的估算品位绘制在一起。品位控制中最重要的任务是尽量避免把物料送到错误的地方。

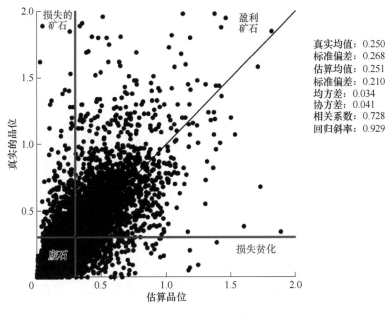

图 13.6 品位控制中的错误分类

7.4 节从信息效应的角度对该问题进行了讨论，包括完全选择和不完全选择。在传统的地质统计学文献中，"不完全选择"一词被用来表示决策是基于对品位的估算，而且不知道真实的值。因此，完全选择是不可能的，因为人们永远不可能知道真正的原地品位。

　　另一个考虑是自由选择是不可能的。在采矿过程中，矿石和废石块不能相互独立地选择。这会导致贫化和矿石损失。影响决策的因素还有其他实际（操作），包括如何在开采区域准确地设置矿石/废石标记、一定数量的不可避免的贫化（非计划的作业贫化），以及在开采过程中所犯的错误，包括把装载的卡车送错目的地这样的简单错误。

　　一般情况下，采样误差、估算误差、信息的有限性和操作制约，都会导致矿石损失和废石贫化，进而造成经济损失。这些损失可能严重到足以使经营无利可图。

　　津巴布韦的哈特利铂矿（Hartly Platinum Mine）就是一个例子，它在 1997 年产出了第一批铂精矿，1999 年由于被认为是无法解决的地质问题和矿山生产率低而关闭。哈特利位于大岩脉之内，这是一个大致北南向穿越津巴布韦中心约550 km 的地质体。铂族矿物赋存于一个称为主硫化物带的岩层中，通常厚约 3 m。但是，经济开采宽度可能只有 1 m，这取决于品位、金属价格和所选择的开采方法。这个矿脉很难开采，因为肉眼是不能分辨的。这可能会导致严重的非设计贫化和矿石损失，从而降低入选品位。

　　品位控制方法应该尽力减少所有可能的误差来源，而不仅仅是对原地品位的误差预测。品位控制应始终被视为一个复杂的过程，其中至少必须考虑到三个基本方面，即数据采集和质量、确定矿石和废石边界的品位控制模型以及操作程序和约束，包括采矿方法、采矿实践和经营理念。

　　首先，数据采集和数据质量总是很重要的，但是当操作制约限制了采样人员的时间和可用性时，数据采集和数据质量就变得更加重要。因此，用于决策的样本的质量受到了影响。第二，对样本进行建模，以便提供对品位、块体经济价值和其他重要属性的预测。矿石和废石的实际选择就是根据这些估算进行的。第三，应该考虑和控制所有相关的操作程序。品位控制方法应考虑可用样本数据的类型和限制、岩土和爆破条件以及可能使某些品位控制措施不可行的操作制约。

　　数据采集和质量在很大程度上取决于采矿方法，在一定程度上取决于被开采矿体的几何形状。在露天矿中，炮孔是品位控制最常用的数据来源。偶尔也进行反循环（RC）品位控制钻探。专用的反循环钻探的额外成本，应由品位控制改善所增加的经济效益来抵偿，因为几乎总是需要钻凿炮孔进行爆破。在西澳大利亚和非洲部分地区的金矿中，采用反循环钻探进行品位控制是一种相当普遍的做法。当矿石具有较高的内在价值（如高品位的金），而且较高品位的分布为近垂直分布时，一般适用于这种办法。不幸的是，并不是所有的企业都对用于品位控制的反循环钻探进行详细的成本效益分析。使用反循环钻探的成本，可能会高于通过改善品位控制而获得的经济效益。

在地下开采的情况下，采矿方法的灵活性要差得多，因此，在开采时一般很少或没有机会选择矿石和废石。通常是当一个采场被定义为矿石时，整个采场就被认为是矿石（会遇到设计的和非设计的贫化）。这就意味着品位控制数据，实际上是短期规划中用于采场设计的数据。在这种情况下，加密钻探被用来决定什么是矿石什么是废石。因此，地下矿山的挑战更大，因为加密（或生产）数据的间距通常小于露天矿山的等效炮孔网格。

品位控制或加密数据的建模，可以使用常规方法或地质统计学方法来完成。在后者中，条件模拟通常是更好的选择，因为矿石/废石的选择更多地取决于品位分布的可变性，而不是平均品位。基于克里格的方法很容易失败（更传统的方法也一样），因为它的特征平滑效果会导致分类错误。此外，使用最小方差估算方法，意味着对高估和低估误差进行同等处理，即对称损失函数。这通常不适用于采矿的情况，因为把废石送到选厂与送到废石场的成本一般是不同的。

品位控制模型依赖于采矿实践和方法。更详细和复杂的品位控制方法，可能提供更好的矿石/废石选择，但采矿方法必须能够利用这一机会。如果采矿方法和操作实践不够好，不能利用额外的细节，那么开发和实施复杂的品位控制方法就可能是一种过度的做法。

13.3.1 常规品位控制方法

常用的品位控制方法包括炮孔平均法、距离反比法和最近距离法。有关这些方法的数学描述，读者可参阅第8章。这里讨论了更常见的行业实践。

令人遗憾的是，即使在地质统计建模等品位控制的许多方面取得了重大的技术进步，大多数企业仍然没有充分认识到品位控制的重要性，并没有为这项任务投入足够的资源和反思。露天矿山通常享有的灵活性并不总能得到充分利用。许多操作使用非常简单的方法，但这些方法不是最优的。地下矿山也是如此。的确，由于作业上的限制，在地下矿山很难进行有效的品位控制，但是在过去20或30年中，仍然有很少几个企业能从建模的进展中获益。

在露天矿山中，最常用的原地品位预测方法，可能是简单的可用炮孔的算术平均值。通常按照与炮孔间距相近的尺寸定义了块模型，预测块的品位为位于块内炮孔品位的算术平均值。这个方法有许多变种，例如在内华达州北部的一些金矿中流行的"四角"平均法，其中，从角上的四个炮孔获得的品位平均值就是块品位的估算值。

其他常用的方法包括最近地区法和距离反比法，在许多变种中执行。在所有情况下，这些方法的主要特点是：（1）使用一个简单的估算式为块分配品位；（2）相对于样品点之间的平均距离，块较大。第（2）个特点极为普遍，也是不准确的主要来源，因为数据密度通常足以证明更小的块效果更好。较小的块将能更好地界定矿石和废石界限。

13. 3. 2 基于克里格的方法

基于克里格的品位控制在 20 世纪 80 年代开始流行于露天矿。不同类型的克里格算法得到了应用，但应用最常见的是普通克里格法和指示克里格法，例如在内华达州北部的金矿。

在普通克里格法中，该方法的应用与上述常规方法相似。普通克里格法被用来提供对品位的估算，再据此划出选择盘区。第 8 章讨论了克里格法相对于其他估算方法的优点，包括最小化估算方差。在实践中，由于克里格法固有的平滑性和克里格规划的不适当使用，与传统方法相比，克里格法在品位控制方面只取得不算很大的成功。此外，估算方差的最小化对于品位控制也不是最优的。

已使用的指示克里格方法有多种变种。一种常见的应用是考虑在感兴趣的矿石/废石边界处的单个估算指示，从而提供爆破中任何块或点，是矿石还是废石的概率。通常，点克里格法应用在大于必要网格间距的地方。偶尔也用块段克里格，因为忽略了这样一个事实，即在一个块之内的估算概率平均值，与从矿石/废石指示得出的点概率不一样（第 9 章）。尽管如此，实践做法是要分析几个值的等概率轮廓线数，并且根据视觉观察，决定哪一个能更好地协调以前的生产。在使用这种方法的黄金企业，用矿石的概率有 30% ~ 40%，通常被用来定义矿石/废石的边界。

Douglas 等人所述的"盈亏平衡指标法"（BEI），已在若干企业证明获得成功。20 世纪 90 年代初，独立矿业公司（Independence Mining Company）在内华达州埃尔科（Elko）北部的杰里特峡谷（Jerritt Canyon），率先采用了这一方法。

BEI 品位控制方法采用指示值和品位克里格法相结合的方法。矿石/废石指示变量用于预测给定位置处矿石存在的概率 $P_o(x)$，该概率是由矿石/废石指示变量克里格法得出的。然后，用矿石品位的炮孔对位置 x，通过克里格求出矿石品位 $Z_o(x)$。同样，对于同一位置，用废石品位的炮孔，通过克里格求出废石品位 $Z_w(x)$。然后，根据克里格概率 $P_o(x)$ 和矿石及废石品位，来估算预期收益：

$$E(R) = P_o \cdot R(Z_o) + (1 - P_o) \cdot R(Z_w) \tag{13.2}$$

收益函数的传统计算方法是：

$$R = 黄金价格 \times 选冶回收率 \times 品位 - 成本 \tag{13.3}$$

式中的"成本"一般仅指选冶加工成本。如果需要，该方法提供了加入额外成本的灵活性，从而可以算出较高矿石/废石边际品位的情况。

如果式（13.1）的期望收益为负值，则该位置的物料为废石。如果预期收益为正值，则该位置的物料为矿石。如果矿石品位高，相应的收益也会高，从而使得成为矿石的概率低的块也能被送到选厂。在这种情况下，矿石为大量的废石买单，这就保证了所有高品位矿石的回收。另一种情况是，如果矿石品位低，收益将趋向于零，矿石的估算概率将接近于1，较低品位的矿石不会为过多的超挖废石买单。因此，该方法要求最低品位必须高于经济边际品位。通过计算经济盈亏平衡点 $E(R) = 0$ 的概率可以看出：

$$P_o(BE) = \frac{- R(Z_w)}{R(Z_o) - R(Z_w)} \tag{13.4}$$

该方法应该用于小块体，即 $\frac{1}{3} \sim \frac{1}{2}$ 的炮孔间距，这样就允许品位控制工程师根据收益划定开采界线。盈亏平衡指示法的设计目的是提高矿石/废石接触带的品位控制性能。如果要开采的盘区非常大（宽），每吨矿石的接触面积比就很小，反之亦然。对于狭窄盘区，这种方法可以提供最大的改善。

如果与之前概述的单一指示克里格法相比，盈亏平衡指示法相当于根据一个可变的矿石概率而工作，这个概率依赖于所定义的收益函数。

13.3.3　实例：品位控制研究

对智利北部乌伊纳（Ujina）铜钼露天矿的几种品位控制方法进行了比较。这里的总结由 CMDIC 提供。该公司开采的铜-钼斑岩矿床具有明显的铜富集层，这是当时开采的主要目标。作为一个大规模的浸染型矿床，人们会认为品位控制是一个简单的过程。然而，有些因素却使得乌伊纳铜钼矿的品位控制成为一个复杂的过程。

如果所模拟的品位分布变化较大，那么在所测试的方法之间观察到的差异就会更大。此外，如果可能运送矿石和废石的不同目的地有许多，品位控制过程就更加复杂，用于分别物料的品位范围就更窄了。表 13.1 显示了 1999 年年底乌伊纳铜钼矿的可能目的地。

表 13.1　乌伊纳铜钼矿截至 1999 年 12 月的物料类型分类

物料类型	发货代码	目的地	说　明
高品位硫化矿	SAL	库 1	$w(\text{TCu}) \geqslant 2.0\%$
中品位硫化矿	SME	库 2	$1.0\% \leqslant w(\text{TCu}) < 2.0\%$
低品位硫化矿	SBA	库 5	$0.8\% \leqslant w(\text{TCu}) < 1.0\%$
边际品位硫化矿	SMR	库 4	$0.4\% \leqslant w(\text{TCu}) < 0.8\%$
次边际品位硫化矿	SSM	库 6	$0.2\% \leqslant w(\text{TCu}) < 0.4\%$
高砷硫化矿	SAS	库 3	$w(\text{As}) > 100\ \text{ppm}\ w(\text{TCu}) \geqslant 1.0\%$
高品位氧化矿	OXA	库 10	$w(\text{TCu}) \geqslant 1.0\%$
中品位氧化矿	OXM	库 12	$0.6\% \leqslant w(\text{TCu}) < 1.0\%$

续表 13.1

物料类型	发货代码	目的地	说 明
低品位氧化矿	OXB	库 11	$0.3\% \leqslant w(\mathrm{TCu}) < 0.6\%$
低氧化矿	OXL	库 30	$w(\mathrm{TCu}) \geqslant 0.2\%$，含有黏土和铁氧化物
混合矿	MIX	库 13	混合矿，$w(\mathrm{TCu}) > 0.7\%$
废石类	IGS, IGC, RIO, SUE, PLR, OTR	废石堆	废石，$w(\mathrm{TCu}) < 0.2\%$

迅速检查一下表 13.1 即可说明，品位控制方法需要很大的准确度和精确性，因为采矿方法和选矿冶金的要求非常具体。

所测试的方法包括矿山当时使用的距离幂次立方反比法（ID³）、普通克里格法（OK）、上述盈亏平衡指标法（BEI）以及基于条件模拟和损失函数的最大收益法。这里仅对一项冗长而详细的研究作一简短的总结，以说明即使是在变化相对较小的矿床中，不同品位控制方法的表现。

图 13.7 所示为 4270 号台阶的一小块区域，其中包括全铜（TCu）的炮孔品位和 ID³ 所定义的选择盘区，ID³ 是企业所采用的方法。图 13.8 显示了与盈亏平衡指示法所定义的盘区相同的区域。最后，图 13.9 给出了根据这两种方法所定义盘区的比较。在这方面，只有硫化矿对应于表 13.1 中的库 1~库 6（库存点）。这些数字表明，不同的品位控制方法在局部可能有很大的差别。

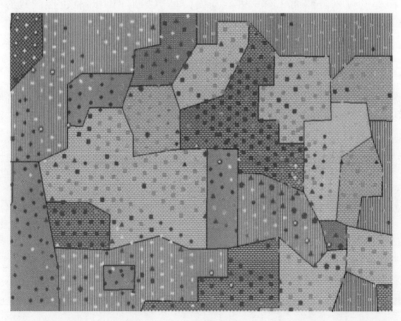

图 13.7　颜色和形状按照目的地编码的炮孔，基于 ID³ 插值的品位控制盘区。
炮孔间距约为 8 m×8 m，面积为 250 m×250 m，炮孔和盘区剖面线代表表 13.1 中库 1~库 6

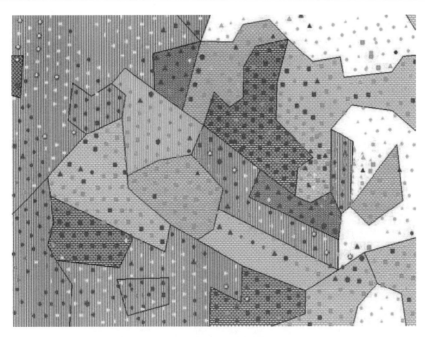

图 13.8 颜色和形状按照目的地值编码的炮孔（基于盈亏
平衡指示的品位控制盘区面积如图 13.7 所示）

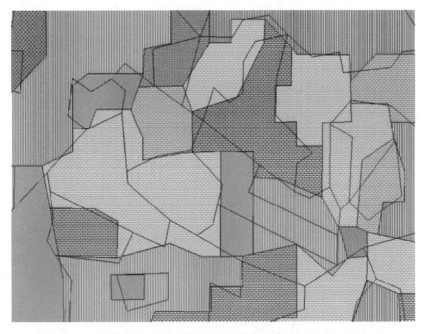

图 13.9 品位控制盘区的比较，矿山使用的 ID^3 法对盈亏平衡指示法
（面积与图 13.7 和图 13.8 相同。请注意，有时盘区的选择不同）

　　将被检验的四种方法与相对于露天矿两年产量的参考模型进行了对比。参考模型是一个涉及所有变量的序贯高斯模拟的单一现实，并调整到生产数据。根据可用的炮孔数据库，对相同的区域重新建模，并根据每种测试方法的结果重新绘制每个目的地的选择盘区。这项研究涉及一个适当的收益函数的建立，考虑到采矿惯例和限制，并将其他方法与该矿利用 ID^3 开发的实际品位控制盘区进行比较。

　　这里只给出 ID^3 法和盈亏平衡指示法的结果。与盈亏平衡指示法相比，基于模拟的方法产生了相似的稍好一些的结果，但是它更复杂且执行速度更慢。普通克里格方法的结果略差一些。

　　表 13.2 和表 13.3 显示了 ID^3 法和盈亏平衡指示法相对于参考模型的矿量、TCu 品位、Cu 金属量和收益的相对表现。值越接近 1.0，这种方法就越能更好地再现参考模型，并且通过拓展和在近似范围之内的参考模型校准，再现了实际生产。大于 1 的因子意味着对相对参考模型的高估。由于在评估期内产生的矿量较低，因此没有显示与废石、SSM 和 OXM 对应的目的地。这一期间的总矿量和边际矿量约为 5950 万吨，因此可供比较的统计量很大。

表 13.2　相对于序贯高斯模拟（SGS）参考模型，按目的地划分的 ID^3 法 TCu 性能因子

目的地	矿量 （目的地/参考）	TCu 品位 （目的地/参考）	Cu 金属量 （目的地/参考）
SAL	1.10	0.91	0.99
SME	1.16	1.06	1.22
SBA	0.18	1.15	0.21
SMR	0.50	1.36	0.68
SAS	0.55	1.02	0.56
OXA	1.29	0.85	1.10
OXB	1.16	1.08	1.25
OXL	0.44	1.54	0.68
MIX	0.52	0.90	0.47
全部	1.16	0.84	0.98

表 13.3　与 SGS 参考模型相比，按目的地划分的盈亏平衡指示法 TCu 性能因素

目的地	矿量 （目的地/参考）	TCu 品位 （目的地/参考）	Cu 金属量 （目的地/参考）
SAL	1.10	0.92	1.00
SME	1.09	1.00	1.09
SBA	0.45	1.01	0.45

续表 13.3

目的地	矿量 （目的地/参考）	TCu 品位 （目的地/参考）	Cu 金属量 （目的地/参考）
SMR	0.43	1.01	0.44
SAS	0.87	0.95	0.82
OXA	1.13	0.93	1.05
OXB	1.98	0.98	1.94
OXL	1.49	1.41	2.1
MIX	0.71	0.78	0.55
全部	1.11	0.89	0.99

对于所考虑的大多数目的地和变量，盈亏平衡指示法优于其他。想一下，这两种方法之间 1%的差异代表了接近 60 万吨的矿石，含铜约 1 万吨。考虑到当时低迷的铜价，含铜量 1%的差异约为 1600 万美元。按 2013 年铜价计算，这一价差的货币价值在 7000 万~8000 万美元。在大多数情况下，即使百分数上的差异可能很小，但考虑到企业的规模，它们就代表着显著的经济改善。

实际上，盈亏平衡指示法的附加经济效益并不需要额外支出，因为所有的经营实践都是相同的。此外，通过采用较小的块和不太尖锐的角，就可以方便于盘区绘图过程（图 13.6 和图 13.7）。这反过来又减少了非设计作业贫化，因为装载机将更忠实地按照划定的区域装取物料。尽管这种效果是真实的，但却很难量化。

13.4　矿石和废石的选择：基于模拟的方法

基于模拟的方法其目标是按照不同的优化准则，从废石中优选矿石。此外，它还提供了更大的灵活性来管理可回收物料的多个目的地，包括针对不同的冶金反应进行配矿。诸如克里格等最小方差算法，在大多数地质统计学应用中一直是传统上的优化标准，但并不总是合适的。

在露天矿和地下矿的品位控制中，优化应始终以回收物料的经济价值最大化为基础。在所有操作限制条件下，为冶金选矿所选择的物料应提供尽最大可能的经济效益。其他尽可能地优化标准，例如最大限度地利用资源，则不适用于品位控制，因为这种决定本身就是短期的，其目的就是在每天都要最大限度地利用当前的生产经营。

损失函数可用于根据预先确定的函数进行优化，这些函数将值分配到估算中，或者相对于把成本分配给错误。这些在第 12 章中有描述，进一步的阅读可以在参考文献［3］~［5］中找到。利用条件模拟的方法，建立了一个不确定性模型，可用于优化品位控制。一种替代方法是最小损失/最大利润法，如式

（13.5）、式（13.6）所示，该方法已成功地应用于多个露天矿山。预期利润计算为：

$$P_{\text{矿石}} = \sum_{\text{所有现实}} \left[-C_{\text{o}} - C_{\text{t}} + \text{prz}^{(1)}(u) \right] \tag{13.5}$$

$$P_{\text{废石}} = \sum_{\text{所有现实}} \left[\underset{\text{废石开采成本}}{-C_{\text{w}}} \quad \underset{\text{损失机会}}{-C_{\text{lo}}} \right] \tag{13.6}$$

式中，C_{o} 为矿石开采成本；C_{t} 为选冶成本；$\text{prz}^{(1)}(u)$ 为收益；C_{w} 为废石开采成本；C_{lo} 为损失机会。

通过计算物料是否入选有收益 $\text{rev} = \text{prz}^{(1)}(u)$，来确定 C_{lo}：

$$C_{\text{lo}} = \begin{cases} 0, & \text{收益} < 0 \\ \text{rev}, & \text{收益} > 0 \end{cases} \tag{13.7}$$

13.4.1 最大收益品位控制法

最大收益品位控制法是一个两步程序，最初由 Isaaks 提出，并成功地应用于一些矿山企业（参考文献 [1]）。一开始，从可用的炮孔数据中取得一组条件模拟。这些条件模拟为爆破中任意一点的品位提供一个不确定性模型。其次，利用损失函数执行经济优化过程，从而获得矿石/废石的最优选择。损失函数量化了每一个可能决策的经济后果。

模拟结果用于建模，这些模型能再现调整数据的直方图和空间连续性。直方图和模型都能正确地反映数据的高低值比例、均值、方差等统计特征。依靠变异函数，模型能正确地刻画矿体的空间复杂性和低品位带与高品位带的两点连通性。这些是矿石/废石选择最优化的关键变量，因为它依赖于准确预测高、中、废石品位的变化。

典型的品位控制模拟网格可以是 1 m×1 m×台阶高度（对应于被采样的炮孔列），直接用于获得矿石/废石选择不确定性的模型。由于时间或一般计算机硬件的局限，有时可能需要使用更大的网格尺寸，但在选择盘区中包含足够多的模拟点时，仍然可以提供合理的估算。

鉴于条件模拟模型对其偏离平稳性假设非常敏感，因此通过地质模型对其进行控制至关重要。地质边界的使用可能会带来遍历性的问题，应谨慎处理。除了对采坑进行持续的地质控制外，还需要对地质模型不断更新，以确保由条件模拟得到的不确定性模型是真实的，并且能够代表当地的地质情况。

其他重要的方面包括高品位总体的行为，这是控制模拟高品位所必需的，参见参考文献 [7] [8]。应该仔细考虑限制最高模拟品位等问题，因为这可能会对选择盘区产生重大影响，这个问题应该通过使用现有生产数据进行校准加以解决。

通常使用少量的现实，可能是 20 次或 30 次。这反映了实际情况的限制，因为品位控制是一个必须在短时间内完成的过程。但是，考虑到可用的数据密度，对于充分描述不确定性模型，这也可能是个足够的模拟数量。

回顾一下，不确定性模型提供了网格中的节点高于（或低于）任意品位 z 的概率：

$$F\big[z; \, x\,|\,(n)\big] = \mathrm{Prob}\big\{Z(x) \le z\,|\,(n)\big\}, \quad \forall = 1, \cdots, n\big\} \qquad (13.8)$$

式中，$F\big[z; \, x\,|\,(n)\big]$ 为模拟网格的每个点 x 的累积频率分布曲线，是利用炮孔调节 $(n, \, \forall = 1, \cdots, n)$ 得出的。

在品位控制中，选择决策（哪些物料是矿石，哪些物料是废石）必须基于品位估算数值 $z^*(x)$，同时还要尽量减少误分类。由于每个位置的真实品位值是未知的，因此就可能会发生错误。损失函数为每个可能的错误附加一个经济值（影响或损失），如第 12 章所述。

通过计算品位估算中所有可能值的条件期望损失，并保留使期望损失最小化的估算值，便可找出最小的期望损失。在品位控制中，期望条件损失是一个阶梯函数，其值取决于经营成本。这意味着预期的条件损失只取决于估算值 $z^*(x)$ 的分类，而不取决于估算值本身。例如，当一个浸出矿石被送到选厂时，所产生的损失是浸出和选矿之间加工成本差异的函数。当然，它也依赖于真正的块品位，而不是块品位估算值本身。

13. 4. 2 多元情况

在存在多个变量的情况下，品位控制会带来额外的挑战，这些挑战很容易处理。上面简单讨论的 Ujina 露天矿实例，实际上是一个多元品位控制问题。每一块物料（铜和钼）的价值都是由多个变量决定的，还有多个变量会降低其价值，如砷或黏土的存在。多元变量可以是矿产品，也可以是矿产品冶金性能变量以及统称为污染物的组合。

在感兴趣的变量之间存在空间关系的情况下，可以进行联合估算或联合模拟（第 8~10 章）。这在模拟品位控制时是最重要的，因为不同变量之间的建模关系至关重要。在第 14 章中，提出了两个多元模拟案例。

13. 5　品位控制的实践和操作问题

有效的品位控制，需要考虑许多操作方面的问题。最为重要的是：（1）品位管理活动与采矿设计之间的关系；（2）取得代表性样品的现实性；（3）在任何操作中总会存在的时间限制，每日生产目标是企业的主要动力，它不允许进行详细的建模和设计工作；（4）地质数据的收集和利用；（5）矿石/废石区的适当标桩；（6）采矿过程的控制；（7）每辆卡车或每车物料的目的地；（8）物质流动的记账和全面核对。

已提到的每个方面都值得详细讨论，并且超出了本书的范围。不过，在这里强调这些是为了提醒读者，适当的品位控制涉及一个企业的许多方面，不能孤立于矿山的其他方面而开发。与物料记账有关的问题，特别是开采体积或矿量，以及矿山与选厂之间的核准是最重要的问题。如第 11 章所述，它们也可以作为模型性能评估的基础。

操作细节，有时看似琐碎，却可能对底线产生重大影响。在不作详尽说明的情况下，一些主要适用于露天矿的说明性示例如下。

（1）足够的实验室能力，在所需的时间内提供化验结果，通常为 24 h 或更少时间内化验 200~300 个或更多样品。

（2）坑内运输和目的地控制，特别是如果在卡车调度系统不可用情况下。在体力劳动相对便宜的地区，通常的做法是在采场出口处安排一个人，来验证卡车是否到达了正确的目的地。

（3）卡车称重，作为对卡车因素和体积测量的控制。

（4）如果矿石的视觉指标可用（如绿色或蓝色氧化含铜矿物），矿山地质学家每天应该走访废石场，确保作业没有把矿石运错。此外，24 h 的作业，坑内应该有足够的人工照明，特别是在品位控制中要用视觉辅助的情况。

（5）坑内破碎矿石的数量应足以供应选厂几天的生产。在运装总是给爆破施加压力的矿山，就会与良好的品位控制实践背道而驰。

（6）确认运装物料的原地容重。企业应监测原地体重的变化，有时要从坑内采集大量样品。此外，要考虑对岩石湿度的估算，这通常是一个简单的全局估算。这些估算值影响到体积到矿量的转换，直接影响到所移动金属量的计量。

一种计算算法可以用来开发半自动挖掘线。虽然不太可能解决所有问题，但是总能提出最优的解决方案，可以加快定义挖掘线的过程。不过，总是需要一定程度的人工干预并需要验证，这是预料之中的情况。

自动定义挖掘极限的过程基于预先定义的操作标准和选择标准。图 13.10 显示了挖掘极限的两种情况。在这两种情况下，用于定义矿石/废石选择盘区的模型是相同的，所不同的是，挖掘极限取决于采矿设备准确开采到的所划定的极限的能力。

最优挖掘极限可以被作为一个优化问题。可以通过将目标函数定义为式（13.9），从而应用序贯退火（第 10 章）：

$$O_{全矿区} = O_{利润} - O_{不利条件} \tag{13.9}$$

初始利润计算为被认为是矿石的（可盈利的）所有分块的总和：

$$O_{利润} = \sum_{ix=1}^{nx} \sum_{iy=1}^{ny} frac_{(ix, iy)} \cdot \overline{P}_{(ix, iy)} \tag{13.10}$$

式中，P 为模型中分配给每个块的利润；$frac$ 为每个盈利块的体积。

初始可挖掘性是根据采矿设备的特性来计算的，以设备曲线为例，并解释为矿石/废石多边形中每个角上的扣除量之和，如图 13.11 所示。

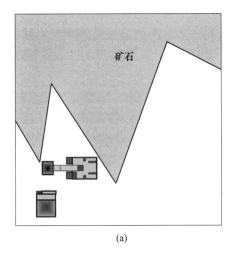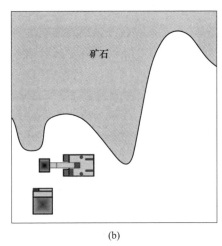

(a)   (b)

图 13.10　两种矿石/废石开采极限的比较 [（a）更精确，但不太现实，
而且挖掘机不可能挖到。因此，预计会有大量的非设计贫化。（b）选项，挖掘极限
比较平滑，挖掘机更容易挖掘，但它可能不是优化的，这取决于采矿设备的特点]
（a）"可挖掘性"低；（b）"可挖掘性"高

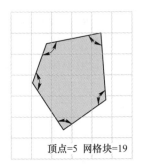

顶点=5 网格块=19

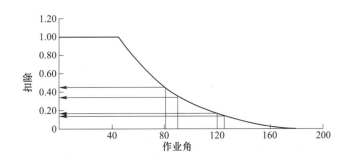

图 13.11　矿石多边形实例（有 5 个顶点，影响到 19 个块所分配的
扣除是挖掘机作业角的函数）

$$O_{可挖掘性} = \sum_{iv=1}^{nv} pen_{iv} \tag{13.11}$$

　　利用模拟退火法，这些顶点和角可以在一个圆内（容差）移动，从而改变
其定义的角度，进而改变扣除量和整体盈利能力。随机选择一个顶点并移动一小
段距离（图 13.12），计算新的利润和扣除量，得到新的目标函数。根据其对目
标函数的影响，将结果分为可接受的扰动和不可接受的扰动，对该过程进行迭代
直至收敛。

　　如果手动添加一个附加约束项，挖掘极限选择算法可以变成半自动的，允许
技术人员考虑采矿设备的限制和物料的价值。挖掘极限算法的工作原理是系统地

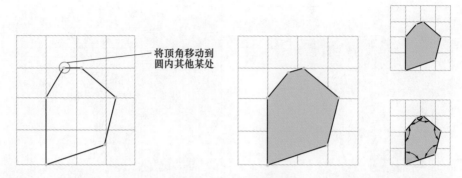

图 13.12　随机选择一个顶点并移动它，得到一个新的形状，进而得到新的利润和扣除量

放弃矿石或接收额外的废石，以利于可采性的提高，也就是矿石/废石盘区的棱角不太尖锐。

13.6　最低标准、良好实践和最佳实践的总结

至少，应该更新所有短期模型，以便把可用的新数据包括进来。应该建立正确的验证和检查程序，并且更新模型的完整顺序，应该花费不到一周的工作时间。矿石/废石的选择过程通常是基于一种传统的方法，也许是某种受地质条件限制的克里格法。炮孔取样应定期提供可接受的用于矿石/废石选择的样品。应该利用以前相关爆破的信息，定义当前的采掘界线。地质填图应有助于确定采掘线的日常任务，这通常要手工操作。应该通过适当的物料台账、核对程序以及地质学家始终管控到位，尽量减少造成重大错误的可能。

中期和短期建模的良好实践，需要一种定义明确和始终如一的方法来更新资源模型，以满足短期矿山设计部门的需要以及对冶金性能的短期预测。一项足够详细的研究，能确定所有重要的执行参数和方法细节，包括更新地质模型所需的程序。应按一定的时间间隔生成短期模型，并始终与近期的既往生产相一致，还要与相同区域的原始长期资源模型进行比较。尽管始终得到了充分的验证，模型更新过程仍然应该是半自动的。在矿石/废石选择方面的良好实践，要求认识到按品位选择的局限性，因此需要在考虑基本经济参数的情况下使用最佳选择方法。采掘界线通常是手工绘制的，要严格控制和核算程序。对比通常是按逐次爆破进行，每月报告一次。

除上述外，中期和短期建模的最佳实践，还包括使用条件模拟模型来提供短期矿山设计者所需的不确定性模型和风险评估。模型更新的其他方面应该类似于良好实践的定义，但是更为可能的模型是模拟模型。同样，矿石/废石的选择也应该充分优化，包括每天自动绘制采掘线的可能性。在所有情况下，都应制定核

对程序，并应该在采矿情况改变时，利用核对程序进行反馈和保持最佳执行方法。

此外，长期和中期建模的最佳实践包括动态模型的开发，这些模型会不断更新，不仅是在品位估算方面，而且最重要的是在地质模型方面。生产数据和加密钻探与生产作图（平巷或台阶）一起使用，用于对长期模型的某些部分进行定期更新，从而使这些部分始终保持最新。它相当于将中期和长期模型合并为单个模型，例如每月更新一次。

13.7 练习

本练习的目的是复习一些有关品位控制的概念。可能需要一些特定的地质统计软件。该功能可以在不同的公共领域或商业软件中找到。请在开始练习前取得所需的软件。数据文件可以从作者的网站下载-搜索引擎会显示下载位置。

请考虑文件 bh-data. dat 中钼的数据。要求您运用直方图通过模拟进行一个完整的地质统计研究。因为数据之间的间隔很近而且表现合理，所以这个练习会很快。

Q1 绘制钼数据的位置图和直方图。评述数据的间距。您的最终估算/模拟模型的间距应该是炮孔间距的 $1/3 \sim 1/2$。不在模拟中考虑任何体积平均。如果您认为有必要，可以将数据解丛聚。

Q2 计算和拟合钼品位的变异函数，用普通克里格法估算模型。如果时间允许，执行交叉验证，并确保评估中不存在条件偏差。

Q3 计算和拟合钼的正态分数变换的变异函数。

Q4 模拟 100 个品位的现实。绘制平均品位和 4 个现实，以验证模拟现实是否合理。平均品位模型应该与之前创建的克里格模型非常接近。

Q5 以成本/价格/回收率的结构为假设，计算模型区域将提供 50%的矿石的预期利润。

Q6 为矿石/废石界面建立初始多边形极限。对于不同的可开挖性设置，优化挖掘极限。

参 考 文 献

[1] Aguilar CA, Rossi ME (1996) Método para Maximizar Ganancias en San Cristóbal, Minería Chilena, Santiago, Chile, Ed. Antártica, No. 175, pp 63-69, January

[2] Douglas IH, Rossi ME, Parker HM (1994) Introducing economics in grade control: the breakeven indicator method. Preprint No 94-223, Albuquerque, February 14-17

[3] Goovaerts P (1997) Geostatistics for natural resources evaluation. Oxford University Press, New York, p 483

[4] Isaaks EH (1990) The application of Monte Carlo methods to the analysis of spatially correlated

data. Ph. D. Thesis, Stanford University, p 213

[5] Journel AG (1988) Fundamentals of geostatistics in five lessons. Stanford Center for Reservoir Forecasting, Stanford

[6] Matthey J (2001) Special report: Platinum 2001 Neufeld CT, Norrena KP, Deutsch CV (2005) Guide to geostatistical grade control and dig limit determination. Guidebook series, vol 1. Centre for Computational Geostatistics, Edmonton

[7] Parker HM (1991) Statistical treatment of outlier data in epithermal gold deposit reserve estimation. Math Geol 23: 125-199

[8] Rossi ME, Parker HM (1993) Estimating recoverable reserves: is it hopeless? In: Forum 'Geostatistics for the next century', Montreal, 3-5 June

[9] Srivastava RM (1987) Minimum variance or maximum profitability. CIMM 80(901): 63-68

14 案 例 研 究

摘 要 本章介绍了几种不同类型的矿产资源储量估算和地质统计研究的实例，旨在说明书中描述的一些技术应用，但在范围或内容上并不详尽。

14.1 2003 年 Cerro Colorado 铜矿资源模型

Cerro Colorado 铜矿位于智利北部安第斯山脉的西坡，海拔为 2500 m。该矿位于伊基克市以东约 120 km 处，多梅伊科-科迪勒拉（Domeyko Cordillera）山脉的西部边缘。

Cerro Colorado 矿是一个采用生物堆浸、溶剂淋滤-电解（SX-EW）的铜矿企业，自 1994 年以来一直在生产。它开始是一个小型的露天矿，年生产约 2 万吨电解铜。截至 2003 年，经过几次扩建，该矿年生产电解铜约 12 万吨。该矿最初由 Rio Algom 矿业公司经营，后来转让给必和必拓矿业公司，成为其资产的一部分，这是必和必拓矿与 Rio Algom 合并的部分资产，Rio Algon 在 2001 年成为必和必拓贱金属集团的一部分。图 14.1 显示 1999 年矿山作业的鸟瞰图。在编制该资源模型时，总体钻孔间距基本为 100 m×100 m，有些区域加密到 50 m×50 m。

本节所述的工作是与 Cerro Colorado 的地质学家们、首席地质学家以及矿长共同完成的。感谢必和必拓贱金属部门的支持和允许发表这些内容。

14.1.1 地质背景

Cerro Colorado 矿床位于始新世至渐新世斑岩铜矿床北矿带内。Cerro Colorado 大部分区域，分布着厚厚的一层属于 Cerro Empexa 地层的白垩纪安山凝灰岩、流纹岩和集块岩。在晚白垩世至第三纪早期的火山岩中，赋存着多相的重晶石、花岗岩和石英二长斑岩。铜矿化作用与晚期侵入的辉长岩和石英二长岩微角砾岩有关。安山岩和侵入岩被厚层状上新世熔结凝灰岩和高托斯-德-皮卡组（Altos de Pica Formation）的砾石所覆盖。

铜赋存于浅成氧化物矿物和浅成硫化物的一系列次水平层中。成矿作用沿东西到北东向分布于安山岩和斑岩中。铜矿化东向西延伸至少 2000 m，北南向延伸 1000~2000 m。除了附近沟壑中（帕尔卡-克布拉达，Quebrada de Parca）裸露的一些氧化矿外，矿体被成矿后的砾石和阿尔托斯-德-皮卡组的熔结凝灰岩所覆盖。

图 14.1   1999 年 1 月 Cerro Colorado 矿北北东方向鸟瞰图
（由 Cerro Colorado 矿业公司提供）

矿体在两个不同的区域最厚，形成了东西两个矿床。西部矿床的成矿作用一般集中在一个东西走向的斑岩体的南缘，在斑岩和安山岩中发育有细长的指状角砾岩；东部矿床位于石英二长岩微角砾岩东北向的南侧。矿床集中在一个由丰富的斑岩小隆起侵入到安山岩凝灰岩和流纹岩的区域。

14.1.2 岩性

目前的编录和测井系统使用了五种岩性代码：崩积层、熔结凝灰岩、斑岩、角砾岩和安山岩，在矿床中没有发现不同的斑岩。近代的坡积巨砾和砾岩沉积覆盖了火山熔结凝灰岩（灰质凝灰岩），未矿化盖层的总体厚度变化范围包括砾岩、熔结凝灰岩和坡积物，从矿床东部的 30 m，到西部的 100 m 以上，盖层的平均厚度约为 60 m。

安山岩由岩屑、火山凝灰岩、流纹岩和粗粒流状角砾岩和集块岩组成。火山岩以低角度向南倾斜。在矿床西部和东部，石英二长岩、石英二长微角砾岩和石英闪长斑岩形成了侵入安山岩的杂岩体。在海拔约 2600 m 以上，石英二长岩和石英二长微角砾岩在矿床西部呈较大的东西走向的矿体。在矿床东部，矿体为呈东北走向，角砾岩体在海拔 2550 m 以下合并，形成一个北东走向的矿体。从矿床西部的西缘向东部、北东端延伸，周围有大量的石英闪长斑岩岩枝。石英闪长斑岩侵入体的数量和范围随深度的增加而增加，最终在海拔 2450 m 以下合并，形成一个整体，周围有较小的斑岩隆起，并与石英二长微角砾岩体相连。

矿化主要发生在安山岩、石英闪长斑岩和小角砾岩体内。较大的角砾岩体边缘可能优先矿化，硅化角砾岩单元一般矿化程度较弱，石英二长岩的强烈热液蚀变和角砾作用被认为随着铜的矿化成矿而达到高潮。

14.1.3　蚀变

已鉴定出的几个深成蚀变相为钾化、千枚岩化和青盘岩化。石英二长微角砾岩和侵入体边缘也有硅化作用，可能早于成矿作用，还有浅成蚀变。钾化浅成矿物普遍蕴藏在海拔 2450 m 以下，浅成浸入高度较低。并且与矿床西部相比，矿床东部的石英二长岩、石英二长微角砾岩和石英闪长斑岩更为明显。安山岩、石英二长岩、微角砾岩、石英闪长岩，在千枚岩化区蚀变为绢云母/白云母、石英和黄铁矿。千枚岩化蚀变覆盖了较早的钾化蚀变，并在后期的浅成淋滤过程中，本身又被高岭土和矾石层所覆盖。在帕尔卡（Parca）湖之内的露头和一些最外侧的钻孔中，有明显的青盘岩化蚀变。安山岩是最常见的受蚀变影响的岩石，安山岩被强烈的氯泥石化并含有浸染状和细脉状绿帘石，石英岩-二长微角砾岩基质在局部硅化强烈。沿石英闪长斑岩、石英二长岩接触带，安山岩的硅化作用也很明显。硅化单元可能是弱矿化，也可能是强矿化。

14.1.4　矿化类型

浅成蚀变在富硫岩浸出过程中形成。由地下水和硫化物相互作用产生的酸使铜从硫化物中滤出，并在地下水位以上作为氧化铜矿物重新沉积，而在地下水位以下作为浅成铜硫化物重新沉积。由此产生的岩石相对较软，通常具有石英、高岭石、铝矾石、褐铁矿和黄铁钾矾等多孔细脉。

深成矿化（HYP）以黄铁矿为代表，伴生有黄铜矿和斑铜矿。深成硫化物以浸染形式沉积于所有类型的岩石中，或与石英-长石-黑云母一起沉积于脉和细脉中，但在浅成地层的基底之下或在浅成硫化物与深成岩之间的过渡带的细脉中最多。深成矿化的铜的平均品位为 0.20%~0.30% 。

浅成蚀变和矿化主要出现在 4 个主要区带，一般由上到下依次为：（1）淋滤带（LIX），其中酸浸作用将大部分或者全部铜矿化带走；（2）氧化物矿化，几乎全部为氧化铜矿物（OX）；（3）浅成硫化铜矿化，以辉铜矿和少量的铜蓝为主；（4）由浅成含铜硫化物和深成含铜硫化物混合（MSH）组成的过渡区。

浅成氧化物和硫化物矿化出现在多个似水平层和垂直层中，东西总长为 2700 m，南北宽 2000 m。最大的氧化矿化层的顶部平均海拔为 2500 m，即地表以下 50~

200 m。在这一海拔以上，存在较小的、不太连续的氧化矿化扁豆型矿体。铜氧化物上方的淋滤帽厚度为 25~75 m。

氧化物（OX）是指硫酸可溶性铜（SCu）与全铜（TCu）之比等于或大于 0.5 的矿石。氧化铜带中普遍存在硅孔雀石，形成主要的矿石矿物。也可能存在水胆矾、磷铜矿、孔雀石、假孔雀石、副氯铜矿、赤铜矿和黑铜矿。

浅成硫化物是指可溶性铜（硫酸可溶性加氰化物酸可溶性）与全铜之比为 0.8 或以上的矿石。酸溶性铜与全铜的比值（SCu/TCu）小于 0.3。辉铜矿和少量铜蓝代替深成黄铁矿、黄铜矿和斑铜矿或作为氧化层出现。

过渡带（MSH）被定义为可溶性铜与全铜的比值为 0.5~0.8 的矿化。铜以辉铜矿、铜蓝、黄铜矿和斑铜矿的形式存在。辉铜矿和铜蓝主要存在于岩脉和裂隙中，但也可作为浸染状出现。

图 14.2 为露天矿边坡上部剖面图，图中标明了海拔、主要岩性分布、矿化类型（淋滤和氧化），以及一些构造特征。

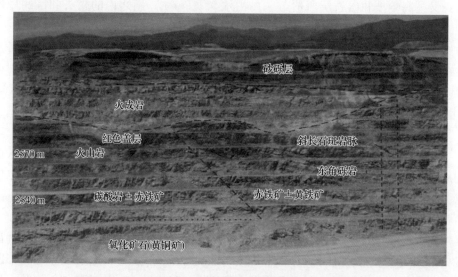

图 14.2　照片显示了一些岩石类型和氧化矿化以及接触带和
一些局部断层（台阶高度为 10 m）

14.1.5　构造地质

Cepeda 等人在地表填图和勘探平硐中发现了许多北西向并切穿黄铜矿的矿化后断层。这些断层通常走向为 60°N~70°W，倾向 70°E，矿体位移不明显。矿床东部的北东向延伸表明，可能存在北东向的成矿前断层。淋滤体、氧化体和硫化物体之间的不连续接触，也表明北西向断层或断裂带可能影响了这些单元的发育。

14.1.6 数据库

该数据库包括用于最初可行性研究的老钻孔和后来的加密钻孔以及短期钻孔。短期钻孔目的是为详细的采矿规划提供支持，爆破孔数据被有限地用于校准以及把资源模型调整到过去的生产情况。通过统计分析表明，不同的数据类型和来源应该是一致的。

数据库包含 1575 个钻孔，类型包括反循环（RC）和金刚石钻孔（DDH）。采样间隔一般为 2 m，覆盖层除外（覆盖层不采样）。样品的岩性、蚀变和矿化类型通过样品进行编录，对全铜（TCu）和可溶性铜（SCu）进行了测定。一些更老的钻孔没有地质信息。

共有 56018 个样品用于测量全铜品位，图 14.3 为 TCu 样品值的直方图，图 14.4 和图 14.5 分别为 TCu 在氧化物和浅成硫化物矿化中的品位分布。注意，数据库中 TCu 品位的总体平均值为 $w(\mathrm{TCu}) = 0.62\%$ ，氧化矿中的总体平均值为 $w(\mathrm{TCu}) = 0.88\%$，约占总数据集的 30%，硫化矿样品中的平均值更高 $[w(\mathrm{Cu}) = 1.20\%]$，约占样品总数的 21%。其他硫化矿化，如深成（或原生）矿化，品位低得多（约占数据库的 15%）。在 Cerro Colorado 铜矿，原生矿化没有经济意义，因为该矿只处理可浸出的矿化，即氧化矿和浅成硫化矿。

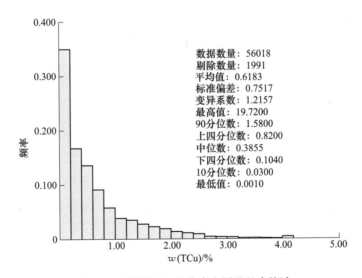

图 14.3 样品 TCu 品位直方图及基本统计

表 14.1~表 14.3 分别按岩性、矿化类型和蚀变，列出了 TCu 样品的基本统计数据。最后，表 14.4 根据矿化类型给出了 SCu 的基本统计数据。

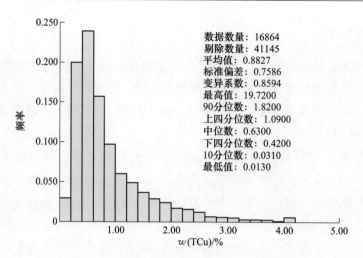

图 14.4　各样品氧化物全铜品位直方图及基本统计

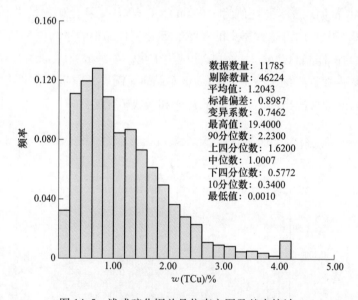

图 14.5　浅成硫化铜总品位直方图及基本统计

表 14.1　TCu 样品按岩性统计

序号	TCu-岩性	样品数	占总样品比例/%	品位/%			标准差	变异系数
				最高	平均	中位数		
0	砾石	48	0	1.440	0.280	0.205	0.271	0.969
1	熔结凝灰岩	145	0	3.020	0.071	0.009	0.284	0.010
2	斑岩	27251	49	14.700	0.586	0.370	0.704	1.201
3	角砾岩	12050	22	9.999	0.555	0.330	0.697	1.255

序号	TCu-岩性	样品数	占总样品比例/%	品位/%			标准差	变异系数
				最高	平均	中位数		
4	安山岩	16137	29	19.720	0.706	0.430	0.838	1.188
5	脉岩	76	0	2.970	0.424	0.249	0.482	1.138
	总计	55707						

表 14.2　TCu 样品按矿化类型统计

序号	TCu-矿化类型	样品数	占总样品比例/%	品位/%			标准差	变异系数
				最高	平均	中位数		
0	淋滤型	17794	32	3.745	0.100	0.060	0.128	1.276
1	氧化物	16864	30	19.720	0.883	0.630	0.759	0.859
2	硫化物	11785	21	19.400	1.204	1.001	0.899	0.746
3	MSH（混合）	1292	2	3.630	0.501	0.450	0.355	0.709
4	深成	8283	15	4.493	0.335	0.310	0.266	0.793
	总计	56018						

表 14.3　TCu 样品按蚀变统计

序号	TCu-蚀变	样品数	占总样品比例/%	品位/%			标准差	变异系数
				最高	平均	中位数		
0	千枚岩化	4.444	72	19.720	0.648	0.400	0.769	1.186
1	黏土化	5550	10	7.300	0.363	0.104	0.599	1.651
2	钾化	4115	7	3.800	0.524	0.430	0.441	0.842
3	绿泥石化	2435	4	3.380	0.338	0.280	0.341	1.010
4	硅化	903	2	13.800	0.697	0.460	0.820	1.175
5	明矾石化	—	0					
	总计	53447						

表 14.4　SCu 样品按矿化类型统计

序号	SCu-矿化类型	样品数	占总样品比例/%	品位/%			标准偏差	变异系数
				最高	平均	中位数		
0	淋滤型	17792	32	3.745	0.037	0.013	0.073	1.973
1	氧化物	16864	30	15.060	0.694	0.490	0.634	0.914
2	硫化物	11785	21	4.480	0.145	0.110	0.144	0.994
3	MSH 混合型	1292	2	0.810	0.062	0.046	0.080	1.277
4	深成	8283	15	2.930	0.036	0.021	0.103	2.882
	合计	56016						

从上述表中可以得出以下结论。

（1）有1991个样品没有TCu化验结果和矿化类型数据，还有311个样品没有岩性数据，2571个样品没有蚀变数据。

（2）在斑岩、安山岩、角砾岩中检测出更高的TCu品位。在砾石、火成岩和岩脉中几乎没有矿化。

（3）淋滤型矿化基本是贫矿，TCu平均品位为0.1%，但偶尔也有高值，TCu品位最高达3.74%。由于这些高品位是氧化矿，不能在矿山的SX-EW选厂回收，一般称为"黑色"氧化物，包括如赤铜矿、自然铜，以及显微状铜矿物等矿物。

（4）绝大多数样品千枚岩化蚀变，蚀变作为矿化控制的作用是有限的。

（5）从表14.4可以看出，氧化物和硫化物矿化是仅有的两种可溶性铜Cu(SCu)品位较高的类型。

14.1.7　估算域定义

品位估算域的定义是按照第4章建议的一般原则作出的。以Cerro Colorado为例，其估算域（或地质单元"UGs"）是基于矿化类型、岩性和蚀变的综合情况，旨在捕获矿化控制。人们认识到，矿化类型就是主要的矿化控制，并把选矿方面的考虑引入资源模型中。例如，深成矿化与浅成硫化物矿化，具有不同的矿石成因和空间分布，在矿山规划中将分别处理。所使用的最终估算域受到可用信息量的限制，这就需要对一些数据进行分组。所定义的主要估算域有：

（1）域=0（淋滤），包括所有属于"淋滤"型矿化的样品，以及所有其他属于砾石或火成岩的样品，这属于废石。

（2）有三个氧化矿域。第一个具有更高的氧化品位，包括千枚岩化、泥化和硅化蚀变，并且在侵入岩体（斑岩和角砾岩）之内；第二个氧化物品位空间分布出现在安山岩中。这些区域有品位较低但仍然引人关注的铜；第三个氧化域是一个品位较低的域，与所有的氧化矿化相对应，即存在钾化和绿泥石化蚀变。这种矿化位于矿床边缘，体积不连续，总体上比前两个域小。

（3）第四个和第五个域是浅成硫化物矿化，分别由千枚岩化、硅化和泥质化蚀变组成。斑岩具有较高的品位，与位于矿床东段的中南部区域的角砾岩在空间上有明显的区别。

（4）浅成硫化物有千枚岩化蚀变，在安山岩中趋于较低品位，可以在矿床边缘附近侵入其的岩石周围发现这些蚀变。浅成硫化物矿化也有钾化和绿泥石化蚀变，因此它们被划分为一个独立的域。

（5）混合硫化物-浅成矿化是单独估算的，尽管其是一组在空间互不相连的矿体，总体体积又小。这么做是有必要的，因为这个过渡带既不同于硫化物，也不同于深成矿化。

（6）所有的深成矿化被划入最终评价域。之所以这样做，是因为矿山把这种物料视为废石。

假设估算域的集合是平稳的，并且构成了 TCu 和 SCu 品位估算的基础。

14.1.8 数据库检查和验证

对数据库进行了彻底的检查和验证。经过最初的抽查，确定数据库需要完全验证。为了全面检查 Cerro Colorado 的数据库，本书获得了 2003 年 1 月矿坑地形上方 80 m 的地表图，并使用它来选择地表以下的数据。当前地形 80 m 以上的样品不会对资源模型产生显著影响，因此被认为优先级较低。采取下列办法。

（1）检查间隔完整的列表，包括 286 个钻孔（占数据库的 60%）。对于每一个钻孔，都要将计算机化的分析信息与原始的实验室报告进行核对。如果没有实验室报告或丢失，则根据日志表上标注的间隔品位值进行检查。这些检查还包括将计算机化的岩性、蚀变和矿化类型与原始编录相比较，对孔口坐标和孔内测量信息进行了核查。这项工作共完成了 3 万多个间隔列表的检查，三个人花了一个月的时间。

（2）与每个钻孔相关的所有信息都放在活页夹中，活页夹编录成册并存储起来，供以后参考。活页夹还包括一个摘要，说明钻孔现有的信息以及失踪的信息情况。这样做是为了确保未来对数据库更改和添加时，能够方便地进行跟踪和记录，同时为今后的第三方审查留下适当的审计踪迹。

（3）除了对照原始实验室清单和日志单核对外，还进行了其他方面的一致性检查。

1）检查可溶性铜是否不大于全铜 $[w(SCu) \leqslant w(TCu)$，否则，$w(SCu) = w(TCu)]$。

2）检查是否存在重复的间隔（可能在数据输入时产生）。

3）每个孔内间隔的"起""终"测量值必须与相邻样品一致。

4）钻孔名称在所有数据表中必须完全相同，以便正确链接信息。

5）只有采用一种钻探方法开始，用另一种方法完成的钻孔，孔口坐标允许有重复。典型的情况是在钻孔的上部采用 RC 钻，然后在进入明显矿化之前，换成金刚石钻，从而可以得到矿化区间的岩心。

6）有两个钻孔被舍弃了，因为它们的孔口坐标明显有误，并且没有能够验证其准确位置信息。

7）检查了钻孔使用的坐标系。较老的钻孔采用当地的矿山坐标定位，而较新的钻孔用省略了代号的 UTM 坐标定位。

8）对缺失铜化验值的间隔、非采样间隔，以及铜品位值低于实验室检出限的间隔进行了检查。

这个检查清单可以作为确保数据库完整性所涉及的工作类型的示例，在某些情况下可能需要大量时间。每个项目都会有所不同，相应的数据库也会有自己的特点，所以这个清单不包括可能需要验证的所有方面。

除了上述验证工作外，对数据库也做了修正，因为大量的老钻孔是从岩芯库里仍然可用的样品中重新编录出来的。这种重新编录工作的目的是统一项目服务期初期使用的测井标准，从而使地质信息更符合目前对矿床的地质认识。由于岩性和蚀变信息往往难以统一绘制，因此重绘工作特别侧重于岩性和蚀变信息。

14.1.9 钻孔类型比较

数据库验证的另一个方面，是关于从不同钻孔类型所获信息的质量。对于任何给定的区段，反循环（RC）钻探可能会得出与金刚石钻探不同的品位。这涉及钻探方法、取样方法和不同钻孔直径（支持度）。

存在一个问题，不同的钻探工程是在不同的时间进行的。这些差异可能是由以下不同因素综合造成的。

（1）改变钻孔类型。与那些需要更精确样品的资源划分方法相比，最初的工程通常使用更快、更便宜的钻探方法。这种情况也偶尔适用于在早期取样中使用的实验室技术。这些差异的例子在矿业界不胜枚举，例如在 San Gregorio 黄金公司的脉型金矿床（乌拉圭），使用冲击钻孔；或者在 Michilla 矿，使用安装在拖拉机上的旋转式敞篷钻机，用于勘查远离主矿床的零星矿化。

（2）参与人员的差异。一般来说，不同的地质师对同一个钻孔的观察和编录是不同的，有时会造成明显不同的地质描述，Cerro Colorado 的情况就是这样。

（3）如果不同的勘探时期有明显的时间滞后，那么钻探、取样、样品制备和分析的技术可能会发生变化。对于一些项目而言，这是很典型的情况，这些项目已经被人们了解多年，但是由于某种原因，一直没有得到及时的开发。同样，在行业里也有许多例子，包括 Pueblo Viejo 金矿床（多米尼加共和国），或CODELCO 公司在智利北部的 Radomiro Tomic 铜矿床，该矿床最初在 20 世纪 50年代进行了钻探，最终在 90 年代中期才投入生产。

（4）随着越来越多的信息的出现，对矿床的地质了解也会随着时间的推移而深入。这是造成早期勘探开发的地质工作与矿山投产后对矿床地质认识不一致的另一个常见原因。在 Cerro Colorado，以及世界各地的许多其他矿山，情况也是如此。

一个重要的问题是，从生产信息中观察到的品位，系统性高于从勘探钻孔中获得的以前的资源模型的品位。据推测，从早期勘探工程钻孔所得到的品位，与后期的加密钻孔相比可能有差别，早期工程间距大约为 100 m×100 m，加密钻孔用于详细规划和预算，钻探工程间距约为 50 m×50 m。

由于没有成对的勘探孔，因此很难进行统计学比较，从而明确指出老钻孔是否与新信息有偏差。然而整体上看，在每个估算域内，初始钻孔（工程间距为 100 m×100 m）的铜品位明显高于加密钻孔。图 14.6 和图 14.7 显示了在最重要的氧化物和浅成硫化物域内，两种 TCu 品位分布的分位数-分位数图（即 Q-Q 图）。X 轴为原始勘探钻孔的品位分布，Y 轴为加密钻孔的 TCu 品位分布。

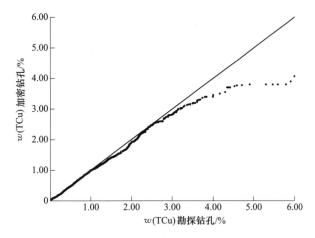

图 14.6　TCu 品位 Q-Q 图 1 [勘探与加密钻孔，1 号估算域（氧化物）]

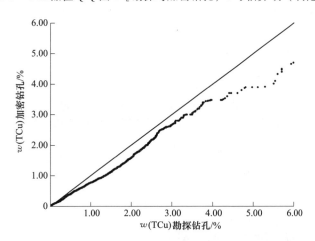

图 14.7　TCu 品位 Q-Q 图 2 [勘探与加密钻孔，4 号估算域（浅成硫化物）]

没有（对化验结果）进行任何类型的修正，因为不清楚这两次钻探工程中，哪一次更接近真实的原地品位。有几种选项，但通常认为加密钻探可能不太准确，因为加密钻探速度更快，取样质量也可能更差。这一点还没有得到证实，但如果是这样的话，那么使用加密钻探就为总体估算提供了一定程度的保守性信息。

14.1.10　实验室质量保证-质量控制（QA/QC）

随着钻探作业的进行，对实验室化验方法进行了完整的 QA/QC 跟踪。这个 QA/QC 程序的细节没有在这里给出，但是它遵循了第 5 章所讨论的概念。一般来说，由于所涉及的分析方法的性质，TCu 分析比 SCu 分析更精确。但是，在这两种情况下，结果都是令人满意的，并且符合这类矿床的可接受的标准。

14.1.11　地形

地形模型是基于与野外控制点相关联的航空摄影测量。地形表面被认为在水平和垂直方向都精确到±2 m。

此外，2003 年 1 月 31 日的采坑境界，被作为计算剩余资源的实际境界。除此之外，前面已经提到在当前采坑境界 80 m 上方建立了辅助表面，用于选择钻孔和爆破孔，以便对各种数据验证、模型校准和校对。

14.1.12　体重

现有的体重数据库包括从钻孔数据中提取的 1591 个样品，并在 20 世纪 90 年代后期的几次工程中进行了体重测试。表 14.5 给出了所述每个单元体重值的算术平均值，这与上述定义的估算域大致重合。特别是在体重值相对较少的情况下，按地质单元使用算术平均值是采矿业的标准程序。还有，体重不应该在空间上有突变。体重值的空间覆盖必须基本均匀，并且要对不同的品位范围进行采样，以捕捉体重值随品位的变化。例如，额外的体重数据将允许使用普通克里格进行适当的域选择和估算。

表 14.5　以前资源模型中使用的体重值

岩（矿）石类型	干体重/t·m^{-3}
熔结凝灰岩/砂砾	2.23
淋滤层	2.3
氧化物	2.4
硫化物	2.43
浅成与深成硫化物混合和深成岩	2.42
其他未分类矿岩	2.30

14.1.13　地质解释和建模

影响建模方法选择应该考虑的一些因素包括如下几个。

（1）用于建模的软件，其中需要使用实体，可以通过线框技术或截面多边

形的投影获得;

（2）台阶高度设为 10 m，这也是资源模型块的高度;

（3）为了减少用于执行这项工作的时间和人力资源，从而采用了简化最不重要的地质变量的方法。

只对那些对资源模型和数据库中体积表示可能有重要影响的地质变量进行建模。考虑到岩性和蚀变相对于矿化类型不那么重要，作为矿化控制，对后者采用了更为详细的建模过程。用于建立地质模型的步骤如下。

（1）按 50 m 间距，创建 E-W 向剖面，并标出处于 ±25 m 的剖面范围之内的所有可用钻孔样本，这要对每个变量分别进行。

（2）将钻孔上的见矿部分（截距）解释为剖面多边形。

（3）将已解释的蚀变和岩性多边形连接延伸得到实体，然后用对应于中部台阶高度、高程恒定的正交平面切割这些实体。对于矿化类型的情况，所使用的正交平面对应于每隔 50 m 一个的 N-S 向纵剖面，容差还是 ±25 m。之所以增加了解释步骤，是因为矿化类型对矿化控制的重要性。

（4）对于蚀变和岩性，利用现有的 10 m 组合样截距，对切割 E-W 向实体后得到的台阶以多边形重新进行了解释。此外，在可能的情况下，利用采坑和爆破孔来细化已解释过的多边形，然后将这些最终的多边形，在垂直方向上投影，生成最终的实体。

（5）最后一步是矿化类型的解释，类似于上面第（4）步，从细化后的中部台阶多边形获得最终的解释实体，转而再从 N-S 向剖面切割获得多边形，并使用钻孔组合样和用于最终解释的生产实测资料进行细化。

淋滤单元的上部没有明确建模，它被保留为默认单元，然后与其他建模单元一起叠加。但是，当其他单元内部有若干淋滤体时，必须予以明确模拟。

14.1.14　体积和其他检查

进行了两种不同的比较，以检查所解释的体积是否具有全局无偏性。

对每个地质变量的块模型分配，对照已解释的实体，分别在屏幕上和纸上进行了检查（剖面图和平面图按 1∶5000 的比例绘制）。第二项检查是实体的体积与每个单元的数据库中的表征（相对百分比）之间的比较，解释后应无明显的体积偏差。钻孔的丛聚、测绘和测井过程中的主观因素，会使地质数据的可靠性降低。

表 14.6 举例说明了与相应解释的总比例和相对比例，每种矿化类型（主要矿化单元）在钻孔中的相对比例（记录长与总长）结果令人相当满意。

表 14.6　钻孔与模型

矿化类型	钻　孔		模　型	
	总长/m	相对比例/%	体积/m³	相对比例
MSH	2081.25	3.3	7521500	3.5
氧化矿	36090.61	57.6	132463000	61.8
浅成硫化矿	24442.86	39.0	74468500	34.7

把 2003 年的解释与以前的地质模型进行了比较。图 14.8 为解释 82230 N 段矿化类型所做的，其中不同的单元用颜色做了编码（褐色表示淋滤矿、绿色表示氧化矿、红色表示浅成硫化矿、黄色表示 MSH、紫色表示深成矿）。2003 年的模型单元用虚线填充表示，而 2000 年的模型单元没有任何填充。通过同时观察两个模型，可以评估新钻探的影响和解释工作的质量。

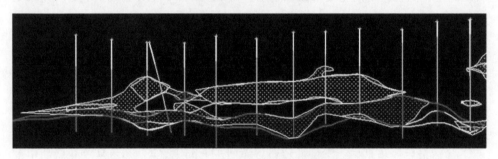

图 14.8　82230 N 段矿化类型剖面

14.1.15　探索性数据分析

14.1.15.1　组合样

原始样品在孔内按 10 m 的间隔进行组合。之所以选择孔内组合样，是因为部分钻孔倾斜不大于 60°，不适合采用台阶组合样。

原始样品与建模地质一起做了反向标记，并通过打破估算域接触处（UGs）的组合样，从而获得 10 m 组合样。这样就得出了总共 11809 个 10 m 的组合样，其中约有 12%的组合样长度小于 10 m。经统计检验，组合样的长度与品位无关，只有 88 个小于 2 m 的组合样被从数据库中剔除。

得到了不同估算域的 TCu 和 SCu 的直方图和基本统计量如图 14.9 和图 14.10 所示，品位分布是相当典型的斑岩型铜矿床。

相应的概率曲线分别如图 14.11 和图 14.12 所示。请注意，两条曲线都显示出断开并偏离直线拟合，这可能意味着（存在）多个组。

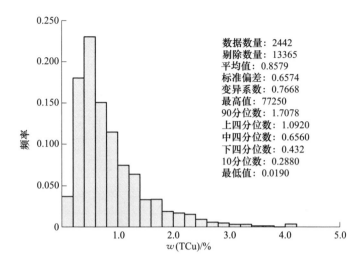

数据数量: 2442
剔除数量: 13365
平均值: 0.8579
标准偏差: 0.6574
变异系数: 0.7668
最高值: 77250
90分位数: 1.7078
上四分位数: 1.0920
中四分位数: 0.6560
下四分位数: 0.432
10分位数: 0.2880
最低值: 0.0190

图 14.9 氧化物组合样的 TCu 直方图与基本统计（UG=1，组合样长度不小于 2 m）

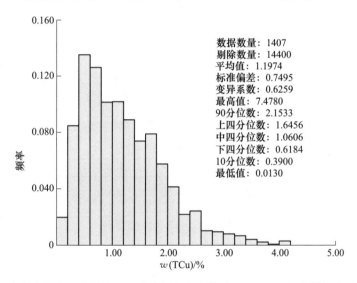

数据数量: 1407
剔除数量: 14400
平均值: 1.1974
标准偏差: 0.7495
变异系数: 0.6259
最高值: 7.4780
90分位数: 2.1533
上四分位数: 1.6456
中四分位数: 1.0606
下四分位数: 0.6184
10分位数: 0.3900
最低值: 0.0130

图 14.10 浅成硫化物组合样的 TCu 直方图和基本统计（UG=4，组合样长度不小于 2 m）

14.1.15.2 解丛聚

由于历史上的钻探工程，以及由于有一条地下坑道，从坑道里打了几个钻孔，结果钻孔数据在空间上聚集在了一起。使用了解丛聚技术（第 2 章）来获得对全区平均值的无偏预测，并估算每个域的选别开采单元支持的品位-吨位曲线。将单元解丛聚法应用于每个估算域的 10 m 组合样。在分析了多种单元尺寸的结果后，选择了一个 100 m×100 m×30 m 的单元作为最佳解丛聚尺寸，因为它对应于初始的近似规则的钻探网。

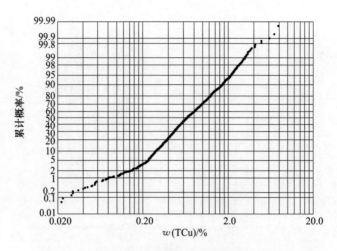

图 14.11　氧化物组合样的 TCu 概率图（UG=1）

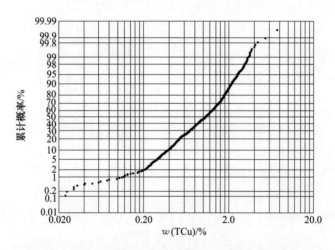

图 14.12　浅成硫化物组合样的 TCu 概率图（UG=4）

　　图 14.13 和图 14.14 分别显示了氧化物（UG1）和浅成硫化物（UG2）的 TCu 值解丛聚直方图。请注意，在这两种情况下，统计数据都发生了显著变化。第一个氧化单元（1 号域）的解丛聚 TCu 值的平均值为 0.77%（图 14.13），而 TCu 的未解丛聚平均值为 0.86%。在第 1 个硫化物单元（4 号域）中，TCu 的解丛聚平均值为 0.96%（图 14.14），而未解丛聚 TCu 的平均值为 1.20%。一般情况下，估算域（UG）的品位越高，丛聚的影响越严重。从逻辑上讲，高品位域是加密钻探的重点。在最初的钻探工程中，更为可能的是只对品位较低的单元、边际矿化和废石单元进行了钻探，因为这些地方更有规律。

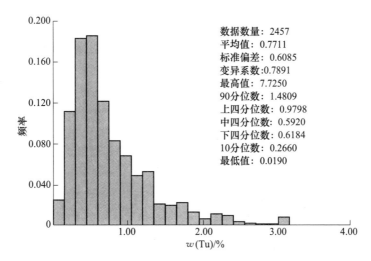

图 14.13　氧化物组合样的 TCu 直方图和基本统计（UG=1，对比单元）

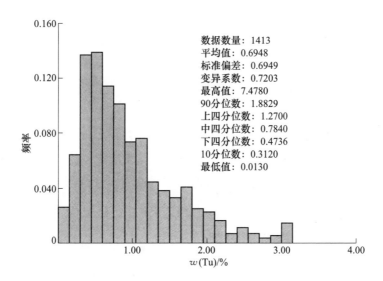

图 14.14　浅成硫化物组合样的 TCu 直方图和基本统计（UG=4，对比单元）

14.1.16　组合样与炮孔数据对比

爆破孔数据用于选择矿石和废石并在 10 m 的台阶上取样。有一些统计工具可以用来对两个分布进行比较（第 2 章），然而，首先的决策是应该对哪些数据进行比较。通过在三维空间中搜索离爆破孔最大距离为 4 m 的组合样，得到了一组成对（"孪生"）数据。得出的数据对，可以用 Q-Q 图进行比较。

由于数据库中包含金刚石钻孔（DDH）、反循环钻孔（RC）和开放式冲击钻孔（DTH），因此将不同类型的钻孔数据分别与爆破孔进行了比较。另外，对硫化物和氧化物的矿化特征分别进行了分析。图 14.15~图 14.17 显示了三个比较实例。尽管差别不是很大，但炮孔数据往往具有更高的品位。

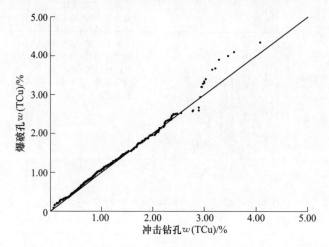

图 14.15　冲击钻-爆破孔，氧化物 10 m 组合样 TCu Q-Q 图

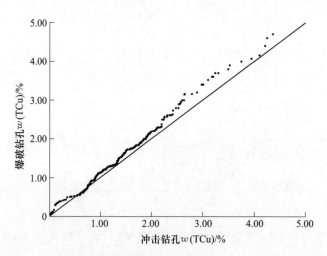

图 14.16　浅成冲击钻-爆破孔，硫化物 10 m 组合样 TCu Q-Q 图

14.1.17　接触分析

跨估算域边界的品位剖面分析通常被称为接触分析。其目的是了解哪些接触为硬接触（即接触带两边的品位差别很大），或者哪些是软接触（即从一个域到下一个域的品位过渡是平滑的）。斑岩型矿床中硬接触的一个典型例子是淋滤（贫矿）盖与氧化矿化带的界面。在垂直方向 1~2 m 内，品位可由贫矿

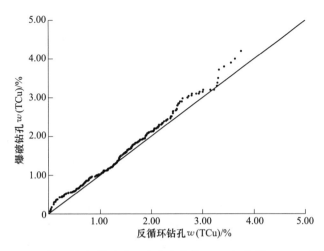

图 14.17　反循环钻孔-爆破孔，浅成硫化物 10 m 组合样 TCuQ-Q 图

[$w(\text{TCu}) < 0.1\%$] 变为 1%。软接触可能存在于高品位二次富集单元和低品位二次富集单元之间，在这些区域，品位过度更为平滑，以至于仅根据品位，接触带本身很难划定。

图 14.18 显示了一个软接触的示例。品位剖面对应于两个硫化物估算域，并显示了在接触带两侧所有组合样的平均品位，接触带按类别距离确定，在本例中为 20 m。图 14.18 显示，尽管总平均值不同，但在接触区附近和局部的品位是相似的，而且与全区平均值相比也有所减少。因此，对于这些估算单元，使用跨越接触带的组合样，来估算有限的距离内任一单元的品位是合理的。

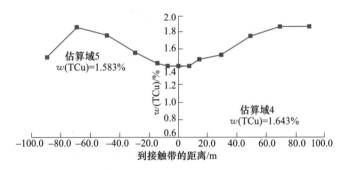

图 14.18　估算域 4 和 5 直接接触带的平均品位剖面图

14.1.18　相关图模型

相关图函数被用来描述 Cerro Colorado 矿的空间连续性，因为经验表明，相对于传统的变异函数，它在异常值和趋势方面更稳健，因此通常更容易建模。同时采用 10 m 组合样和炮孔，计算了每个域中 TCu 和 SCu 的相关图。利用孔内相

关图定义了相关图模型的块金效应和短尺度连续性。利用软件 SAGE2001 ，获得了 37 个方向的试验相关图。相关图模型的一些观察结果如下。

（1）三个旋转角用来定义各向异性的方向。在这种特殊情况下，有足够的信息（钻孔和爆破孔）来保证这些详细的相关图模型。

（2）与当地的地质学家就模型进行了讨论，利用他们自身的经验和对矿体的认识，对这些模型取得一致认识。连续性的主要方向，证实了当前的地质认识。此外，对于大多数估算域，有证据表明短尺度的各向异性与长尺度的连续性方向不同。正如当地地质学家所证实的那样，这被解释为是一种规模不同的地质控制（构造）的混合物。

图 14.19 为 1 号域各向异性主方向附近三个方向的试验相关图和模型。如图所示，两个指数结构已经被建立模型，与 E-W 向相比，N-S 向的各向异性比为5：1，并且在垂直方向的各向异性比甚至略高。对于这个特殊的域，第一个构造在大约 20°的倾斜方向上表现出了稍好的连续性，而第二个构造没有体现出倾角。小倾角、横切构造解释了第一种构造的各向异性方向略有不同的情况。

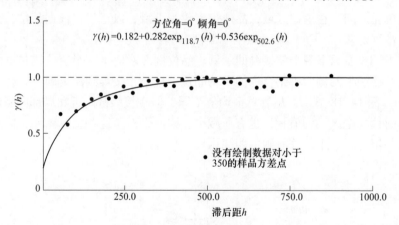

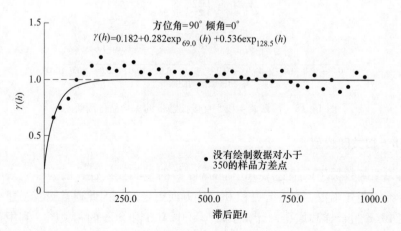

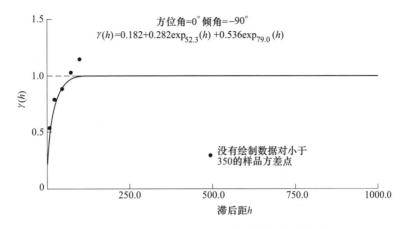

图 14.19   1 号域 TCu 三个实验相关图及其模型

14.1.19   变更支撑以估算内部贫化

Cerro Colorado 露天矿的台阶高度为 10 m，使用大型设备，如公认的选别开采单元（SMU）为 20 m×20 m×10 m。从理论上讲，这个 SMU 尺寸定义了为准确估算可回采资源和储量，应该达到的估算品位的目标分布。尽管选别开采单元是一个方便的概念，但重要的是不能忽略了它的局限性，请回顾第 7 章的讨论。

变异系数（$CV = \sigma/m$）是一个有用的变化度量，可以用来描述选别开采单元的变化分布。这种理论上的选别开采单元分布可以作为参考分布，并与估算的块模型品位进行比较。可以对估算的品位分布进行校准，以更好地匹配理论上的选别开采单元分布。

对于假设的选别开采单元，可以通过：（1）为每个域建立的相关图或变异函数模型，找出离散方差；（2）作为"试验"离散方差。对于第 2 种选择，爆破孔或其他生产数据应该存在于比选别开采单元定义的网格足够小的网格中。如果是，则将可用的品位简单地平均到选别开采单元大小中。

在 Cerro Colorado，采用了离散高斯（DG）方法，推导了出每个估算域的 TCu 品位的选别开采单元分布。该方法在第 7 章中叙述过，并在参考文献 ［13］中有详细描述。对于任何选别开采单元，离散高斯模型预测品位-吨位曲线需要 3 个要素：（1）TCu 和每个域的相关图模型；（2）选别开采单元大小的定义，以 Cerro Colorado 为例，其大小为 20 m×20 m×10 m 的块，为此，根据相关图模型，可以得到一个离散方差和一个方差修正因子（VCF）；（3）每个域的解从聚后的 10 m 组合数据库。

表 14.7 给出了每个域和 20 m×20 m×10 m 选别开采单元尺寸的预测变异系数（或目标变异系数）。表 14.7 还显示了原始的 10 m 组合样的离散方差和变异系数。

表 14.7　主要单元的预测选别开采单元分布参数，离散高斯模型

TCu 域	离散方差，20 m×20 m×10 m 选别开采单元	预测 TCu 均值选别开采单元品位（离散高斯模型）/%	选别开采单元预测标准偏差（离散高斯模型）	选别开采单元预测变异系数（离散高斯模型）	10 m 组合样的变异系数
1	0.7101	0.693	0.4678	0.6756	0.7891
2	0.5133	0.7769	0.4719	0.6074	0.7564
3	0.7451	0.5183	0.3054	0.5893	0.6191
4	0.4709	0.7389	0.3877	0.5247	0.7203
5	0.5070	0.8160	0.5326	0.6527	0.7672
6	0.7524	0.7289	0.4866	0.6676	0.7219

　　正如所料，与原始组合样相比，选别开采单元分布对应的预测变异系数值在每个域都更低。对于 3 号域，低品位的氧化物矿化，预测的选别开采单元的变异系数较低，但与原始变异系数基本相似，表明在该域内几乎没有品位的混合，这一点可以通过高度连续的相关图模型得到证明。相反的情况也适用于更高品位的单元，比如 4 号域。

14.1.20　Cerro Colorado 矿的 TCu 品位-吨位预测曲线

　　为矿化单元获得的离散高斯-修正分布的预测品位-吨位曲线，如表 14.7 所示。如果这些曲线与从估算资源模型得到的曲线相似，则可以认为这些估算包含了适当数量的体积-方差校正。然而，应该始终记住，品位的块内混合只是贫化和矿石损失的一个来源。

　　图 14.20 所示为所预测的选别开采单元分布的品位-吨位曲线，以及 1 号域

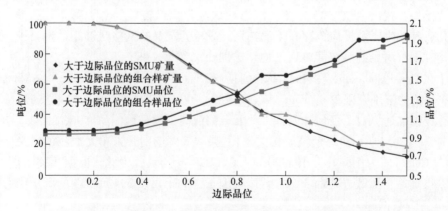

图 14.20　1 号域 TCu 预测品位-吨位曲线，10 m 解丛聚组合样与
选别开采单元对比（来自离散高斯模型）

的高品位氧化矿的原始 10 m 解丛聚组合样的品位-吨位曲线。请注意，高于边际品位的矿量是用高于边际品位的钻探总进尺的百分比表示的，以便进行比较。对于 $w(\text{TCu}) = 0.5\%$ 的边际品位，离散高斯模型预测相对品位损失约为 $6\%[w(\text{TCu}) = 1.104\% \sim 1.045\%]$，增量约为 0.5%（以吨为单位）。

14.1.21   Cerro Colorado 矿 2003 年资源块模型

所定义的资源块模型东西方向长 3600 m，南北方向宽 2200 m，深 710 m。根据目前的钻孔深度，建立了一个下部极限表面，在钻孔终点的 20~30 m 的横截面上延伸。这个下部表面保证了所有的钻孔都包含在模型中，同时也避免了对钻孔深度品位的过度外推。对于可用钻孔间距，块尺寸以 20 m×20 m×10 m 为宜。Journel 和 Huijbregts 认为，块体尺寸应相当于平均钻孔间距的 1/3 至 1/2 左右，加密完成后钻孔间距约为 50 m×50 m。

为了纳入地质接触贫化，实施了部分块定义。首先定义了一个辅助的可变尺寸块模型，并为该模型中的每个块分配地质属性。然后将可变尺寸块模型重新分块，分成上面定义的 20 m×20 m×10 m 块模型，并计算出（每个）域对于每个大块的百分比。这样就得到了局部地质接触的详细定义，并根据每个域的估算品位的加权平均值，估算出块体的最终品位。按照这种方式，就将地质接触贫化纳入了资源模型。

14.1.22   品位模型

普通克里格（第 8 章）被用于估算每个估算域的品位，其中使用了相应的相关图模型，并应用了从上述统计分析得出的克里格规划和标准。

克里格过程通过三次估算传递执行，每次在克里格规划中都有不同的限制。在限制性更强的传递中（第一次估算），搜索半径更短，组合样的最小数量相对较大。第二次估算和第三次估算逐渐放宽这些条件，尽管在所有情况下，任何将要估算的块至少需要两个钻孔。这些传递的目的如下。（1）对具有更多局部信息的块进行估算，而矿床外部区域的块则相反。这使得块模型的分布具有更高的方差，从而更好地控制了克里格的平滑效应。（2）提供资源分类的初步指示，因为克里格规划提供估算每个块所需的所有参数的摘要，而且它是域特定的，这意味着要考虑局部地质情况。这是通过在块模型中保存一个标志来实现的，指明块是在哪次估算中估算的。

克里格规划是使用生产数据进行校准或交叉验证的结果。在预先确定的体积内的现有爆破孔，大约代表过去两年的生产，平均分配到 20 m×20 m×10 m 的块体中。使用不同的克里格规划对这些相同的块体进行迭代重新估算，直到在克里格估算值和爆破孔平均值之间实现合理匹配。建议在有参考品位分布的情况下，对克里格法进行验证，这与使用地质统计交叉验证方法是不同的。经典的交叉验证方法不直接验证块体估算，为验证克里格参数的工具，这种方法一直受到质疑。

块克里格法是通过用 4×4×1 点对块体进行离散化来实现的。请注意，因为用 10 m 的组合样被用来估算 10 m 高的块体，在垂直方向上不需要离散化。使用了八分圆搜索，这在解丛聚过程中有助于克里格运算。虽然搜索各向异性不明显，但根据相关图模型，对搜索椭球作了定向。这样做是为了确保使用连续性较小的方向上的组合样，这些组合样提供了有用的信息，如果使用非常强的各向异性搜索，则可能丢弃这些信息。搜索椭球体的变化方向与相关图模型结构的方向一致。这是因为人们假定，在第一种相关图结构中观察到的各向异性，主要受叠加的短尺度控制，如交叉断层。因此，搜索半径较小的克里格次数受相关图模型第一种结构的影响，而搜索半径较大的克里格次数，则受第二种结构的影响较大。

用于各域 TCu 的估算参数如表 14.8 所示。在大多数情况下，域之间的所有边界都被视为硬边界，仅使用来自该域的组合样在域内进行估算（参见表 14.8 中的最后一列）。不过，也有一些例外。用于指定搜索椭球的旋转角度按照如下约定给出。

表 14.8　2003 年资源模型中按估算域最终迭代的 TCu 克里格规划

域	次数	$y'/x'/z'$ 搜索半径 /m	搜索旋转角度/(°)	最小组合样数量	最大组合样数量	最小八分圆数	每个八分圆的最小组合样数	每个八分圆的最大组合样数	所用组合样
0	1	30/40/55	−120/27/22	4	10	4	1	4	0
	2	45/60/120	−120/27/22	3	12	3	1	4	0
	3	100/200/250	−120/27/22	2	12	2	1	4	0
1	1	55/30/45	13/0/74	4	8	3	1	4	1, 2
	2	120/50/75	13/0/74	3	10	3	1	4	1, 2
	3	400/140/350	13/0/74	2	12	2	1	4	1
2	1	35/55/25	−56/3/−3	4	8	3	1	4	1, 2
	2	75/120/40	16/41/−13	3	10	3	1	4	2
	3	380/430/180	16/41/−13	2	12	2	1	4	2
3	1	65/35/50	15/35/−66	4	8	3	1	4	3
	2	120/45/90	15/35/−66	3	8	3	1	4	3
	3	420/170/370	15/35/−66	2	10	2	1	4	3
4	1	55/25/50	47/11/79	4	8	3	1	4	4, 6
	2	120/90/30	15/1/6	3	8	3	1	4	4, 6
	3	390/390/140	15/1/6	3	10	3	1	4	4

续表 14.8

域	次数	$y'/x'/z'$ 搜索半径 /m	搜索旋转角度/(°)	最小组合样数量	最大组合样数量	最小八分圆数	每个八分圆的最小组合样数	每个八分圆的最大组合样数	所用组合样
	1	55/45/25	16/-1/3	4	8	3	1	4	4, 5, 6
5	2	120/75/30	16/-1/3	3	8	3	1	4	4, 5, 6
	3	380/160/430	-59/22/-16	3	12	3	1	4	5
	1	35/65/45	-5/8/80	4	8	4	1	4	5, 6
6	2	40/120/80	-5/8/80	3	10	3	1	4	5, 6
	3	420/370/170	-38/-2/14	3	12	3	1	4	6
	1	55/45/30	0/0/0	4	8	3	1	4	7
7	2	120/80/40	0/0/0	3	10	3	1	4	7
	3	420/370/150	0/0/0	2	12	2	1	4	7
	1	75/30/50	-89/86/-22	4	10	3	1	4	8
8	2	140/90/60	42/-9/-8	3	12	3	1	4	8
	3	400/350/150	42/-9/-8	2	16	2	1	4	8

（1） $\theta_1 = x-y$ 轴围绕 z 轴左旋，顺时针为正（方位）；

（2） $\theta_2 = y'-z'$ 轴围绕 x' -轴右旋，正值为向上（倾角）；

（3） $\theta_3 = x'-z'$ 轴围绕 y' -轴左旋，正值为向下（倾伏）。

图 14.21 所示为矿床南部区域 2440 m 台阶的估算品位部分图。请注意，在此视图中有一个品位较高的 NNE 向区［红色和蓝色，$w(TCu) > 1.50\%$］，这对应于矿床的其中一个主要构造控制。

14.1.23 资源分类

用于资源分类方法最初是基于上述克里格规划。这些规划为估算每一块体提供信息数量和质量的度量。如果在更严苛的克里格第一次估算中，已经对一个块体进行了估算，那么就会有比第二次或第三次所估算的块体具有更近和更好的信息。如果克里格规划与地质认识有关并且受其影响，那么这些规划可以用同样的一般意义加以解释，这是当前资源分类体系所需要的。需要考虑的其他方面如下。

（1） 如果把克里格规划用作资源分类的基础，则必须满足基本地质和地质统计学标准。以 Cerro Colorado 为例，之所以如此，是因为规划中使用的搜索半径与相关图变程和各向异性有关。每个域的克里格规划是不同的（就像相关图模型一样），因此它们反映了每个域的不同地质特征。

（2） 使用克里格规划为基础对资源分类，意味着比实践中使用的大多数其

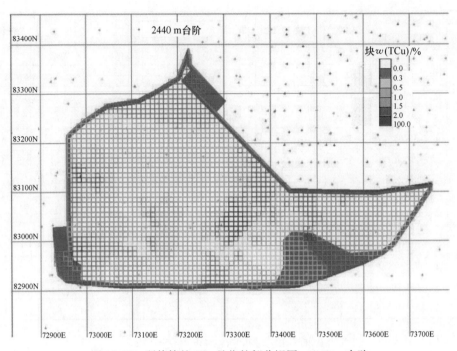

图 14.21　所估算的 TCu 品位的部分视图, 2440 m 台阶

他方法具有更多的复杂性。诸如最近距离法或克里格估算方差之类的标准比较简单, 因为它们依赖较少的变量来确定每个块的类别。此外, 有时很难将克里格估算方差与特定的地质或距离因素联系起来。有趣的是, 概念上更复杂（更完整）的克里格规划方案更容易实现。

（3）无论使用克里格规划、克里格估算方差或任何其他方法, 都不建议把资源分类的最初决定当成其最终版本。初始类别的后验半自动处理, 可用于对不合理的局部分类模式作平滑处理。同时, 它允许施加额外的约束。

初始资源类别的后验处理是根据克里格规划, 在台阶图上进行人工解释。这样做的目的是使类别混合程度高的区域变得平滑。这一过程为分类模式注入了一定程度的地质连续性, 并允许添加特殊的约束条件。例如, 混合硫化物-深成单元（MSH）非常小, 地质连续性非常有限。所有在第一次克里格估算中, 最初估算的 MSH 块重新归类为"控制类"。另一个具体的略有武断的限制是所有海拔 2200 m 以下的矿化都被归类为推断类, 这是鉴于只有很少几个钻孔能达到矿床的深度。

图 14.22 显示了 2440 m 台阶中块的资源量分类。红色的轮廓包括了探明类块体、绿色的多边形包括了控制类块体, 其余块体为推断类。

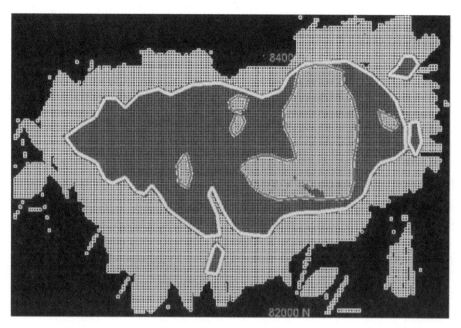

图 14.22 2440 m 台阶资源量分类

上述块模型的资源列表如表 14.9 所示,其中包含了全铜和可溶性铜(TCu 和 SCu)。

表 14.9 全区资源量,氧化物,浅成硫化物和 MSH

边际品位 $w(TCu)/\%$	量/kt	$w(TCu)/\%$	$w(SCu)/\%$	金属量(TCu) /kt
0.0	509571	0.768	0.374	3916
0.3	486154	0.797	0.387	3877
0.5	376097	0.907	0.432	3411
0.8	186690	1.187	0.528	2217
1	111051	1.389	0.562	1542

14.1.24 冶金地质单元的估算

冶金地质单元(GMUs)表示所预期的与冶金处理有类似响应的体积。冶金地质单元被定义为矿化类型与蚀变类型的组合。这是预测生物浸出回收率的两个最重要的因素,生物浸出是 Cerro Colorado 采用的冶金工艺。

除了基于最大抗压强度的指示值估算外,冶金地质单元的估算还基于将蚀变和矿化类型的多数代码分配给每个块。这种混合方法的应用如下。

（1）根据每个块矿化类型的多数代码，初步定义了与废石、深成类和混合类相对应的冶金地质单元；

（2）根据泥质蚀变的存在与否，对氧化物和浅成硫化物进行了再划分。

14.1.25　OXSI/OXSA 和 SNSI/SNSA 的估算

OXS 和 OXSA 是对氧化物定义的两种冶金地质单元，分别为具有和没有泥化蚀变，而 SNSI 和 SNSA 是两个相应的浅成硫化物亚类的编码。

每个氧化物和浅成硫化物块的泥质蚀变是否存在，是根据原始数据库而不是直接的地质解释来评估的。定义了两个指标变量，一个是氧化物指标，另一个是浅成硫化物指标，参见式（14.1）和式（14.2）。如果没有泥质蚀变（硬岩、OXSI 和 SNSI），指示变量取值为 1；如果矿石中有泥质蚀变（软岩、OXSI 和 SNSA），指示变量取值为 0。

$$I_{OX}(\underline{x}, z) = \begin{cases} 1, & z(\underline{x}) \in OXSI \\ 0, & z(\underline{x}) \in OXSA \end{cases}$$

$$(14.1)$$
$$(14.2)$$

利用指标变量的普通克里格法，并应用相应的指示变异函数，对两个指标独立地进行估算。氧化物块仅使用氧化物数据进行克里格值估算，而硫化物块仅使用硫化物数据作克里格值估算。每个变量和每个块的克里格值将在 0 到 1 之间，它可以被解释为块的比例，或者是属于某一分类或另一分类的概率。如果预测指标大于或等于 0.5（坚硬岩石，不含泥质蚀变）或小于 0.5（软岩石，含泥质蚀变），则每个块编码分别为 OXSI 或 OXSA（氧化物），SNSI 或 SNSA（硫化物）。

14.1.26　抗压强度估算

抗压强度试验是测量岩石（金刚石钻孔岩心）抗轴压的能力。抗压强度与地质单元之间的关系是已知的，这可以从生产区域的试验中得到证明。到目前为止，这些值主要用于确定爆破方式、爆破顺序和定时、装药等方面的最佳参数和设计。

在钻孔数据库中有 1591 个可用于建立这一模型的抗压强度值，这些抗压强度值与确定体重的间隔相同。抗压强度与泥质蚀变的存在有很好的相关性，这就可以用指标模型来保证一致性。图 14.23 和图 14.24 分别显示了记录为 OXSI 和 OXSA 的钻孔间距的抗压强度值。

根据现场经验，定义了描述抗压强度与冶金地质单元之间关系的极限值。

（1）OXSI 的抗压强度不应小于 0.8；

（2）OXSA 的抗压强度不应大于 1.3；

（3）SNSI 的抗压强度不应小于 0.9；

（4）SNSA 的抗压强度不应大于 1.0。

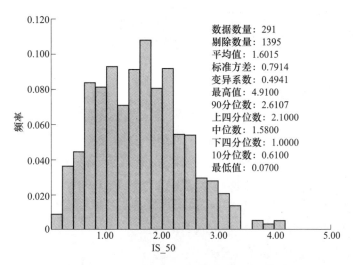

图 14.23 OXSI 抗压强度直方图与基本统计

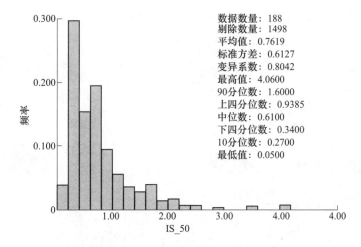

图 14.24 OXSA 抗压强度直方图与基本统计

图 14.25 和图 14.26 分别显示了 2400 m 标高台阶的冶金地质单元的最终模型（对估算的抗压强度值进行校正后）和抗压强度本身的模型。观察两个模型享有相同的一般空间分布的情况，以及由 OXSI/OXSA 和 SNSI/SNSA 指标的变异函数和相应抗压强度，分别对趋势施加的影响。

14.1.27 资源模型校准

估算过程的资源模型校准是为了尽可能与过去的生产数据吻合。从这个意义上说，它是交叉验证的一种形式，因为"已知"值被用作改善资源模型的参考。

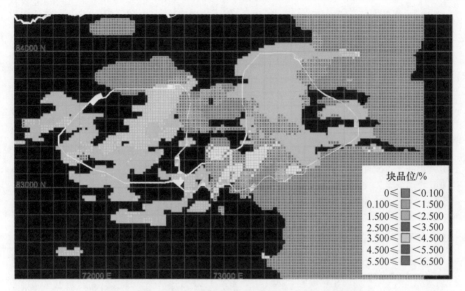

图 14.25　2400 m 标高台阶冶金地质单元最终模型

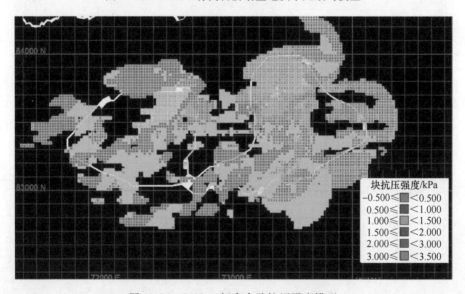

图 14.26　2400 m 标高台阶抗压强度模型

参考模型是对于某一预先确定的生产周期，通过爆破孔信息获得的一个块模型。

　　校准体积建立在当前地形上方约 80 m 的地面上（截至 2003 年 1 月 31 日），对应于 2002 年 1 月 2 日~2003 年 1 月 31 日开采期内的块，用线框图标记。因此，校准模型中的所有块都可以按月、年和校准体积进行标识。

　　校准体积仅使用 10 m 钻孔组合样（没有爆破孔数据）以及之前定义的克里格规划进行估算。通过对两个模型在 80 m 开采量范围内按周期（月、年、全矿）

进行比较，得到了估算"误差"。在此基础上，对某些克里格参数进行了修正，并对资源模型进行了重新估算。完成了多次迭代，直到确认资源模型不可能进一步优化为止。

假设炮孔模型为标定提供了合理的参考模型，可以认为单独的炮孔比单独的组合样品更不可靠，但在块模型中，由于单独炮孔的平均作用，这个问题减弱了（只要没有明显的偏差）。

校准过程的另一个重要方面是确定参考模型的可接受匹配是什么。就 Cerro Colorado 而言，采用了下列验收标准。

（1）按月比较，12 个月中至少有 10 个月高于经济边际品位的矿量和品位，相对于参考模型的误差必须在 10% 以内。在相同的月份，金属含量的变化在 5% 或更小。

（2）对于年产量的比较，相对于矿量、品位、高于经济边际品位的金属含量，公认的偏差是 5%，并适用于单个估算域（域）。

（3）对于总产量、矿量和品位的偏差，最高为 5%，而主要矿化单元（域）的金属含量要求在 3% 以内。

表 14.10 以 2003 年资源模型的第 5 次迭代为例，展示了每个域的年度比较。表中列出了资源模型（简称"模型"）的品位、矿量和金属量，炮孔模型（简称"参考"）的品位、矿量和金属量，以及相对差异，如果资源模型大于参考模型（高估），则相对差异为正值。请观察所描述的大多数标准是如何满足经济边际品位的。一些域显示出非鲜明的比较（特别是 1 号域和 4 号域）。最大的相对差异出现在 6 号域（中低品位硫化矿），但主要是由于一年总共只有 20 万吨的产量，相当于不到 2 周的产量，或大约 20 个块的资源模型。

表 14.10　第 5 次迭代，按年度的域比较

域	边际品位	模型品位 w(TCu)/%	模型矿量	模型金属量	参考品位 w(TCu)/%	参考矿量	参考金属量	品位误差 w(TCu)/%	矿量误差/%	金属量误差/%
1 号	0.0	0.84	3472×10^3	29465	0.86	3472	29859	-2.3	0.0	-2.3
	0.3	0.84	3420×10^3	28728	0.86	3452	29678	-2.3	-0.9	-3.2
	0.5	0.9	2988×10^3	26892	0.93	2980	27714	-3.2	0.3	-3.0
2 号	0.0	0.80	1300×10^3	10400	0.79	1300	10270	1.3	0.0	1.3
	0.3	0.80	1300×10^3	10400	0.79	1296	10238	1.3	0.3	1.6
	0.5	0.86	1128×10^3	9701	0.9	992	8928	-4.4	13.7	8.7
3 号	0.0	0.69	1040×10^3	7176	0.67	1040	6968	3.0	0.0	3.0
	0.3	0.69	1040×10^3	7176	0.67	1040	6968	3.0	0.0	3.0
	0.5	0.78	748×10^3	5864	0.8	656	5248	-2.5	14.0	11.2

域	边际品位	模型品位 $w(TCu)$ /%	模型矿量	模型金属量	参考品位 $w(TCu)$ /%	参考矿量	参考金属量	品位误差 $w(TCu)$ /%	矿量误差 /%	金属量误差/%
4 号	0.0	1.20	1700×10^3	20400	1.20	1700	20400	0.0	0.0	0.0
	0.3	1.20	1700×10^3	20400	1.20	1696	20352	0.0	0.2	0.2
	0.5	1.22	1660×10^3	20252	1.23	1632	20074	−0.8	1.7	0.9
5 号	0.0	0.89	896×10^3	7974	0.86	896	7706	3.5	0.0	3.5
	0.3	0.94	828×10^3	7783	0.9	836	7524	4.4	−1.0	3.4
	0.5	1.03	708×10^3	7292	1.06	640	6784	−2.8	10.6	7.5
6 号	0.0	0.79	204×10^3	1612	0.67	204	1367	17.9	0.0	17.9
	0.3	0.79	204×10^3	1612	0.68	200	1360	16.2	2.0	18.5
	0.5	0.8	200×10^3	1600	0.72	172	1238	11.1	16.3	29.2
8 号	0.0	0.62	140×10^3	868	0.63	140	882	−1.6	0.0	−1.6
	0.3	0.62	140×10^3	868	0.63	140	882	−1.6	0.0	−1.6
	0.5	0.66	116×10^3	766	0.68	112	762	−2.9	3.6	0.5

从这项校准工作中得出的一个重要结论是，可以仅用钻孔数据就重新估算最近的过去产量，并达到一个可接受的精度。

14.1.28　资源模型的统计验证

无论什么时候当生产数据可用时，块模型的验证通常要求：（1）资源模型与所应用的假设和参数一致，即其内部是一致的；（2）模型对过去的生产预测很好，这是由如上述验证标准所定义的。

（1）资源模型应该是内部统一的。估算块的值的表现应该如所预期，没有异常值，并且与应用的方法相一致。

（2）资源模型应该是无偏的。每个域的全区平均品位（TCu 的边际品位为 0），应该与相应的 10 m 钻孔组合样的解丛聚后平均值相似。例如，图 14.27 给出了资源模型中 1 号域（氧化矿）的 TCu 估算值的直方图，应该与图 14.13（1 号域解丛聚后 10 m 组合样的直方图）进行比较。1 号域的资源模型是无偏的，全区平均值为 0.773%，而解丛聚组合样的平均值为 0.771%（图 14.28）。

（3）Swath 或 Drift（趋势）图是一个一维图，它显示了块模型和组合样在某些方向上的平均品位。实际上，对于像 Cerro Colorado（斑岩铜）这样的大型矿床，漂移分析是沿着三个笛卡尔坐标进行的。对于脉状或透镜状矿床，兴趣方向可以是沿走向和倾向。以 Cerro Colorado 为例，通过在每个水平方向上定义 100 m

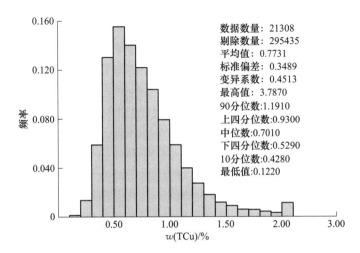

图 14.27 2003 年资源模型氧化物 TCu 直方图（域 1）

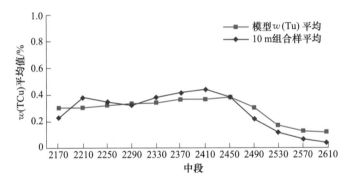

图 14.28 2003 年资源模型与解丛聚后 10 m 组合样垂直方向漂移分析

的剖面和在垂直方向上定义 20 m（两个台阶）的平均 TCu 品位，分析了东移、北移和高程漂移。对块和解丛聚后 10 m 组合样都进行了这种分析。图 14.29 显示了所有估算块在垂直方向上的漂移，可以很好地与相应的解丛聚组合样进行比较。

（4）体积-方差检验。对照通过离散高斯模型预测的预期品位-吨位曲线，对资源模型的品位-吨位曲线进行了检查，高斯模型与选别开采单元大小的块相对应。图 14.29 显示了所有硫化物单元组合样（域 4~域 6）的资源模型的品位-吨位曲线和离散高斯预测的选别开采单元模型的品位-吨位曲线对应良好，表明在 TCu 边际品位为 0.5% 时，资源模型多出 5% 的矿量，低了 9% 的品位（比离散高斯模型预测的贫化更大）。完美的匹配是不可取的，因为体积-方差修正只包括内部贫化，并且预期的品位-吨位曲线只是另一个模型。资源模型应该包括比体积-方差修正预测的更高的贫化，特别是地质接触贫化和一些额外的作业贫化（设计贫化的和非设计贫化）。

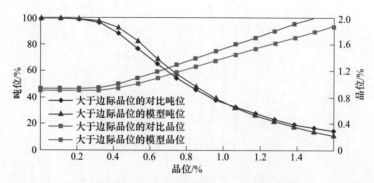

图 14.29　2003 年的资源模型与 DG 预测的 SMU 模型品位-吨位曲线（所有硫化物）

（5）软件检查。用于克里格的软件，不管它是商业软件包还是内部开发的软件，都应该仔细检查，以确保该程序的实际情况与广告宣传的一样。例如，一个可选的克里格程序，应用与资源模型相同的相关图模型和克里格规划，可以用于估算最重要估算域中的几个块。这种检查通常由第三方审查员和审计员执行，但它应该是每个矿业公司验证规程的一部分。

14.1.29　资源模型的可视化验证

应该对资源模型进行可视化检查，以确保在估算过程中不存在不一致性或其他明显的错误或遗漏。块体中每个估算品位都应该用块体周围的组合样、相关图模型和使用的克里格剖面加以解释。在执行此检查时，建议记住评估域的定义，以及使用的是软边界还是硬边界。

为了执行这项检查，绘制了几组平面图和横剖面图，显示了每个块的 TCu 和 SCu 的估算品位、资源分类代码、估算中使用的组合样，以及表示估算域的三维实体。在完成这些检查之后，完整的带注释的平面图和剖面图应该作为历史备份，必要时供第三方分析。

这个案例研究代表了本书所记录的矿产资源估算原则的一个非常经典的应用。下面的案例研究说明了用于特殊应用的辅助技术及不同技术。

14.2　圣弗朗西斯科（São Francisco）金矿的多重指示克里格法

圣弗朗西斯科金矿目前为 Aura Minerals 公司所有，位于巴西中南部马托格罗索州（Matto Grosso）库亚巴（Cuiabá）以西约 560 km。它是北南走向带上的几个金矿之一。

圣弗朗西斯科矿床赋存于 Aquapei 群的 Fortuna 组中，该组由细粒到粗粒的变质砂质岩组成，有变质泥质岩，偶有变质砾岩。本区的这些岩石，在一系列长达数公里的宽背斜和向斜内，被褶皱、断裂、剪切和碎裂，褶皱轴走向为北西-南东，并稍向北倾斜 5°~10°。

金矿化产于后生石英填充的一般沿层理的剪切带，与褶皱轴平行或近平行。矿化也发生于后期的水平到缓倾斜石英脉充填裂隙内以及切层理和母岩的主层理中。金常呈粗粒状，在石英脉中有直径为几毫米的大颗粒金。矿化还发生在黄铁矿和毒砂风化之后的褐铁矿蜂窝状网格中。高品位金矿化还产于 1~5 cm 长的石英细脉密集的地方，这些细脉横切层理，产生了一种网脉状矿化。

14.2.1　数据库和地质

截至 2001 年 12 月，该数据库包括 460 多个倾斜和垂直地表钻孔，样长多为 2 m，部分钻孔向北东向倾斜约 60°，其余钻孔向南西向倾斜约 60°。

在圣弗朗西斯科实施的地质编录包括对岩性，硫化物含量，有无石英脉和绢云化带存在，有无高岭土、赤铁矿、大颗粒金存在以及硅化程度的描述。最显著的特征是热液蚀变，它是确定地质轮廓（HAZ 轮廓）的基础。当岩石被记录为蚀变时，就会有矿化发生，但这只是必要条件，而不是矿石品位矿化发生的充分条件。

2 m 的孔内组合样的产生不受岩性和蚀变的限制。短组合样可以更好地保存分布的高品位尾部特征，因此在这种情况下宁可如此，以尽量避免在组合样时的品位混淆和贫化。

14.2.2　地质建模

圣弗朗西斯科的地质模型被用来定义估算域，模型由三个主要元素组成，由三维线框图描绘其轮廓、高品位蚀变包络体（HAZ-Hi）、低品位蚀变包络体（HAZ-Lo）和风化土带（SAP），这是根据钻孔编录进行解释的。

高品位蚀变的定义是基于某些成矿地质记录中描述的指标，这些指标（质量分数）是：（1）矿石中石英含量中到高（> 50%）；（2）硫化物（黄铁矿）含量中到高（> 50%）；（3）金品位大于或等于 0.40 g/t（这个值对应于整个金分布 60% 的累积概率）；（4）存在大颗粒金（块金）、高岭土或赤铁矿；（5）见矿长度。

对于任何被定义为高品位蚀变的区间，都必须满足以下条件。

（1）在一个至少有 2 个最大间距为 35 m 的见矿段的矿化区，有 3 个样品或 6 m 长度，至少有两个或两个以上可接受的指标（如果是高硫化物或高品位金，则一个即可）。在露天矿化区（沿岩脉带走向），矿化带的构造方位必须向 N-E 缓倾，或者在深部南矿化区为向 N-E 陡倾（延深+剪切岩脉带）。

（2）6 个样品或 12 m 长，至少有两个或两个以上可接受的指标（如果是高硫化物或高品位金，则一个即可），以便创建不连续矿化带。不连续矿化带可能会在中途突出延伸到下一段。构造要素必须与上述连续矿化带相同。

对于任何被定义为低品位（HAZ-Lo）蚀变带的区间，都必须符合下列准则。

（1）岩性具有泥质岩透镜体的变质岩。

（2）在砾岩和底板岩性中，蚀变边界必须通过硫化物的存在来确定。低品位矿化包络必须包含所有的高品位蚀变带。低品位蚀变包络边界必须是陡倾斜或垂直的。

（3）见矿段宽度必须为 3 个样品或 6 m，且有一个或多个认可指标（岩性具有泥质岩透镜体的变质岩，或存在硫化物）。

图 14.30 显示了所有 2 m 金组合样的柱状图、基本统计数据和所定义的域。数据库中有 30546 个 2 m 的金组合样，金品位呈正偏态分布，很少有代表高品位的组。金的总平均品位 0.260 g/t，标准偏差 2.78 g/t，变异系数 7.88。大约 75% 的组合样品位低于 0.21 g/t（低于预期的经济边际品位），只有 10% 的数据高于 0.573 g/t。

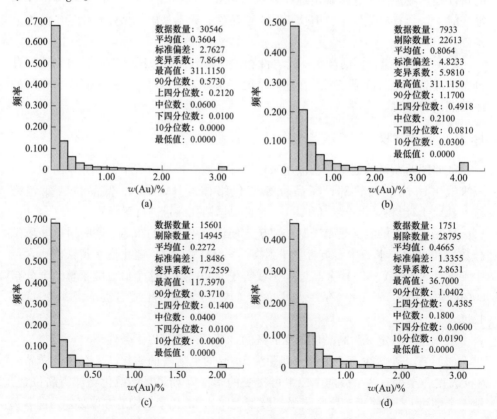

图 14.30 直方图和基本统计

（a）所有 2 m 金组合样；（b）高品位蚀变带；（c）低品位蚀变带；（d）风化土带

高品位蚀变带（HAZ-hi）金平均品位 0.81 g/t，但仍有相当比例的低品位组合样，而风化土带平均品位较低，为 0.47 g/t，但中、高品位组合样比例较大，因此变异系数较低。最后，低品位蚀变包络的变异系数值更高，金平均品位为 0.23 g/t，只有10%的组合样金品高于 0.37 g/t。

图 14.31 显示了带有已解释过的蚀变带和相应钻孔的剖面，在这些线框图内的 2 m 组合样被用于品位估算。

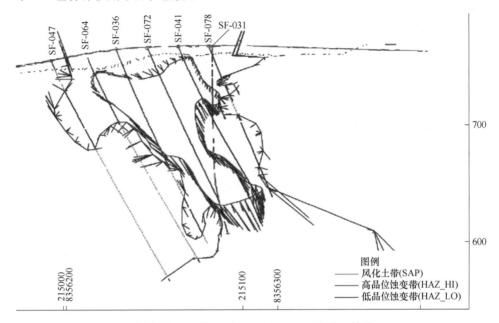

图 14.31　SF 剖面图，显示解释的蚀变带和钻孔

14.2.3　多重指示克里格法的分类定义

阈值（或指示值）的定义和用于执行多重指示克里格法的相应分类，根据所考虑的估算域而变化。表 14.11 显示了 Au 指示定义的类别、相应的解丛聚后类别、每个类别所含有金属总量对数据库中金属总量（QM）的比例［表示为（g/t）× l，其中 g/t 为金品位，l 是组合样长度］。请注意，为所有三个域定义的最高品位类别，包含了该域中金属总量的一个重要百分比。

表 14.11　高品位蚀变、低品位蚀变和风化土域的指示类别和类别均值

高品位蚀变			低品位蚀变			风化土域		
类别	类别平均	金属量/%	类别	类别平均	金属量/%	类别	类别平均	金属量/%
0.0~0.2	0.086	5.16	0.00~0.25	0.053	19.97	0.0~0.2	0.074	8.36
0.2~0.3	0.244	3.9	0.25~0.5	0.346	12.23	0.2~0.3	0.247	6.54

高品位蚀变			低品位蚀变			风化土域		
类别	类别平均	金属量/%	类别	类别平均	金属量/%	类别	类别平均	金属量/%
0.3~0.5	0.387	6.83	0.5~0.8	0.622	8.55	0.3~0.5	0.387	11.09
0.5~0.8	0.631	7.21	0.8~1.2	0.966	6.6	0.5~0.8	0.629	11.13
0.8~1.2	0.976	7.02	1.2~1.8	1.463	6.03	0.8~1.2	0.986	12.12
1.2~1.8	1.455	6.48	1.8~3	2.253	6.23	1.2~1.8	1.455	10.19
1.8~3.0	2.294	7.24	3~4.5	3.716	5.98	1.8~3	2.214	11.70
3.0~5.0	3.384	5.95	>4.5	14.33	34.4	3~6	4.113	15.16
5.0~10.0	7.108	10.22				>6	13.927	13.69
10.0~20	13.696	9.83						
≥20	44.877	30.17						

　　采用单元解丛聚技术对矿床中的丛聚程度进行了评价。图 14.32 显示高品位蚀变带经单元解丛聚后 2 m 组合样的直方图和基本统计数据，应与图 14.30 进行比较，丛聚效应显著，特别是对高品位单元而言。

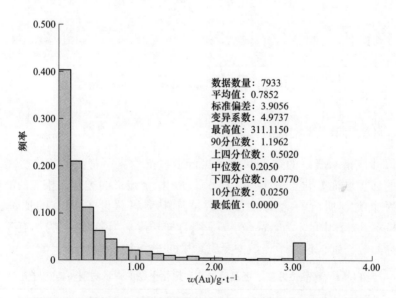

图 14.32　高品位蚀变带解丛聚后 2 m 的组合样直方图和基本统计

14.2.4　指示变异函数

　　指示阈值用于定义相应的指示变异函数集。在大多数情况下，对每个指示阈值总共获得了 37 个试验变异函数，尽管对于某些非常高的阈值（类中几乎没有组合样）而言，变异函数模型被假定为纯粹的块金效应。

由于需要考虑大量的指示变异函数模型，每个估算域的每个阈值都有一个指示变异函数模型，因此这里只给出几个模型摘要作为示例。主要结论如下：

（1）正如所期，在指示值较低的情况下，变异函数更连续，块金效应更低。

（2）随着阈值的增大，块金效应增大，变程减小。即对于较高的阈值，变异函数会被分解。

（3）在 3.0 g/t 或 5.0 g/t 阈值下的指示变异函数显示几乎是纯块金效应。因此，对于所有较高阈值的变异函数模型都被假定为纯块金效应。值得注意的是，这些指示阈值是很重要的，即使它们的变异函数模型是纯粹的块金效应，因为它们提供了对极高品位值的关键控制。

（4）在 0.8~1.2 g/t 阈值间或附近，连续性和方位发生了变化，特别是在低品位蚀变包络之内的矿化。它很可能与低品位蚀变带内的组混合相对应，包括一个更为浸染状或者网状的区域，偶尔会出现（高品位蚀变）矿体中央那种较高品位的窄脉状特征。

（5）对于大多数阈值，总变异的 70%~80% 可以达到 30~40 m 或以下。这意味着，对于任何一种克里格法，分配给超过这个距离的数据权重将会偏小，并且在各个方向上都大致相同。

以图 14.33 为例，说明了在高品位蚀变带，对于指示为 0.2 g/t Au 的变异函数，各向异性三个主要方向的方向拟合情况。

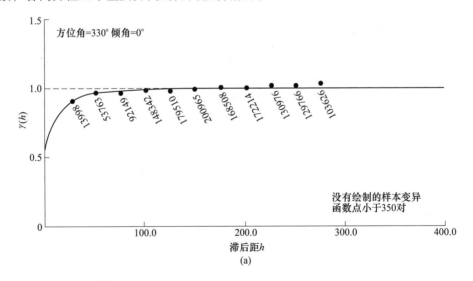

(a)

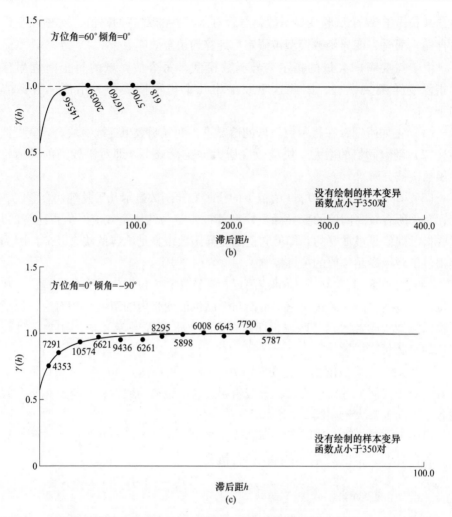

图 14.33 对于高品位蚀变区 0.2 g/t Au 的指示变异函数模型，各向异性的三个主要方向。方向为 N30W（a）、N60E（b）、垂直（c）。请注意，相对块金加上第一个结构代表了超过 93%的总方差，这意味着克里格法的实际变程比变异函数模型的变程要小得多

指示模型（所有指数结构）的表现与预期一致，证实了地质认识所预期的各向异性的总体方向，也与先前所开发的资源模型的方向一致。0.2 g/t Au 的指示说明数据总体趋势为 N-W 向，而横切特征构成了 3.0 g/t 的指示模型（第一个变异函数模型结构），次要特征（按照对总基台的贡献方面则不那么重要）的第二个模型结构也遵循一般的 N-W 向的总趋势。

14.2.5 体积方差修正

考虑体积-方差修正是必要的，因为将要开采的矿石体积不同于品位估算所

用的组合样的体积，而且一般也不同于资源模型中每个块的体积。

用于生产的选别开采单元（SUM）预计为 10 m×10 m×5 m（500 m³），这是基于设备的大小和露天开采作业的特点。为了取得预期的体积-方差修正，可以考虑两种方法：（1）实施更严格的估算，通过克里格规划控制块模型品位的平滑，因此使用了没有进一步修正的 e 类估算；（2）应用于所估算分布分位数的仿射修正。这是在导出 e 类点估算之前完成的。

第（1）种方法假设，如果估算分布的方差与选别开采单元分布的预测方差相似，则在资源模型中加入适量的内部贫化。如果是这样，则通过块体模型得出的品位-吨位曲线，将近似于选别开采单元期望的品位-吨位曲线。第（2）种方法依赖于对估算分位数的直接修正。这里没有尝试这种方法，主要是由于缺乏有助于方法校准的生产数据。

采用离散高斯法（DG）获得了 2 m 组合样的理论（目标）品位-吨位曲线。使用适当的相关图模型，选别开采单元按 10 m×10 m×5 m 考虑，块方差分别为：风化土为 20.9%，高品位蚀变带为 25%，低品位蚀变带为 17.1%。这些数值表明，差异的减少是非常显著的，这使得准确预测被贫化的资源和储量非常困难，特别是数量小的情况。例如，在高品位蚀变带的情况下，金的边际品位为 0.4 g/t，预期的内部贫化（从 2 m 组合样到 10 m×10 m×5 m 的块体）对品位约为 35%，对矿石量约为 17%。而对于高品位蚀变带，预期的品位贫化大约是 12%，矿石量略有增加。预期的内部贫化在边际品位较高时更为显著。

14.2.6　块模型定义和多重指示克里格法

为圣弗朗西斯科资源块模型选定的块尺寸为 10 m×10 m×5 m，旨在反映可用的钻孔间距。它被认为对于可用的钻孔间距是适当的，是钻探网度和模型解析率之间一个合理的折中，它恰好也是选别开采单元块的假定大小，但实际上两者之间不需要任何关系。

资源模型是由表示估算域的三个线框所定义的（即高品位蚀变、低品位蚀变和风化土）。低品位蚀变带线框限制了对矿床边缘的外推。块模型是使用子块建立的，以便更好地调整模型，从而适应所解释的线框图。边缘块最小可以是 5 m×5 m×2.5 m。经过品位估算后，重新分块将地质接触贫化纳入模型中，当一个高品位蚀变块与一个低品位蚀变块接触时，这一点非常重要。

第 9 章所述的多重指示克里格法，是根据上述指示阈值，对可能值的分布（累积条件分布函数）进行估算。通过对各指标进行独立的克里格法估算得到点条件分布，并对其进行后验处理，得到块估算。块估算是每个分类的估算概率乘以每个分类的解丛聚后平均品位的总和。对于圣弗朗西斯科的块模型，在每个 10 m×10 m×5 m 块体内的每个离散点取平均品位，然后再取平均值，得到估算块的品位。这就是所谓的 "e 类" 估算，其计算方法如下：

$$z^*(\boldsymbol{u}) = p_1(\boldsymbol{u})^* c_1 + p_2(\boldsymbol{u})^* c_2 + \cdots + p_n(\boldsymbol{u})^* c_n$$

式中，$z^*(\boldsymbol{u})$ 为块估算值；$p_i(\boldsymbol{u})^*$ 为所定义的每个分类的概率；c_i 为分配给该分类的平均品位。

以这种方式构建的多重指示克里格模型，对于体积方差效应没有任何明确的容差，这与使用上述的约束克里格方法大致相同。

14.2.7　多重指示克里格规划和资源分类

对多重指示克里格模型实施的克里格规划具有以下特点。

（1）对三个域中的每个域都要执行三次传递估值。表 14.12 显示了每个域的详细信息。搜索半径是根据资源分类标准定义的，请参见下面的讨论。

表 14.12　按估算域的多重指示克里格规划

估算域	估值次数	旋转 Y 搜索/m	旋转 X 搜索/m	旋转 Z 搜索/m	最小组合样数	最大组合样数	旋转角度（旋转）		
							$\theta_1/(°)$	$\theta_2/(°)$	$\theta_3/(°)$
HAZ-Hi	1	20	10	20	5	8	−30	−60	0
	2	40	20	40	4	8	−30	−60	0
	3	130	65	130	3	10	−30	−60	0
SAP	1	20	10	20	5	8	−30	0	0
	2	40	20	40	4	8	−30	0	0
	3	130	65	130	3	10	−30	0	0
HAZ-Lo	1	20	10	20	5	8	−30	−60	0
	2	40	20	40	4	8	30	−60	0
	3	150	75	150	3	10	30	−60	0

（2）估算所需的最小和最大样品数量根据估值次数的不同而变化，因为这是一个用于控制平滑的参数。

（3）八分圆搜索在用于所有情况，因为它有助于解丛聚估算值。

（4）所使用的各向异性搜索椭球体，根据估算域的不同而变化。搜索椭球大致遵循每个域的一般方向。旋转中使用的约定为先绕 Z 轴左旋，然后绕 X′ 轴右旋，最后绕 Y′ 轴右旋。

圣弗朗西斯科矿床的资源是逐块进行分类的，使用所定义的克里格规划（表14.12）作为基础，它可以表明用来估算每一块的资料的结构和数量。块模型中要存储一个标志，指示块是在第一次、第二次还是第三次估值次数时进行估算的，因此这个标志对应于探明类、控制类和推断类。因为矿床的几何形状和地质域导致了资源类别的平稳变化，所以无需作进一步修正。

沿走向和倾向方向，在 20 m 搜索半径之内估算的块和 10 m 搜索半径内垂直走向方向的估算块，被划分为探明类；在 40 m 搜索半径之内，沿走向和倾向方向估算的块和 20 m 搜索半径内垂直走向方向估算的块，被划分为控制类。最后，所有其他超过 40 m 的估算块都被划归为推断类。图 14.34 所示为模型中估算品位的横剖面图。

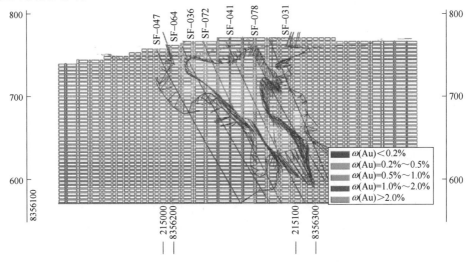

图 14.34 采用 2 m 组合样的多重指示克里格品位模型的剖面图

14.2.8 多重指示克里格资源模型：品位-吨位曲线

表 14.13 按类别并对几个边际品位列出截至 2001 年 12 月所估算的资源量。Au 以 0.4 g/t 为边际品位，贫化后的探明资源量加控制资源量为 3250 万吨，平均品位为 1.23 g/t，金属量约为 1288 万 oz❶。在金的边际品位为 0.13~0.40 g/t，另有 5740 万吨被认为是原矿（ROM）的资源。

表 14.13 按类别划分的总资源，多重指示克里格（MIK）模型

边际品位 /g·t⁻¹	探明的		控制的		探明的+控制的			预测的	
	矿石量 /kt	Au /g·t⁻¹	矿石量 /kt	Au /g·t⁻¹	矿石量 /kt	Au /g·t⁻¹	金属量 /koz	矿石量 /kt	Au /g·t⁻¹
0.0	48625	0.34	97710	0.41	146335	0.38	1798	207065	0.18
0.10	28894	0.53	62615	0.60	91509	0.58	1695	77111	0.38
0.13	24398	0.60	55574	0.66	79971	0.64	1651	60495	0.45
0.20	17934	0.76	43746	0.79	61680	0.78	1556	35155	0.66
0.40	9142	1.22	23360	1.24	32503	1.23	1288	11891	1.43

❶ 1 oz（盎司）= 28.349523 g。

续表 14. 13

边际品位 /g·t⁻¹	探明的		控制的		探明的+控制的			预测的	
	矿石量 /kt	Au /g·t⁻¹	矿石量 /kt	Au /g·t⁻¹	矿石量 /kt	Au /g·t⁻¹	金属量 /koz	矿石量 /kt	Au /g·t⁻¹
0.60	5645	1.68	14238	1.72	19882	1.71	1091	8150	1.87
0.80	3952	2.10	10116	2.14	14068	2.13	962	7350	2.00
1.00	3192	2.39	8197	2.43	11388	2.42	886	6879	2.08

对资源模型进行了几次统计和可视化检查，对块模型的剖面图和平面图进行了审查，查看了估算的块品位、组合数据，以及用于定义在其中做过插值的体积的包络轮廓。检查的目的是确保每个块的品位都可以解释为周围组合样，所用变异函数模型以及所施加克里格规划的函数。

在标高低的地方，甚至目前的矿坑境界以下，有明显的矿化。这被认为是一个重要的风险因素，因为较高品位的矿石而钻孔信息较少，所优化的矿坑可能会达到更大的深度，这种矿化必须用进一步的钻探加以证实。

克里格法的平滑效果可以显著地改变优化露天采坑的形状，从而提供一种错误乐观或错误悲观的品位连续性图像。适当地考虑圣弗朗西斯科矿的高品位连续性和体积变化效应，是非常重要的。通过边际品位区跟踪选别开采单元品位-吨位曲线，从图 14.35 可以看出，与预测的离散高斯模型相比，再分块的多重指示克里格模型贫化程度更高。对于所观察到的差异，部分是由于资源模型，其中不仅包括如选别开采单元分布所预测的内部贫化，而且还包括地质贫化。尽管如此，有一个明确的迹象表明，要充分估算该矿床的内部贫化是困难的。

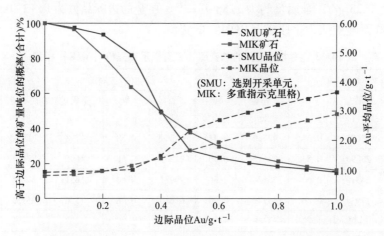

图 14.35　高品位蚀变域多重指示克里格模型与理论选别开采单元模型品位-吨位比较。多重指示克里格金块模型和预测选别开采单元 10 m×10 m×5 m

这里没有给出的其他统计检查表明，多重指示克里格模型的行为符合预期，与用于构建模型的假设和数据在内部一致，没有明显的异常值。与解丛聚后的组合样相比，它是全局无偏的，并且与用于创建它的数据和相关图模型在内部一致。

14.3 用指示克里格法对北埃斯康迪达矿的氧化单元进行建模❶

北埃斯康迪达矿（Escondida Norte）为必和必拓所有，位于埃斯康迪达主矿和选厂以北 5 mile❷处。从地质学上讲，北埃斯康迪达矿床是 Zaldivar 矿床的东部，目前由 Compania Minera Zaldivar 公司开采（100%为 Barrick Gold 所有，图 14.36）。

图 14.36 北埃斯康迪达矿床、埃斯康迪达和萨尔迪瓦尔（CMZ）矿南-南西方向鸟瞰图

类似北埃斯康迪达矿床这种斑岩铜矿床，其特征是在富集的硫化物带上面有一个氧化带，常被分成高富集层和低富集平伏层。这种矿化带的分带源于控制浅成矿化事件的地下水位的位置。这种类型的矿床和矿化带的描述，可以参阅参考文献 [10]。

北埃斯康迪达矿床的一些矿化单元比可用的钻孔间距小，因此很难使用基于剖面图和平面图的传统解释进行建模。在硫化物（TOS）表层上面的氧化物和其他单元就是这种情况。硫化物表层将矿床的氧化部分 [在酸溶性铜品

❶ 感谢必和必拓公司允许发表本案例研究。地质学家 R. Preece（必和必拓）和 J. L. Cespedes（独立顾问）负责这里所述的大部分工作。

❷ 5 mile ≈ 8.05 km。

位（SCu）明显的地方之上]，与下面的富硫化物的次生富集平伏层分开。硫化物顶表面可以用绝对术语来定义，即在它上面没有硫化物矿化。也可以用相对的术语来定义，即其上部硫化物矿物很少，一般是要么与氧化物矿物混合，要么与具有淋滤带特征的矿物混合。在北埃斯康迪达应用的就是最后这个定义。

在 2002 年北埃斯康迪达资源模型中，所有硫化物表面上方的矿化单元均采用指示克里格法建模。这些包括：

（1）淋滤帽；

（2）氧化矿化；

（3）混合矿化，在矿体中能观察到氧化物和硫化物矿物；

（4）部分淋滤矿化，其中能观察到硫化矿物和含铜矿物淋滤的证据。

这些单元长一般不超过几十米，带有非常不稳定的受结构控制的变化。即使钻孔间距为 50 m，对这些单元的准确解释和建模也是困难的。因此，可以使用指示方法来估算每个块包含特定矿化单元的可能性。这项工作的主要阶段如下。

（1）数据库确认。将数据库中可用的记录信息（来自地质编录），与通过全铜和可溶性铜（TCu 和 SCu）的化学分析得出的氧化、混合和硫化矿化的定义进行了比较。这一比较是为了确保地质编录和样品化学分析的一致性。在北埃斯康迪达的情况下，二者吻合很好，这样记录的矿化单元被部分用于定义矿化单元。

（2）评估单元的定义。第二阶段涉及评估域的定义（第 4 章）。这个过程对认为是均匀的域进行定义，用于评估氧化物和硫化物指示。

（3）探索性数据分析（EDA）和变异函数模型。对定义的每个指示值进行了各种必要的统计和方差分析（第 2 章和第 6 章）。

（4）块模型定义。选择一个块模型，选择适当的块尺寸，以覆盖必要的体积。

（5）指示克立格法和最终矿化单元赋值。根据现有钻孔数据定义的指示值，通过克里格求出各矿化单元的概率。

（6）模型检查和验证。进行了重要的检查和验证，才能接受所提出的概率矿化模型。

利用原始样品，对来自目测记录的氧化单元与 SCu/TCu 化学比率进行了比较。对于钻孔中的每个采样间隔，将有一个已记录矿化单元和相应的 SCu/TCu 比率。根据表 14.14 所示的标准，结合测定值和记录信息，对矿化单元作了重新定义。在该表中，"CHMIN" 表示化学定义的矿化单元，而 "LOGMIN" 表示已记录的矿化单元。如表 14.14 所示，氧化矿化定义为可溶性铜品位大于或等于 0.2%，SCu 与 TCu 之比大于 50%。$w(SCu)/w(TCu)$ 比率的极限来自选厂使用的定义。

表 14.14 矿化单元的定义

条 件	CHMIN 代码	矿化单元
LOGMIN = "LEACH"且 $w(TCu)$<0.2 %	1	淋滤
LOGMIN ≠ "LEACH"且 $w(TCu)$<0.1 %	1	淋滤
SCu≥0.2 %且 $w(SCu)/w(TCu)$ > 0.5	2	氧化矿
CHMIN>1 且 $w(SCu)/w(TCu)$ ≤0.15	4	部分淋滤
CHMIN ≠ 1,2,或 4,且 $w(SCu)/w(TCu)$ >0	5	氧化-硫化混合矿

淋滤、部分淋滤和氧化矿的基本统计数据是相似的,除了化学定义的氧化矿比率在50%处有一个明显的边界,但有些样品的地质学描述氧化物比率不到50%。两者最大的区别是氧化矿和硫化矿的混合矿物。化学上定义的混合样品比记录的要多得多,这可以通过地质学家的自然倾向加以解释,他们趋向于把那些氧化物和硫化物颗粒大致相同数量的样品划分为混合型矿,如果某一种或另一种明显偏多,那么地质学家可能会根据观察到的占优多数,划分为氧化矿或者硫化矿。

考虑到可以认为 $w(SCu)/w(TCu)$ 比率的分布相类似,因此决定使用记录的数据库,即依赖于矿化单元的地质定义。

下一步是估算域的定义,类似于第4章中描述的过程。这些估算域是综合了岩性和蚀变单元以及矿床内部构造带的结果。图 14.37 显示了在埃斯康迪达北矿

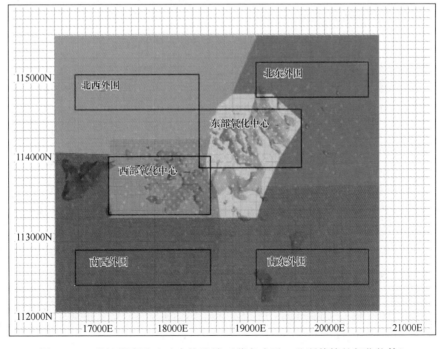

图 14.37 北埃斯康迪达矿床构造域（紫色表示一些所估算的氧化物体）

床所定义的构造带。表 14. 15 给出了氧化物和硫化物指示的定义，合并的指示定义了有问题的单元。对于淋滤型，两个指示都必须为 0，即既没有硫化物也没有氧化物矿物，而对于混合型，这两种矿物都需要存在。一共有 5 种氧化物域和 3 种硫化物域。

表 14. 15　氧化物和硫化物指示值

分　类	淋滤	氧化物	部分淋滤	混合
氧化物	0	1	0	1
硫化物	0	0	1	1

在估算域定义之后，对每个指示值和每个域进行了探索性数据分析和方差分析。定义了估算策略和每个单元的指示克里格估算规划。

使用数据库中定义的氧化物和硫化物指示值完成了指示克里格，这些指示值即 0 和 1 的加权线性组合，结果得出 0~1 的估算值。这些内插值既可以解释为每一个估算块含有氧化矿或硫化矿的概率，也可以解释为含有氧化矿或硫化矿的块体的比例。

为简单起见，给硫化物（TOS）表面上方的每个估算块，分配一个单一的矿化单元代码。因此，在克里格运行完成后，一套将最终矿化单元分配到块的规则便得以实施。表 14. 16 显示了这些规则，用于划定北埃斯康迪达矿床硫化物顶上方每个块中的最终矿化单元。

表 14. 16　给估算块分配矿化单元的规则

条　　件	数字代码	矿化单元
IKOX<0. 5 y IKSUL<0. 5	1	淋滤
IKOX≥0. 5 y IKSUL<0. 5	2	氧化矿
IKOX<0. 5 y IKSUL≥0. 5	4	部分淋滤
IKOX≥0. 5 y IKSUL≥0. 5	5	混合矿

IKOX 和 IKSUL 分别代表氧化物指示值和硫化物指示值的插值数值。如果两个值都低于 50%（同时），则块定义为淋滤型。如果两个值都等于或大于 50%，则该块同时具有氧化物和硫化物矿物的概率都足够高，可以将该块定义为混合型矿化。如果其中一个指示高于 50%，另一个低于 50%，则根据哪个指示值更高，将块定义为氧化型或淋滤型。以下是一些相关的评述。

（1）表 14. 16 的规则是主观的。尽管这些规则是合乎逻辑的，并且是基于最有利于确定矿化单元可能性的，但它仍不完善，因为指示克里格模型趋向于消除急剧变化和地质过渡。

（2）指示值是独立处理的。这是该方法的一个局限性，因为众所周知的是，次生富集平伏层上方硫化物和氧化物矿物的存在，是由类似的地质因素控制的，最为重要的是随着时间推移，地下水位的位置。一个更好的选择可能是使用多重指示克里格（MIK）。在多重指示克里格中，所有指示值将同时被求出，不需要就估算的次序作出任何决定[1]。

（3）所估算指示值的平均值与最近地区法赋值的平均值之间的比较表明，除氧化物指示模型的一个域以外，其余均得到了可接受的一致结果。

图 14.38 显示了氧化矿化模型的透视图以及所定义的构造域。这个例子说明了开发地质模型的一种可能的方法，情况如：（1）钻孔地质信息太稀疏，不足以通过直接解释自信地用于建立确定性模型；（2）对某给定一单元的存在与否，仅凭基于概率的估算就足以进行品位估算和资源建模。

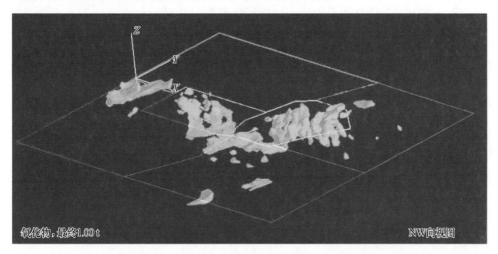

图 14.38　概率氧化矿化模型透视图，含构造域

14.4　红狗矿的多变量地质统计模拟[2]

红狗矿（Red Dog mine）是世界上最大的锌生产商。矿床由沉积喷流型矿床中的硫化物矿带组成，有几种有价金属和多种矿石类型。锌的回收对有害元素敏感，如 Ba 和 Fe。研究的一个重要目标是加强对这些关键元素之间复杂关系的理解。

———————————

❶　在随后的几年中，该建模方法被升级为对硫化矿顶单元的完全的多重指示克里格估算。

❷　感谢 Teck Cominco 有限公司允许发表该案例研究。本案例研究基于 O. Leuangthong、T. Hodson、P. Rolley 和 C. Deutsch 的论文《美国阿拉斯加红狗矿的多元地质统计模拟》（*Multivariate Geostatistical Simulation at Red Dog Mine, Alaska, USA*），该论文最初发表在 2006 年 5 月的 CIM 公报上。也对加拿大矿业、冶金和石油研究所（CIM）允许部分引用这篇论文表示感谢。

红狗矿位于布鲁克斯山脉的德隆（Delong）山脉，大约在美国阿拉斯加州科泽布以北 90 mile❶ 处。该矿区资产为西北阿拉斯加原住民协会（NANA）区域公司所有，矿山由 Teck Cominco 有限公司经营。红狗矿已知有 5 个矿床，4 个矿床（Main、Aqqaluk、Paalaaq、Qanaiyaq）出现在最初发现的位置附近，而 Aŋarraaq 矿床则在北侧大约 7 mile 处。矿山化验了多达 10 种元素，其中 4 种主要元素是 Zn、Pb、Fe 和 Ba。

使用基于逐步条件变换（SCT）的联合模拟方法，在 8 个不同的矿化域对 7 种不同的元素锌（Zn）、铅（Pb）、铁（Fe）、钡（Ba）、可溶性铅（sPb）、银（Ag）以及有机物总含量（TOC）进行了表征描述。逐步条件变换是一种多元数据转换技术，它将数据划分为几个类别，并将每个类转换为标准正态分布。在这 8 个域内，为每个变量构建了地质统计模型，并随后组合成对于 6 个 25 ft❷ 长的台阶的 40 个现实。高斯模拟允许重新生成输入数据、原始直方图和变换后得分的变异函数。使用逐步条件变换的好处是得出的模型也考虑了局部和全局的多元关系。

高重晶石和其他有害矿物的存在及矿石结构对回收率有不利影响。现有的长期资源模型是通过对 4 个主要变量的独立克里格构建的。采用多元方法对关键要素进行联合建模的目的是改善对锌回收率的预测，了解重要变量的空间变异性。

在本案例研究中，因为它的灵活性和二元关系中的非线性特征的建模能力，选择了逐步条件转换对不同变量之间的相互关系进行建模。逐步条件转换能产生不相关的高斯变量。

14.4.1　地质和数据库

红狗矿是分布在密西西比-宾夕法尼亚黑色页岩中的喷流沉积型锌铅银矿床。这些矿床是在德龙山脉中发现的，由 8 个飞来峰和褶皱的外来沉积物构成的，这些外来沉积物被从原来的位置移动（横推）而来。6 个在构造上处于最底层的外来体，由泥盆纪到白垩纪的碎屑岩和化学沉积岩组成，而两个上层外来体由侏罗纪和年代更古老的岩石组成，成分为镁铁质到超镁铁质的火成岩系列。

在次底层的外来岩石中发现了矿化，其母岩为 Kuna 地层的 Ikalukrok 单元的黑色硅质页岩和燧石。地层下盘是一个浅灰色夹层，由 Kivslina 单元的灰砂质和深灰色石灰质页岩组成。矿床本身为层状硅质岩、重晶石和硫化物的堆积。该成矿带上盘单元是一种硅质和贫硫化物重晶石，形成于宾夕法尼亚的 Siksikpuk 地层到二叠纪。地层剖面图和地质图如图 14.39 所示。

---

❶　1 mile（英里）≈1609.34 m。

❷　1 ft（英尺）≈0.3048 m。

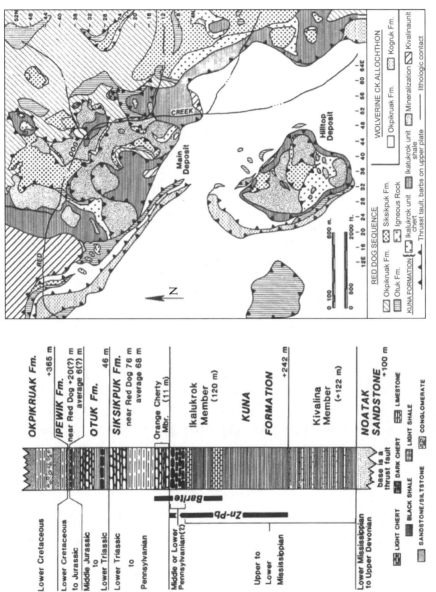

图 14.39　红狗矿岩序地层剖面（左）和 Main 矿床、Qanaiyaq（Hilltop）矿床的基岩地质图（右）

主矿床是一个近乎扁平的细长堆积体，由 3 个明显矿化的透镜体组成。矿床向西北方向延伸 1600 m，宽在 150~975 m 变化，厚达 135 m。主矿床由一个大的矿化板状体及其伴生的覆盖层废石组成。上部板状体为 Kivalina 单元灰岩和页岩、Ikalukrok 单元硅质页岩和含硫化物重晶石组成的水平板状层。中间板状体包含了本区大部分资源，由块状至半块状硫化物岩层、含硫化物硅石和含硫化物重晶石组成。中间板状体的矿化部分被 Iksikpuk、Otuk 和 Okpikruak 单元的页岩和燧石层所覆盖。主矿床的下部板状矿化主要由脉状硫化物、硅化、Iksikpuk 页岩、半块状至块状硫化物和含硫化物重晶石组成。

本案例研究仅限于 8 个地质域，分别对应于上、中板状体的 4 个不同的矿石类型单元。之所以选择这些部分，是因为它们对应的体积既包括近期开采的矿岩，也包括即将开采的矿岩。

现有的品位模型分别被划成 25 ft×25 ft×25 ft 的块体。地质统计模型以 12.5 ft×12.5 ft×12.5 ft 的解析度进行模拟，随后将块体扩大到 25 ft。模拟是基于一个点尺度支持下进行的。因此，先以较小的解析度然后平均到更大块上的模拟，可以更准确地显示块品位的可变性，支撑的变化是用数值处理的。

6 个被建模的露天台阶包括的体积为 4500 ft 宽（向东），4500 ft 长（向西），垂向 150 ft。模型共包括 155500 个网格点。模拟以岩石类型为基础构建，然后进行合并。所示的所有比较都是全局的，对应于所有被合并的域。

使用了两种类型的数据组合钻孔数据和炮孔数据，模拟是使用 12.5 ft 的组合样完成的。地质模型最初在 25 ft 的块上编码，后来被重新编码到 12.5 ft 的模型中。

8 个感兴趣的域共有 9847 个 12.5 ft 的组合样可用。术语钻孔（DH）指 12.5 ft 的组合样。DH 数据的标称间距为 100 ft×100 ft。对于这些相同的域，有 58566 个炮孔（BH）数据可用于模型验证。BH 数据是间距为 10 ft×12 ft 的间隔数据，代表 25 ft 的整个台阶。

14.4.2　多变量模拟方法

对 7 个变量 [Zn、Pb、Fe、Ba、sPb、Ag 和 TOC（有机物总含量）] 进行了条件模拟。采用高斯模拟法并使用经逐步条件转换后的变量值，对这 7 个变量针对每一种岩石类型进行建模。模拟的主要步骤有：

（1）数据解丛聚，以获得每个变量的代表性分布；

（2）用逐步条件变换转换数据，获得独立的高斯变量；

（3）对每种岩石类型中每个转换后变量计算方向变异函数并建模；

（4）通过序贯高斯模拟，独立地模拟转换后的变量；

（5）将模拟值进行逆变换（逐步条件逆变换），返回到原始单元；

（6）验证模拟结果以确认数据、直方图和变异函数的再现。

一旦所有域内的全部变量都被建模，块模型就被合并成研究域的多个现实，以进行不确定性评估和后验处理。所描述的方法不同于一般的地质统计高斯模拟，只是使用了逐步条件变换（SCT）来代替常规的正态分数变换。逐步条件变换是一种多元高斯变换方法，将主变量变换为标准正态变量，所有后续变量都根据概率分块，依次调整到前一个变量。

该变换适用于配置的多变量数据，使其在模拟之前相互独立。应检查转换变量之间的互变异函数，以验证空间相关性近似为零。经过这种验证，就可以进行独立的高斯模拟。反向变换会恢复多元数据之间的复杂关系。

对任何一种岩石类型同时考虑 7 个变量，这种需求是个实际问题。多元逐步条件变换需要 10^7 个组合样才能使每个概率分类至少有 10 个数据。为了克服这一问题，实施了逐步条件转换的嵌套应用。3 变量分布的推断，需要大约 10^3（即1000）个数据来定义至少有 10 个数据的条件分布。考虑到组合样的可用数量，这样做更加合理。

逐步条件变换的变换顺序将影响模拟值变异函数的再现。因此，应该把最重要的变量或最连续的变量选作主变量，对于红狗矿的情况，主变量为 Zn。为了考虑其他 6 个变量，提出了几组变换（表 14.17）。

表 14.17　红狗矿的逐步条件变换

转换编号	变量	调整变量
1	Zn	
2	Pb	Zn
3	Fe	Zn, Pb
4	Ba	Zn, Fe
5	sPb	Zn, Pb
6	Ag	Zn, Pb
7	TOC	Zn, Fe

转换顺序反映每个变量的重要性。除 Zn（主变量）和 Pb（次变量）外的所有变量均调整转换为 Zn 和 Pb，或 Zn 和 Fe，在每一变换顺序中，次变量的选择反映了二级变量与三级变量之间的关系。这不仅仅是通过相关系数来衡量的，非线性和约束特性（如果存在）也需要进行检查，以及在不同元素之间的散点图中的情况。二级变量和三级变量的确定是基于对相关的双变量和 3 变量分布的仔细评估。

为了对优先钻探作补偿进行了解丛聚。考虑到该数据集的多变量性质和多元变换技术的预期应用，在所有变量之间的解丛聚必须是一致的。在域内进行了解丛聚，利用某一岩石类型内的克里格累积权值，得到了解丛聚后锌的分布。该方法通过空间变化模型并且按域来考虑钻孔数据冗余。

利用锌的代表性分布和锌与铅的交叉图，对铅的分布进行双变量校准，对二级变量进行了解丛聚。具体地，将解丛聚后锌的分布划分为一系列类别，并确定了相应的铅的条件分布。然后通过将所有条件分布累加，从而建立解丛聚后铅的分布，所有这些条件分布都要由相应类别的解丛聚后铅的概率予以加权（图14.40）。对于所有的三级变量，采用了相同的原理，并利用两个因变量和3变量校准数据的解丛聚分布，确定了 Fe 到 TOC 的解丛聚后分布。

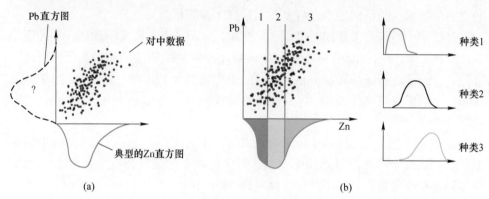

图 14.40　显示多元校准数据的示意图，待测定的解丛聚后 Zn 和 Pb 直方图（a），
多元校准。数据划分为多个类别，右侧的分布代表每个类中 Pb 的条件分布（b）。
施加于 Pb 条件分布的权重，在 Zn 直方图的阴影区域以淡蓝、灰色和橙色表示

然后对解丛聚后分布进行逐步条件变换。图 14.41 给出了从第一变换序列产生的 Zn、Pb、Fe 变量的散点图（表 14.17）。转换后的变量是独立的多高斯变量，在散点图中转换为圆形。从图 14.41 中可见，与第 3 个变量（本例中为 Fe）的交叉图显示出一些条带。然而，这只是一个有许多类别的数字假象，因此每个类别中的数据会更少，这种条带不会影响数据复制。变换后变量的独立性意味着每个变量都可以独立地模拟。

然后计算每个转换后变量的变异函数并建模。图 14.42 显示了对同一岩石类型中，逐步条件转换后 Zn、Pb、Fe 和 Ba 的水平和垂直变异函数模型示例。请注意，次级和三级变量表现出相对较高的块金效应，这可以用对每个分类分别进行转换所带来的独立性加以解释。

然后分别对 7 个变换后的变量进行序贯高斯模拟。为每个域中的每个变量总共生成了 40 个现实。只对属于特定岩石类型的块进行了模拟，然后将每个现实转换回原始的数据单元。每个模拟现实的逆变换也是有条件的。例如，铁的逆变换取决于锌和铅的模拟值。

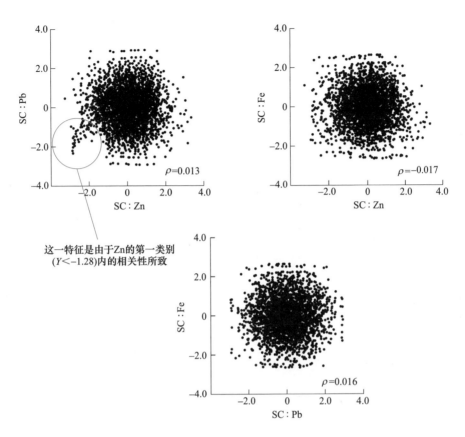

图 14.41 Zn、Pb 和 Fe 的逐步条件变换变量之间的散点图。首先转化 Zn，再将 Pb 调整转化为 Zn，最后将 Fe 条件转化为 Zn 和 Pb

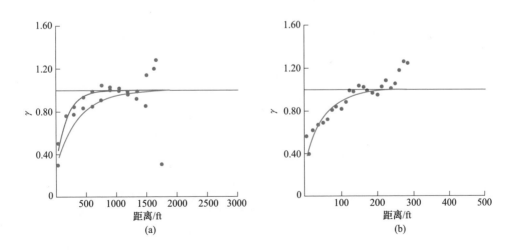

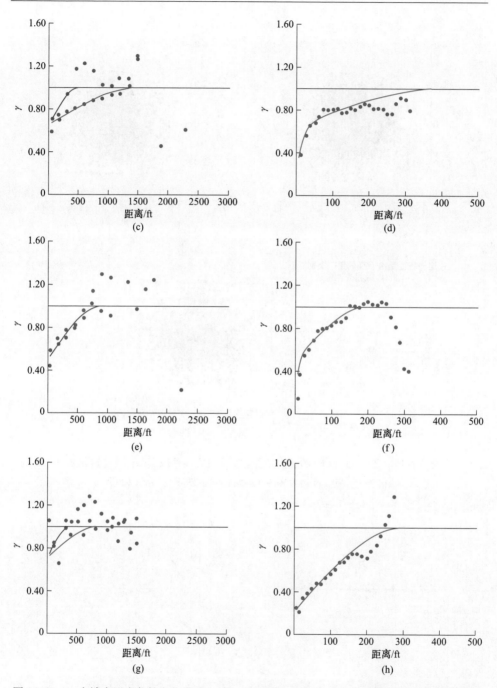

图 14.42　一个域内逐步条件变化后 Zn、Pb、Fe 和 Ba 的水平（左）和垂直（右）变异函数
（a）SC、Zn 的水平变异函数；（b）SC、Zn 的垂直变异函数；（c）SC、Pb 的水平变异函数；
（d）SC、Pb 的垂直变异函数；（e）SC、Fe 的水平变异函数；（f）SC、Fe 的垂直变异函数；
（g）SC、Ba 的水平变异函数；（h）SC、Ba 的垂直变异函数对模拟进行了全面检查，旨在确保以下重现：（1）在各自位置的组合值；（2）直方图和相关的汇总统计信息；（3）逐步变换分数在高斯空间中的变异函数。对于这个多变量模拟，还检查了多变量之间的关系。然后将所模拟模型放大到 25 ft×25 ft×25 ft 的块体，以便与现有的长期模型进行比较。

图 14.43 显示了模拟再现的散点图与 25 ft 组合样的散点图以及现有的长期资源模型的比较。一般而言，模拟结果再现了 3 变量的关系与 25 ft 组合样具有可比较的变异性。现有长期模型的对应图显示了类似的双变量关系，但变异性明显降低。回想一下，正是多种元素之间的这种可变性影响了 Zn 的回收率，也提供了进行这样一个案例研究的动机。

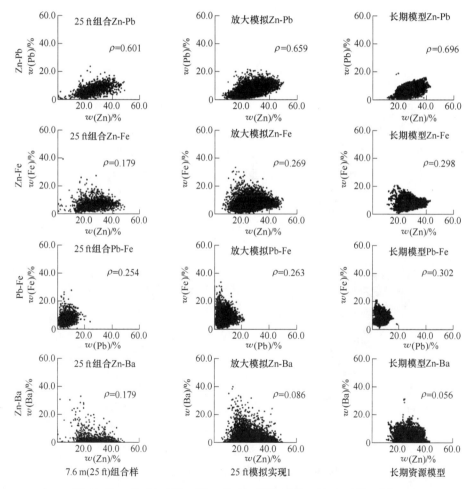

图 14.43　Zn-Pb（第一行）、Zn-Fe（第二行）、Pb-Fe（第三行）、
Zn-Ba（底行）的多元特征再现比较。左列为采用 25 ft 组合样的散点图，
中间为放大后的模拟结果，右列为可用的长期资源模型

当所有的模拟模型都按岩石类型生成并验证后，通过合并每种岩石类型的模拟属性，得到每个变量的单一现实。通过这些多重现实（图 14.44），可以评估任意位置和/或域的不确定性。

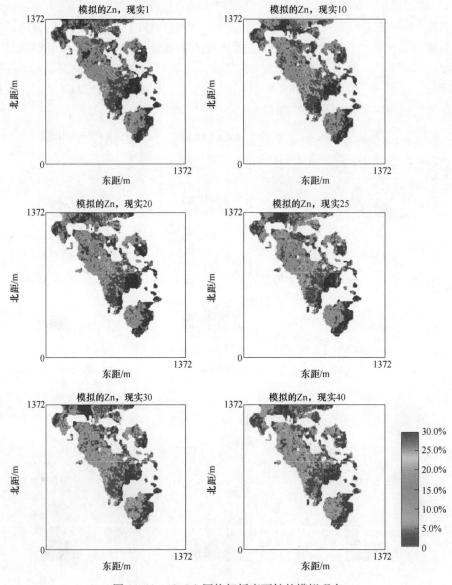

图 14.44　12.5 ft 网格解析度下锌的模拟现实

14.4.3　利润比较

在实践中，是利用普通克里格法对多个变量进行独立估算，与传统的克里格方法相比，利用逐步条件变换来处理多元模拟方法的影响是很有意思的。请注意，这种做法只是出于说明的目的，价格和回收率函数已大大简化了这种具体的比较。

其思想是应用一个利润函数来为红狗矿获取一个真实的利润数据集。参考数据的子集将被提取出来，并用于通过克里格和模拟对品位进行建模，利润函数将被应用于这些品位模型。根据每种方法的预期利润，模型中的每个位置将被划分为矿石或废石。每个位置的真实利润是已知的，因此就可以计算出每个模型的利润差。

14.4.4　利润函数

为了考虑锌和铅的品位、回收率函数和金属价格，开发了一个简单的利润函数，考虑了钡和铁对锌回收率影响的扣减函数，铅回收率被认为是恒定的。

由克里格和模拟模型提供金属品位。根据 Teck Cominco 的财务报告，计算了锌和铅的金属回收率，作为红狗矿的 5 年平均回收率（1998~2002 年）。锌回收率为 83.6%，铅回收率为 58.7%。用以模拟铁和钡对锌回收率影响的扣减函数（从 0 到 1.0 的递减函数），被用来确定一个乘数因子，使锌的最大回收率为 83.6%。这样，高铁或高钡含量会导致锌回收率的降低。锌的价格为 680 \$/t，铅的价格为 380 \$/t，这两个价格都是根据 2003 年伦敦金属交易所的金属价格近似计算出来的。为了获得约 50% 的矿石和 50% 的废石分类，每吨开采成本是折中选定的。

14.4.5　参考数据

爆破孔（BH）数据的密度和数量足以作为参考数据集。只对一小块区域建了模，选择在边缘区域，在这些区域根据模型对矿石/废石进行的分类会产生最大的影响。

图 14.45 为 850 台阶 400 ft×400 ft 区域内可用的爆破孔数据，以及从该区域提取的数据子集。现有数据由 532 个锌、铅、铁和钡的爆破孔样品组成，从这个数据集中，选择了 25 个样，按照 100 ft×100 ft 的理论间距分开，以代表勘探数据，这与红狗矿可用的钻孔数据相一致。该数据子集用作克里格和模拟的条件数据。

14.4.6　建模

模型网格选取为 10 ft×10 ft×25 ft，与爆破孔数据的 10 ft×12 ft×25 ft 间距相似。总共建模 1600 个网格点。此外，使用 532 个爆破孔参考数据计算并拟合了两种方法的变异函数。这就过滤了由于缺乏数据而导致的差的变异函数推断不佳的影响。

对原始数据计算了克里格变异函数，计算了逐步条件变换后的数据的模拟变异函数并进行了拟合。在这两组变异函数中，一个明显的趋势来自延伸到 1.0 的

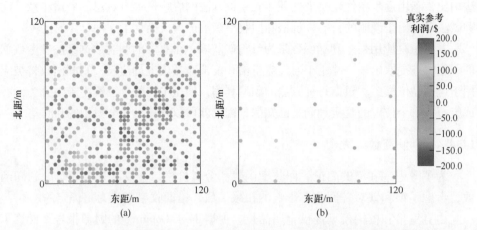

图 14.45 参考 BH 数据 (a) 和取样 BH 数据 (b) 用于比较模型方法的位置图

基台值之外的试验点。这并不奇怪，考虑到该域被有意选在矿石和废石的过渡带之间，因此从低品位到高品位的趋势是可以预测的。由于面积相对较小，本书未进行趋势建模。

对于克里格法，利用普通克里格法独立估算各变量。对于模拟，采用序贯高斯模拟方法，对逐步条件变换后的变量进行独立模拟，生成对品位模型的 100 个现实，并随后将其逆变换到原始的数据单元。

14.4.7 结果

通过在模型中的每个位置应用利润函数，对这些品位模型进行处理。虽然通过模拟可以获得 100 种利润现实，但矿石/废石分类是基于通过计算每个位置的利润预期值而得到的预期利润图。图 14.46 为通过模拟和克里格得到的利润图。

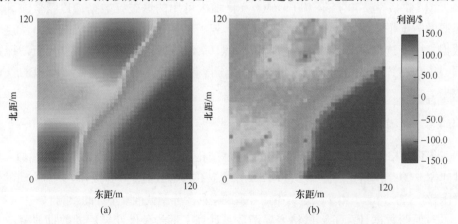

图 14.46 由克里格 (a) 和模拟 (b) 得出的矿石/废石分类利润图

虽然对 1600 个位置进行了建模，但只有 532 个点对应的位置有真实数据，可以进行比较。在这些地方，真实利润是已知的。通过克里格和模拟得出的期望利润模型被用来把 532 个位置划分成矿石或废石。图 14.47 显示了 532 个位置的矿石/废石分类从真实参考数据到克里格和模拟方法的比较。总的来说，这两种方法都清楚地显示了废石和矿石区域，被错误分类的块相对较少。

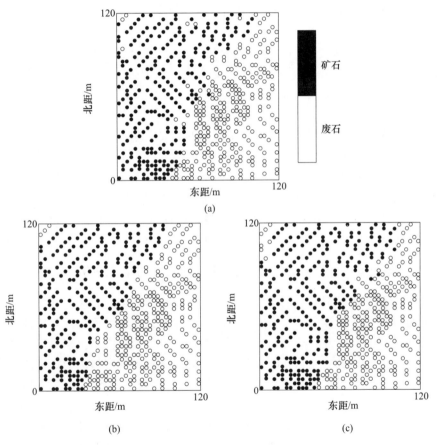

图 14.47 真实矿石/废石分类比较（a），在数据位置的克里格分类（b）和模拟分类（c）

表 14.18 显示了根据克里格和模拟两种方法对矿石/废石分类，相对于真实分类的汇总。表 14.18 表明，克里格方法总共造成 7% 的块被误分类，而相比之下模拟法的误分类为 6%。从实际利润来看，251 块（实际数据的 47%）被分为矿石，模拟结果对 98% 的块进行了正确分类，而克里格法对 90% 的块进行了正确分类。

表 14.18　克里格和模拟矿石/废石分类相对于真实分类的汇总

克里格法			模拟法		
分类	矿石	废石	分类	矿石	废石
矿石	225	11	矿石	246	27
废石	26	270	废石	5	254

　　对于那些被划分为矿石的块，将根据每种方法划分的矿石所开采的利润，与789 万美元的实际利润进行了比较。比较结果表明，模拟方法产生了 728 万美元的利润，而克里格产生了 706 万美元的利润。虽然对于在一个台阶上相对较小的域内这些利润值显得很高，但是利润相对百分比的增长才是关键结果。相对于克里格方法所获利润为实际利润的 89%，多变量模拟结果可获得 92%的实际利润。在实践中，如果考虑更大的面积和多个台阶，这 3%的差异可以转化为数百万美元的利润增量。

　　传统的高斯协同模拟方法足以解决简单的多元问题。然而，由于红狗矿矿床的复杂性，这些普通方法是不够的。在多个域内的多种金属品位的可用性，需要考虑这些品位之间的关系，以及这些关系从一种岩石类型到另一种岩石类型的变化情况。这里显示的方法是为了明确地解决这个关键问题而设计的。因此，得到的模型不仅再现单变量数据及其空间变异性，而且综合考虑了不同域内不同金属/矿物之间的多元关系。

14.5　不确定性模型与资源分类：Michilla 矿的案例研究

　　地质统计学的模拟，为采矿项目的不同阶段和不同类型的风险评估提供了一个不确定性模型。模拟已用于日常生产的品位控制、在项目可行性阶段评估可回采储量的不确定性以及在某些情况下评估矿化潜力。其他应用包括可回采储量估算、资源和储量分类以及钻孔间距优化的研究。所有条件模拟的大规模应用，都希望从一个不确定性模型中受益，该模型描述了在数据中观察到的可变性及其对所评估过程的影响。

　　在本案例研究中，通过更传统方法导出的资源分类与模拟模型中得到的概率区间进行了比较。资源分类是服务于一项公开披露的工作，因此需要考虑大数量。它是全矿区性的，它们不应被用于在局部范围内提供技术性解答，例如对采矿进度计划的风险评估。本案例研究考虑了两种不同的开采方法（露天开采和地下开采），这意味着可回采储量的估算是基于不同的选别开采单元（SMU）。针对这些不同的选别开采单元所导出的概率区间，与用于报告资源量和储量的操作的分类方案所建立的不确定性模型进行了对比。这项研究对采矿计划内无法达到的预测矿量和品位的风险进行了评估，采矿计划只是基于对探明储量和控制储量块的选择。

为了更好地理解本案例研究的动机，应该强调资源量分类方案的几个方面。

（1）资源量分类是为了对资源陈述的可信度提供某种度量。从这个意义上说，它是一个全局性不确定性模型。从条件模拟模型中推导出概率区间，也可以得到同样的结论。

（2）在内部，矿业公司有时把资源量分类误作为风险评估工具使用，尽管在地质学家、矿山规划人员和矿山管理人员之间，做法有很大区别，这源于逐块使用资源量分类代码的诱惑，或者是在比所确保范围更为局部的范围之内。

（3）尽管存在可以使资源量分类过程看起来客观的规范和指南，但是对任何给定矿床，评估人员还是会采用不同的资源量分类办法。管理层对风险的看法可能会有所不同。对所使用的资源量分类办法的应用，以及如何在采矿计划和所预测现金流量中注入不同程度的置信度，技术人员通常会有不同意见。

这种对资源量分类方案的目的和意义普遍缺乏理解的情况，可以通过使用不确定的地质统计模型加以缓解。虽然它们不是客观的，但对矿床每个特定块、特定阶段、特定域或地质范围所预测的不确定性的更详细描述，允许人们更好地理解和利用所实施的分类方案。

此外，对于诸如探明类与控制类有何不同，或探明是否意味着零误差，或者 A 区的探明（资源量）与 B 区的探明（资源量）有何不同？这样一些基本的问题可以有一个量化的答案，正如模拟模型提供的那样。

14.5.1 Lince-Estefanía 矿

Lince-Estefanía 矿位于智利 Antofagasta 以北约 120 km 的同名地区内。该矿山由 Minera Michilla S. A 经营，截至 1999 年，该矿山每年从露天矿山（Lince，使用 10 m 的台阶高度）和地下矿山（Estefanía，大部分采用分层高度 5 m 的充填采矿法）年生产 5 万吨电解铜。该矿海拔约 900 m。

该区地质条件显示出一个非常明显的层状-火山层序，称为拉内格拉（La Negra）组，区域性地层向 NW 倾斜 30°，由一系列不同特征的安山岩和火山角砾岩组成。安山岩从隐晶岩到斑岩变化，与火山角砾岩相互混杂。成矿作用赋存于该火山岩序中，其中多孔角砾岩是最有利的成矿母岩。

所形成的矿化体（平卧矿体）呈椭球形，矿体规模和品位多变，总体上与层理一致。很难预测每个平卧矿体的位置、大小以及品位分布。一般来说，平卧矿体很小，有 4~5 m 厚，长和宽最多 40 m 或 50 m，许多还不到 25 m。矿化主要为氯铜矿，一种铜的氢氧化物，部分为硅孔雀石，以及深部的硫化铜矿化、辉铜矿、铜蓝、斑铜矿和黄铜矿。平卧矿体之内的品位，通常全铜（TCu）为 1%~5%，最高为 10%。铜选冶厂的入选品位为铜 1.6%。按照 0.5% 的边际品位，1999 年后期公布的资源量大约为 6300 万吨，全铜品位为 1.44%，可溶性铜（SCu）品位为 0.86%。这些资源分布在不同的地区和不同的深度，包括到目前为止所有钻孔控制的资源。

矿床内的主要分区被划分为适于露天开采（Lince）和地下开采（Estefanía）的区域。此外，露天矿内还有 Lince、D4 区、Hilary 等几个采区。在地下矿井中，（采矿）域由开采顺序划分，并使用字母和数字来命名，如 A1、B2、D3 等。露天矿和地下矿至少有 17 个值得关注的域。按照 1999 年 JORC 准则对资源进行了分类，结果约 21% 的资源量被划分为探明资源量，64% 被分类为控制资源量，其余 15% 被分类为推断资源量。

2000 年初完成了加密钻探作业，更新了现有的钻孔数据库。对地质模型进行了更新，得到了新的资源块模型。利用多重指标克里格法得到品位模型，并对每个块进行 e 类型估算。在完成资源模型以及划分为探明、控制和推断类（资源量）之后，建立了一个条件模拟模型，以便对不确定性和风险进行评估。该条件模拟模型为序贯指示模拟模型（SIS）。

该模拟模型着重于未来 5 年（露天矿山和地下矿山）将要开采的域和时段。对所模拟的现实进行了重新分块，并将其分配给资源模型中使用的相同块体。这就允许在两个模型之间进行直接比较，并将不确定性模型分配给预测品位。图 14.48 是 Minera Michilla 公司总体工作流程的示意图。

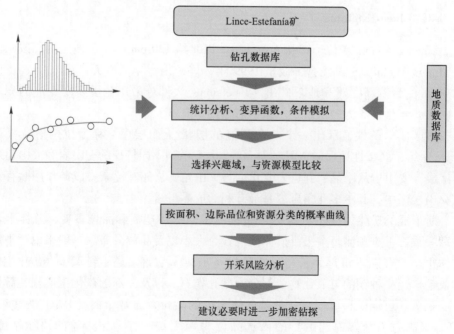

图 14.48　Lince-Estefanía 矿的工作流程示意图

14.5.2 不确定性模型的建立

地质模型包括矿化包络体的定义，规定全铜品位为 0.1%。矿化包络体的目的是确定矿化可能存在的体积，在这个体积之外，没有矿化。从这个意义上说，这是一个地球化学类型的边界，其目的是避免克里格过程对无品位域的高估。这是必要的，因为矿化体可能由于成矿后的断层而突然终结，或者也可能没有任何明显的原因。这个相同的包络体被用作划定模拟模型的总体体积的外部硬限制。

此外，还确定了 3 个主要地质单元（实际上是岩性分组），在品位估算时用这些单元来定义估算域。这些单元为火山角砾岩（一般矿化）、安山岩（可能矿化，但一般为贫矿或矿化不良的平卧矿体）和侵入岩（包括构造角砾岩）。侵入岩体大多为贫矿，但偶尔也有明显的矿化。

利用 5 m 长的孔内组合样对资源进行了估算和模拟。根据解释的地质单元对组合样进行标记，并根据地下和露天矿所要求的选择性选定组合长度。就露天矿场而言，虽然名义上的台阶高度为 10 m，但作业的方式是清理平卧矿体周围的废石区，有时在必要的地方要开采部分 5 m 的台阶。爆破孔取样在半个台阶处，即在 10 m 台阶上每钻一个孔就有两个 5 m 的炮孔样。这些 5 m 的炮孔数据用于露天矿域（Lince），以改进变异函数模型的定义，并在采空区和当时接近当前地形表面的地方，更好地进行条件模拟。

序贯指示模拟（SIS）技术需要确定指示阈值来离散原始品位分布。这些指示值的定义在估算模型和模拟模型中是一致的，包括以下指示类别 [$w(\text{TCu})$]：0 ~ 0.19%、0.2% ~ 0.49%、0.5% ~ 0.79%、0.8% ~ 0.99%、1.0% ~ 1.19%、1.2% ~ 1.49%、1.5% ~ 1.99%、2.0% ~ 2.99%、3.0% ~ 4.99%、5% ~ 6.99%、7.0% ~ 9.99%、大于 10.0%。使用最后一个分组的中位数，获得每个分组对应的解丛聚分类均值，以避免对高品位部分高估（特高品位处理）。

14.5.3 TCu 和按地质单元的指示变异函数

该指示方法要求对上述定义的 11 个阈值，每个都获得一个指示变异函数模型。此外，每个地质单元以及矿床中的每个分带或域应考虑一套指示模型。因此，每个矿床分带总共需要 33 个指示变异函数模型。此外，为了进行变异函数建模，定义了 3 个主要的域（Lince、D4 和 Hilary 组合、Estefanía），最终得到 99 个用于资源估算和条件模拟模型的变异函数模型。关于这些变异函数模型的一些观察结果如下。

（1）用于资源估算的变异函数模型与条件模拟模型所需的变异函数模型相同。也就是说，这部分工作（与所有其他需要的统计工作一样）只完成一次，即可同时用于资源量估算和条件模拟模型。

（2）与预期一样，低指示阈值（废石或低品位值）的变异函数模型比高品位阈值更连续。

（3）随着指示阈值的增大，整体空间相关性降低，比如块金效应的增大就是证明。这符合一个直观的概念，即较高品位的矿化比更普遍或品位较低的矿化具有的空间相关性较小。

（4）在不同的品位范围内，各向异性的角度和范围可能会有所不同，就像Lince-Estefanía 的情况那样。这是由于不同的地质控制对品位分布的某些部分产生不同的影响，例如某一组特定的构造控制着较高的品位。因此，为不同的品位范围建立不同的各向异性模型是完全合适的，因为它们已经得到了地质知识的验证，并将其归因于不同的矿化控制。

14.5.4　条件模拟模型

条件模拟模型是在一个 5 m×5 m×5 m 的网格上得到的，其体积建模的结果是一个有超过 4000 万个节点的模型。虽然最后并不是每个模拟节点都被保留下来，但是模型是针对整个网格运行的，虽然限制要求在得到模拟值之前，在节点附近至少有一个 5 m 的真实组合样。在得到模拟模型后，这仅局限于上述 $w(TCu)=0.1\%$ 的矿化包络体存在的域。在这个实践中，主要由于时间有限，只运行了 10 次品位现实。

该模型基于两阶段模拟。首先，用序贯指示模拟法对定义岩性组别的分类变量（火山角砾岩、安山岩或侵入岩）进行地质模型模拟。这个阶段的输出是一个模型，表示每个单元存在于给定节点的概率。由于后勤保障和时间的限制，模拟的岩性被作为先验概率分布用于条件品位估算（而不是作为品位模拟的直接条件）。

第一步的目的是将品位与岩性的关系注入模型。例如，一个火山角砾岩概率高的节点比一个安山岩概率高的节点更有可能有较高的品位。岩性与品位的这种关系，被作为各个模拟节点可能铜品位的先验分布，输入到品位模拟之中。利用 5 m 组合样的局部解丛聚统计数据，推导出矿床内每个域的先验概率模型。例如，对于Lince 标记为火山角砾岩的 5 m 组合样表明，模拟为火山角砾岩的节点，$w(TCu)<0.2\%$ 的概率为 57%。对于安山岩，相同的概率是 64%，而对于那些模拟为侵入岩的节点，相同的概率是 71%。此外，模拟为火山角砾岩的节点，$w(TCu)>3\%$ 的概率为 10%，而安山岩和侵入岩的这一概率分别为 3.2% 和 2.8%。这一信息针对所使用的每个阈值进行编译，并以先验概率分布的形式作为软信息使用。

获得最终的模拟模型所需要的第二步是使用分配给每个节点的先验品位分布，以及 5 m 组合样本身来模拟每个节点的 Cu 品位。序贯指示模拟模型使用了一个标称搜索半径为 25 m、各向异性范围内的搜索椭球体，对应于中值指示变异函数的相同方位，并应用八分区搜索。至少需要 2 个组合样来模拟一个节点，最多使用 10 个组合样和 10 个以前模拟的节点。

这些参数和其他参数适合于所模拟的矿床内每个域的特征。因此，每个模拟模型通过使用不同的指示变异函数模型和模拟参数，反映了矿床各分区的不同地质特征。

在得到模拟模型后，需要进行几方面的检查，以确保得到的模拟值具有预期的特性。例如，在平均品位、可变性等方面，验证模拟值的分布是否与原始 5 m 组合样的分布相似就很重要。图 14.49 作为示例显示了 5 m 组合样对 Lince 模拟节点的 Q-Q 图。由于这些点大致排列在 45°线上，因此组合样和模拟值的分布非常相似。其他统计检查包括直方图，以及所使用的变异函数模型的再现。

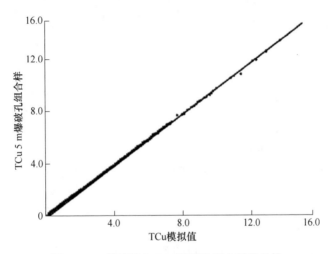

图 14.49　模拟值与 5 m 爆破孔组合样的比较

检查模拟模型是否能很好地代表品位的空间分布同样重要，就像对克里格资源模型所做的那样，输出模拟模型的剖面图和平面图进行简单的目视检查，应显示出组合样品位及其品位分布模式是否能像预期一样再现。图 14.50 显示了一个向 N-E 透视的横剖面（8 号横剖面），其中目前采坑边界以黑色线表示。在这两幅图中，可以清楚地看到用以定义模拟体积硬限制的 $w(\mathrm{TCu}) = 0.1\%$ 包络线的几何形状，就像在平面图视图中用于解释包络线的横截面的定义一样。模拟节点只能出现在所解释的包络线之内，该包络线定义了可能存在水平矿化体，因此模拟呈现为斑点状，很多区域没有任何 TCu 品位（图 14.50 中的灰色）。

14.5.5　按面积划分的概率区间

在对模拟验证和检查之后，将模型重新分块并将其分配到资源模型的相同块中，以获得相应资源估算的面积概率区间。露天矿域（Lince，D4 和 Hilary）的块

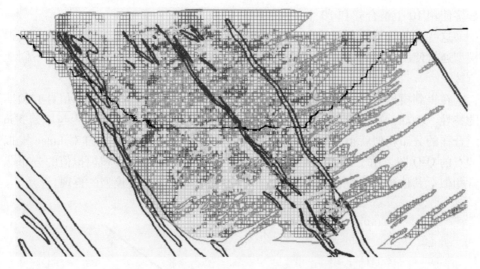

图 14.50　　Lince-Estefanía 矿 8 号横剖面，模拟编号 1

尺寸为 10 m×10 m×10 m，而地下矿（Estefanía）的块尺寸为 10 m×10 m×5 m，这些尺寸对应于每个矿山的理论选别开采单元尺寸。资源模型的每个块都有一个分类代码（探明、控制或推断的资源量）。

该模型针对 Lince 和 Estefanía 矿区内的 17 个不同分带进行了评估，这些分带对应于不同的生产域（当前的或 5 年内计划生产的）。对于每个子域，从块模型平均值得到一个估算品位，并且要从分带内每个块的 10 个模拟值的平均值获得估算品位。请注意，矿床内这些分带的定义，对应于根据现有的采矿进度计划将要开采的设计矿石量和品位。从这个意义上说，每个域的 10 个模拟组值，被用来对现有的采矿计划和预测现金流量进行风险评估，并将其与更传统的资源分类办法进行比较。

这里只讨论 17 个域中的 4 个（2 个露天矿区和 2 个地下矿区），它们对应于中期规划的范围。露天矿域是 Lince 采坑内的 D4 区和 7 号开采矿段。图中地下域为 A1 和 D1/D2 的联合域。为了方便起见，这些域都在计算机中以三维实体表示，以便用来选择感兴趣的块并计算矿量和品位。

对于处理信息和进行采矿风险分析以及提出不确定性模型，都有几个可用的选项。再次提供以下资料：

（1）根据资源块模型（图 14.51～图 14.54 中的"块模拟平均值"）得到的面积平均值；

（2）根据模拟值得出的面积平均值（如图中"模拟平均值"）；

（3）概率下限定义为模拟模型分布的 15 百分位（图中"下限"）；

（4）概率上限定义为每个块可能值分布的 85 百分位（图中"上限"）。

结果给出了 4 种不同的边际品位，$w(TCu) = 0$（或全局）、0.5%、1.0% 和 1.2%。用 $w(TCu)$ 表示结果，上、下概率极限的情况是这样，即真实值位于这些极限值之内的概率为70%。此外，除了总资源量（包括推断资源以及前两种资源）之外，对于每个域，都按资源量分类类别（探明和控制）给出结果。图 14.51~图 14.54 所展示的就是这些结果。

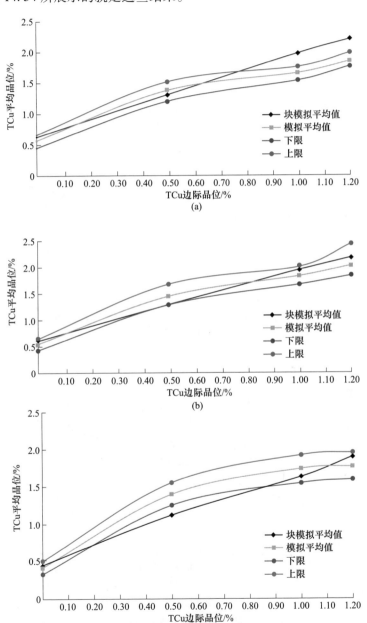

图 14.51 7 号区段（Lince）资源量

（a）探明资源量；（b）控制资源量；（c）推断资源量

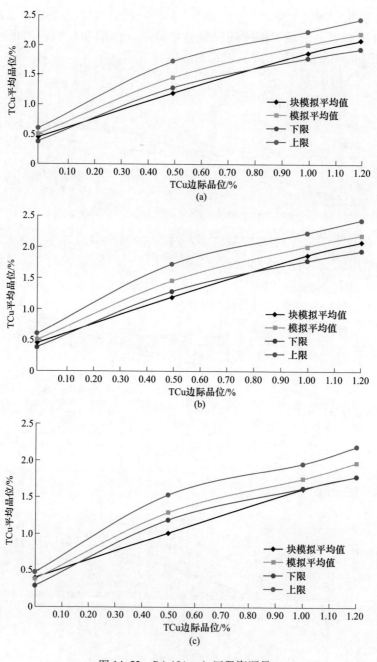

图 14.52　D4（Lince）区段资源量

（a）探明资源量；（b）控制资源量；（c）推断资源量

结果是通过对每个域的体积加权得出的。换句话说，首先得到每个边际品位和分类的金属量，并由此得出图 14.51~图 14.54 所示的品位。

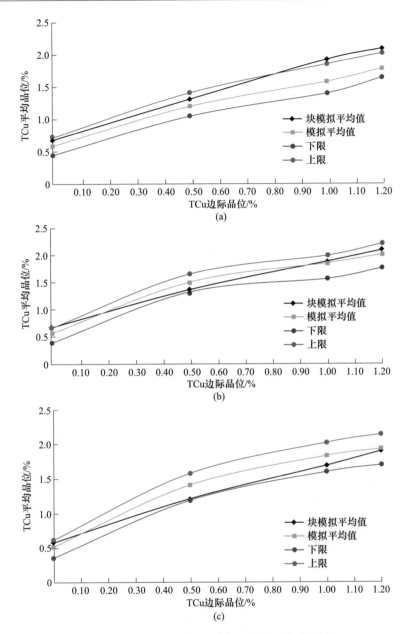

图 14.53 D1/D2 区段（Estefanía 填充法）资源量

(a) 探明资源量；(b) 控制资源量；(c) 推断资源量

14.5.6 结果

除了下文所述各域的具体结论外，以下是一些更重要的总体观察和结论。

（1）在大多数地区，模拟的平均品位与资源模型的平均品位有所不同。这

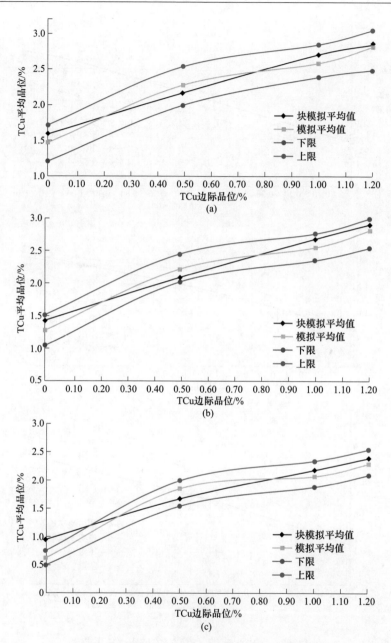

图 14.54　A1 区（Estefanía，填充法）资源量

（a）探明资源量；（b）控制资源量；（c）推断资源量

是加入每个模型内部贫化率不同的结果，请注意平均值在边际品位为 0 处更接近。可回采储量的问题最好通过条件模拟来解决，而不是对应用于多重指示克里格模型的支持模型进行更传统的更改（第 7 章；参考文献［14］［25］）。

（2）模拟模型得到的概率区间与期望值不对称。没有理由要求期望值一侧的误差概率，必须与另一侧的误差概率相同。

（3）期望值（根据资源模型）有可能超出定义的概率极限（P_{85}，P_{15}）。出现这种情况是因为模拟模型是独立于估算模型获得的（即使应用了相同的随机函数），并且在考虑边际品位（条件统计）时更有可能是这样。

（4）对每个所分析的边际品位，概率区间是不同的。它也不同于探明、控制和推断的资源量。一般来说，较高的边际品位会导致较大的概率区间（如比所预期更高的不确定性和风险），对于探明、控制和推断的资源量之间的差异也可以这样说。

（5）在分析局部域内的不确定性和风险时，探明、控制和推断的资源量分类不是很有用。例如，一个域内的探明类与另一个域内的相同探明类具有不同的不确定性。其原因是，资源量分类方案通常是在全局基础上制定的，充其量只适用于长期风险评估。条件模拟模型表明，将资源量分类方案用于局部风险评估是不合适的。也就是说，某个块在长期环境中可能被分类为探明类，但当考虑到较短的生产周期时，它甚至可能连控制类都不是。

（6）当以概率的术语来描述时，不同地区的资源量分类类别显示出显著的可变性。例如，7 号区段的探明资源量（TCu 边际品位为 0.5%）显示 70% 概率区间在资源模型品位的 −8% ~ +16%（总宽度为 24%），而对于域 D1、D2 相同的探明资源量在资源模型品位的 −20% ~ +8%。在一个域内被称为探明类，具有某一给定的概率区间，在另一个域内可能会具有显著不同的概率区间，但仍被称为探明类。由于局部地质差异、矿化控制的额外复杂性和钻孔控制的局部差异，这种情况是可以预料的。

其他特定域的说明如下。

（1）7 号区段［Lince，图 14.4（a）~（c）］：模拟模型预测，对于边际品位（兴趣成分的边际品位）TCu 低于 0.7% 的情况，块模型是保守的（也就是说有提高的可能），而对于 TCu 边际品位高于 1.0% 情况，则反之亦然。对于所考虑的每个分类类别都是如此，尽管对于推断资源量更是如此。TCu 在边际品位为 0.5% 处，被划分为探明类的块，在预测资源模型品位的 +16% ~ −8% 之内。控制资源量在预测品位的 +30% ~ 0 范围之内。推断资源量的概率上下限在预测资源模型品位的 +12% ~ +39% 范围内。模拟模型的品位-吨位曲线在当时是一个主要问题，因为似乎是在边际品位较高时，资源模型会预测更高的品位。这个问题最终通过加密钻探得到了解决，并且正如条件模拟模型所预测的那样，高品位分布变得平缓了。

（2）D4 区段［露天矿，图 14.5（a）~（c）］：模拟模型对块模型保守的所有边际品位进行了预测，尽管对于较高的边际品位，块模型显然并没有那么保守。在探明类别和控制类别之间，上限和下限的宽度有明显的差异［图 14.5（a）（b）］，对于推断资源量更是如此［图 14.5（c）］。

（3）D1/D2 区段［地下矿，图 14.6（a）~（c）］：在地下开采域，所要考虑的边际品位较高，为 1.0%。因此，与露天矿相比，资源模型显得较为乐观。在研究当中，这一地区的大部分资源在重要加密钻探早已设计好之前被分类为控制资源。这些资源在边际品位为 1.0%处的概率区间为−17%~+6%，即根据模拟模型，实际品位可能比预测品位低 17%，也可能高 6%。

（4）A1 区段［地下，图 14.7（a）~（c）］：在该域，模拟模型的平均值对所有分类都给出了较低预测品位［在 w(TCu)= 1.0%处］。请注意，与所讨论的其他域相比，这一域的品位一般较高，并注意到这一域的大部分资源都是控制类。然而，对于控制类，所预测资源模型品位的概率区间为+3%~−12%，这意味着与其他三个域相比，该域的品位分布变化较小。

从一个模拟模型中可以得到的信息量，要比这里所给出的大得多。作为与本书所提供的类似分析的结果，采取了加密钻探工程、矿山协调因素以及其他风险缓解措施，以确保能够达到所预测的入选矿石量。

此外，技术人员和管理人员具有更好理解资源量分类方案的结果及其意义的手段。对于传统的资源量分类，这些详细的分析都是不可能的，所以用基于条件模拟模型的概率分析，来支持传统的资源量分类是合理的。

14.6 圣克里斯托鲍尔矿（San Cristóbal）的品位控制

露天开采矿山日常生产中最重要的任务是选择矿石和废石。这个品位控制过程可以是一个简单的矿石/废石决策，也可以是一个更复杂的过程，因为可能有不同的目的地或储矿场以及不同的配矿要求。

完美的选择，也就是说，在决定开采出的每一吨物料的去向时不会出错，是不可能的。采样误差、估算误差、有限的信息或错误的信息以及操作上的限制和错误，都会导致矿石的损失和贫化，进而造成经济损失。在极端情况下，这些损失可能严重到危及企业的盈利能力。糟糕的控制甚至可能会导致企业倒闭，例如巴西马托格罗索州的 São Vicente 矿在 20 世纪 90 年代中期的情况。几位研究人员已经完成了关于矿山失败和未能实现预期目标的研究，例如澳大利亚的 Burmeister 和加拿大经营的 Knoll、Clow。在许多情况下，未达预期的原因是资源量估算不当和缺乏品位控制。最小化矿石损失和贫化对一个成功的企业至关重要，因为每一个错误都让从采坑中回收的理论最大矿量打折扣。这里讨论的圣克里斯托鲍尔矿，即将被列入令人不快的失败企业名单，直到品位控制方面的改善使该矿得以好转。

在露天矿中，通常很难在装载前准确地确定开采边界的位置，特别是在很少或没有视觉标志的地方。常用的品位控制方法包括简单的炮孔品位目视观察、任意形状平面炮孔平均法或多边形方法的某些形式。近年来，有几种克里格法已经得到了认可，包括普通克里格法和指示克里格法。甚至近几年来，基于条件模拟和经济优化的品位控制方法也得到了一定的普及。

基于条件模拟的方法可能比包括克里格法在内的更传统的品位控制方法更好，（1）矿石和废石混合在一起时，在没有留下未回收矿石炮孔的情况下，很难识别扁豆状矿体。类似地，可识别的矿石扁豆体内可能有大量的废石。（2）没有肉眼标志。即使确认了较高品位的控制构造，也不能保证它们已矿化。（3）品位的变异性显著。

这里提出的圣克里斯托鲍尔案例，说明了实施基于模拟的品位控制方法的一些实际问题。根据生产数据、矿山与选厂的协调数据和现金流分析来评价该方法的益处。圣克里斯托鲍尔是一个现已枯竭的中型露天金银矿，每天处理约 10800 吨矿石，品位约为 $w(\mathrm{Au})=1\ g/t$、$w(\mathrm{Ag})=4\sim6\ g/t$。该矿按 5 m 高度的台阶进行开采作业，利用炮孔进行爆破，并从采坑中采集品位样品，样长约为 4.5 m，取样范围覆盖整个 5 m 高的台阶。每天都要钻孔、取样并装药，通常每天一次爆破 300~400 个炮孔。矿石经三段破碎后进行堆浸，富集后通过 6 个活性炭吸附柱回收金、银。最后生产出含金 27%~30% 的金银锭。在采用新的品位控制方法之前，该矿每年生产黄金约 65000 oz[●]。

14.6.1　地质背景

金的矿化非常不稳定，高度偏斜的分布使得品位建模和资源/储量预测在任何尺度上都很困难。金、银矿物与次火山岩侵入有关，主要由流纹岩、角砾岩、石英-长石斑岩和偶尔的英安岩脉组成。蚀变是斑岩侵入体的典型特征，从中部的钾化蚀变到以阳起石和绿帘石为特征的过度蚀变带，再到外围的青盘岩蚀变晕，形成蚀变分带。还发现了一种不同的绢云石英岩蚀变，叠加在这些蚀变上，与岩脉和明显的剪切构造有关。

矿化发生在不连续的构造之内，北到北西-南东方向，位于南北受两个剪切带限制的扩展带内。矿化构造的宽度一般为 0.1~1.0 m。金赋存于石英-黄铁矿共生矿物中。当构造将更有利的岩性如角砾岩截断时，金矿化似乎也会浸染到母岩中。

地质情况得到了很好的解读，但对金、银矿化的发生有直观指示的标志很少。脉状体的存在并不能保证金的赋存，也不是所有的金都严格地局限于网脉状裂隙中。从 1991 年（该矿投产时）至 1994 年中期取得的短期和长期生产调度数据很差。长期采矿规划的估算方法最初是普通克里格估法，通过地质包络体和品

[●]　1 oz（盎司）≈28.35 g。

位包络体的使用加以控制。使用多重指示克里格法代替普通克里格法后，取得了显著的改善，但仍然受到低品位包络体的限制。但它也确定，所采用的品位控制方法正在丢失大量的黄金，并加大了废石处理量。这是由于难以绘出含有均质矿带的盘区。为了解决这一问题，设计了一种结合经济优化的条件模拟方法，进行了测试并付诸实施。

14.6.2　最大收益（MR）品位控制方法

条件模拟可提供条件概率分布，结合相关的经济参数，可以将由于不完全选择造成的损失降到最小。不完善的露天坑选择和错误的分类经常发生，本方法的主要目的是使经济损失最小化，这种优化是基于一组经济参数和一次爆破中每个节点存在矿石的概率得以实现的。最大收益品位控制法（MR）将损失函数作为决策的基本工具。最大收益法需要两个基本步骤。

（1）获得一组条件模拟，给出爆破中某一特定点位的不确定性模型。

（2）执行利用损失函数的经济优化过程。其目的是获得经济上最优的矿石/废石选择。损失函数对每个可能决策的经济后果予以量化，从而使损失达到最小，参见第12章、第13章及参考文献［11］。

该模拟模型以炮孔为基础，每日运行该流程。在实施最大收益法之前，通过详细的取样异质性研究，已经讨论了爆破孔取样、样品制备和分析的质量问题。所实施的程序和规程被认为实现了爆破孔取样误差方差15%的目标。

圣克里斯托鲍尔露天矿的条件模拟建立在 1 m×1 m×5 m 的网格上，采用序贯指示克里格法。控制矿石结构的取向和转变，要求将数据分成不同的组。为了在模拟中控制特高品位并正确地重现观察到的变异性，需要对高品位组进行评估。

根据炮孔数据建立了指示变异函数，优化了多个模拟参数。这包括使用的最小数据值和最大数据值、最大允许模拟值、所用调整数据的最大数目，以及各向异性的搜索距离。对照原始数据，对条件模拟模型进行了验证。图 14.55 显示了对 2345 m 标高所获得的 4 个条件模拟。

在品位控制中，选择决策（哪些是矿石，哪些是废石）必须基于品位估算值 $z^*(u)$。由于每个位置的真实品位值是未知的，因此就可能出现错误。损失函数 $L(u)$ 为每一个可能的误差附加一个经济值。通过在每个模拟节点上，对一组等概率模拟品位值（条件概率函数）应用损失函数，便可找到期望的条件损失。

然后，通过简单计算品位估算的所有可能值的条件期望损失，并保留使期望损失最小的估算值，就可以找到最小的期望损失。如 Isaaks 所述，在品位控制中，期望条件损失是一个阶梯函数，其值取决于经营成本和误分类的相对成本。这就意味着预期的条件损失只取决于估算值 $z^*(u)$ 的分类，而不取决于估算值本

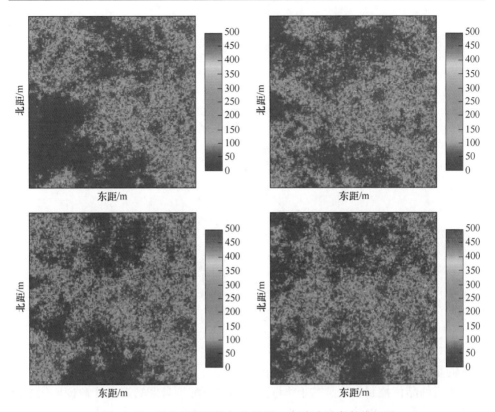

图 14.55　圣克里斯托鲍尔矿 2345 m 标高台阶条件模拟图

身。例如，当某一块矿石适合浸出，而被送到选厂时所产生的损失，是浸出和选厂之间加工成本差异的函数。当然，它也依赖于真实的块品位，而不是所估算的块品位值本身。

以这种方式最小化损失，可能与最小化第Ⅰ类（假正值）和第Ⅱ类（假负值）错误有关（图 14.56）。在正偏态分布中，只有一小部分岩体是经济的，而正偏态分布是贵金属、贱金属等具有较高内在价值的矿物的特征。这就意味着犯下第Ⅰ类错误（把废石当作矿石）或第Ⅱ类错误（把矿石当成废石）是不一样的。该方法的关键区别在于该过程不一定能使品位估算误差最小，而是使这些误差导致的经济后果最小。

14.6.3　最大收益法的实施

之所以启动这项工作，是因为多年来企业的品位和矿量调控都很差。用于矿山长期规划的块体模型被认为是造成这一问题的原因。经数次尝试对资源模型进行改进，最后认为多重指示克里格模型是钻孔数据和地质理论所允许的最好模型。然后将重点转向了品位控制，因为在圣克里斯托鲍尔的矿化变化，是对日常

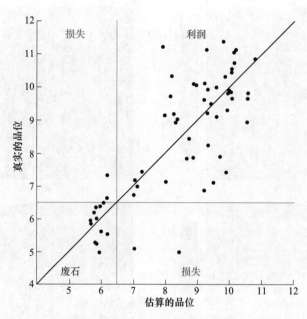

图 14.56　品位控制中的误分类

作业的重大挑战，决定了其运营盈利能力。

现有的品位控制方法是基于将爆破孔品位分配给盘区。爆破孔被按比例绘制在图上，然后，矿山技术人员根据每个炮孔观测到的品位绘制多边形，再靠视觉确定要开采的矿石域。这些画有多边形的图纸要转给测量人员，测量人员会在采坑中标定出矿石区和废石区，以便操作工装运。预测盘区平均品位，就是计算盘区内所有炮孔品位的简单算术平均值。加入 1 m 或 2 m 的贫化带，通过对周围炮孔取平均值而估算其品位，然后用矿石带和贫化带的面积加权平均值来估算多边形的整体品位。

这里所述的案例研究详细说明了 1995 年 3 月~1996 年 3 月共 13 个月评价期间，对品位控制方法所引入的变革。品位控制的所有其他方面，包括炮孔取样、数据库创建、爆破工作、现场标定和作业施工，都没有受到品位控制方法变化的影响。

最大收益法是利用爆破孔数据获得爆破模拟。这些模拟是使用定义为营业利润的损失函数来处理的：

$$损失值 = 实际值 - 潜在值$$

通常以每吨矿石为单元表示的收益方程为：

$$利润 = 价格 \times 冶金回收率 \times 金品位 - （选冶成本 + 一般管理费用）$$

收益函数应该至少包括选冶成本和分摊到企业的一般管理费用（G/A）。有些矿业公司将其他费用，如资本置换和折旧费或开发勘探或找矿勘查成本分摊给矿山。这就人为地抬高了盈亏平衡的边际品位,如果选厂的产能有限,这可能是适当的。一般来说,采矿成本不应包括在内,因为不管目的地如何,爆破后的物料都必须搬运,也就是说,这属于沉没费用。只有当不同目的地(废石和矿石)的运输成本有差异时,才应出现差别采矿成本项。

根据可替代物料目的地,可以建立一个矩阵。在这种情况下,只考虑了废石和浸出矿石。因此,得到一个 2×2 的损失函数矩阵。可以简单直接地将这个矩阵扩展到多个目的地,如选厂和储矿场。误分类矩阵将每个可能的错误的成本,以美元为单位予以量化。表 14.19 列出了与矿石和废石目的地相对应的最简单的可能损失函数,该函数在圣克里斯托鲍尔矿使用。

表 14.19　损失函数 ($/t)

名　称	真实品位为废石	真实品位为矿石
估算品位为废石	$A_{11} = 0$	$A_{12} = -$ 一般管理费 $-$ (浸出收益 $-$ 生产成本)
估算品位为浸出矿	$A_{21} =$ 废石收益 $-$ 生产成本 $-$ 一般管理费	$A_{22} = 0$

表 14.19 中的对角线单元格为 0,因为在这些情况下所做的决定是正确的,即没有损失。单元 A_{21} 表示当废石被送往处理设施时所产生的损失,在本例中是浸出堆。潜在利润为负值,是因为真实的品位为废石,应该纳入的唯一费用是采矿的管理费用,由于废石的处理给潜在的营业利润增加了损失。单元 A_{12} 表达了这样一种情况,即矿石物料被送到了废石场。潜在利润就是如果做出正确的决定本可以获得的收益。在这两种情况下所造成的损失,就是考虑实际成本和机会成本的亏损数额。

在圣克里斯托鲍尔矿实施的最大收益品位控制方法包括以下步骤。

(1)根据附近的炮孔获得了条件模拟。这些条件模拟提供了每个特定块是矿石或是废石的概率。

(2)应用表 14.19 中定义的损失函数。给这些块分配一系列代码(废石或矿石),这些代码代表在经济意义上的最佳选择。

(3)每次爆破范围内的代码都显示在屏幕上,并绘制出一个多边形来定义矿石和废石的域。这个多边形是由品位控制技术人员根据操作规范手工绘制的。

(4)最大收益法的品位控制方法基于地质模型。这很有必要,因为条件模拟不能捕捉到明显的矿物变化或构造变化。最大收益法与其他任何品位控制方法没有什么不同,只有通过正确掌控坑内编录和地质模型,才能取得良好的效果。

(5)从每次爆破中回收的矿量和品位一般都需要估算。在圣克里斯托鲍尔,模拟的平均品位被用作每个盘区的估算品位。

请注意,在获得品位的任何实际估算值之前,就要决定将爆破的每个块或其中一部分的运输去向。决策只取决于每个块属于矿石或废石类别的相对概率以及出错的潜在成本。

14.6.4　结果

1995 年 3 月~1996 年 3 月，该企业将现有的多边形法和新的最大收益法平行实施，这就允许按照生产数据进行直接比较。比较表明，最大收益法取得了显著的改善。

定义了一个 F_1 因子，以便将块模型结果与品位控制结果进行比较。如 Parker 所建议，用一个 F_2 因子来将"装运到堆场"的物料与品位控制预测进行比较。F_3 因子（$F_3 = F_1 \times F_2$）用于比较长期块模型（多重指示克里格）的预测值与运往堆浸场的矿量和品位。

图 14.57 显示了该时期按月计算的 F_1 因子，引入最大收益品位控制方法的效果是显而易见的，这是当时企业引入的唯一变革。表 14.20 显示了最大收益法取得的改进效果。它给出了在 13 个月的时间段内，多重指示克里格块模型预测的矿量、品位和金属量，与两种品位控制方法选择的矿量、品位和金属量进行的比较。

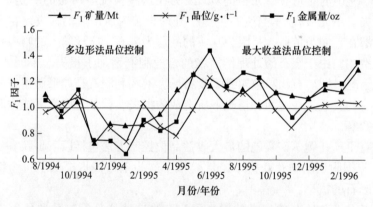

图 14.57　圣克里斯托鲍尔 1994 年 8 月~1996 年 3 月品位
控制与资源模型（F_1 因子）的比较

表 14.20 中 F_2 因子的 13 个月平均值，反映了使用条件模拟方法实际选择并运到选厂的矿量。在矿化极不稳定的矿山，金属量按 10% 的非设计贫化是非常合理的。基于多边形的方法，导致开采盘区在坑内运装和选择更加困难，这将使得出的多边形法 F_2 因子更加糟糕。最大收益法使用的精细网格允许可以减少贫化的操作切分。另一个重要的结论是，在现实中，长期块模型（多重指示克里格）在矿量上是保守的，在品位上是无偏的，它的大多数可感知的缺点实际上不算什么问题。

表 14.20 多重指示克里格长期块模型、最大收益法品位控制方法
与基于多边形的品位控制方法的比较（1995 年 3 月~1996 年 3 月）

因 子	矿石量 /Mt	金品位 /g·t^{-1}	金属量 /oz
F_1（多边形品位控制/多重指示克里格）	0.91	0.94	0.86
F_2（选厂/多边形品位控制）	1.34	0.82	1.10
$F_3 = F_1 \cdot F_2$（选厂/多重指示克里格，多边形品位控制）	1.22	0.77	0.95
F_1（最大收益品位控制/多重指示克里格）	1.13	1.00	1.13
F_2（选厂/最大收益法品位控制）	1.01	0.89	0.90
$F_3 = F_1 \cdot F_2$（选厂/多重指示克里格，最大收益品位控制）	1.14	0.89	1.02

表 14.20 可以转化为经济收益。对于这个特定的企业，最大收益法的结果是可用原地矿石量增加了 34%，可用原地矿石品位增加了 10%，可用原地金属量增加了 48%。这些结果对公司的现金流、营业收入和成本产生了重大影响。在 13 个月期间，现场总收入增加了 1120 万美元，现金流净增 480 万美元，即每月平均增加 370000 美元，这还不包括减少的剥离费用，别忘了采坑形状并没有改变。黄金总产量从每年约 6.5 万盎司跃升至约 8 万盎司。作为参考，在 13 个月期间，黄金价格在每盎司 370 美元和 415 美元之间波动。

在对圣克里斯托鲍尔矿地质认知的帮助下，对以前用来估算品位的方法的缺点有了更好的理解。最大收益法的实施，给企业带来了产量的提高和显著的经济效益。不仅实现了更高的矿石回收率和更好的矿石/废石选择，而且还有其他作业改善，从而还能够减少非计划贫化。最大收益法的品位控制方法的实施，使得地质统计学背景较低的技术人员也能够操作和掌控这种系统。从 1995 年 2 月到 90 年代末矿山闭坑，圣克里斯托鲍尔一直在使用这种方法。

14.7 澳大利亚南部奥林匹克坝冶金地质模型[1]

传统的资源评估专注于一种或几种将要生产并销售获利的金属量上。然而，越来越重要的是要了解影响矿石选冶性能和回收率的许多其他特性。这些变量的详细空间分布，能使采矿作业得到更全面的优化。本案例研究涉及必和必拓（BHP Billiton）在南澳大利亚州的奥林匹克坝（Olympic Dam）项目。针对奥林匹克坝采取的价值度量有两个重要的主题：（1）回收率和其他性能变量与通过多元回归模型度量的岩石特性相关；（2）通过模拟建立了关键岩石性质的地质统计模型。

---

[1] 感谢必和必拓铀业务部门允许公布这一案例研究。本案例研究基于 J. Boisvert、M. Rossi、K. Ehrig 和 C. Deutsch 在 2013 年发表于《数学地球科学》（*Mathematical Geosciences*）的论文《奥林匹克坝的地质模型》（*Geometallurgical Modeling at Olympic Dam*）。

14.7.1　第一部分：矿物回收率和性能预测的分层多元回归

矿物回收率和预期的选冶性能很难预测，因为它们受到许多变量的影响，如矿物学、品位、粒度、选厂运行参数等。对于某一特定的矿山，通常是根据过去的经验和经验法则，假定有恒定的回收率因素和选厂效率，这种方法在矿产勘查的可行性阶段是可以接受的。然而，当（选冶试验）中试的结果出来时，就可以用统计方法来更好地预测回收率和选厂性能。在这个案例研究中，使用了841个浮选和浸出试验大样来校准预测模型。结果得到的模型可用于根据现有的地质冶金数据预测回收率和选厂性能。

超过200个变量可以用来建立回归模型。对于这么多变量存在一个危险，与回收率和选厂性能变量的关系可能会过度拟合。必须采取措施，以避免过度拟合。在建模过程中要识别和剔除冗余和不重要的变量，将变量的数量减少到112个。通过一系列的分层变量融合步骤，将变量压缩成4个主类。基于这4个融合变量的线性模型提供了一个预测模型，可用于估算整个矿床的潜在的矿物回收率和选厂性能。这个矿的有价矿物有铜、铀、金和银。

选冶性能取决于许多变量，如选厂的矿石处理量、作业参数、设备效率、设备维修。本案例研究的目的是将现有的地质冶金数据与选冶性能联系起来。这是通过将现有数据与中试厂试验关联起来得以实现的。总共有841次可用的中试运行数据，与之相关的有选厂入选矿石的矿物学、原矿化验和伴生矿产数据，数据参见表14.21。重要的选冶性能指标包括铜和 U_3O_8 的回收率、酸的消耗（在浸出工艺中使用）、净回收率、落重指数（DWi）和磨机邦德功指数（BMWi），使用表14.21中的数据作为回归模型的输入数据，这6个选冶性能变量可以在矿床的所有位置进行预测。

表 14.21　可用数据

数据类型	描　　述	备　　注
原矿化验	该数据包含了各个重要元素的含量，包括 Co、As、Mo、Ni、Pb、Zn、Zr、Sr、Bi、Cd、Cs、Ga、In、Sb、Se、Te、Th、Tl	这些数据本质上是伴生的
矿物学	矿床大部分有10种已确认的矿物构成，这些矿物包括钛铀矿、铀石、沥青铀矿、黄铁矿、黄铜矿、斑铜矿、辉铜矿、其他硫化物、酸溶性脉石和酸不溶性脉石	这些数据在本质上也是伴生的
选冶数据	有许多薄片样可用，这些样已做过分析，并有矿物间伴生关系的完整基质。描述了矿石经破碎后一个颗粒之内两种相邻矿物之间的接触面积	这些数据在本质上也是伴生的

14.7.2　方法

采用线性回归模型对选冶性能变量进行预测。线性回归模型的一个缺点是预测时需要所有的输入变量。因此，如果样品中缺少一个输入变量，就不能用回归模型。为此，生成了 3 个回归模型（表 14.22）。每个模型代表一个输入参数的减少数量。例如对于矿床中伴生数据未知的位置不能应用"完全模型"，而"典型模型"倒是合适的。

表 14.22　生成的预测模型描述

模　型	输入变量	输　出	评　述
完全模型	原矿化验； 10 种矿物学； 10×11 个伴生元素； 体重	Cu、U、Au、Ag 回收率； 酸耗； 净回收率（U）； BMWi 和 DWi	该模型表示最多可用数据
典型模型	原矿化验； 10 种矿物学； 体重	Cu、U、Au、Ag 回收率； 酸耗； 净回收率（U）； BMWi 和 DWi	这是基本情况模型。现场数据应该能包含所有这些变量
有限模型	有限原矿化验； 7 种矿物学变量； 体重	Cu、U、Au、Ag 回收率； 酸耗； 回收率（U）； BMWi 和 DWi	只考虑在可用数据库中有许多样品的原矿化验

　　回归模型基于大量的输入变量。根据各变量之间的相关性，将各变量合并为超次级变量。这样做是因为可用的样品数据太少，无法准确地确定 204 个可用输入变量的回归系数。最后一个模型是 4 个超次级变量的线性回归。该方法包括 6 个步骤。对输入变量进行正态评分、合并变量（第 1 级），这一步将 112 个输入变量减少到 23 个合并变量。合并变量（第 2 级），这一步将 23 个已合并变量减少到 4 个，对 4 个变量进行回归，对所估算变量（DWi、BMWi、Cu 回收率、U_3O_8回收率、酸耗和净回收率）进行逆变换，确定模型中的不确定性。

　　（1）正态分数数据。首先必须减少变量的数量。变量被从分析结果中剔除是因为：1）它们与 6 个输出变量的相关性很低；2）它们与其他一个输入变量存在高度冗余。如果与任何输出变量的最大相关性小于 0.13，则认为该变量的相关性较低。如果一个变量与另一个输入变量的相关性大于 0.94，则认为该变量是冗余的。这样就将输入变量的数量减少到 112 个。

　　共有 841 个样品可供建模。然而，并不是所有的样品都包含校准该模型所用的全部 112 个变量。由于回归模型的性质有必要对样品中的所有 112 个变量进行校准。在 841 个样品中保留了 328 个样品用于建模。如果忽略矿物伴生（例如，如果使用"典型模型"），则会有更多的数据可用。

　　所有 118 个变量（112 个输入＋6 个输出）都是经过独立的正态分数变换的。对输入数据之间的双变量相关性的可视化评估表明，非线性相关很少。因此，不考虑逐步条件转换。

（2）合并变量——将 112 个输入变量减少到 23 个合并后的次变量。如果对所有 112 个输入变量建立回归模型，则存在过度拟合可用校准数据的危险。因此，对输入数据的子集进行合并，构造超次级合并变量。这些合并的变量是一个变量子集的线性组合，显著降低了问题的维数，同时也降低了过度拟合的风险。子集的选择基于测量的性质，相似的岩石测量数据被保存在一起。

合并的"超次级"变量是通过给每个变量分配权重来生成的：

$$M(v) = \sum_{i=1}^{n} \lambda_i v_i$$

式中，n 为根据似然计算的权值进行合并的变量数，这些权值是通过求解每个合并变量和 6 个输出变量的相应矩阵得出的：

$$\begin{bmatrix} \rho_{1,1} & \rho_{2,1} & \cdots & \rho_{n,1} \\ \rho_{1,2} & \rho_{2,2} & \cdots & \rho_{n,2} \\ \vdots & \vdots & \ddots & \vdots \\ \rho_{1,n} & \rho_{2,n} & \cdots & \rho_{n,n} \end{bmatrix} \begin{bmatrix} \lambda_1 \\ \lambda_2 \\ \vdots \\ \lambda_n \end{bmatrix} = \begin{bmatrix} \rho_{0,1} \\ \rho_{0,2} \\ \vdots \\ \rho_{0,n} \end{bmatrix}$$

方程的右侧包含了其中一个兴趣变量与 n 个将要合并的输入变量之间的相关关系，而左边是将要合并的所有 n 个变量之间的相关关系。

这些相关矩阵因为数据很少，条件可能很差。矩阵条件差的原因是极端权重（λ_i）和在预测中引入了不必要的误差。为了防止这种情况，要将相关矩阵予以固定以提高其稳定性。这种修正是通过减少矩阵的非对角元素的值来实现的，这可以增加矩阵最小特征值的值，并增加稳定性。相关矩阵的最小特征值设置为 0.05。完全模型的 24 个相关矩阵需要修正，典型模型的 18 个相关矩阵需要修正，有限模型的 12 个相关矩阵需要修正。

合并的变量是 $N(0,1)$ 个变量的线性组合。因此，合并变量的均值为 0，但方差不是 1。合并后的变量按照如下经典关系确定的标准差进行标准化：

$$\sigma^2[M(v)] = \sum_{i=1}^{n} \sum_{j=1}^{n} \lambda_i \lambda_j Cov(v_i, v_j)$$

因此，最终的合并变量变为：

$$M(v) = \frac{\sum_{i=1}^{n} \lambda_i v_i}{\sum_{i=1}^{n} \sum_{j=1}^{n} \lambda_i \lambda_j Cov(v_i, v_j)}$$

（3）合并变量——将 23 个输入变量减少为 4 个合并变量用于回归。变量合并分为两个级别。第一级将相关变量分组为 16 个合并变量，并保留 7 个附加变量，共 23 个变量。表 14.23 所示为有限模型中所用的变量，表 14.24、表 14.25 为回归模型所用的变量。

表 14.23 有限模型使用的变量（所考虑的总共有 28 个输入变量）

1 级变换

［10 个变量（合并 4 个变量+保留 6 个变量）］

保留变量	合并变量_1	合并变量_2	合并变量_3	合并变量_4
Cu(%)	Co(ppm)	Fe(%)	Chal(%)	Sul(%)
U_3O_8(ppm)	Mo(ppm)	Al(%)	Bom(%)	A_sol(%)
SG	Pb(ppm)	Si(%)	Chalco(%)	A_insol(%)
Ag(ppm)	Zn(ppm)	K(ppm)		Pyr(%)
Au(ppm)	La(%)	Ca(%)		
Badj%S	Ce(%)	P(%)		
		Ti(%)		
		S(%)		
		CO_2(%)		

2 级变换

（最后 3 个变量）

A	B	C
Cu(%)	合并变量_1	合并变量_3
U_3O_8(ppm)	合并变量_2	合并变量_4
SG		
Ag(ppm)		
Au(ppm)		
Badj%S		

表 14.24 第一级:19 个变量(15 个合并变量+4 个保留变量)

保留的	合并 1	合并 2	合并 3
Cu(%)	Fe(%)	Mg(%)	水硅铀矿_%
U_3O_8(ppm)	Al(%)	Mn(%)	钛铀矿_%
SG(体重)	Si(%)	Na(%)	
K∶Al	K(%)	P(%)	
	Ca(%)	Ti(%)	
	S(%)		
	CO_2(%)		
	F(%)		

续表 14.24

合并 4	合并 5	合并 6	合并 7
斑铜矿_%	A_酸溶_%	钛铀矿_黄铜矿_伴生	水硅铀矿_钛铀矿_伴生
辉铜矿_%	A_酸不溶_%	钛铀矿_斑铜矿_伴生	水硅铀矿_沥青铀矿_伴生
	黄铁矿_%	钛铀矿_辉铜矿_伴生	水硅铀矿_黄铁矿_伴生
		钛铀矿_A_酸溶_伴生	水硅铀矿_黄铜矿_伴生
		钛铀矿_A_酸不溶_伴生	水硅铀矿_辉铜矿_伴生
		钛铀矿_自由_表面_伴生	水硅铀矿_硫化物_伴生
			水硅铀矿_A_酸溶_伴生
			水硅铀矿_A_酸不溶_伴生
			水硅铀矿_自由_表面_伴生

合并 8	合并 9	合并 10	合并 11
沥青铀矿_黄铜矿_伴生	黄铁矿_沥青铀矿_伴生	黄铜矿_钛铀矿_伴生	斑铜矿_水硅铀矿_伴生
沥青铀矿_斑铜矿_伴生	黄铁矿_黄铜矿_伴生	黄铜矿_水硅铀矿_伴生	斑铜矿_黄铁矿_伴生
沥青铀矿_A_酸溶_伴生	黄铁矿_硫化物_伴生	黄铜矿_沥青铀矿_伴生	斑铜矿_黄铜矿_伴生
沥青铀矿_A_酸不溶_伴生	黄铁矿_A_酸溶_伴生	黄铜矿_黄铁矿_伴生	斑铜矿_辉铜矿_伴生
	黄铁矿_自由_表面_伴生	黄铜矿_斑铜矿_伴生	斑铜矿_硫化物_伴生
		黄铜矿_辉铜矿_伴生	斑铜矿_A_酸溶_伴生
		黄铜矿_硫化物_伴生	斑铜矿_A_酸不溶_伴生
		黄铜矿_A_酸溶_伴生	斑铜矿_自由_表面_伴生
		黄铜矿_A_酸不溶_伴生	
		黄铜矿_自由_表面_伴生	

合并 12	合并 13	合并 14	合并 15
辉铜矿_黄铜矿_伴生	硫化物_沥青铀矿_伴生	A_酸溶_钛铀矿_伴生	A_酸不溶_钛铀矿_伴生
辉铜矿_斑铜矿_伴生	硫化物_黄铁矿_伴生	A_酸溶_水硅铀矿_伴生	A_酸不溶_水硅铀矿_伴生
辉铜矿_硫化物_伴生	硫化物_黄铜矿_伴生	A_酸溶_沥青铀矿_伴生	A_酸不溶_沥青铀矿_伴生
辉铜矿_A_酸溶_伴生	硫化物_斑铜矿_伴生	A_酸溶_黄铁矿_伴生	A_酸不溶_黄铜矿_伴生
辉铜矿_A_酸不溶_伴生	硫化物_A_酸溶_伴生	A_酸溶_黄铜矿_伴生	A_酸不溶_斑铜矿_伴生
辉铜矿_自由_表面_伴生	硫化物_A_酸不溶_伴生	A_酸溶_斑铜矿_伴生	A_酸不溶_硫化物_伴生
		A_酸溶_辉铜矿_伴生	A_酸不溶_A_酸溶_伴生
		A_酸溶_硫化物_伴生	A_酸不溶_自由_表面_伴生
		A_酸溶_酸不溶_伴生	
		A_酸溶_自由_表面_伴生	

表 14.25　第二级：4 个最终变量

A	B	C	D	备　　注
Cu(%)	合并_1	合并_4	合并_7	
U$_3$O$_8$(ppm)	合并_2	合并_5	合并_8	
SG	合并_3	合并_6	合并_9	
K∶Al			合并_10	变量 A 包含保留的单个变量；
Ag(ppm)			合并_11	变量 B 包含剩余的头部分析；
Au(ppm)			合并_12	变量 C 包含所有矿物学变量；
Badj%S			合并_13	变量 D 包含所有关联变量
			合并_14	
			合并_15	
			合并_16	

第二级将变量分为 4 个用于回归的最终次变量：

1) 保留变量；

2) 原矿化验；

3) 矿物学；

4) 伴生矿产。

（4）回归。典型模型和有限模型是通过对变量 a、b 和 c 的回归得到的，而完全模型要考虑变量 $abcd$。回归是按线性回归和二次回归进行的，然而通过交叉验证发现，增加超出线性系数的项数，一致性增益很小，线性模型是充分的。因此，最终模型变为：

$$预测 = av_1 + bv_2 + cv_3 + dv_4$$

（5）逆变换。一旦对 6 个输出变量中的每一个在正态单元内进行了预测，就必须使用原始转换表将它们转换回原始单元。

（6）确定模型中的不确定性。当进行预测时，也要确定预测中的不确定性。不确定性是通过检查某一给定估算值的真实值的分布获得的。考虑 60 kg/t 与 220 kg/t 的酸耗预测的差异（图 14.58）。220 kg/t 的估算有更多的不确定性。所使用的不确定性度量是真实值在估算值周围的分布。在本案例中，选择了 p_{10} ~ p_{90} 范围。

14.7.3　分析

使用所有样品均通过上述方法生成回归模型。估算值与真实值之间的高度相关性是令人期望的。用龙卷风图（图 14.59）来说明 112 个变量各自对整个模型的影响，而不是显示用于变量合并的 768 个系数和 24 个回归系数。下限是通过对兴趣输入变量选择 p_{10} 分位数，并将所有剩余的 111 个变量设置为它们的 p_{50} 分

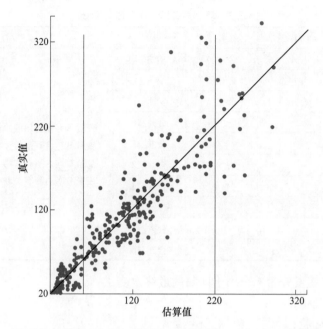

图 14.58　酸耗 60 kg/t 与 220 kg/t 估算中的不确定性（220 kg/t 的不确定性更大）

位数来确定的。对 6 个输出变量中的每一个都进行了估算，给出了龙卷风图的下限。类似地，为兴趣变量选择 p_{90} 分位数以生成龙卷风图上的上限。变量左侧的短横线表示该变量与输出变量为负相关。按照变量的来源对条带填色，白色代表原矿化验、灰色代表伴生矿产、红色代表矿物学、黑色代表体重。

图 14.60~图 14.62 显示了在不同模型可用的所有可能数据点上构建的模型。在交叉图和龙卷风图中发现了一些有趣的关系。

（1）Na 是 DWi 和 BMWi 的重要贡献因素，这说明了不同的矿物学关系。

（2）体重对 DWi 很重要，但对 BMWi 不重要，这是预期之中的情况，因为它关系到岩石的脆性，与岩石基质中铁/硅的比例有关。

（3）BMWi 受原矿化验的影响很大（前 6 个变量对 BMWi 的影响均来自原矿化验）。

（4）个别矿物学变量意义不大（铜回收率是个例外）。

（5）黄铜矿和酸不溶性脉石的存在是铜回收的关键。

（6）Cu 品位（%）对 U_3O_8 回收率影响较大，对 Cu 回收率影响较小。这是因为对于在矿床中发现的高品位铜，铜的回收率大致是恒定的。

（7）根据龙卷风图，伴生物对 DWi、铜回收、酸消耗量和净回收率都很重要。这也可以在典型模型和完全模型的比较中看得到，因为去除伴生数据不会显著改变 BMWi 和 U_3O_8 回收率的预测。

列1		列2		列3	
体重_8		Ti(w，%)_51		一A_酸不溶_w，%_122	
一A_酸不溶_自由_表面_伴生_239		Sa(w，%)_44		黄铜矿_自由_表面_伴生_184	
一Na(w，%)_49		一Na(w，%)_49		一A_酸溶_w，%_117	
Mn(w，%)_48		一P(w，%)_50		一黄铜矿_A_酸不溶_伴生_183	
一A_酸溶_A_酸不溶_伴生_227		一Fe(w，%)_42		一A_酸不溶_自由_表面_伴生_239	
一Mg(w，%)_47		一K(w，%)_45		一A_酸溶_A_酸不溶_伴生_227	
P(w，%)_50		一A_酸溶_黄铁矿_伴生_221		A_酸溶_黄铜矿_伴生_233	
一Ti(w，%)_51		Pb(ppm)_37		Badj%S_71	
A_酸不溶_w，%_122		水硅铀矿_自由_表面_伴生_151		一黄铜矿_钛铀矿_伴生_174	
一A_酸溶_自由_表面_伴生_228		Co(ppm)_32		一黄铜矿_辉铜矿_伴生_180	
一沥青铀矿_w，%_87		Ba(ppm)_39		黄铜矿_w，%_97	
一A_酸溶_水硅铀矿_伴生_230		CO_2(w，%)_57		一Al(w，%)_43	
Badj%S_71		一Mg(w，%)_47		一黄铜矿_斑铜矿_伴生_179	
一A_酸不溶_A_酸溶_伴生_237		一Mn(w，%)_48		S(w，%)_56	
A_酸不溶_沥青铀矿_伴生_231		一La(w，%)_40		黄铜矿_水硅铀矿_伴生_175	
水硅铀矿_w，%_82		一Ca(w，%)_46		黄铜矿_硫化物_伴生_181	
Co(ppm)_32		一S(w，%)_56		A_酸溶_黄铜矿_伴生_222	
一黄铁矿_w，%_92		钛铀矿_A_酸不溶_伴生_139		一A_酸溶_辉铜矿_伴生_224	
一钛铀矿_自由_表面_伴生_140		一A_酸不溶_w，%_122		一黄铜矿_A_酸溶_伴生_182	
A_酸溶_w，%_117		一Zn(ppm)_88		一A_酸不溶_钛铀矿_伴生_229	
一A_酸溶_水硅铀矿_伴生_219		A_酸溶_钛铀矿_伴生_218		Cu(w，%)_31	
A_酸不溶_黄铜矿_伴生_233		一A_酸溶_w，%_117		一A_酸溶_自由_表面_伴生_228	
K-AL_69		一Ca(w，%)_41		一黄铁矿_黄铜矿_伴生_167	
一钛铀矿_A_酸不溶-伴生_139		A_酸溶_A_酸不溶_伴生_227		一A_酸不溶_A_酸溶_伴生_237	
一Ag(ppm)_33		一A_酸溶_斑铜矿_伴生_223		一A_酸不溶_硫化物_伴生_236	
一A_酸溶_水硅铀矿_伴生_229		一A_酸不溶_沥青铀矿_伴生_231		一Ba(w，%)_39	
一A_酸溶_辉铜矿_伴生_224		A_酸不溶_钛铀矿_伴生_229		一A_酸溶_硫化物_伴生_225	
辉铜矿_w，%_107		沥青铀矿_w，%_87		Sa(w，%)_44	
一Au(ppm)_55		辉铜矿_A_酸不溶_伴生_205		一沥青铀矿_黄铜矿_伴生_156	
A_酸溶_黄铁矿_伴生_221		黄铁矿_水硅铀矿_伴生_164		一沥青铀矿_A_酸溶_伴生_160	
一Zn(ppm)_38		一辉铜矿_斑铜矿_伴生_201		沥青铀矿_斑铜矿_伴生_157	
一La(w，%)_40		黄铁矿_自由_表面_伴生_173		A_酸不溶_沥青铀矿_伴生_231	
一Al(w，%)_43		辉铜矿_自由_表面_伴生_206		A_酸溶_沥青铀矿_伴生_220	
Pb(ppm)_37		硫化物_A_酸不溶_伴生_216		一Ag(ppm)_33	
A_酸溶_沥青铀矿_伴生_220		黄铁矿_A_酸溶_伴生_171		黄铜矿_黄铁矿_伴生_177	
钛铀矿_黄铁矿_伴生_133		黄铁矿_w，%_92		一A_酸溶_钛铀矿_伴生_218	
钛铀矿_黄铁矿_伴生_134				斑铜矿_A_酸不溶_伴生_194	
Cu(w，%)_31				斑铜矿_辉铜矿_伴生_191	
一钛铀矿_辉铜矿_伴生_136				一Au(ppm)_55	
A_酸溶_斑铜矿_伴生_223				一沥青铀矿_水硅铀矿_伴生_153	
一A_酸溶_钛铀矿_伴生_218				一黄铜矿_A_酸溶_伴生_171	
一水硅铀矿_A_酸溶_伴生_149				K(w，%)_45	
一U_3O_8(ppm)_54				黄铜矿_沥青铀矿_伴生_176	
S(w，%)_56				A_酸不溶_水硅铀矿_伴生_230	
一斑铜矿_w，%_102				水硅铀矿_辉铜矿_伴生_147	
Mo(ppm)_35				Ca(w，%)_46	
Fe(w，%)_42				一A_酸溶_黄铁矿_伴生_221	
一斑铜矿_黄铁矿_伴生_188				一黄铁矿_自由_表面_伴生_173	
斑铜矿_水硅铀矿_伴生_186				一沥青铀矿_A_酸不溶_伴生_161	
一黄铜矿_w，%_97				一斑铜矿_黄铁矿_伴生_188	

(a)

列1	列2	列3
Cu(w, %)_81	A_酸不溶_A_酸溶_伴生_237	—Badj%S_71
K_Al_69	Mn(w, %)_48	U₃O₈(ppm)_54
体重_8	Co(ppm)_32	Cu(w, %)_31
—Ag(ppm)_33	—A_酸不溶_自由_表面_伴生_239	A_酸溶_沥青铀矿_伴生_231
—A_酸不溶_自由_表面_伴生_239	Mg(w, %)_47	—Au(ppm)_55
A_酸不溶_w, %_122	A_酸溶_自由_表面_伴生_228	体重_8
A_酸不溶_斑铜矿_asssoc_234	—Badj%S_71	A_酸不溶_斑铜矿_伴生_234
黄铁矿_w, %_92	—A_酸不溶_硫化物_伴生_236	A_酸溶_沥青铀矿_伴生_220
—Mg(w, %)_47	Cu(w, %)_31	水硅铀矿_沥青铀矿_伴生_143
A_酸溶_w, %_117	黄铜矿_A_酸溶_伴生_182	A_酸_水硅铀矿_伴生_230
—沥青铀矿_w, %_87	—A_酸不溶_斑铜矿_伴生_234	A_酸不溶_硫化物_伴生_236
A_酸溶_斑铜矿_伴生_223	钛铀矿_A_酸溶_伴生_138	—A_酸溶_钛铀矿_伴生_229
Ca(w, %)_41	A_酸溶_w, %_117	A_酸溶_辉铜矿_伴生_224
—A_酸_酸不溶_伴生_227	体重_8	—水硅铀矿_黄铁矿_伴生_144
—黄铜矿_w, %_97	A_酸溶_A_酸不溶_伴生_227	—钛铀矿_斑铜矿_伴生_135
—Ti(w, %)_51	—Na(w, %)_49	—沥青铀矿_w, %_87
—斑铜矿_w, %_102	—Pb(ppm)_37	Pb(ppm)_37
—A_酸溶_自由_表面_伴生_228	—A_酸溶_自由_表面_伴生_224	—钛铀矿_黄铁矿_伴生_133
—Na(w, %)_49	—黄铁矿_A_酸溶_伴生_171	—A_酸_黄铁矿_伴生_221
A_酸不溶_黄铜矿_伴生_233	A_酸溶_黄铜矿_伴生_222	A_酸溶_硫化物_伴生_225
A_酸不溶_黄铜矿_伴生_222	A_酸溶_黄铜矿_伴生_221	水硅铀矿_硫化物_伴生_148
A_酸不溶_沥青铀矿_伴生_231	—A_酸溶_硫化物_伴生_225	—钛铀矿_A_酸溶_伴生_138
—A_酸溶_A_酸溶_伴生_237	—黄铁矿_自由_表面_伴生_173	黄铁矿_w, %_92
A_酸溶_沥青铀矿_伴生_220	A_酸溶_钛铀矿_伴生_218	A_酸溶_斑铜矿_伴生_218
—辉铜矿_自由_表面_伴生_206	CO₂(w, %)_57	—A_酸不溶_A_酸溶_伴生_237
—P(w, %)_50	—A_酸不溶_沥青铀矿_伴生_231	硫化物_斑铜矿_伴生_212
A_酸不溶_硫化物_伴生_236	A_酸不溶_钛铀矿_伴生_229	—水硅铀矿_钛铀矿_伴生_141
Badj%S_71	Zn(ppm)_38	A_酸不溶_自由_表面_伴生_239
辉铜矿_辉铜矿_伴生_201	—Ag(ppm)_33	A_酸溶_斑铜矿_伴生_223
Pb(ppm)_37	Ce(w, %)_41	水硅铀矿_辉铜矿_伴生_147
Mo(ppm)_35	黄铜矿_黄铁矿_伴生_177	K_Al_69
—A_酸溶_水硅铀矿_伴生_219	辉铜矿_自由_表面_伴生_206	A_酸溶_黄铜矿_伴生_222
La(w, %)_40	—钛铀矿_斑铜矿_伴生_135	钛铀矿_w, %_77
—Al(w, %)_43	—Ba(w, %)_39	—Co(ppm)_32
Au(ppm)_55	黄铁矿_w, %_92	—水硅铀矿_A_酸溶_伴生_149
S(w, %)_56	—沥青铀矿_A_酸溶_伴生_160	辉铜矿_辉铜矿_伴生_201
Ba(w, %)_39	S(w, %)_56	A_酸溶_w, %_117
钛铀矿_黄铜矿_伴生_135	沥青铀矿_斑铜矿_伴生_157	—水硅铀矿_w, %_82
—硫化物_w, %_112	水硅铀矿_A_酸溶_伴生_149	A_酸溶_A_酸不溶_伴生_227
黄铁矿_硫化物_伴生_170	辉铜矿_A_酸不溶_伴生_205	—斑铜矿_w, %_102
辉铜矿_w, %_107	—硫化物_辉铜矿_伴生_212	—黄铜矿_w, %_97
Ca(w, %)_46	—黄铜矿_硫化物_伴生_181	—Mn(w, %)_48
钛铀矿_黄铜矿_伴生_134	—K(w, %)_45	—斑铜矿_水硅铀矿_伴生_186
—A_酸溶_黄铁矿_伴生_221	硫化物_A_酸溶_伴生_215	—Mg(w, %)_47
辉铜矿_A_酸溶_伴生_204	—A_酸不溶_w, %_122	辉铜矿_A_酸溶_伴生_204
—A_酸不溶_水硅铀矿_伴生_230	Ti(w, %)_51	—Ti(w, %)_51
—Zn(ppm)_38	—U₃O₈(ppm)_54	—斑铜矿_硫化物_伴生_192
—Mn(w, %)_57	A_酸溶_斑铜矿_伴生_223	水硅铀矿_A_酸_伴生_150
—CO₂(w, %)_57	辉铜矿_黄铜矿_伴生_200	水硅铀矿_黄铜矿_伴生_145
—沥青铀矿_黄铜矿_伴生_156	辉铜矿_斑铜矿_伴生_201	—斑铜矿_A_酸不溶_伴生_194

(b)

图 14.59　完全模型龙卷风图（变量左侧有短横线表示该变量与输出变量为负相关）
（a）DWi（功指数）、BMWi（磨机邦德指数）和 Cu 回收率；（b）U₃O₈ 回收率、酸耗和净回收率

□—原矿化验；　□—伴生矿产；　■—矿物学；　■—体重

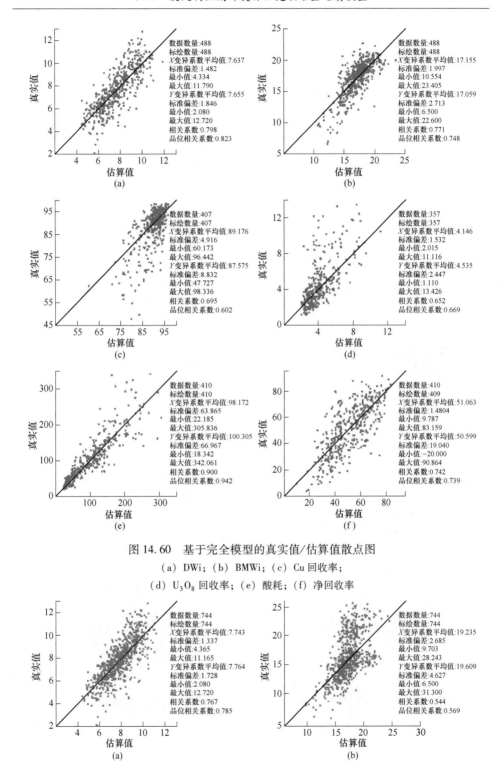

图 14.60 基于完全模型的真实值/估算值散点图

(a) DWi；(b) BMWi；(c) Cu 回收率；

(d) U$_3$O$_8$ 回收率；(e) 酸耗；(f) 净回收率

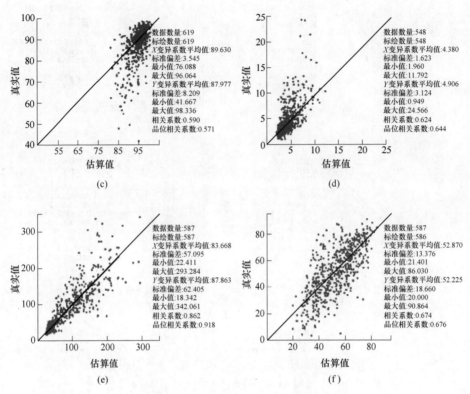

图 14.61　基于典型模型的真实值/估算值散点图

(a) DWi；(b) BMWi；(c) Cu 回收率；

(d) U₃O₈ 回收率；(e) 酸耗；(f) 净回收率

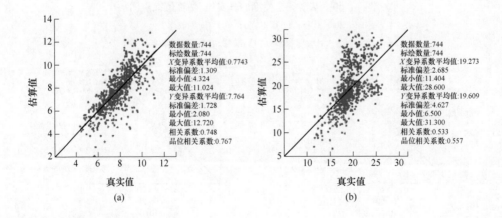

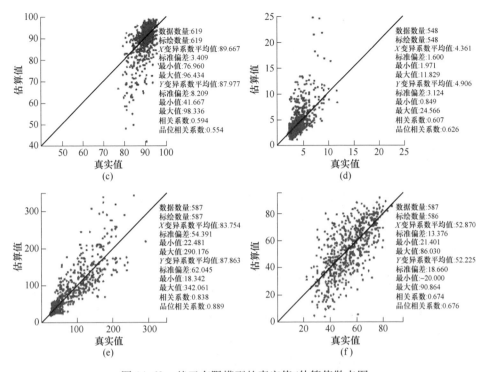

图 14.62　基于有限模型的真实值/估算值散点图

(a) DWi；(b) BMWi；(c) Cu 回收率；(d) U_3O_8 回收率；(e) 酸耗；(f) 净回收率

（8）回收率是最难预测的变量（相关性最低），这是预期的，因为恢复依赖于大量复杂的交互作用。

本案例研究中提供的建模方法，还有许多潜在的改进可能。（1）对两个不同层次变量的合并进行优化。变量的合并是应用 112 个变量的逻辑分组完成的，可以建立一个优化程序来选择理想的变量子集，以提高回归模型的预测能力。（2）改进对于每个预测变量所使用的变量集的选择。在这项工作中，6 个输出变量都使用了全部 112 个变量。剔除一些不太重要的变量可以降低不稳健性，提高模型精度。

14.7.4　第二部分：非累加性地质冶金参数的多元成分模拟

回收率和选冶性能结果受许多变量的影响，包括原矿品位、矿物学和伴生矿产。利用所有这些变量的模型，优于仅基于原矿品位的模型。必须考虑变量的组成性质，而且许多变量是相关的。在所建议的方法中，使用数据转换来保持变量的组成性质，使用主成分分析（PCA）来消除变量之间的关系，使地质统计学建模更加直观。

对全部 135 个变量开发的建模方法分为 3 组，原矿品位分析值、粒径测定值和伴生矿产。对于原矿品位变量，显然存在更多的样品，因此要首先对它们建模。采用原矿品位实现作为二级信息，对粒径和伴生矿产变量进行建模。这就确保了这些变量的空间分布与矿床的总体情况相一致。

原矿品位和伴生矿产数据被认为是成分数据，即它们是非负的，而且总和为100%，使用对数变换来处理这个常数和约束。正常情况下，这些变量将与序贯高斯模拟进行协同模拟（SGS）。然而，大量的可用变量和大网格尺寸使得这个过程的计算过于密集。另一种方法是对对数数据执行主成分分析（PCA）变换以生成互不相关的变量。然后根据不相关的主成分分析值对序贯高斯模拟进行预处理。这些值被逆变换到原始单元来生成现实。这一程序是用来对原矿品位和伴生矿产数据建模。对于非组分的粒度数据，采用序贯高斯协同模拟方法对每种矿物的 p_{20}、p_{50} 和 p_{80} 分位值进行建模。

14.7.5　对 23 个原矿品位变量进行建模

选冶性能建模需要 23 个原矿品位变量作为线性回归模型的输入值。Cu、U_3O_8、Ag、Au、Co、Mo、Pb、Zn、Ba、Fe、Al、Si、K、Ca、S、CO_2、La、Mg、Mn、Na、P、Ti、Ce。这 23 个变量按如下规格在网格上进行模拟：X_{min} = 56、105；Y_{min} = 30515；Z_{min} = 1932.5；X_{siz} = 10；Y_{siz} = 10；Z_{siz} = 15；n_X = 360；n_Y = 624；n_Z = 119。总共有 111572 个原矿样品用于建模。K：Al 比率和 BadjS 也是必需的，但可以简单地从 K、Al、Ba 和 S 的现实数据中计算出来。

原矿品位变量被认为是组合性的，因为所有化学成分和矿物岩石组分的总和必须是 100%。因为不是所有的元素都是在一个样品中被测定的，所以原矿品位的总和总是小于 100%。然而，在地质统计建模中，如果不明确施加这一约束，在模型的某些域就可能出现违反情况。为此，考虑了对 24 个原矿品位变量进行对数变换，对 24 个变量强制恒定和为 100%（上面列出的 23 个变量+1 个填充变量）。对数变换为：

$$y_i = \ln \frac{x_i}{x_{填充}}$$

式中，y_i 为要建模的新变量；x_i 为需要建模的 23 个变量之一。

这个转换要求任何变量都不能为零，因为 $\ln(0)$ 是无意义的。逆变换为：

$$x_i = \frac{e^{y_i}}{\sum_{i-1}^{24} e^{y_i} + 1}$$

现在有 23 个对数变换变量，这 23 个变量之间存在复杂的关系（图 14.63）。

用传统的 SGS 很难再现所有这些关系。PCA 变换用于生成 23 个新的不相关变量。这些变量是 23 个对数变量的线性组合，但不相关。然后在 23 个变量之间建立一个独立的假设，所有 23 个 PCA 变量都用 SGS 独立建模。这保证了最终现实中 23 个变量之间的相关性的良好再现。

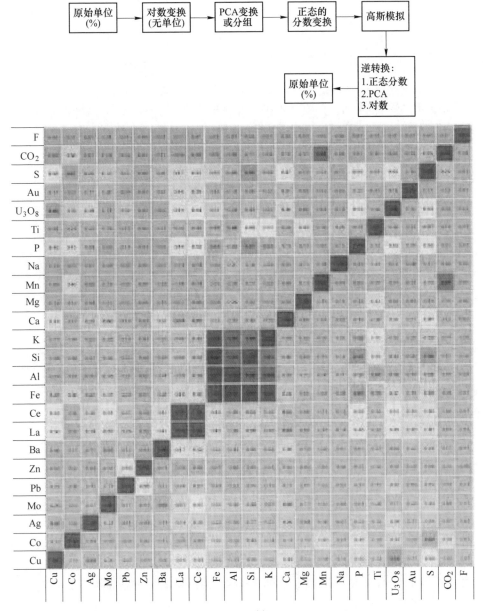

(a)

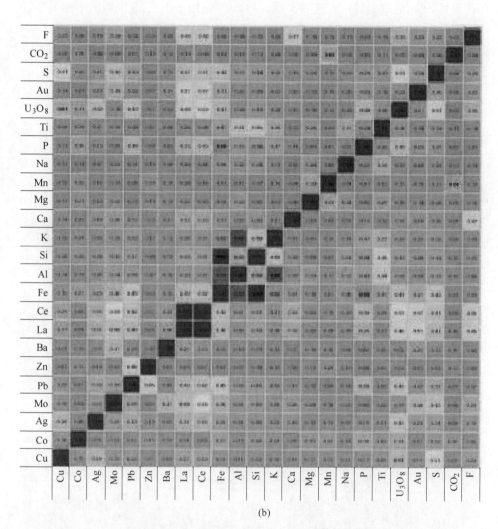

(b)

图 14.63　在一次模拟中，原矿品位变量相关性（a）与转换后模拟的相关性（b）
在原始单元中计算的相关系数（颜色示意图）

使用的转换的总体摘要如下：

该方法假设主成分的正态分数值是独立的。主成分分析转换确保组分是不相关的，但它们可能并不是独立的。由于缺乏独立性，原始单元的直方图再现性较差。原矿化验样品数量众多，这可以使得输入直方图可靠。化验样品值应该在模拟中得以再现，为了获得合理的直方图再现，最后的模拟进行了处理，以与解丛聚后输入值的直方图更好地匹配（图 14.64）。这对于变量之间的相关性和单个变量的变异函数影响很小，但是提高了直方图的重现性。

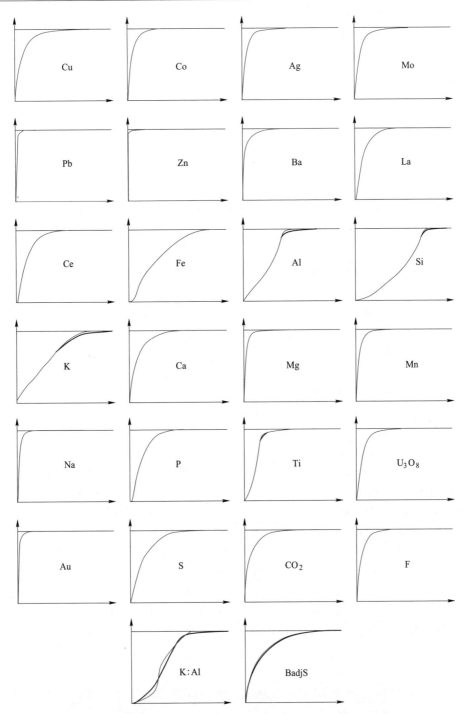

图 14.64　后验处理后 25 个原矿品位变量的累计频率分布曲线再现
黑色—3 个现实；红色—7038 个数据的输入累积频率分布曲线

14.7.6　序贯高斯模拟的细节

序贯高斯模拟的现实需要对每个主成分分析变量以及一些其他重要的参数，使用变异函数。对于本案例研究中考虑的所有变量，使用 50 个邻近数据（25 个数据和 25 个先前模拟的节点）进行模拟。每个变异函数的参数可以在表 14.26 中找到。由于变量数量较多，因此使用了变异函数拟合软件，通过可视化评估，找出与数据的重要不一致情况。

表 14.26　PCA 头级变量的正态得分的变异函数一个块金值（C0）和
两个球状结构（C1 和 C2）在没有倾伏的情况下被使用

变量名	C0	C1	C2	方位角 1 /(°)	倾角 1 /(°)	变程 1			方位角 2 /(°)	倾角 2 /(°)	变程 2		
						主要的	次要的	垂直的			主要的	次要的	垂直的
NS：PCA1	0.11	0.345	0.544	104	−75	118	79	65	100	−86	1141	1556	548
NS：PCA2	0.035	0.608	0.357	186	83	67	54	63	158	−56	1417	606	482
NS：PCA3	0.219	0.348	0.432	360	−80	282	110	197	360	−80	294	1193	945
NS：PCA4	0.212	0.283	0.505	38	−76	314	79	108	349	−82	530	1627	1488
NS：PCA5	0.292	0.378	0.33	290	−40	166	166	209	290	−40	670	1449	1303
NS：PCA6	0.081	0.716	0.202	106	−89	59	54	48	113	−68	535	350	192
NS：PCA7	0.107	0.302	0.59	50	−76	85	44	55	38	−61	716	1571	947
NS：PCA8	0.168	0.415	0.417	88	−89	101	60	53	106	−79	471	606	247
NS：PCA9	0.19	0.455	0.356	89	90	80	64	54	109	−69	496	454	237
NS：PCA10	0.19	0.545	0.266	311	−12	54	62	73	354	−31	398	210	1020
NS：PCA11	0.216	0.442	0.342	130	−80	96	68	72	130	−80	550	442	284
NS：PCA12	0.188	0.426	0.386	281	−16	53	57	81	353	−39	296	247	672
NS：PCA13	0.239	0.376	0.385	21	83	76	50	55	101	−42	446	713	311
NS：PCA14	0.201	0.544	0.254	214	−2	49	42	61	224	−45	272	169	290
NS：PCA15	0.451	0.463	0.085	292	−15	104	141	263	283	24	3791	943	25404
NS：PCA16	0.234	0.561	0.205	23	−83	68	46	55	44	−58	280	280	784
NS：PCA17	0.465	0.45	0.085	307	−7	99	122	203	283	−81	43720	43720	35267
NS：PCA18	0.29	0.424	0.286	198	−5	52	52	67	194	−34	999	999	487
NS：PCA19	0.211	0.559	0.23	100	−70	55	55	47	145	−73	839	839	148
NS：PCA20	0.195	0.564	0.241	326	−5	53	57	65	5	−16	684	684	1160
NS：PCA21	0.332	0.627	0.042	280	−20	51	57	70	280	−20	25464	25464	8428
NS：PCA22	0.305	0.25	0.445	294	−30	81	106	157	281	−61	683	683	365
NS：PCA23	0.598	0.19	0.212	232	70	142	106	132	231	−53	2037	2037	786

对 23 个主成分分析变量进行了解丛聚，以获得全局直方图。在模拟中使用

了局部变化的平均值，以便考虑整个矿床的非平稳状态。每个主成分分析的平均值是利用移动窗口平均值来确定的，水平方向的半径为 400 m，垂直方向上的各向异性为 50%。

14.7.7 对 9 个粒径变量建模

感兴趣的铀矿有三种：钛铀矿、水硅铀矿和沥青铀矿。对每种矿物的颗粒粒径分 p_{20}、p_{50} 和 p_{80}，在 497 个位置进行了测量。各粒径百分位数之间的相关关系通过三个百分位数的联合模拟得到，如图 14.65 所示。

	ZS:p_{20}_钛铀矿	ZS:p_{50}_钛铀矿	ZS:p_{80}_钛铀矿	ZS:p_{20}_水硅铀矿	ZS:p_{50}_水硅铀矿	ZS:p_{80}_水硅铀矿	ZS:p_{20}_沥青铀矿	ZS:p_{50}_沥青铀矿	ZS:p_{80}_沥青铀矿
ZS:p_{80}_沥青铀矿	-0.04	0.04	0.10	-0.08	0.09	0.22	0.79	0.95	1.00
ZS:p_{50}_沥青铀矿	-0.03	0.05	0.09	-0.01	0.12	0.21	0.87	1.00	0.95
ZS:p_{20}_沥青铀矿	-0.04	0.02	0.05	0.08	0.11	0.16	1.00	0.87	0.79
ZS:p_{80}_水硅铀矿	0.13	0.14	0.15	0.49	0.80	1.00	0.16	0.21	0.22
ZS:p_{50}_水硅铀矿	0.19	0.19	0.16	0.69	1.00	0.83	0.11	0.12	0.09
ZS:p_{20}_水硅铀矿	0.19	0.16	0.10	1.00	0.69	0.49	0.08	0.01	-0.06
ZS:p_{80}_钛铀矿	0.74	0.89	1.00	0.10	0.16	0.15	0.05	0.09	0.10
ZS:p_{50}_钛铀矿	0.85	1.00	0.69	0.16	0.19	0.14	0.02	0.05	0.04
ZS:p_{20}_钛铀矿	1.00	0.85	0.74	0.19	0.19	0.13	0.04	0.03	-0.04

图 14.65 粒径尺寸变量之间的相关性。由于矿物之间的相关性很小，矿物是独立模拟的

通过考虑 23 个主成分分析的原矿品位变量合并而来的超次级变量，用密集采样的 23 个原矿品位值来补充粒度变量的信息不足。由于矿物颗粒大小与主成分分析原矿品位变量之间的相关性不同，因此对每种矿物创建的次级变量也不同。为了生成这个次级变量，根据以下方程确定主成分分析原矿品位的线性组合：

$$\begin{bmatrix} \rho_{1,1} & \rho_{2,1} & \cdots & \rho_{n,1} \\ \rho_{1,2} & \rho_{2,2} & \cdots & \rho_{n,2} \\ \vdots & \vdots & \ddots & \vdots \\ \rho_{1,n} & \rho_{2,n} & \cdots & \rho_{n,n} \end{bmatrix} \begin{bmatrix} \lambda_1 \\ \lambda_2 \\ \vdots \\ \lambda_n \end{bmatrix} = \begin{bmatrix} \rho_{0,1} \\ \rho_{0,2} \\ \vdots \\ \rho_{0,n} \end{bmatrix}$$

该方程的右边包含一个粒度变量与要合并的 23 个输入原矿品位变量之间的

相关性。左侧为 23 个主成分分析原矿品位变量之间的相关关系。请注意，左边包含对角线上的 1.0 和所有非对角线项的 0.0，因为主成分分析值是不相关的。对每种矿物的 p_{50} 分位值进行如此操作，并使用相同的次变量对 p_{20}、p_{50} 和 p_{80} 分位进行建模。这个单一的次级变量允许三个百分位数的协同模拟，而只允许一个遍历的次级变量。在不将所有次级变量合并为次级变量的情况下，粒度模拟必须考虑 23 个单独的次级变量，以便使用来自原矿品位变量的所有可用信息。

超次级变量用作每个粒度模型的配置次级变量。请注意，对于粒度变量，既不考虑对数变换，也不考虑主成分分析变换，因为每种矿物只有三个变量（p_{20}、p_{50} 和 p_{80}）。三个变量的协同模拟可以在合理的计算机运行时间内完成。对钛铀矿、水硅铀矿和沥青铀矿重复此过程。这包括为每种矿物建立一个新的次级变量。图 14.66 显示了每种铀矿物的粒度变量之间的相关性。

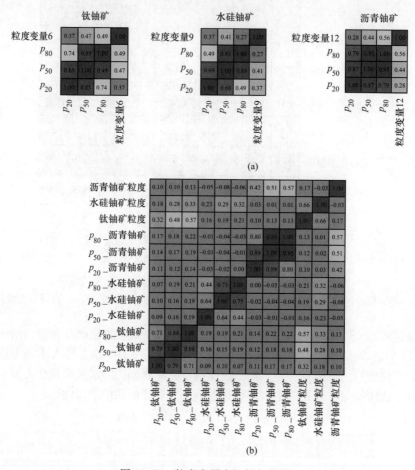

图 14.66　粒度变量之间的相关性

（a）从 497 个数据到超次级变量的相关性；（b）一个粒度模拟的相关性

鉴于粒度变量的数据很少，变异函数也不稳定，因此对每种矿物粒度的 p_{20}、p_{50} 和 p_{80} 分位数使用相同的变异函数。p_{20}、p_{50} 和 p_{80} 分位数的空间结构相似，但可能由于数据的缺乏而存在微小的差异。所使用的变异函数参数见表 14.27。

表 14.27　粒度数据的变异函数使用了一个块金值（C0）和
两个球状结构（C1 和 C2），无倾角也无水平各向异性

变量名称	C0	C1	C2	变程 1		变程 2	
				水平	垂直	水平	垂直
钛铀矿	0.4	0.2	0.4	200	20	200	150
水硅铀矿	0.4	0.2	0.4	400	20	400	300
沥青铀矿	0.4	0.2	0.4	200	20	200	350

14.7.8　建立 100 个伴生矩阵变量模型

伴生矩阵的建模利用了前面所讨论技术的组合。该矩阵是一个 10×11 矩阵，其中每一行的和为 1.0（或 100%）。考虑一个特定的样品，如表 14.28 所示。

表 14.28　特定样品

矿物名称	钛铀矿	水硅铀矿	沥青铀矿	黄铁矿	黄铜矿	斑铜矿	辉铜矿	其他硫化物	酸可溶脉石矿物	酸不溶脉石矿物	自由表面
钛铀矿		8.02								88.18	3.8
水硅铀矿	1.71		1.64			0.25	0.24		3.50	90.67	2.00
沥青铀矿		23.51								76.49	
黄铁矿											
黄铜矿						2.83			2.59	88.43	6.15
斑铜矿		0.18			0.93				15.50	75.89	7.49
辉铜矿		0.30							0.87	97.91	0.92
其他硫化物										100.00	
酸可溶脉石矿物		0.05			0.02	0.32	0.01			91.16	8.44
酸不溶脉石矿物	0.04	0.19	0.01		0.08	0.22	0.16	0.02	12.82		86.45

每 90 个主成分（10 组/行，每行 9 个主成分）需要一个变异函数，与原矿品位变量一样，这些变异函数是通过自动变异函数拟合软件进行拟合，并对不一致性进行目视检查。

矩阵中的每个元素代表根据矿物解离分析所确定的矿物间相互作用的表面积的百分比。每一行的和为 1.0。但是，每一列的和并不等于一个常数，因为这些值是由比例进行标准化的。要建模的矩阵中总共有 100 个元素，忽略对角线。假

设行是相互独立的，从而将问题简化为模拟 10 个因变量（列）的 10 个独立集（行）。为了保持常数和约束，对每一行进行对数变换，从而需要对 9 个对数变量进行建模。应用主成分分析变换来重现每一行中变量之间的相关性。每行的主成分是正态分数转换，然后用序贯高斯模拟进行模拟。共有 490 个数据可以用来模拟伴生矿产变量。

与粒度变量一样，原矿品位模拟提供了一个次级变量，可用于配置的序贯高斯模拟。总共有 23 个（正态分数主成分分析）原矿品位模拟被合并成一个单一的次级变量，对应于伴生矩阵中 100 个元素中的每一个。主成分分析转换是这样进行的，即每个主成分所解释的数据量是可以被测量的。有些成分包含的信息比其他成分多。在这种情况下，原矿品位现实的前五个成分，包含了原始原矿品位中 75%以上的信息。只有原矿品位建模中产生的前 5 个主成分被合并到超次级变量中，以减少该方法的计算需求。此外，超次级变量仅用于伴生矿产变量 9 个主成分中的前 4 个。因为有 100 个伴生矿产变量需要建模，所以计算机运行时间成为一个问题。

14.7.9 对伴生矿产数据的特殊考虑

在组合数据建模中，丢失或"空"值总是一个问题。在这种情况下，由于在给定的样品中没有出现特定的矿物，就会缺少一些项。对于有一些缺失值但总和仍为 1.0 的行，将缺失值重置为 0.0001%或 0.01%。在某些情况下，会整行缺失，这是因为矿物没有在那个位置出现。不过，在这些情况下，不能将所有的值都设置为小值，因为那样其和会不等于 1.0。解决方案是将整行缺失的样品删除。

在此位置执行序贯高斯模拟时，将模拟该特定行中的值，就好像数据不存在一样（实际上，该数据确实存在，其值为 0）。该位置缺失值与给定周边数据的模拟值之间的误匹配，可以通过赋予缺失矿物的比例值为 0.0 加以修正，误匹配的伴生值可以忽略。

14.7.10 直方图/变异函数再现

总共有 135 个变量。对前三种实现的直方图和变异函数进行了分析。下面的讨论将输入直方图和变异函数与实现输出值进行比较。

14.7.10.1 原矿品位变量

由于后验处理，原矿品位变量很好地再现了直方图（图 14.67）。对变异函数的再现在主成分的正态分数单元中进行了检验。

14.7.10.2 粒度变量

由于粒度数据很少，直方图和变异函数的再现受次级变量的影响较大。因

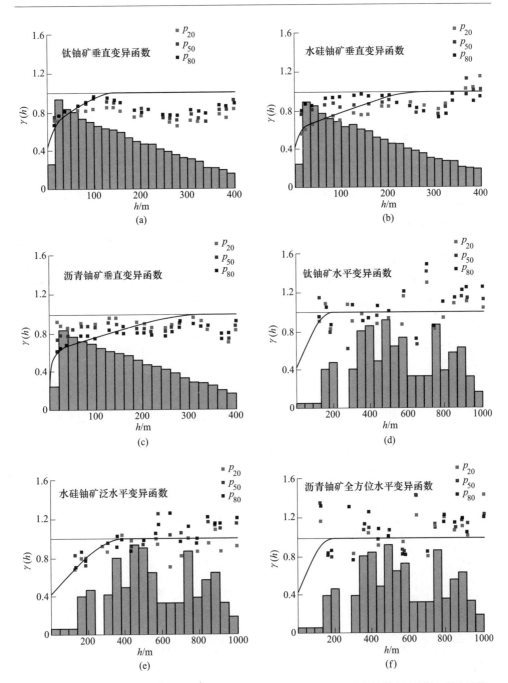

图 14.67　9 个粒径变量建模的变异函数。对每种矿物粒径的百分位数使用相同的变异函数

（a）钛铀矿垂直变异函数；（b）水硅铀矿垂直变异函数；（c）沥青铀矿垂直变异函数；

（d）钛铀矿水平变异函数；（e）水硅铀矿泛水平变异函数；（f）沥青铀矿全方位水平变异函数

此，粒度变量的直方图和变异函数再现与输入并不完全匹配。而且，粒度变量采样稀疏，说明输入直方图和变异函数可能不可靠。从次级信息而向输入参数的一定偏差是有依据的。

14.7.10.3　伴生矩阵变量

总共有 100 个伴生变量。直方图的再现并不完善，生成的直方图和变异函数偏离了输入，是由于：（1）主成分缺乏独立性；（2）超次属性对模型的影响。

14.8　结论

通过原矿化验、矿物学和伴生矿产变量预测选冶性能，有 3 个线性回归模型。本案例研究提出了一种对这些变量进行空间建模的方法。其目的是利用具有空间模型的回归模型来预测选冶性能。获取选冶性能样品（即中试厂运行）的成本非常高。根据矿物回收率、酸耗和工作指标的稀疏取样来建模，允许对矿床中所有位置的这些变量进行映射。这提供了对基于流程的复杂变量的预测，这些变量很少有足够的数据密度来生成适当的变异函数，并且证明很难有效建模。图 14.68~图 14.70 分别显示了三种主要铀矿物（分别为钛铀矿、水硅铀矿和沥青铀矿）在 450 m 高程处的平面图，图 14.71 和图 14.72 分别显示了所预测的铜和铀的总回收率。

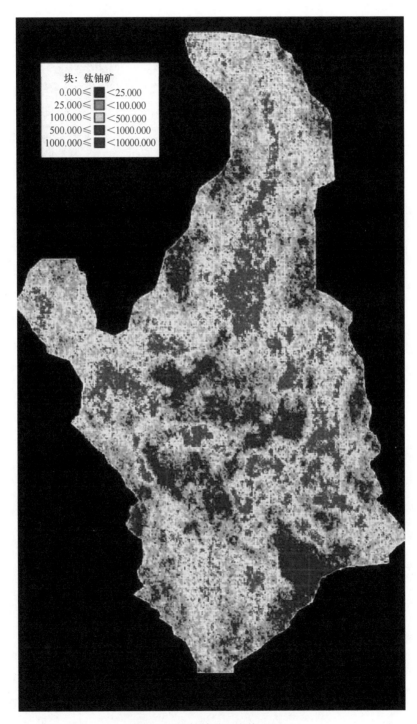

图 14.68 钛铀矿，海拔 450 m

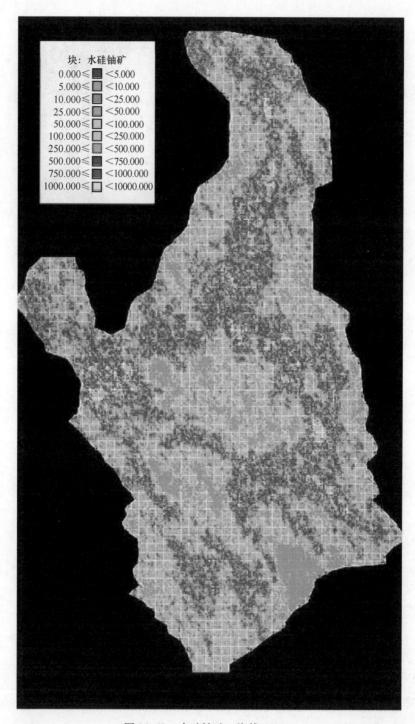

图 14.69 水硅铀矿，海拔 450 m

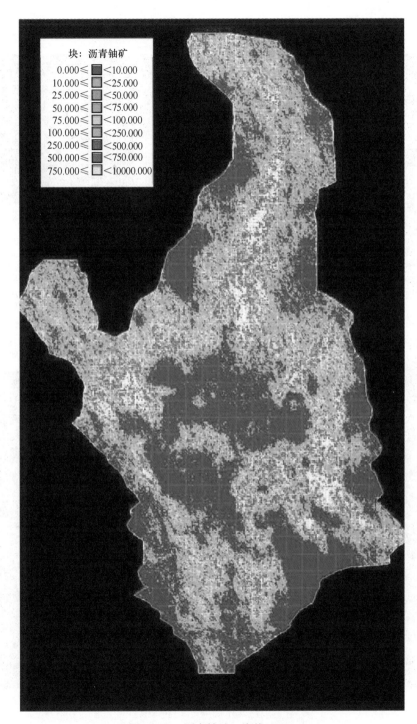

图 14.70 沥青铀矿，海拔 450 m

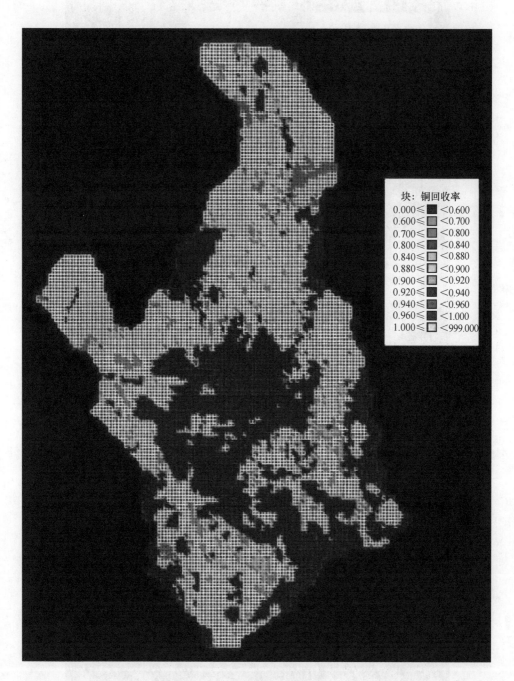

图 14.71　铜回收率, 海拔 450 m

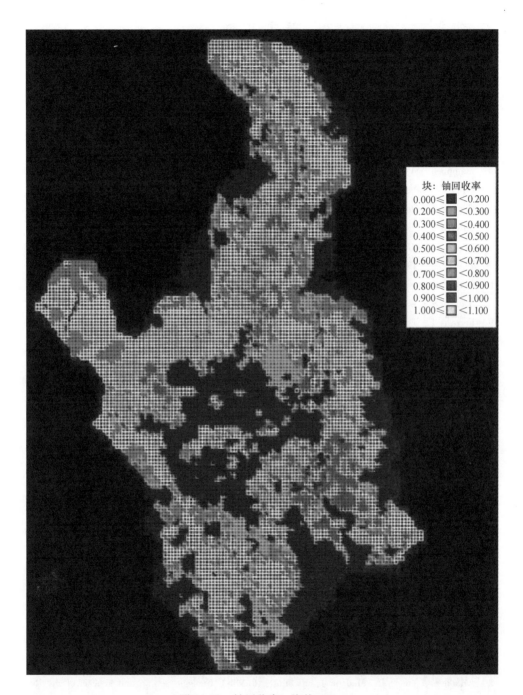

图 14.72 铀回收率，海拔 450 m

参考文献

[1] Aguilar CA, Rossi ME (January 1996) Método para Maximizar Ganancias en San Cristóbal, Minería Chilena, Santiago, Chile, Ed. Antártica, No. 175, pp 63-69

[2] Alabert FG (1987) Stochastic imaging of spatial distributions using hard and soft information. MSc Thesis, Stanford University, p 197

[3] Burmeister B (1998) From resource to reality: a critical review of the achievements of new Australian gold mining projects during 1983-1987. MSc Thesis, Macquarie University

[4] Campbell EA (1994) Geology and results of Stage I and II drilling, West Zone. Cerro Colorado: Internal RioChilex report

[5] Cepeda A, Ditson GM, Mato G (1982) Geological assessment of the Cerro Colorado Project. internal RioChilex report, Chile

[6] Clow G (1991) Why gold mines fail. Northern Miner Magazine 6 (2): 31-34

[7] Davis BM (1987) Uses and abuses of cross-validation in geostatistics. Math Geol 17: 563-586

[8] Deustch CV (1989) DECLUS: Aa FORTRAN 77 program for determining optimum spatial declustering weights. Comput Geosci 15 (3): 325-332

[9] Ferraris F, Di Biase F (1978) Hoja Antofagasta. Instituto de Investigaciones Geológicas de Chile, Carta Geológica de Chile, No. 30, p 48

[10] Guilbert JM, Park CF Jr (1985) The geology of ore deposits. Freeman, New York, p 985

[11] Isaaks EH (1990) The application of Monte Carlo methods to the analysis of spatially correlated data. PhD. Thesis, Stanford University, p 213

[12] Isaaks EH (1999) SAGE2001 User's manual, software license and documentation. www.isaaks.com

[13] Journel AG, Huijbregts ChJ (1978) Mining geostatistics. Academic, New York

[14] Journel AG, Kyriakidis P (2004) Evaluation of mineral reserves, a simulation approach. Oxford University Press, New York

[15] Knoll K (1989) And now the bad news. Northern Miner Magazine 4 (6): 48-52

[16] Leuangthong O (2003) Stepwise conditional transformation for multivariate geostatistical simulation. Ph. D. Thesis, University of Alberta, Edmonton

[17] Leuangthong O, Deutsch CV (2003) Stepwise conditional transformation for simulation of multiple variables. Math Geol 35 (2): 155-173

[18] Leuangthong O, Hodson T, Rolley P, Deutsch CV (2006) Multivariate geostatistical simulation at Red Dog mine, Alaska, USA. CIM Inst Min Metall Petroleum May, pp 1-26

[19] Luster GR (1985) Raw materials for portland cement: applications of conditional simulation of coregionalization. Ph. D. Thesis, Stanford University, Stanford, p 531

[20] Moore D, Young L, Modene J, Plahuta J (1986) Geologic setting and genesis of the Red Dog zinc-lead-silver deposit, western Brooks Range, Alaska. Econ Geol 81: 1696-1727

[21] Parker HM (1991) Statistical treatment of outlier data in epithermal gold deposit reserve estimation. Math Geol 23: 125-199

[22] Pitard FF (1995) Sampling, ore grade control and statistical process at the San Cristóbal mine. Internal report, Inversiones Mineras Del Inca

[23] Rosenblatt M (1952) Remarks on a multivariate transformation. Ann Math Stat 23 (3): 470-472

[24] Rossi ME (1999) Optimizing grade control: a detailed case study. In: Proceedings of the 101st annual meeting of the Canadian Institute of Mining, Metallurgy, and Petroleum (CIM), Calgary, 2-5 May 1999

[25] Rossi ME, Alvarado CSB (1998) Conditional simulations applied to recoverable reserves. In: Proceedings, 27th international symposium on computer applications in the minerals industries (APCOM), London, 19-23 April 1998, peer-reviewed

[26] Rossi ME, Parker HM (1993) Estimating recoverable reserves: is it hopeless? Forum 'Geostatistics for the next century', Montreal, Quebec, 3-5 June 1993

[27] Solow AR (1990) Geostatistical cross-validation: a cautionary note. Math Geol 22: 637-639

[28] Srivastava RM, Parker HM (1988) Robust measures of spatial continuity. In: Amstrong M (ed) Geostatistics. Reidel, Dordrecht, pp 295-308

15 结 论

摘 要 重要的决定是根据矿产资源量估算结果作出的。与矿产资源量相关的不确定性很大，因为对矿床的取样相对较少。总结了在稀疏数据和重大不确定性情况下处理资源量估算的框架、技术和数字/统计工具。

15.1 建立矿产资源模型

对构建块模型所涉及的步骤全书中都有讨论，本节总结了典型的工作流程，回顾了所述应用程序，强调了所述工具的实际用途，以及所有者/公司获得的（潜在）好处。

将更多的时间花在准备进行资源建模上，而不是实际应用特定的地质统计工具上。理解地质环境、数据和研究目标，并确保建模工作流程符合这些目标，需要花费大量的时间。清理数据需要大量的时间。通常情况下，数据不是被篡改的或不正确的，但格式是不同的或不一致的，有缺失的数据，有不同年份的数据，以及涉及不同的公司等。准备项目特定的数据需要大量的时间。了解数据的地质背景，对于补充稀疏数据、正确选择模型设置和建模流程至关重要。

必须拿出足够的时间来梳理研究目标、地质环境特定数据、模拟数据和地质环境的概念理解。当然，也必须留出时间来进行地质统计研究并实现研究目标。通常，必须剔除一些数据，必须接受数据库中存在的一些错误风险，还必须接受对地质环境的不完全了解。必须对数据清单、数据库中存在的限制和概念进行仔细的文档整理。必须在满足先决条件和继续进行资源估算以满足研究目标之间取得平衡。

大多数地质统计研究，是随着更多的数据获得或目标的改变而重复的。一项特别的地质统计研究是首次对从未建模过的地点的全新数据进行分析，这是很罕见的。汇集和审查所有相关的前期工作，如报告、地图、模型和数据文件，是很重要的。应该联系那些过去研究过该地区的人，以避免犯可以预防的错误，并解决以前的研究因没有时间、数据或资源来解决的改进问题。

地质统计学的一般工作流程可以概括为八个步骤。（1）明确研究目标，并对现有的测量数据和概念数据进行清查；（2）根据具体情况，将感兴趣的领域/

数据划分为相关的子集；（3）选择每个变量的均值如何依赖于所选子集内的位置；（4）推断出每个子集内每个变量建立空间模型所需的所有统计参数；（5）估计每个变量在每个未采样点的值；（6）对估算模型进行全面验证，确保地质和品位模型与估算中使用的假设、数据、区域地质和方法一致；（7）模拟多种现实，评估不同尺度下的联合不确定性；（8）后处理统计、估算模型和模拟现实，提供决策支持信息。这些步骤的详细实施将取决于研究的目的。

（1）必须规定研究的目标，以确定研究所需的工作努力、预测的变量、与评价有关的尺度以及具体的估计、模拟和后验处理步骤。必须建立数据清单，以审查来自钻孔、其他取样和历史生产数据的所有可用测量数据。数值模型应在数据的范围和精度内再现这些测量数据。还必须收集概念数据，包括对空间分布的地质认识和模拟数据。这一步中表达的概念模型可以包括示意图和最终模型中应包含特征的说明。

（2）被建模的整个体积不要仅使用一种技术和一组参数进行组合和建模。根据地质域和岩石类型，应有逻辑子集。估算域将定义从成因上属于一类的岩石体积。这些区域必须足够大，以便包含足够的数据进行可靠的统计，同时又必须足够小，以便隔离地质特征以获得局部精度。可以使用分级系统，首先对大尺度区域进行建模，然后再对小尺度地质单元进行建模，最后在最终的域定义中进行连续的分级。

（3）每个变量的平均值可能取决于所选估算域中的位置。岩石类型的分布往往有重要的趋势。即使用很少的数据也能了解这些趋势。连续品位变量也可能有重要的局部变化性。第二步（用于地质统计分析的体积子集）和第三步（对位置依赖性平均值建模）的结果统称为平稳性决策。

（4）推断所有需要的统计参数。所需的统计参数将取决于所选择的技术，而该技术又取决于为域的每个固定子集所选择的概念模型。几乎总是需要在每个域中推断每个品位变量的单变量比例和直方图。这些单变量的分布是从数据中计算出来的，计算结果代表了整个子集。还必须推断出一些空间变异性的测量方法。在传统的马特隆地质统计学中，变异函数是量化每个类别和岩石性质的空间变异性的措施。在数据稀疏的情况下，这些统计参数被认为是不确定的，并有许多文档记录了这些情况。

（5）在每个未采样的位置计算每个变量的估计值。这些估算是基于数据的，不涉及任何随机数。估算通常是考虑指示值、数据转换、协同克里格法和/或必要的局部变化手段的克里格法的一种。在任何可能的情况下，不确定度由分类变量的指示值和连续变量的多元高斯背景下的正常得分直接估算。这为每个未取样的位置提供了一个最佳估算值和一个不确定性的度量。这完全基于前四个步骤中所采用的数据和采取的决策。研究结果对资源量估算结果的评估和核查是有用的。

（6）对估算值进行彻底的验证是必要的。通常，验证甚至校准模型所涉及的工作都没有得到充分的重视。模型校准意味着对估算过程进行多次迭代，改变一些特定的参数，以重现某个参考（例如，一个炮孔模型）。进行验证以确保模型的内部一致性，也就是说估算值与用来建立它的所有假设、数据和地质模型是一致的。此外，如果可能，还应与以前的模型进行比较，并与被认为合理准确地反映矿床中真正品位和矿量的生产或参考模型进行比较。

（7）可以获得所有表面、岩石类型和品位的多重现实，以量化联合不确定性，并提供一个适合于评估贫化和可回采储量的可变性模型。模拟技术常常与估算技术紧密联系在一起。估算结果用于检查现实和对资源/储量的首次估算。大体积的不确定性取决于许多位置同时存在的不确定性，模拟多种现实是量化这种大规模不确定性的唯一实用方法。此外，地质非均质性的细节可能对回采率和储量计算有很大的影响。

（8）所有模型结果的后验处理。有时，步骤（3）和步骤（4）的统计参数本身是有用的。变异函数的范围可用于了解数据间隔和预期长度范围。估算模型提供了未采样点的预期结果和对数据收集和管理有用的局部不确定性的度量。不同品位的模型必须结合起来，计算重要的资源变量。模拟模型提供了大范围的不确定性，可输入用于后续工程设计中。

这 8 个步骤概述了资源量估算和地质统计的工作流程，以实现特定的研究目标。前几章已经解释了一些细节，其他细节不可避免地要通过收集资料、其他教科书、技术论文和软件用户指南来了解。在进行资源估算研究的过程中，总是会做出许多假设。建模者和使用最终估算结果的人，必须理解这些假设和结果模型的限制。

15.2　所用模型的假设和局限性

鼓励健康的怀疑论。一个不符合逻辑的极端观点是接受表面价值的资源模型，因为遵循了最佳实践，并且因此为专业人员和软件带来了巨大的成本。另一种不符合逻辑的极端观点，是因为需要大量的假设而忽略资源模型。著名的统计学家乔治 E. P. 博克斯（George E. P. Box）写道，基本上所有的模型都是错误的，但有些是有用的。在构建尽可能好的资源模型，然后根据需要将其用于工程设计时，必须保持健康的怀疑态度。

一个重要的假设关系到可用数据的合理性和正确性。尽管有各种各样的质量保证/质量控制程序，但还是有许多来源的偏差和错误可能没有得到充分考虑或解释。此外，假定这些数据值具有某种地质连续性。还假设地质模型是现场地质的合理表达。在地质模型的基础上，所定义的（平稳）域对品位估算是适当的。

地质连续性与品位连续性有关，假设用变异函数模型充分地捕捉到了这种连续性。大多数估算/克里格技术平滑数据，并创建具有相对大的高、低品位区域的模型。假设，用来预测矿化变化程度的数据是足够的，并且现实地代表了每个域的局部和全局差异。工程师们将假定这些模型合理地代表了现实，并计划采矿方法的细节。我们假设，最终达到的矿石/废石限度与早期资源模型预测的性质相似。当然，当地的细节不如贫化、矿石损失和连续性的总体评估重要。

此外，还应更详细地说明核查的程度。采矿工程师和管理人员应该在预测中事先定义预期的不确定性（误差）。例如，对于指定的量（例如年度或季度），可以为矿石资源模型定义一个可接受的误差范围。然后，模型的所有验证、检查和调整都可以返回到这些矿量的预期错误。

15.3 文件和审核跟踪

在大多数资源模型中，一个主要的典型缺点是缺少文档，或者文档记录较差。他的重要性在于，资源建模可能是一个漫长而复杂的过程，在此过程中会做出许多主观决策。储量模型是矿业公司最重要的资产。推而广之，获得储量的资源模型是矿业公司最重要的单一资产。因此，它们总是受到审查。

审核员并不是唯一受益于良好文档的人。项目或矿业主也需要这样做，因为从一次建模实践中获得的经验教训，可以更好地应用到未来的资源建模迭代中。但最重要的是，按照现行报告标准所要求的道德和透明度，必须在一份全面的资源模型报告中规定工作的所有方面。报告必须讨论和记录所做的工作、工作的局限和已达到的详细程度。

任何审核员都应严格遵循检查资源模型的基本步骤，建议资源估算人员注意这些问题，并预测将来需要的文档记录。审计人员的职责是发现缺陷、错误和不足之处，而这些正是严格审查的原因。这些检查可能包括从最简单的图形检查到数据库对照原始数据收集/编译文档的验证、运行一个可选的检查模型，以及对用于建模的软件与其他软件（通常是审计师自己的软件）进行基准测试。

要覆盖（并通过）所有可能的检查，不能作任何假设。H. M. Parker 的审计基本原理简明扼要地阐述了以下概念：（1）不信任任何人；（2）不做假设；（3）检查一切。

资源量估算工作的一个特点是它可以以模块化的形式组织起来，因为它是一个连续的过程。因此，文档记录也可以这样安排，并随着工作的进展而发展。假设数据库已经在其原始存储库中进行了验证：（1）将数据加载到建模软件中开始；（2）检查数据，确保加载过程正确；（3）进行地质解释和建模；（4）探索性数据分析；（5）域定义；（6）块模型的构建；（7）做变异函数；（8）品位估算；（9）资源分类；（10）资源验证；（11）资源报告。

一个好的实践是将过程置于流程图中，流程图指定每个步骤的输入和输出，以及所需的文档。应该详细介绍数据文件操作，包括字段、相关脚本、运行文件和每个过程中使用的程序。在那些运行是为了检查或验证的情况下，运行和运行规范（参数和其他输入文件）都需要保存和归档。

所有相关变量都需要存储。如果使用克里格方差进行资源分类，或者使用克里格估算次数，或者使用组合的次数等，所有的脚本、图例和数据都应该是可用的，以便比较原始数据和估算的块级别。在大比例尺地质图上由操作员、内部质量控制人员和审核员正确签署关键部分和计划仍然很重要。

对于资源建模过程中的每个常规任务，可以认为以下建议的审计跟踪和文档足以满足审计人员对数据和文档的要求。

（1）数据库。数据字段和数据表的描述、以往审核和复查的描述、对程序、检查、验证（维护）的描述，这些过程、检查、验证（维护）共同确保数据库保持干净，并且新数据采用相同的标准。

（2）将数据加载到建模软件中。用于上传的脚本或运行文件是 OBDC 连接、记录连接设置、字段和文件操作，以及如何从数据库中选择数据。

（3）检查加载的数据。记录所做的检查，为什么它们能足以确保正确的加载？

（4）地质建模。记录和描述所选方法的基本原理。这种类型的矿体是否适合，地质解释中采用了什么标准，为了保证输出模型的质量做了哪些检查？

（5）探索性数据分析。存档的参数文件容易访问、组织良好、方便运行文件并绘图。使用备份文件夹，而不仅仅是电子文件。记录假设和得出的结论。

（6）估算域定义。逻辑的证明、过程描述、支持地质和统计证据、说明敏感性（如果可以）。为确认决策而进行的检查。

（7）块模型。限制模型的文档和描述、块尺寸，包括部分或全部块、是否旋转，模型是否是用坐标旋转和变换建立的，投影和坐标系，如何分配地质和估算域？

（8）变异性。所用估算计量的文件、数据转换、记录获取方向变异函数的参数，以及建模时使用的标准。记录任何数据选择。是按域进行的，还是因为实际原因而用了组合域？记录所有其他的假设。

（9）品位估算。记录方法，利用参数文件，并执行验证。维护所有相关文件，并确保块模型具有必要的变量以供检查。

（10）资源分类。记录方法，使用了什么标准，它是如何实施的？记录所执行的检查。

（11）资源验证。详细记录、总结所执行的所有检查，并解释为什么认为资源模型适合其目标，包括关于对主要假设、限制和感知到的风险域的陈述。建议的风险缓解程序是什么?

（12）资源报告。详细记录对所报告的矿石量和品位与估算模型相符的检查情况。使用适当的有效数字。包括与以前模型的比较，以及与参考（生产模型）的比较，并解释观察到的差异的原因。

总之，审计跟踪必须向第三方证明，流程的每一步都是用适当的方法完成的，正确地实现了该方法，并且经过了彻底的验证。

15.4　未来趋势

训练有素的资源估算专家是很难找到的。矿业的周期性意味着今天相对缺乏可能意味着明天供过于求。然而，资源估算的高素质人才相对较少仍是大趋势。近年来，随着不可再生资源开发的迅猛发展，这已成为项目开发的一大障碍。大型矿业公司可能会将更多工作外包给咨询公司，但咨询公司在寻找和留住专业人士方面也面临挑战。此外，很少有本科专业教授地质统计学或资源估算，新入职的专业人士并不总是愿意牺牲扎实的专业发展所需的东西，如果是这样，很多培训都是通过研究生课程和辅导在工作中完成的。

在资源估算中，许多步骤的自动化程度将有提高的趋势。这有很多优点，包括所需的专业时间更少、重复性、透明度和额外的钻探资料容易更新。这也有很多缺点，它将更容易犯错误、创建不符合地质现实的模型，并在模型中表现出一种虚假的信心，因为它们看起来很真实，而且似乎使用了最新可用的方法和软件。高级专业人员和各种组织的把关人将防范这种情况，并促进更好的工作实践。

关于资源估算的数据，很可能会有改进利用来自比钻探和取样技术更便宜的地球物理测量的次级数据。将在广泛使用的商业软件中开发和实现协同克里格法和其他技术，以便同时使用高质量数据和低质量数据。

将增加使用多点统计和先进的多变量方法，以便改进模型的空间分布的真实性，并获得大多数矿床中存在的复杂矿物学关系。所有数据的不完全抽样和数据质量的局部变化所带来的问题，将通过改进数据填补和处理非平稳性的技术来解决。

长期存在的非平稳性的挑战不会消失，但是可以使用改进的技术来帮助适当地划分数据子集、对选定的域建模、理解和量化接触关系的性质，以及考虑重要变量间的趋势。

本书还认为，专业人员（以及可用的软件工具）将能够更好地管理与资源估算相关的高度不确定性。概率模型、预测、风险评估和模拟技术将变得越来越普遍，而掌握在少数专家手中的技术也会越来越少。

参 考 文 献

[1] Matheron G（1971）The theory of regionalized variables and its applications. In：Fasc 5, Paris School of Mines，p 212